TEMES CLAU 15

QUÍMICA 2
PARA LA INGENIERÍA 2

Concepción Herranz Agustín

UPC Edicions UPC

UNIVERSITAT POLITÈCNICA DE CATALUNYA

Diseño de la cubierta: Ernest Castelltort
Diseño de la colección: Tono Cristòfol
Maquetación: Mercè Aicart

Primera edición: enero de 2010

©   Concepción Herranz Agustín, 2010

©   Edicions UPC, 2010
       Edicions de la Universitat Politècnica de Catalunya, SL
       Jordi Girona Salgado 1-3, 08034 Barcelona
       Tel.: 934 137 540   Fax: 934 137 541
       Edicions Virtuals: www.edicionsupc.es
       E-mail: edicions-upc@upc.edu

Producción: LIGHTNING SOURCE

Depósito legal: B-3927-2010
ISBN: 978-84-9880-392-1

Índice

Introducción

Las razones primordiales que me han llevado a embarcarme en este proyecto, titulado *Química para la ingeniería 2*, son los dos pilares de mi vida profesional, la docencia y la química.

Con este libro no sólo pretendo transmitir mi amor a una ciencia práctica como la Química, sino también ilusionar al lector en el aprendizaje de la misma.

Puede parecer poco tangible, incluso inmaterial, pero la química hace posible que nuestra vida cotidiana sea mejor y más cómoda.

Este libro pretende ser una herramienta de trabajo para poder desarrollar una mejora en la calidad, en la transmisión de conocimientos y en el rendimiento académico de la enseñanza de la química en las universidades politécnicas.

Está dirigido a los alumnos de los primeros cursos de las ingenierías y puede ser utilizado para la adquisición de conocimientos químicos básicos y para completar la actividad docente que se desarrolle en clase.

El nivel de contenidos y de conceptos químicos es el requerido en la enseñanza universitaria, aunque es cierto que manteniendo el rigor docente muchas partes de los distintos capítulos del libro pueden ser útiles en cursos más elementales preuniversitarios.

El estudiante que se matricula en ingeniería industrial, en muchas ocasiones, quizá demasiadas, no posee los conocimientos mínimos necesarios para poder superar la asignatura de química, que es obligatoria y troncal en los primeros cursos de la carrera. Esto se debe a que en el curso de orientación universitaria la química es una asignatura optativa, por lo que muchos de sus estudiantes no se matriculan, con el inconveniente posterior que ello conlleva.

En este libro se ha tenido en cuenta el problema de la preparación aleatoria y diversa de los alumnos, de forma que la finalidad docente del contenido de sus enseñanzas se basa en impartir inicialmente unos conceptos introductorios básicos, que una vez estudiados y trabajados mediante ejercicios, comprendidos y asimilados después, se complican posteriormente hasta alcanzar el nivel exigido en la asignatura de química universitaria.

Es por ello que en las distintas secciones del libro, como son los ejemplos prácticos expuestos en la parte teórica, los problemas resueltos y los problemas propuestos están marcados con un símbolo para indicar su grado de dificultad, símbolos que corresponden a nivel introductorio y sencillo (□) y nivel avanzado (■) y con mayor dificultad.

Cada uno de los capítulos consta de tres partes:

- Una parte teórica que se ha sintetizado al máximo para aplicarla a la resolución de cuestiones teóricas y problemas prácticos, todos ellos resueltos como ejemplos dentro del texto.
- Una parte de problemas resueltos, formada por una cierta cantidad (no pequeña) de ejercicios que permiten comprender mejor la parte teórica antes expuesta. Se han resuelto con gran detalle y paso a paso para que el estudiante los entienda con facilidad y para que posteriormente pueda aplicar su comprensión a otros problemas de menor o mayor dificultad.
- Una parte de problemas propuestos sin resolver, que permitirá al estudiante averiguar el nivel de conocimiento que ha alcanzado en el estudio de cada uno de los capítulos.
- Una parte de problemas propuestos sin resolver, que permitirá al estudiante averiguar el nivel de conocimientos que ha alcanzado en el estudio de cada uno de los capítulos.

Son siete los temas o capítulos que integran este libro de *Química para la ingeniería*. Todos ellos se inician con un apartado introductorio en el que se exponen los objetivos que se pretenden conseguir con su estudio y después se expone el contenido temático correspondiente.

El tema 1 trata de "la formulación y nomenclatura en química inorgánica y orgánica", que a pesar de ser estudiada en la enseñanza secundaria y de ser un conocimiento necesario e imprescindible para el alumno universitario, la experiencia indica que en muchas ocasiones falla o escasea. Luego teniendo en cuenta esa realidad, se introduce como primer capítulo del presente libro.

El tema 2 trata de la "estructura atómica, configuraciones electrónicas, orbitales atómicos y propiedades periódicas". Su estudio permitirá a partir de ciertas teorías llegar al concepto de función de onda y al significado de los números cuánticos, cuyo conocimiento es importante porque éstos determinan el orbital atómico. La comprensión de la estructura del átomo permitirá alcanzar un criterio de clasificación, según la tabla periódica de los elementos, que permitirá estudiar la variación de las propiedades periódicas de los átomos y sus consecuencias aplicativas.

El tema 3 trata de "el enlace químico, estructura molecular y propiedades moleculares", estos conceptos son básicos para el conocimiento de las moléculas. El estudio del enlace químico se orienta hacia dos puntos concretos que destacan por su importancia como son, el aspecto energético y el aspecto geométrico del enlace. Las características del enlace covalente, iónico y metálico de las moléculas formadas permitirá conocer las propiedades físicas de las moléculas y su reactividad, con las aplicaciones químicas que ello conlleva.

El tema 4 trata de "el estado sólido, introducción a la cristalografía, compuestos iónicos y covalentes". Como anteriormente (en el libro 1) se ha estudiado a fondo el estado gasesoso y las disoluciones, es imprescindible completar el estudio de la química con el estado sólido, ya que existen muchos compuestos sólidos con aplicaciones industriales como, los metales, los plásticos y las fibras, entre otros.

Los temas 5, 6 y 7 tratan de la química del carbono o química orgánica. Esta rama de la ciencia química es muy importante por la cantidad de compuestos orgánicos que se conocen y que utilizamos en la vida cotidiana. Por orden de conocimiento progresivo y de tema, primero se estudian "compuestos orgánicos y estructuras moleculares", después "las series o familias de compuestos orgánicos" que los agrupan según ciertas propiedades físicas, y por último se estudian "reacciones orgánicas" con sus mecanismos de reacción, que facilitarán el estudio de la reactividad química. Estos conocimientos una vez asimilados son las bases para la buena comprensión de la química orgánica, tanto teórica como industrial.

En resumen, la transmisión de conocimientos científicos y la creación de métodos prácticos para facilitar dicha transmisión es una de las labores básicas de cualquier sociedad moderna y, por lo tanto, de cualquier profesor que pretenda conseguir una mayor eficacia en sus enseñanzas.

Es mi deseo que el lector se entusiasme con el contenido de este libro y que el libro le ofrezca la ayuda y los conocimientos necesarios para superar las asignaturas de Química.

Mi principal motivación para realizar este proyecto ha sido que se convierta en un texto de utilidad para todos los estudiantes de una ciencia tan interesante como la Química, y con esa posibilidad espero que se haga realidad.

Concepción Herranz Agustín

Formulación y nomenclatura química inorgánica y orgánica

1

1.1 Introducción y objetivos

La química se basa en la identificación, la síntesis, la separación y el comportamiento de las sustancias puras que se extraen de las diferentes clases de materiales y estudia los cambios que ocurren cuando los átomos y las moléculas actúan entre sí y se transforman de una forma a otra.

Para la química fue necesario crear un sistema de comunicación y un lenguaje que permitiera comprender y transmitir a otros los conocimientos científicos y las ideas básicas necesarias para el entendimiento y la comprensión de los conceptos químicos.

Por ello, los elementos químicos conocidos hasta ahora (105), que son unidades estructurales o sustancias simples, se representan por una abrevia tura o *símbolo*, y a los compuestos formados por dichos elementos se les da una *formulación* o anotación química.

Por otra parte, es necesario que cada elemento o unidad química tenga un nombre y que cada compuesto químico, formado por elementos, también tenga un nombre para poder distinguirlos para entenderse y para comunicarse oralmente y por escrito. La denominación normalizada o sistemática de los elementos y de los compuestos es una herramienta imprescindible que recibe el nombre de *nomenclatura*.

Para unificar la formulación y la nomenclatura de las distintas sustancias químicas se creó la comisión IUPAC (siglas en inglés de Unión Internacional de Química Pura y Aplicada), que publicó unas reglas que se siguen de manera universal y que permiten describir la estructura, la composición y la denominación de los compuestos.

Este tema se divide en dos partes: la formulación y la nomenclatura de los compuestos constituyentes de la *química inorgánica*, y la de los compuestos derivados del carbono, que constituyen la *química orgánica*. Naturalmente, se seguirán y se estudiarán las normas dictadas por la comisión de la IUPAC.

1.2 Nombres y símbolos de elementos. Tabla

Los elementos son sustancias puras que no se separan físicamente en otros componentes más sencillos y que poseen propiedades constantes.

Cada elemento tiene un nombre y para abreviar se utilizan *símbolos*, que son la primera o las dos primeras letras del nombre del elemento. Los símbolos representan los átomos de los elementos.

Nombres y símbolos de elementos

Actinio	Ac	Europio	Eu	Paladio	Pd
Aluminio	Al	Fermio	Fm	Plata	Ag
Americio	Am	Flúor	F	Platino	Pt
Antimonio	Sb	Fósforo	P	Plomo	Pb
Argón	Ar	Francio	Fr	Plutonio	Pu
Arsénico	As	Gadolinio	Gd	Polonio	Po
Ástato	At	Galio	Ga	Potasio	K
Azufre	S	Germanio	Ge	Praseodimio	Pr
Bario	Ba	Hafnio	Hf	Prometio	Pm
Berilio	Be	Helio	He	Protactinio	Pa
Berkelio	Be	Hidrógeno	H	Radio	Ra
Bismuto	Bi	Hierro	Fe	Radón	Rn
Boro	B	Holmio	Ho	Renio	Re
Bromo	Br	Indio	In	Rodio	Rh
Cadmio	Cd	Iterbio	Yb	Rubidio	Rb
Calcio	Ca	Itrio	Y	Rutenio	Ru
Californio	Cf	Lantano	La	Rutherfodio	Rt
Carbono	C	Lawrencio	Lw	Samario	Sm
Cerio	Ce	Litio	Li	Selenio	Se
Cesio	Cs	Lutecio	Lu	Silicio	Si
Cinc	Zn	Magnesio	Mg	Sodio	Na
Circonio	Zr	Manganeso	Mn	Talio	Tl
Cloro	Cl	Mendelevio	Md	Tantalio	Ta
Cobalto	Co	Mercurio	Hg	Tecnecio	Tc
Cobre	Cu	Molibdeno	Mo	Telurio	Te
Criptón	Kr	Neodimio	Nd	Terbio	Tb
Cromo	Cr	Neón	Ne	Titanio	Ti
Curio	Cm	Neptunio	Np	Torio	Th
Disprosio	Dy	Niobio	Nb	Tulio	Tm
Dubnio	Db	Níquel	Ni	Uranio	U
Einstenio	Es	Nitrógeno	N	Vanadio	V
Erbio	Er	Nobelio	No	Wolframio	W
Escandio	Sc	Oro	Au	Xenón	Xe
Estaño	Sn	Osmio	Os	Yodo	I
Estroncio	Sr	Oxígeno	O		

1.2.1 Fórmulas

La fórmula es la notación abreviada de un compuesto químico y está formada por los símbolos de los elementos que lo constituyen.

Fórmula empírica: Es la relación más simple en la que intervienen los átomos para formar la unidad estructural.

Fórmula molecular: Es la relación real en la que intervienen los átomos que constituyen la molécula.

Fórmula estructural: Es la disposición de los enlaces entre los átomos que forman la molécula.

Las fórmulas del benceno son:

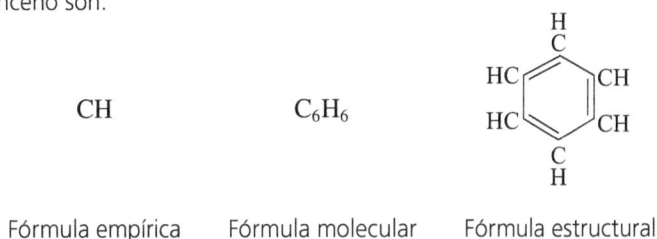

CH	C_6H_6	
Fórmula empírica	Fórmula molecular	Fórmula estructural

1.2.2 Valencia y número de oxidación

Valencia de un elemento es la capacidad que tiene para combinarse con otros elementos. Es decir, es el número de átomos de hidrógeno que pueden unirse al elemento o ser sustituidos por un átomo de dicho elemento.

Número de oxidación de un elemento (o estado de oxidación) es la carga que tiene un átomo cuando los electrones de los enlaces que forma con los otros átomos del compuesto pertenecen al átomo más electronegativo, que es el que tiene mayor tendencia a atraer los electrones.

Reglas para la determinación del número de oxidación

- En estado elemental, los átomos tienen número de oxidación cero.
- El hidrógeno tiene número de oxidación $+I$ o bien I (excepto con algunos metales).
- El oxígeno tiene casi siempre número de oxidación II.
- En un compuesto neutro, la suma de los números de oxidación de los elementos que lo componen es siempre cero.
- Si la especie química es un ión, la suma de los números de oxidación de los elementos que la forman debe coincidir con la carga y con su valor.

En la molécula de bromo (Br_2), el número de oxidación del Br es 0.

En el agua (H_2O), el número de oxidación del H es I y el del O es $-II$.

En el tetracloruro de carbono (CCl_4), el número de oxidación del C es IV y el del Cl es $-I$.

En el ión nitrato (NO_3^-), el número de oxidación del O es $-II$ y el del N es V.

Los *números de oxidación* de un elemento *son iguales que sus valencias* con signo positivo o negativo.

Valencias o números de oxidación de los elementos por grupos

Li Na K Rb Cs Fr $\}$ I		Cr	II, III, VI	B Al Ga In $\}$ III		
		Mo	IV, V, VI			
		W	IV, V, VI			
		Mn	II, IV, VII	Tl	I, III	
		Tc	IV, VI, VII			
		Re	IV, VI, VII	C Si Ge $\}$ IV		
Be Mg Ca Sr Ba Ra $\}$ II		Fe	II, III			
		Ru	II, III, IV			
		Os	II, III, IV	Sn	II, IV	
				Pb	II, IV	
		Co	II, III	N P As Sb Bi $\}$ III, IV		
		Rh	I, III			
		Ir	II, III, IV			
Sc Y La* Ac* $\}$ III		Ni	II			
		Pd	II			
		Pt	II, IV	O	$-$II	
				S Se Te $\}$ $-$II, IV, VI		
Ti	III, IV	Cu	II			
Zr	IV	Ag	I			
Hf	IV	Au	I, III	F	$-$I	
V	III, IV, V	Zn	II	Cl Br I $\}$ $-$I, I, III, V, VII		
Nb	V	Cd	II			
Ta	V	Hg	I, II			

* En los lantánidos y actínidos, los números de oxidación más corrientes son **III, II** y **IV** (para el **U**, también **VI**).

1.3 Compuestos binarios

Los compuestos binarios están formados por dos elementos, aunque puede haber más de un átomo para cada elemento. Para formular un compuesto binario, se debe indicar *el orden de colocación* de los dos símbolos de los elementos que lo forman.

Reglas para el orden de colocación en la formulación

- Para no metales, el primer componente siempre es el que figura antes en la lista siguiente:

> Ru, Xe, Kr, B, Si, C, Sb, As, P, N, H, Te, Se, S, At, I, Br, Cl, O, F

- Para compuestos que contienen metales, el metal se coloca en primer lugar.

Reglas para nombrar (nomenclatura)

- Se nombra primero con la terminación *-uro* el componente último de la fórmula, excepto en el caso del oxígeno, que tiene la terminación *-ido*.

- Se indica la proporción estequiométrica con los prefijos mono, di, tri, etc.

- La proporción estequiométrica puede indicarse también por el sistema de Stock, que consiste en señalar el número de oxidación mediante cifras romanas. Cuando los compuestos contienen elementos que solo actúan con un número de oxidación, no hace falta indicarlos.

XeF_2:	Difluoruro de xenón	H_2S:	Sulfuro de hidrógeno
$FeBr_2$:	Bromuro de hierro(II)	CaO:	Óxido de calcio
Bi_2O_5:	Pentaóxido de bismuto o óxido de bismuto(V)	CsI:	Yoduro de cesio
MnO_2:	Dióxido de manganeso o óxido de manganeso(II)	$NaCl$:	Cloruro de sodio
Cl_2O_7:	Heptaóxido de dicloro o óxido de cloro(VII)	CS_2:	Sulfuro de carbono

1.3.1 Compuestos binarios con hidrógeno

1.º El hidrógeno forma compuestos binarios con elementos electronegativos.

Se nombran con el nombre del elemento acabado en *-uro* y luego la palabra hidrógeno. En disolución acuosa, estos compuestos son ácidos y reciben el nombre de *hidrácidos*. Se nombran con la palabra ácido seguida del nombre del elemento acabado en *-hídrico*.

HF:	Fluoruro de hidrógeno	HF (acuoso):	Ácido fluorhídrico
H_2S:	Sulfuro de hidrógeno	H_2S (acuoso):	Ácido sulfhídrico
HCl:	Cloruro de hidrógeno	HCl (acuoso):	Ácido clorhídrico
H_2Se:	Seleniuro de hidrógeno	H_2Se (acuoso):	Ácido selenhídrico

2.º El hidrógeno forma compuestos binarios con metales, con propiedades más electropositivas que las suyas y se les llama hidruros.

NaH:	Hidruro de sodio	BaH_2:	Hidruro de bario
AlH_3:	Hidruro de aluminio	PbH_4:	Hidruro de plomo

3.º El hidrógeno forma compuestos binarios con no metales, pero estos compuestos no son ácidos en disoluciones acuosas. Se nombran a partir de la raíz del nombre del elemento seguido del sufijo *-ano*.

BH_3:	Borano	GeH_4:	Germano
PbH_4:	Plumbano	SiH_4:	Silano

Existen combinaciones binarias del hidrógeno con no metales que tienen nombres propios.

NH_3:	Amoníaco	PH_3:	Fosfina	AsH_3:	Arsenina
BiH_3:	Bismutina	SbH_3:	Estibina	N_2H_4:	Hidracina

1.3.2 Compuestos binarios con oxígeno. Óxidos y peróxidos

El oxígeno se combina con todos los elementos de la tabla periódica, excepto con los gases nobles He, Ne y Ar.

Formulación: El oxígeno se coloca en segundo lugar en la fórmula del compuesto, después del elemento con el que se combina. PbO_2, P_2O_5, NO, etc.

Nomenclatura: Se nombran con la palabra *óxido* seguida del nombre del elemento con el que se combina, indicando entre paréntesis el número de oxidación de dicho elemento. PbO_2 (óxido de plomo(IV)).

También se puede nombrar la proporción del oxígeno y del otro elemento con el que forma el compuesto. PbO_2 (dióxido de plomo), NO (monóxido de nitrógeno).

Los peróxidos son moléculas que contienen el grupo $-O-O-$

Se nombran colocando primero la palabra peróxido y luego el nombre del metal.

H_2O_2:	Peróxido de hidrógeno o agua oxigenada	Na_2O_2:	Peróxido de sodio
ZnO_2:	Peróxido de cinc	CaO_2:	Peróxido de calcio

1.4 Ácidos

El concepto clásico de ácido es el que define los compuestos que ceden protones (H^+) en la disolución adecuada.

Hidrácidos

Ya se han citado en los compuestos binarios con hidrógeno.

$HBr(ac)$:	Ácido bromhídrico	$H_2S(ac)$:	Ácido sulfhídrico
$HCN(ac)$:	Ácido cianhídrico	$HCl(ac)$:	Ácido clorhídrico

Oxoácidos

Estos ácidos están formados por oxígeno, hidrógeno y otro elemento, que generalmente es un no metal, pero con menos frecuencia pueden contener, además de oxígeno e hidrógeno, un metal de transición como Cr, Mn, etc.

Para que sean ácidos oxoácidos, es imprescindible que al menos uno de los hidrógenos esté unido a un átomo de oxígeno.

La nomenclatura tradicional se basa en poner primero el nombre *ácido* y después el nombre de la *raíz del elemento* que forma el ácido con sufijos que dependen del número de oxidación de dicho elemento.

Cuando hay dos estados de oxidación, se utiliza la terminación *-oso* para la oxidación menor y la terminación *-ico* para el estado de oxidación mayor.

Si el elemento actúa con más de dos estados de oxidación, se usan los prefijos *hipo-* y *per-* (*hipo-* para la terminación *-oso* y *per-* para la terminación *-ico*). A veces se utilizan los prefijos *orto-* y *meta-* para distinguir entre sí los ácidos que difieren en el contenido de agua. El prefijo *di-* se usa para nombrar los ácidos formados por unión de dos moléculas de un ortoácido con la pérdida de una molécula de agua.

Nombres de oxoácidos

B	H_3BO_3	Ácido bórico (ortobórico)			$H_2S_2O_4$	Ácido ditionoso
	$(HBO_2)_n$	Ácido metabórico			$H_2S_2O_3$	Ácido tiosulfúrico
C	H_2CO_3	Ácido carbónico			$H_2S_xO_6$	Ácido politiónico
	HOCN	Ácido ciánico	Se		H_2SeO_4	Ácido selénico
	HONC	Ácido fulmínico			H_2SeO_3	Ácido selenioso
Si	H_4SiO_4	Ácido ortosilícico	Te		H_6TeO_6	Ácido ortotelúrico
	$(H_2SiO_3)_n$	Ácido metasilícico	Cr		H_2CrO_4	Ácido crómico
N	HNO_3	Ácido nítrico			$H_2Cr_2O_7$	Ácido dicrómico
	HNO_2	Ácido nitroso	Cl		$HClO_4$	Ácido perclórico
	HNO_4	Ácido peroxonítrico			$HClO_3$	Ácido clórico
	H_2NO_2	Ácido nitroxílico			$HClO_2$	Ácido cloroso
P	H_3PO_4	Ácido fosfórico (ortofosfórico)			HClO	Ácido hipocloroso
	$(HPO_3)_n$	Ácido metafosfórico	Br		$HBrO_4$	Ácido perbrómico
	$H_4P_2O_7$	Ácido difosfórico (pirofosfórico)			$HBrO_3$	Ácido brómico
	$H_4P_2O_8$	Ácido peroxodifosfórico			$HBrO_2$	Ácido bromoso
	H_2PHO_3	Ácido fosforoso (fosfónico)			HBrO	Ácido hipobromoso
	$H_2PH_2O_2$	Ácido hipofosforoso (fosfínico)	I		H_5IO_6	Ácido ortoperyódico
As	H_3AsO_4	Ácido arsénico			HIO_4	Ácido peryódico
	H_3AsO_3	Ácido arsenioso			HIO_3	Ácido yódico
Sb	$HSb(OH)_6$	Ácido hexahidroxoantimónico			HIO	Ácido hipoyodoso
S	H_2SO_5	Ácido peroxomonosulfúrico	Mn		$HMnO_4$	Ácido permangánico
	H_2SO_4	Ácido sulfúrico			H_2MnO_4	Ácido mangánico
	H_2SO_3	Ácido sulfuroso	Tc		$HTcO_4$	Ácido pertecnécico
	$H_2S_2O_8$	Ácido peroxodisulfúrico			H_2TcO_4	Ácido tecnécico
	$H_2S_2O_7$	Ácido disulfúrico	Re		$HReO_4$	Ácido perrénico
	$H_2S_2O_6$	Ácido ditiónico			H_2ReO_4	Ácido rénico
	$H_2S_2O_5$	Ácido disulfuroso				

Prefijos:

hipo-:	Se usa para indicar un número de oxidación inferior.
per-:	Se usa para indicar un número de oxidación superior.
orto- y para-:	Se usan para distinguir la diferencia entre ácidos que varían en el contenido de H_2O.
di-:	Se usa para designar los ácidos formados por la unión de dos moléculas del ortoácido y que pierden una molécula de H_2O.

Peroxoácidos: Contienen un grupo peroxo (–O–O–) en vez de un grupo oxo (–O–).

Tioácidos: Contienen grupo azufre (S) en sustitución del oxígeno.

Nomenclatura sistemática para ácidos

Para conseguir una máxima sistematización de la nomenclatura de los ácidos, la IUPAC ha ideado un sistema **tan válido como el usado anteriormente.**

En él desaparecen las terminaciones -*oso* y -*ico* y los prefijos *orto-, meta- y di-.*

Nomenclatura ácida: Comienza con la palabra *ácido,* luego se indica el número de átomos de oxígeno que contiene y acaba con -*ico* referente al átomo central del ácido, suponiendo que todos los hidrógenos son ácidos. $HClO_3$ (ácido trioxoclórico), H_2SO_4 (ácido tetraoxosulfúrico).

Nomenclatura de hidrógeno: El ácido se nombra como si fuera una sal. Es un método totalmente sistemático: se indica el estado de oxidación del átomo central y el número de oxígenos del ácido, con lo que el número de hidrógenos queda fijado sistemáticamente. $HClO_3$ (trioxoclorato de hidrógeno), H_2SO_4 (tetraoxosulfato de dihidrógeno).

Algunos nombres de oxoácidos según la nomenclatura sistemática

	Nomenclatura ácida	*Nomenclatura de hidrógeno*
H_3BO_3	Ácido trioxobórico	Trioxoborato de trihidrógeno
H_2CO_3	Ácido trioxocarbónico	Trioxocarbonato de dihidrógeno
H_4SiO_4	Ácido tetraoxosilícico	Tetraoxosilicato de tetrahidrógeno
HNO_3	Ácido trioxonítrico	Trioxonitrato(-1) de hidrógeno
HNO_2	Ácido dioxonítrico	Dioxonitrato($1-$) de hidrógeno
H_3PO_4	Ácido tetraoxofosfórico	Tetraoxofosfato($3-$) de trihidrógeno
H_3AsO_4	Ácido tetraoxoarsénico	Tetraoxoarseniato de trihidrógeno
H_2SO_4	Ácido tetraoxosulfúrico	Tetraoxosulfato de dihidrógeno
H_2SO_3	Ácido trioxosulfúrico	Trioxosulfato de dihidrógeno
$H_2S_2O_3$	Ácido trioxotiosulfúrico	Trioxotiosulfato de dihidrógeno
H_2CrO_4	Ácido tetraoxocrómico	
$HClO_4$	Ácido tetraoxoclórico	Tetraoxoclorato de hidrógeno
$HClO_3$	Ácido trioxoclórico	Trioxoclorato de hidrógeno
$HClO_2$	Ácido dioxoclórico	Dioxoclorato de hidrógeno
$HClO$	Ácido monoxoclórico	Monoxoclorato de hidrógeno
HIO_4	Ácido tetraoxoyódico	Tetraoxoyodato de hidrógeno
HIO_3	Ácido trioxoyódico	Trioxoyodato de hidrógeno
H_5IO_6	Ácido hexaoxoyódico($5-$)	Hexaoxoyodato($5-$) de pentahidrógeno
$HMnO_4$	Ácido tetraoxomangánico($1-$)	
H_2MnO_4	Ácido tetraoxomangánico($2-$)	

La nomenclatura de hidrógeno no se aplica a los elementos de transición.

1.5 Cationes y aniones

Los **iones positivos** o cationes son átomos o agrupaciones de átomos que han perdido electrones. La carga positiva que poseen es igual al número de electrones perdidos. H^+, K^+, Ba^{2+}, NO_2^+, NH_4^+.

Catión monoatómico: Se nombra colocando primero la palabra *ión* o *catión* y luego el nombre del elemento indicando el número de oxidación.

Na^+ Ión sodio o catión sodio Cu^{2+} Ión cobre(II) o catión cobre(2+)

Fe^{3+} Ión hierro(III) o catión hierro(3+) H^+ Ión hidrógeno

Catión con más de un átomo igual: Se añade a la palabra *ión* o *catión* el nombre del elemento con prefijo numeral adecuado y el número de la carga.

Bi_5^{2+} Ión pentabismuto(2+) O_2^+ Catión dioxígeno(1+)

Hg_2^{2+} Ión dimercurio(2+) o catión dimercurio(I) N_2^+ Catión dinitrógeno(1+)

Catión poliatómico: Está formado por oxígenos y otro elemento. Se nombran con la palabra *ión* o *catión* y luego el nombre del elemento acabado en *-ilo*.

NO^+ Catión nitrosilo PO_2^{2+} Catión fosforilo

UO_2^{2+} Ión uranilo(VI) o uranilo(2+) UO_2^+ Ión uranilo(V) o uranilo(1+)

SO^{2+} Catión tionilo CO^{2+} Catión carbonilo

Catión poliatómico formado por la adición de protones a moléculas neutras: Se nombra añadiendo la terminación *-onio*, a un prefijo que indica el nombre de la molécula de la que derivan.

H_3O^+ Oxonio H_2F^+ Fluoronio H_2S^+ Sulfonio

NH_4^+ Amonio PH_4^+ Fosfonio AsH_4^+ Arsonio

Los **iones negativos** o *aniones* son átomos o agrupaciones de átomos que han ganado electrones. Cl^-, NO_3^-, SO_4^{2-}, OH^-, HPO_4^{2-}, etc.

Anión monoatómico: Se nombra colocando primero el nombre del elemento y acabando con el sufijo *-uro*. A veces puede acortarse el nombre.

H^- Hidruro Cl^- Cloruro Se^{2-} Seleniuro P^{3-} Fosfuro

F^- Fluoruro S^{2-} Sulfuro N^{3-} Nitruro C^{4-} Carburo

Anión con más de un átomo igual: Cuando el átomo que gana electrones (anión) es el oxígeno, se nombran con la terminación *-ido*. Cuando el anión está formado por átomos iguales que no son oxígeno, se nombran añadiendo el prefijo numeral del elemento y el número de carga.

O_2^{2-} Peróxido O_3^- Ozónido o trióxido(1−) S_2^{2-} Disulfuro(2−)

O_2^- Hiperóxido o dióxido(1−) N_3^- nitruro(1−) o aziduro O^{2-} Óxido

Los *aniones poliatómicos* de átomos distintos es mejor considerarlos como derivados de ácidos tal como se estudia en el Apartado 1.4.

1.6 Hidróxidos

Los hidróxidos son compuestos cuya molécula contiene el ión OH^-. Para formularlos y nombrarlos, se pueden considerar compuestos binarios formados por $X(OH)_n$ en que la parte electropositiva o catión pertenece a X y la parte electronegativa o anión pertenece a OH^-. Sus disoluciones acuosas son básicas y reciben por ello el nombre de bases.

Se nombran usando la palabra *hidróxido de*, seguida del *nombre del catión* indicando, si fuera preciso, el numeral del catión.

$Fe(OH)_2$	Hidróxido de hierro(II)	$Ca(OH)_2$	Hidróxido de calcio
$Ni(OH)_2$	Hidróxido de níquel(II)	KOH	Hidróxido de potasio

1.7 Sales

Las sales son compuestos que se forman al reaccionar un ácido con una base. Están constituidos por cationes, que se escriben en primer lugar, y aniones, que se escriben después. Por ejemplo, el Na_2S está formado por $2Na^+$ y S^{2-}.

Existen sales derivadas de *ácidos hidrácidos,* que se nombran con el elemento acabado en *-uro* y después se añade el nombre del catión que forma parte de la sal.

KCl	Cloruro de potasio	$NaCN$	Cianuro de sodio	CaI_2	Yoduro de calcio
Ag_2S	Sulfuro de plata	Al_2S_3	Sulfuro de aluminio	$LiBr$	Bromuro de litio

Existen sales derivadas de *ácidos oxácidos*, que se nombran colocando primero el elemento acabado en *-ito* y en *-ato* según el ácido acabe en -oso o en -ico respectivamente, luego la preposición *de* y el nombre del metal que forma parte de la sal, con el numeral del catión si fuera preciso.

$Al(NO_3)_3$	Nitrato de aluminio	$Co(NO_2)_2$	Nitrito de cobalto(II)
$Na_2S_2O_3$	Tiosulfato de sodio	$Fe(BrO_3)_3$	Bromato de hierro(III)
Ca_3PO_4	Fosfato de calcio	$NaClO$	Hipoclorito de sodio
$KClO_4$	Perclorato de potasio	$CsMnO_4$	Permanganato de cesio

Se pueden dividir las sales en los tipos siguientes:

$$
\text{Tipos} \begin{cases} \text{Sales ácidas} \\ \text{Sales dobles} \\ \text{Sales básicas (hidroxosales y oxiosales)} \\ \text{Sales hidratadas} \end{cases}
$$

Sales ácidas: Son sales que contienen hidrógenos sin sustituir. Se nombran colocando primero el término *hidrógeno* con un prefijo numeral, que indicará los hidrógenos no sustituidos, y luego el nombre de la sal.

$NaHCO_3$	Hidrógenocarbonato de sodio	$Ca(H_2PO_4)_2$	Dihidrógenofosfato de calcio
$Fe(HSO_4)_2$	Hidrógenosulfato de hierro(II)	Li_2HPO_3	Hidrógenofosfito de litio

Sales dobles: Son sales que poseen dos o más clases de cationes (pueden ser dobles, triples, etc). Se nombran colocando los cationes por orden alfabético del símbolo, y a continuación los aniones ordenados también alfabéticamente.

$LiNH_4PO_3$	Fosfito de amonio y litio	$BaBrCl$	Bromuro cloruro de bario
$KNaLiPO_4$	Fosfato de litio, potasio y sodio	$AgK(NO_3)_2$	Nitrato de plata y potasio
$KFeS_2$	Sulfuro de hierro(III) y potasio	$CsCaF_3$	Fluoruro de calcio y cesio

Sales básicas (hidroxosales y oxosales): Son sales que poseen iones óxido (O^{2-}) o bien iones hidróxido (OH^-). Se nombran y se formulan igual que las sales dobles. Se coloca en primer lugar la palabra *óxido* o *hidróxido*, según sea lo uno o lo otro, junto con el nombre de la sal correspondiente.

$PbO(CO_3)$	Oxicarbonato de plomo(IV)	$FeOCl$	Oxicloruro de hierro(III)
$Cu_2Br(OH)_3$	Trihidroxibromuro de dicobre	$CaCl(OH)$	Hidroxicloruro de calcio
$Al_2(OH)_4SO_4$	Tetrahidroxisulfato de aluminio	$CdI(OH)$	Hidroxiyoduro de cadmio

Sales hidratadas: Son sales que en estado sólido contienen moléculas de agua de cristalización. Se formulan colocando las moléculas de agua en último lugar y separadas por un punto de la fórmula de la sal. Se nombran añadiendo la palabra agua al nombre de la sal, mediante un guión, indicándose entre paréntesis, las proporciones de la sal y el agua.

$CuSO_4 \cdot 5H_2O$	Sulfato de cobre(II)-agua (1/5)
$8K_2S \cdot 46H_2O$	Sulfuro de potasio-agua (8/46)
$AlBr_3 \cdot 15H_2O$	Bromuro de aluminio-agua (1/15)
$Zn(BrO_3)_2 \cdot 6H_2O$	Bromato de cinc-agua (1/6)

1.8 Compuestos de coordinación o complejos

Los complejos son sustancias formadas por grupos de átomos unidos a un **átomo central** en mayor cantidad que el número de oxidación que le corresponde. El átomo central es casi siempre un catión de un elemento de transición que puede ser eléctrostáticamente neutro o puede ser iónico, de manera que los enlaces que lo unen a otros átomos pueden ser coordinados y reciben el nombre de *ligandos.* El número de coordinación del complejo es el número total de átomos de coordinación de los ligandos.

Compuesto de coordinación	Átomo central	Ligandos	Átomos de coordinación	Número de coordinación
$[Cu(H_2O)_4]^{2+}$	Cu	H_2O	O	4
$[Ag(NH_3)_2]^+$	Ag	NH_3	N	2
$[CoI_4]^{2-}$	Co	I^-	I	4
$[PdCl_2(NH_3)_2]$	Pd	Cl^- y NH_3	Cl y N	4

Para formular estos compuestos se escribe dentro de un corchete primero el símbolo del átomo central o núcleo seguido de los ligandos iónicos y después los ligandos neutros ordenados alfabéticamente por los símbolos de sus fórmulas. $[Au(OH)_4]^-$, $[Fe(CN)_6]^{4-}$, $[ICl_4]^-$, $[Fe(SCN)_6]^{3-}$.

Respecto a la nomenclatura de estos compuestos, se nombran en primer lugar alfabéticamente los nombres de los ligandos, tanto si son neutros como si son aniónicos, y se sigue con el nombre del átomo central.

Si los **ligandos son aniónicos** el nombre del átomo central se forma mediante la raíz del mismo y la terminación *-ato*, y si los **ligandos son neutros** o **catiónicos** no reciben terminación especial. Las proporciones de los sustituyentes se expresan mediante el número de oxidación del metal central, que se debe indicar con números romanos o con cargas.

Reglas para nombrar a los ligandos del compuesto de coordinación

Ligandos:
- *Neutros y catiónicos:* Se nombran igual que la molécula, excepto el agua *(aqua)* y el amoníaco *(ammina)*. Cuando los ligandos son CO y NO se les llama *carbonilo y nitrosilo* respectivamente.
- *Aniónicos:* Tanto los inorgánicos como los orgánicos terminan en –uro, -ito, -ato, como los aniones correspondientes. Por ejemplo, aniones hidruro (H^-), aniones nitrito (NO_2^-), aniones nitrato (NO_3^-), etc.

Los ligandos aniónicos poseen algunas excepciones a la regla anterior.

	Ligando		*Ligando*		*Ligando*		*Ligando*
F^-	fluoro	N_3^-	azido	O^{2-}	oxo	CH_3O^-	metoxo
Cl^-	cloro	NH^{2-}	imido	O_2^{2-}	peroxo	OCN^-	cianato
Br^-	bromo	NH_2^-	amido	OH^-	hidroxo	SCN^-	tiocianato
I^-	yodo	CN^-	ciano	HS^-	sulfanuro	NH_2OH	hidroxilamido

Ejemplos de nomenclatura de algunos iones y compuestos de coordinación:

$Na_3[AlF_6]$	Hexafluoroaluminato(III) de sodio o hexafuoroaluminato(3−) de sodio
$[Au(OH)_4]^-$	Ión tetrahidroxoaurato(III) o ión tetrahidroxoaurato(1−)
$Ag[Pt(CN)_4]$	Tetracianoplatinato(III) de plata o tetracianoplatinato(1−) de plata
$[Fe(SCN)_6]^{3-}$	Ión hexatiocianoferrato(III) o ión hexatiocianoferrato(3−)
$Na[AlH_4]$	Tetrahidruroaluminato(III) de litio o tetrahidruroaluminato(1−) de litio
$K_4[Fe(CN)_6]$	Hexacianoferrato(II) de potasio o hexacianoferrato(4−) de potasio
$K_3[Co(NO_2)_6]$	Hexanitrocobaltato(III) de potasio o hexanitrocobaltato(3−) de potasio
$[Cr(CN)_4(NH_3)]^-$	Ión amminatetracianocromato(III) o ión amminatetracianocromato(1−)
$[Fe(H_2O)_6]^{2+}$	Ión hexaaquohierro(II) o ión hexaaquohierro(2+)

1.9 Hidrocarburos saturados o alcanos

Los hidrocarburos saturados contienen carbono e hidrógeno y tienen en su molécula enlaces simples entre carbonos y entre carbono e hidrógeno. Estos enlaces son σ.

En los alcanos, el carbono es tetravalente (hibridación sp^3) (ver tema 4: Enlace covalente) y los enlaces están dirigidos hacia los vértices de un tetraedro regular con ángulos de enlace tetraédricos de 109,5°.

1.9.1 Alcanos de cadena lineal y ramificados

Los cuatro primeros *alcanos lineales* de esta serie reciben nombres propios y característicos, mientras que los restantes se nombran mediante el prefijo griego que indica el número de carbonos que posee el compuesto y acabado en -*ano*. Su fórmula general es C_nH_{2n+2}.

Nombre	Fórmula molecular	Fórmula en cadena	Fórmula de Lewis	Fórmula en líneas
Metano	CH_4	CH_4	$\begin{array}{c} H \\ | \\ H-C-H \\ | \\ H \end{array}$	
Etano	C_2H_6	$CH_3 - CH_3$	$\begin{array}{c} H \ \ H \\ |\ \ \ | \\ H-C-C-H \\ |\ \ \ | \\ H \ \ H \end{array}$	
Propano	C_3H_8	$CH_3 - CH_2 - CH_3$	$\begin{array}{c} H\ \ H\ \ H \\ |\ \ \ |\ \ \ | \\ H-C-C-C-H \\ |\ \ \ |\ \ \ | \\ H\ \ H\ \ H \end{array}$	$\land$
Butano	C_4H_{10}	$CH_3 - (CH_2)_2 - CH_3$	$\begin{array}{c} H\ H\ H\ H \\ |\ \ |\ \ |\ \ | \\ H-C-C-C-C-H \\ |\ \ |\ \ |\ \ | \\ H\ H\ H\ H \end{array}$	$\lor\!\land$
Pentano	C_5H_{12}	$CH_3 - (CH_2)_3 - CH_3$	$\begin{array}{c} H\ H\ H\ H\ H \\ |\ \ |\ \ |\ \ |\ \ | \\ H-C-C-C-C-C-H \\ |\ \ |\ \ |\ \ |\ \ | \\ H\ H\ H\ H\ H \end{array}$	$\land\!\lor\!\land$

Los nombres de hidrocarburos con más carbonos son: hexano (6C), heptano (7C), octano (8C), nonano (9C), decano (10C), dodecano (12C), eicosano (20C), heneicosano (21C), docosano (22C), triacontano (30C), hentriacontano (31), etc.

Un *alcano ramificado* de fórmula molecular $C_{13}H_{28}$ puede ser el siguiente:

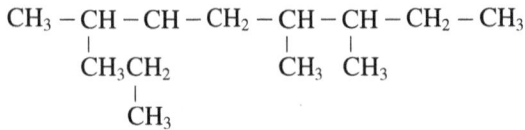

$$CH_3 - CH - CH - CH_2 - CH - CH - CH_2 - CH_3$$

with branches:
- under second CH: CH_3CH_2 then CH_3
- under fifth CH: CH_3
- under sixth CH: CH_3

Fórmula estructural   Fórmula en líneas

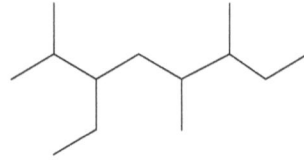

Para los *alcanos ramificados* es necesario nombrar en primer lugar las cadenas laterales del hidrocarburo (alquilos), con el prefijo de los alcanos lineales, y se termina el radical en *-ilo*.

Nombres de grupos alquilo sencillos

$-CH_3$	metilo	$-CH_2 - CH_2 - CH_2 - CH_3$	butilo
$-CH_2 - CH_3$	etilo	$-CH_2 - CH_2 - CH_2 - CH_2 - CH_3$	pentilo
$-CH_2 - CH_2 - CH_3$	propilo	$-CH_2 - CH_2 - CH_2 - CH_2 - CH_2 - CH_3$	hexilo

Nombres de grupos alquilo ramificados

$- CHCH_2\,CH_2\,CH_2\,CH_3$ 1-metilpentilo (branch CH_3)

$- CHCH_2\,CHCH_3$ 1,3-dimetilbutilo (branches CH_3, CH_3)

$- CH_2\,CHCH_2CH_2CH_3$ 2-metilpentilo (branch CH_3)

$- CH_2\,CCH_2CH_3$ 2,2-dimetilbutilo (top branch CH_3, bottom branch CH_3)

Nombres propios de grupos alquilo ramificados

$- CHCH_3$ isopropilo (branch CH_3)

$- CHCH_2CH_3$ *sec*-butilo (branch CH_3)

$- CH_2\,CHCH_3$ isobutilo (branch CH_3)

$- C - CH_3$ *terc*-butilo (top branch CH_3, bottom branch CH_3)

$- CH_2CH_2\,CHCH_3$ isopentilo (branch CH_3)

$- C - CH_2CH_3$ *terc*-pentilo (top branch CH_3, bottom branch CH_3)

Criterios para la determinación del nombre de un alcano acíclico con sustituyentes alquilo o ramificado

1. Se elige la cadena principal del alcano, que es la que tiene mayor número de carbonos.

   - Si hay dos cadenas de igual longitud, se escoge la que tiene mayor número de cadenas laterales.
   - Si las dos cadenas coinciden también en el número de cadenas laterales, se escoge aquella en la que los números de los carbonos con cadenas laterales sean menores.

2. Se numeran los carbonos de la cadena principal de manera que los carbonos con sustituyentes tengan los números menores.

3. Se nombran los grupos laterales o sustituyentes alquilo en primer lugar y luego la cadena principal. Los sustituyentes se ordenan:

   - Alfabéticamente cuando son grupos sencillos; no se tienen en cuenta los prefijos di-, tri-, etc.
   - Por la primera letra del grupo (no por el número) cuando son más complejos; si poseen prefijos en cursiva como *sec-* y *terc-*, no se tienen en cuenta.

☐ Ejemplos prácticos de nomenclatura:

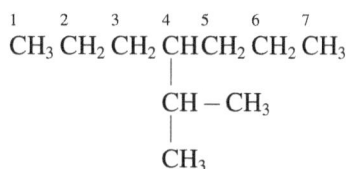

$$\overset{1}{CH_3}\ \overset{2}{CH_2}\ \overset{3}{CH_2}\ \overset{4}{CH}\overset{5}{CH_2}\ \overset{6}{CH_2}\ \overset{7}{CH_3}$$
$$|$$
$$CH - CH_3$$
$$|$$
$$CH_3$$

4-isopropilheptano

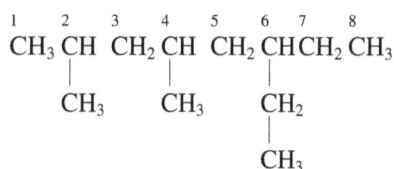

$$\overset{1}{CH_3}\ \overset{2}{CH}\ \overset{3}{CH_2}\ \overset{4}{CH}\ \overset{5}{CH_2}\ \overset{6}{CH}\overset{7}{CH_2}\ \overset{8}{CH_3}$$
$$\quad\ \ |\qquad\ \ |\qquad\ \ |$$
$$\quad\ CH_3\quad\ \ CH_3\quad\ \ CH_2$$
$$\qquad\qquad\qquad\qquad\ |$$
$$\qquad\qquad\qquad\qquad CH_3$$

6-etil-2,4-dimetiloctano
(*etil* antes que *metil*)

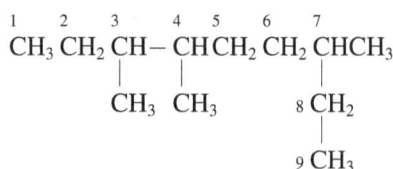

$$\overset{1}{CH_3}\ \overset{2}{CH_2}\ \overset{3}{CH}-\overset{4}{CH}\overset{5}{CH_2}\ \overset{6}{CH_2}\ \overset{7}{CH}CH_3$$
$$\qquad\qquad\ |\quad\ \ |\qquad\qquad\quad |$$
$$\qquad\quad CH_3\ CH_3\qquad\quad _8CH_2$$
$$\qquad\qquad\qquad\qquad\qquad\quad _9CH_3$$

7-etil-3,4-dimetilnonano

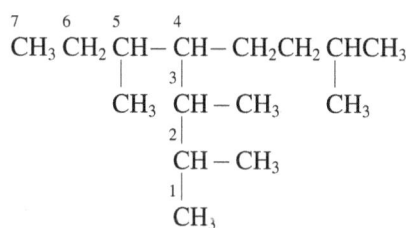

$$\overset{7}{CH_3}\ \overset{6}{CH_2}\ \overset{5}{CH}-\overset{4}{CH}-CH_2CH_2\ CHCH_3$$
$$\qquad\qquad\ |\qquad _3|\qquad\qquad\qquad |$$
$$\qquad\quad CH_3\ CH-CH_3\qquad CH_3$$
$$\qquad\qquad\qquad\ _2|$$
$$\qquad\qquad\qquad\ CH-CH_3$$
$$\qquad\qquad\qquad\ _1|$$
$$\qquad\qquad\qquad\ CH_3$$

4-isobutil-2,3,5-trimetilheptano
NO ES: (4-(1,2-dimetilpropil)-2,5-dimetilheptano)

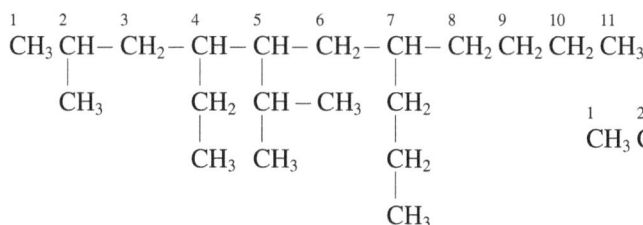

$$\overset{1}{CH_3}\ \overset{2}{CH}-\overset{3}{CH_2}-\overset{4}{CH}-\overset{5}{CH}-\overset{6}{CH_2}-\overset{7}{CH}-\overset{8}{CH_2}\ \overset{9}{CH_2}\ \overset{10}{CH_2}\ \overset{11}{CH_3}$$
$$\qquad\ |\qquad\qquad\ |\quad\ |\qquad\ \ |$$
$$\quad\ CH_3\qquad\quad CH_2\ CH-CH_3\ CH_2$$
$$\qquad\qquad\qquad\quad |\quad\ |\qquad\qquad |$$
$$\qquad\qquad\qquad CH_3\ CH_3\qquad\quad CH_2$$
$$\qquad\qquad\qquad\qquad\qquad\qquad\qquad |$$
$$\qquad\qquad\qquad\qquad\qquad\qquad\quad CH_3$$

4-etil-5-isopropil-3-metil-7-propilundecano
(orden alfabético de los alquilos)

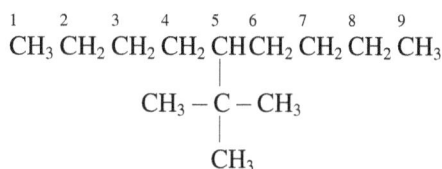

$$\overset{1}{CH_3}\ \overset{2}{CH_2}\ \overset{3}{CH_2}\ \overset{4}{CH_2}\ \overset{5}{CH}\overset{6}{CH_2}\ \overset{7}{CH_2}\ \overset{8}{CH_2}\ \overset{9}{CH_3}$$
$$\qquad\qquad\qquad\qquad\quad |$$
$$\qquad\qquad\qquad CH_3-C-CH_3$$
$$\qquad\qquad\qquad\qquad\quad |$$
$$\qquad\qquad\qquad\qquad\ CH_3$$

5-*terc*-butilnonano

1.9.2 Alcanos cíclicos o cicloalcanos. Isomería cis-trans

Los hidrocarburos saturados cíclicos se nombran colocando en primer lugar la palabra *ciclo-* y después el nombre del alcano correspondiente de cadena acíclica. Su fórmula molecular es C_nH_{2n} (2H menos que los alcanos equivalentes).

Nombre	F. molecular	F. cíclica	Representación
Ciclopropano	C_3H_6		
Ciclobutano	C_4H_8		
Ciclopentano	C_5H_{10}		
Ciclohexano	C_6H_{12}		

Los radicales cíclicos se nombran como los cicloalcanos pero terminando su nombre en *—ilo* como los demás radicales.

ciclobutilo   ciclopentilo   ciclohexilo

En la mayoría de los casos, es mejor considerar el cicloalcano como núcleo central que tiene radicales, que se nombran en primer lugar, y luego se acaba con el nombre del cicloalcano correspondiente. Si fuera necesario, el lugar que ocupan los radicales se señala con números.

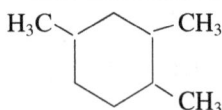

1,2,4-trimetilciclohexano
(los menores números)

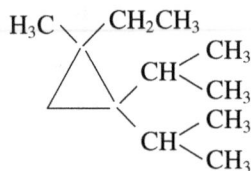

1-etil-2,2-diisopropil-
-1-metilciclopropano
(orden alfabético)

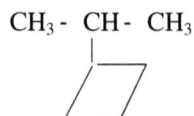

2-ciclobutilpropano =
= isopropilciclobutano

Isomería cis-trans la poseen algunos ciclos cuando poseen dos o más radicales unidos al ciclo y en carbonos distintos.

La molécula cíclica no es la misma para el 1,2-dimetilbutano según se encuentren los 2 metilos al mismo o distinto lado del plano que contiene el ciclo. Son dos isómeros: uno es *cis-* (igual lado) y el otro es *trans-* (distinto lado).

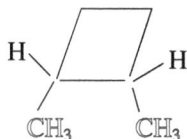   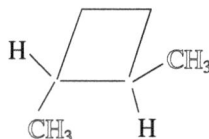

cis-1,2-dimetilciclobutano   *trans*-1,2-dimetilciclobutano

A veces, los radicales unidos a los ciclos se representan con línea continua fuerte y línea discontinua, para indicar de esta manera si los radicales están en el mismo lado o en lados distintos, con lo que se nombran también como *cis-* y *trans-*.

Para el 1,3-dimetilciclobutano:

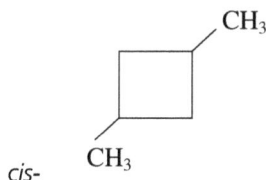   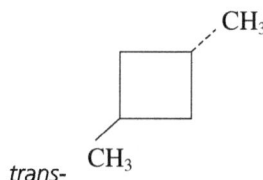

cis-   *trans-*

(El radical metilo puede simplificarse como Me, el etilo como Et, etc.)

1.10 Hidrocarburos insaturados, alquenos y alquinos

Los hidrocarburos insaturados son los que poseen dobles o triples enlaces entre carbonos en la molécula.

1.10.1 Alquenos. Isomería cis-trans o Z-E. Alquenos cíclicos

Los alquenos son hidrocarburos lineales o ramificados que contienen un *doble enlace entre carbonos.*

Estos carbonos están situados en el plano y su hibridación es sp^2 con un ángulo de enlace de aproximadamente 120°. De los dos enlaces covalentes que unen los dos carbonos uno es σ y el otro es π. Su fórmula molecular es C_nH_{2n}. (Ver tema 4: Enlace covalente)

Se nombran como los alcanos, pero cambiando la terminación *-ano* por *-eno.*

La posición del doble enlace se indica numerando los enlaces de la molécula, procurando que los números sean los más bajos posibles. Si hay dos dobles enlaces en la molécula se usa el término *-dieno,* si hay tres *-trieno,* etc.

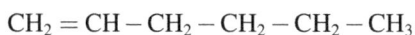   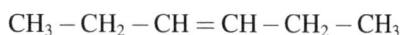

$$CH_2 = CH - CH_2 - CH_2 - CH_2 - CH_3$$
1-hexeno o
hex-1-eno

$$CH_3 - CH_2 - CH = CH - CH_2 - CH_3$$
3-hexeno o
hex-3-eno

$$CH_3 - CH = CH - CH_2 - CH_2 - CH_3 \qquad CH_2 = CH - CH = CH_2$$

2-hexeno o hex-2-eno   1,3-butadieno

Cuando en la molécula orgánica hay ramificaciones, la cadena principal es la que contiene el doble enlace, aunque exista otra más larga. Si hay más dobles enlaces en la molécula, la cadena principal es la que contiene mayor número de dobles enlaces.

Se nombran primero las ramificaciones o radicales acabados en *—il* y después la cadena principal del doble enlace acabada en *—eno*. El doble enlace debe poseer el número más bajo.

$$\overset{1}{CH_2} = \overset{2}{CH} - \overset{3}{CH_2} - \overset{4}{CH} - \overset{5}{CH_2} - \overset{6}{CH} - \overset{7}{CH_3} \qquad \overset{1}{CH_2} = \overset{2}{C} - \overset{3}{CH_2} - \overset{4}{CH_2} - \overset{5}{CH_3}$$

$$\quad\quad\quad\quad\quad | \quad\quad\quad | \quad\quad\quad\quad\quad\quad\quad\quad\quad |$$

$$\quad\quad\quad\quad CH_3 \quad CH_3 \quad\quad\quad\quad\quad\quad\quad\quad CH_2 - CH_3$$

4,6-dimetil-1-hepteno   2-etil-1-penteno

$$\overset{1}{CH_3} - \overset{2}{CH} = \overset{3}{CH} - \overset{4}{CH} - \overset{5}{CH_2} - \overset{6}{CH_3}$$

$$\quad\quad\quad\quad\quad\quad\quad\quad |$$

$$\quad\quad\quad\quad\quad\quad\quad CH_2 - CH_3$$

4-etil-2-hexeno

Isomería *cis-trans* o *Z-E*

Cuando un carbono de un doble enlace tiene los dos radicales distintos y el otro carbono del doble enlace también tiene los dos radicales distintos, el doble enlace posee isomería *cis-trans* o $Z - E$ (isomería geométrica).

cis-3-hepteno   trans-3-hepteno

Isómero *cis*: Radicales iguales al *mismo* lado.   Isómero *trans*: Radicales iguales a *distinto* lado.

Cuando todos los radicales o sustituyentes unidos a los dos carbonos del doble enlace son distintos, se debe utilizar la *nomenclatura Z-E* que es más general. (Del aleman Z (*zusammem*: "juntos") y E (*entgegen*: "opuestos")).

El sistema de nomenclatura *Z-E* se basa en establecer prioridades entre la izquierda y la derecha del doble enlace. Si los grupos preferentes de los dos carbonos están juntos, el isómero es *Z*, y si están opuestos, el isómero es *E*.

Las prioridades de los radicales están en función del número atómico: mayor número atómico implica mayor preferencia.

Si los átomos de los radicales unidos al carbono del doble enlace son iguales, se comparan con los átomos siguientes del radical, y así sucesivamente.

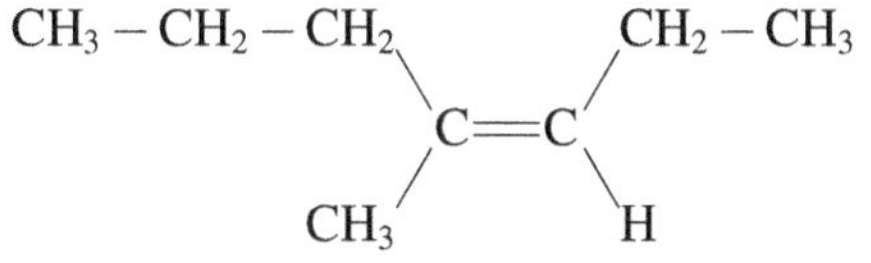

(Z)-4-metil-3-hepteno

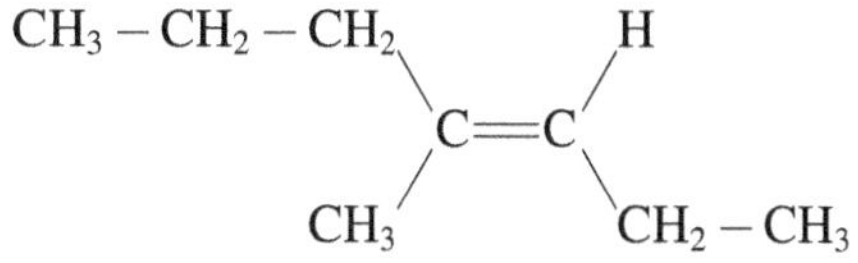

(E)-4-metil-3-hepteno

C de la izquierda del doble enlace grupo prioritario: ⇨ *propilo* en vez de *metilo*

C de la derecha del doble enlace grupo prioritario: ⇨ *etilo* en vez de *hidrógeno*

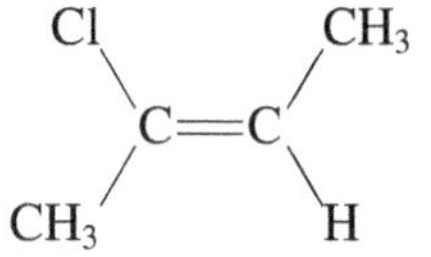

(Z)-2-cloro-2-buteno

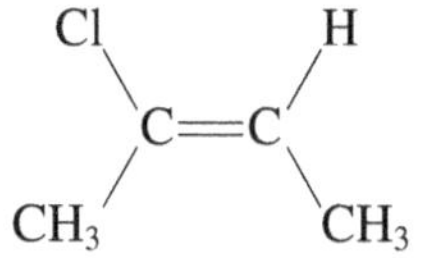

(E)-2-cloro-2-buteno

C de la izquierda del doble enlace grupo prioritario: ⇨ *cloro* en vez de *metilo*

C de la derecha del doble enlace grupo prioritario: ⇨ *metilo* en vez de *hidrógeno*

Alquenos cíclicos

Cuando el doble enlace está integrado dentro de un anillo o ciclo, se añade el prefijo *ciclo* al nombre del alqueno.

El doble enlace tiene preferencia al numerar los carbonos; luego debe tener el número más bajo posible.

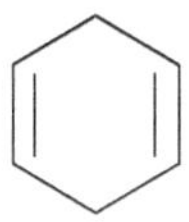

1,4-ciclohexadieno

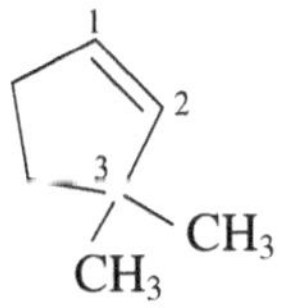

3,3-dimetilciclopenteno

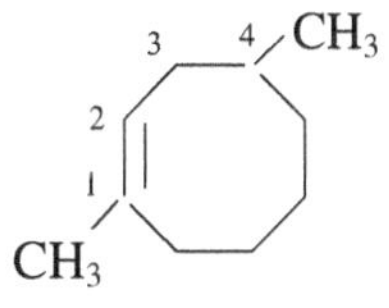

1,4-dimetilcicloocteno

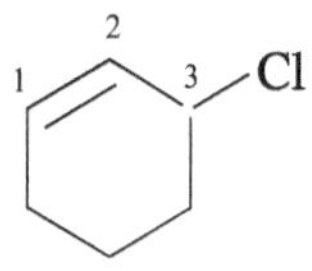

3-clorociclohexeno

Solo en los casos de ciclos que posean muchos carbonos puede ser posible que el doble enlace cíclico tenga isómero *Z* o isómero *E*.

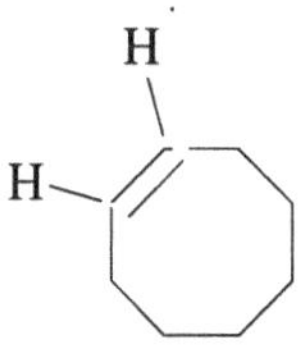

(Z)-cicloocteno

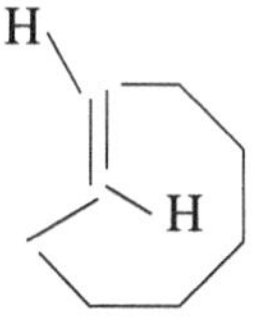

(E)-cicloocteno

1.10.2 Alquinos

Los alquinos son hidrocarburos lineales o ramificados que contienen un *triple enlace entre carbonos*.

Estos carbonos están en línea recta y su hibridación es sp con un ángulo de enlace de $180°$. De los tres enlaces covalentes que unen los dos carbonos, uno es σ y dos son π. Su fórmula molecular es C_nH_{2n-2}. (Ver tema 4: Enlace covalente)

Se *nombran* como los alcanos pero cambiando la terminación *-ano* por *-ino*.

La posición del triple enlace se indica numerando los enlaces de la molécula, procurando que los números sean los más bajos posibles. Si hay dos o más triples enlaces en la molécula, se usan los prefijos *-di, -tri, -tetra*, etc.

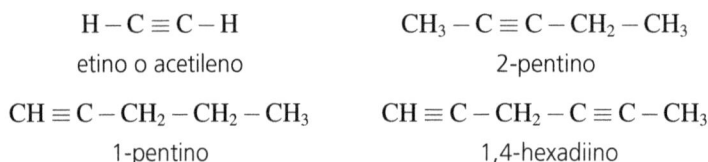

$$H - C \equiv C - H$$
etino o acetileno

$$CH_3 - C \equiv C - CH_2 - CH_3$$
2-pentino

$$CH \equiv C - CH_2 - CH_2 - CH_3$$
1-pentino

$$CH \equiv C - CH_2 - C \equiv C - CH_3$$
1,4-hexadiino

1.10.3 Hidrocarburos con dobles y triples enlaces

Para nombrarlos, se deben señalar tanto el número de dobles enlaces como el de triples enlaces. La cadena principal es la que posee mayor número de insaturaciones y se procura que los números de las insaturaciones sean los más bajos posibles tanto si se deben a dobles enlaces como a triples.

Se da preferencia a los *dobles enlaces* frente a los triples cuando el número de insaturaciones coinciden si se empieza a numerar por la derecha de la cadena o por la izquierda.

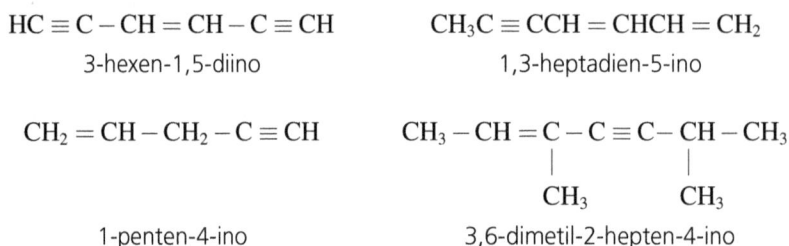

$$HC \equiv C - CH = CH - C \equiv CH$$
3-hexen-1,5-diino

$$CH_3C \equiv CCH = CHCH = CH_2$$
1,3-heptadien-5-ino

$$CH_2 = CH - CH_2 - C \equiv CH$$
1-penten-4-ino

$$CH_3 - CH = C - C \equiv C- CH - CH_3$$
$$\qquad\quad | \qquad\qquad\quad |$$
$$\qquad\quad CH_3 \qquad\quad CH_3$$
3,6-dimetil-2-hepten-4-ino

Ramificaciones con dobles y triples enlaces (Radicales alquenil y alquinil)

Ya se ha visto que la cadena principal de un hidrocarburo es la más larga en número de carbonos o, si esto no es suficiente, la cadena principal es la que posee más insaturaciones o la que tiene más dobles enlaces. Puede ocurrir que sea la cadena lateral la que posea los dobles o los triples enlaces. Luego es necesario conocer el nombre de algunos radicales con dobles y triples enlaces.

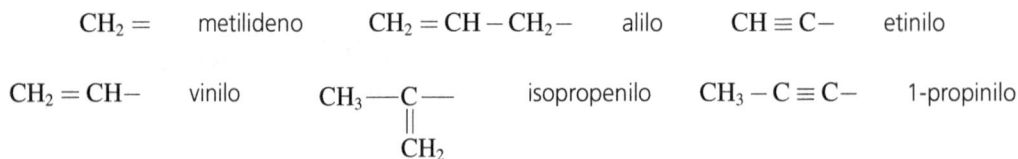

$$CH_2 =$$ metilideno $\qquad CH_2 = CH - CH_2-$ alilo $\qquad CH \equiv C-$ etinilo

$$CH_2 = CH-$$ vinilo $\qquad CH_3 - \underset{\underset{CH_2}{\|}}{C} -$ isopropenilo $\qquad CH_3 - C \equiv C-$ 1-propinilo

■ Ejemplo:

$$\overset{6}{CH}=\overset{7}{CH_2}$$
$$\overset{1}{CH}\equiv\overset{2}{C}-\overset{3}{CH}=\overset{4}{C}-\overset{5}{CH}-CH_3$$
$$CH_2-C\equiv CH$$

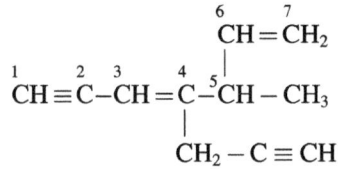

5-metil-4-(2-propinil)-3,6-heptadien-1-ino

1.11 Hidrocarburos aromáticos

El benceno es un hidrocarburo aromático monocíclico de gran estabilidad, debido a sus dobles enlaces alternados, que poseen resonancia.

El nombre general de los hidrocarburos aromáticos con un ciclo o más es el de *areno* y los radicales derivados de ellos son *arilos*.

Benceno (C_6H_6)

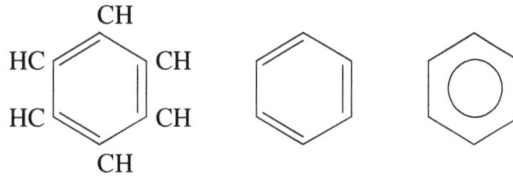

Los sustituyentes del benceno se nombran como se nombran los radicales y se termina con la palabra *benceno*.

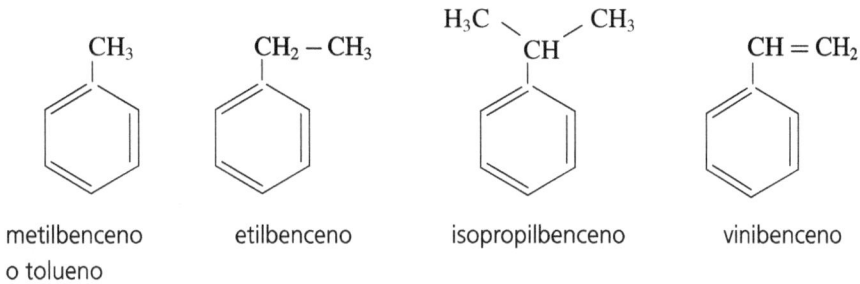

metilbenceno
o tolueno

etilbenceno

isopropilbenceno

vinibenceno

Si hay dos sustituyentes, se nombran numerando los C o usando los prefijos *o- (orto), m- (meta)* o *p- (para)*.

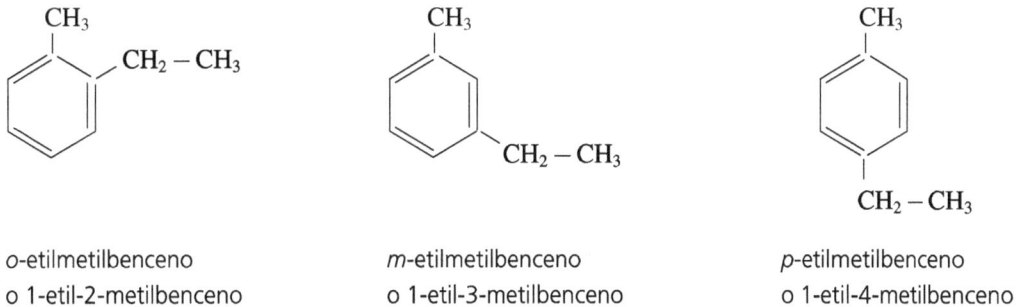

o-etilmetilbenceno
o 1-etil-2-metilbenceno

m-etilmetilbenceno
o 1-etil-3-metilbenceno

p-etilmetilbenceno
o 1-etil-4-metilbenceno

Si hay más de dos sustituyentes o radicales en el anillo bencénico, se numeran procurando que los números sean los menores posibles por orden alfabético y siguiendo las agujas del reloj.

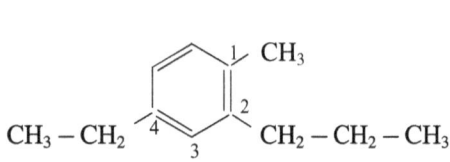

4-etil-1-metil-2-propilbenceno

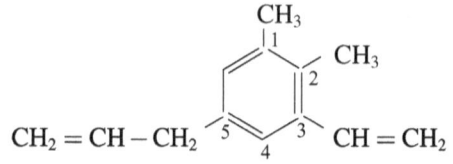

5-alil-1,2-dimetil-3-vinilbenceno

Nombres comunes de algunos arenos

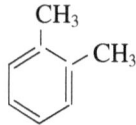

tolueno

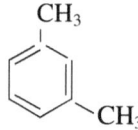

o-xileno

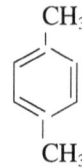

m-xileno

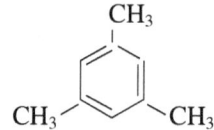

p-xileno   mesitileno

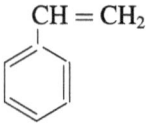

estireno

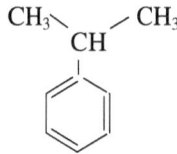

cumeno

naftaleno   antraceno   fenantreno

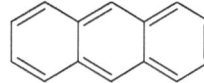

1.12 Derivados halogenados

Son hidrocarburos que poseen en su molécula átomos de halógeno (F, Cl, Br y I), que al ser monovalentes sustituyen hidrógenos.

Se nombran citando primero el nombre del halógeno y después la molécula del hidrocarburo, colocando los halógenos por orden alfabético si hay más de uno. También es posible nombrarlos como si fueran "haluros de alquilo".

Los dobles y triples enlaces son predominantes para hallar la cadena principal y deben tener la numeración menor.

$$CH_3 - CH_2 - CH_2Cl$$

1-cloropropano o
cloruro de propilo

$$CH_2Br - CH_2Br$$

1,2-dibromoetano o
dibromuro de etileno

$$CH_2Cl - CBr_2 - CH_2 - CH_2I$$

2,2-dibromo-1-cloro-
-4-yodobutano

$$CH_2 = CH - CHI - CH_2I$$

3,4-diyodo-1-buteno

1-cloro-2-fluorobenceno   *o*-diclorobenceno   hexafluorobenceno   *p*-dibromobenceno

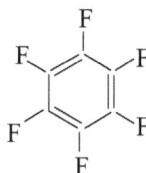

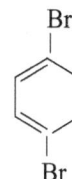

Nombres comunes de algunos halógenos:

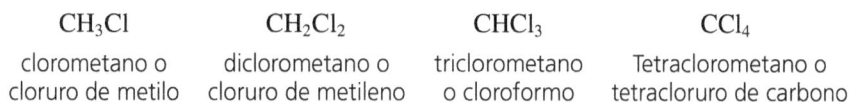

$$CHF_3 \qquad CHBr_3 \qquad CHI_3$$
fluoroformo   bromoformo   yodoformo

$$CH_3Cl \qquad CH_2Cl_2 \qquad CHCl_3 \qquad CCl_4$$

clorometano o	diclorometano o	triclorometano	Tetraclorometano o
cloruro de metilo	cloruro de metileno	o cloroformo	tetracloruro de carbono

1.13 Alcoholes, fenoles y éteres

En los alcoholes, en los fenoles y en los éteres, el oxígeno que forma parte de estas moléculas está unido al carbono por enlace simple σ.

Todos ellos tienen relación con la molécula de agua.

$$H-O-H \qquad R-O-H \qquad Ar-O-H \qquad \underbrace{R-O-R' \qquad R-O-Ar \qquad Ar-O-Ar}$$

Agua   Alcohol   Fenol   Éteres

R es un radical alquilo, alquenilo o alquinilo. Ar es un radical fenilo.

Alcoholes

En los alcoholes se sustituye un H del hidrocarburo por un OH y el alcohol se nombra añadiendo al nombre del hidrocarburo la terminación -*ol*. También puede nombrarse primero la palabra alcohol y luego el radical alquílico.

Cuando el grupo OH no es la función principal en el hidrocarburo sino que actúa como sustituyente en la molécula, se usa en la nomenclatura del compuesto el prefijo *hidroxi-*. (Apéndice 1)

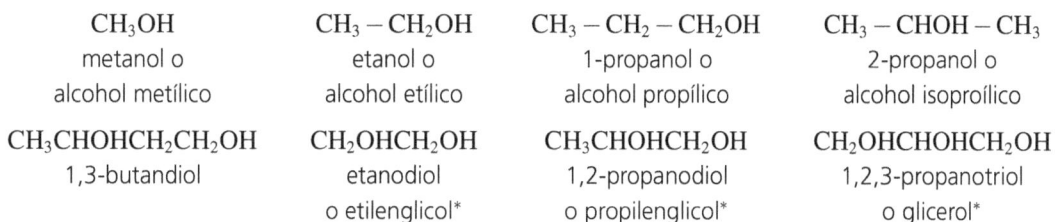

CH_3OH	CH_3-CH_2OH	$CH_3-CH_2-CH_2OH$	$CH_3-CHOH-CH_3$
metanol o	etanol o	1-propanol o	2-propanol o
alcohol metílico	alcohol etílico	alcohol propílico	alcohol isoproílico

$CH_3CHOHCH_2CH_2OH$	CH_2OHCH_2OH	$CH_3CHOHCH_2OH$	$CH_2OHCHOHCH_2OH$
1,3-butanodiol	etanodiol	1,2-propanodiol	1,2,3-propanotriol
	o etilenglicol*	o propilenglicol*	o glicerol*

(* Nombres vulgares aceptados por la IUPAC)

La función alcohol es la prioritaria frente a las insaturaciones y es la que debe tener la numeración menor de la cadena del hidrocarburo.

$$CH_3 - CH = CH - CHOH - CH_3$$

3-penten-2-ol

$$CH \equiv C - CH = CH - CH_2OH$$

2-penten-4-in-1-ol

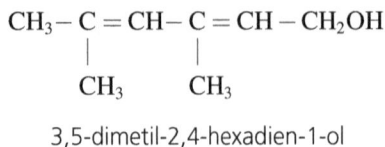

3,5-dimetil-2,4-hexadien-1-ol

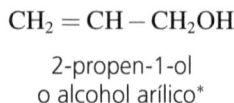

$$CH_2 = CH - CH_2OH$$

2-propen-1-ol
o alcohol arílico*

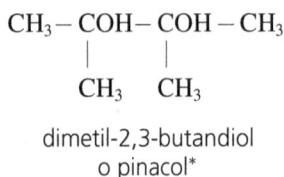

dimetil-2,3-butandiol
o pinacol*

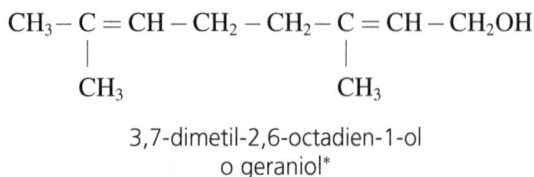

3,7-dimetil-2,6-octadien-1-ol
o geraniol*

(* Nombres vulgares aceptados por IUPAC)

Fenoles

Son alcoholes aromáticos derivados del benceno, de fórmula $Ar - O - H$, siendo Ar el radical fenilo. Se nombran como los alcoholes colocando en primer lugar el nombre del hidrocarburo aromático y terminando en -ol.

Igual que en la nomenclatura de los hidrocarburos aromáticos, si es preciso se colocan números para indicar las posiciones del grupo $-OH$.

Si en el anillo aromático hay algún sustituyente o radical más importante que la función alcohol, se usa el prefijo hidroxi- para nombrarlo. (Apéndice 1)

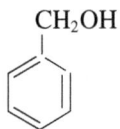

fenol*   alcohol bencílico   pirocatecol*   resorcinol*   hidroquinona*

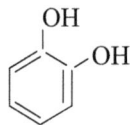

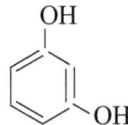

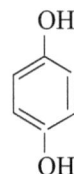

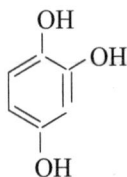

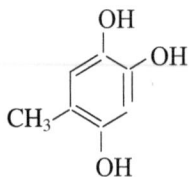

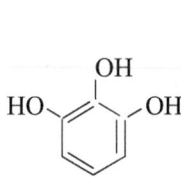

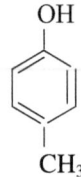

1,2,4-bencentriol   5-metil-1,2,4-bencentriol   pirogalol*   cresol*   2-naftol

(* Nombres vulgares aceptados por la IUPAC)
(Pirocatecol, resorcinol e hidroquinona son o-, m-, p-dihidroxibenceno)

Éteres

Su fórmula es $R - O - R'$ pudiendo ser los radicales R y R' también aromáticos.

Se pueden nombrar de dos maneras ambas correctas:

1. Nombrando primero los dos radicales R y R' por orden alfabético y después la palabra *éter*.
2. Nombrando primero la parte de la molécula $-O - R'$ menos compleja como *alcoxi-* (*metoxi-, etoxi-, etc.*) y después añadiendo el radical más complejo R igual que si fuera un hidrocarburo. (Apéndice 1)

$$CH_3 - CH_2 - O - CH_3$$

etil metil éter
metoxietano

$$CH_3 - CH_2 - O - CH = CH_2$$

etil vinil éter
etoxietileno

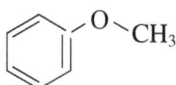

fenil metil éter
metoxibenceno o anisol*

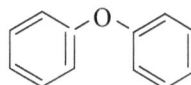

difenil éter
éter difenílico o fenoxibenceno

(* Nombres vulgares aceptados por la IUPAC)

1.14 Aldehídos y cetonas

Los aldehídos y las cetonas son compuestos orgánicos que poseen en su molécula un grupo *carbonilo,* que es un doble enlace que une el carbono con el oxígeno. La hibridación de ambos es sp^2 (planar), siendo un enlace σ y el otro enlace π, (ver tema 4: Enlace covalente)

Fórmula de los aldehídos: $R - C \underset{H}{\overset{O}{<}}$

Fórmula de las cetonas: $R - C \underset{R'}{\overset{O}{<}}$

Aldehídos

Se nombran poniendo como raíz el nombre del hidrocarburo que lo forma y añadiendo el sufijo *-al*. (Observar por la fórmula que la función aldehído siempre es terminal en la cadena molecular).

La cadena se empieza a numerar por el extremo donde está el grupo *carbonilo,* que tiene preferencia sobre: dobles y triples enlaces, grupos alquilo y arilo, halógenos, funciones OH (alcohol) y OR (éter). (Apéndice 1)

$$H - CHO$$

metanal o
formaldehído

$$CH_3 - CHO$$

etanal o
acetaldehído

$$CHO - CH_2 - CHO$$

propanodial

$$CH_2 = CH - CH_2 - CHO$$

3-butenal

$$CH_2 = C - CH_2 - CHO$$
$$|$$
$$CH_3$$

3-metil-3-butenal

Cetonas

Se pueden nombrar de dos maneras ambas correctas:

1. Nombrando el hidrocarburo del que deriva y añadiendo el sufijo –ona. La función cetona se indica numerándola con el número menor posible.
2. Nombrando en primer lugar, por orden alfabético, los radicales R y R' que están unidos a la función $-CO-$ y acabando con la palabra *cetona*.

Observar por la fórmula que la función cetona nunca es terminal sino que se encuentra en medio de la cadena molecular. (Apéndice 1)

$$CH_3 - CO - CH_3$$
propanona
dimetil cetona
acetona*

$$CH_3 - CH_2 - CH_2 - CO - CH_3$$
2-pentanona
metil propil cetona

$$CH_3 - CH_2 - CO - CH_2 - CH_3$$
3-pentanona
dietil cetona

$$CH_2 = CH - CO - CH_3$$
3-buten-2-ona
metil vinil cetona

$$CH_2 = CH - CH_2 - CO - CH_3$$
4-penten-2-ona
alil metil cetona

$$CH_3 - CO - CH = C - CH_3$$
$$| $$
$$CH_3$$
4-metil-3-penten-2-ona

$$CH_3 - CH - CH_2 - CO - CH = C - CH_3$$
$$| $$
$$CH_3$$
2-fenil-2-metil-2-hepten-4-ona

Igual que en los aldehídos, el grupo *carbonilo* de las cetonas tiene preferencia sobre: dobles y triples enlaces, grupos alquilo y arilo, halógenos, funciones OH (alcohol) y funciones OR (éter).

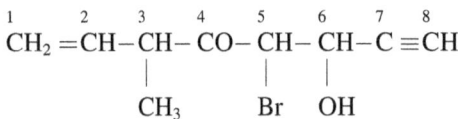

$$\overset{1}{CH_2} = \overset{2}{CH} - \overset{3}{CH} - \overset{4}{CO} - \overset{5}{CH} - \overset{6}{CH} - \overset{7}{C} \equiv \overset{8}{CH}$$
$$| \quad\quad | \quad | $$
$$CH_3 \quad Br \quad OH$$
3-metil-5-bromo-6-hidroxi-1-octen-7-in-4-ona

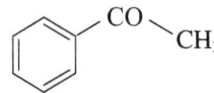

acetofenona* (fenil metil cetona)

Hay grupos funcionales que tienen preferencia sobre las cetonas como los aldehídos. En esos casos, el grupo cetona se nombra con el prefijo -oxo.

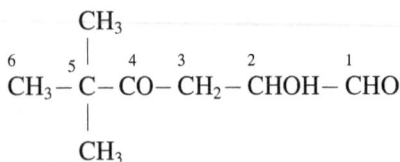

$$CH_3$$
$$| $$
$$\overset{6}{CH_3} - \overset{5}{C} - \overset{4}{CO} - \overset{3}{CH_2} - \overset{2}{CHOH} - \overset{1}{CHO}$$
$$| $$
$$CH_3$$
5,5-dimetil-2-hidroxi-4-oxohexanal

Cetena: $\diagdown C = C = O$

$$CH_3 \diagdown$$
$$\quad\quad C = C = O$$
$$CH_3 \diagup$$
dimetilcetena

(* Nombres vulgares aceptados por la IUPAC)

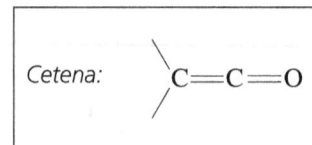

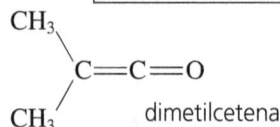

1.15 Ácidos carboxílicos, anhídridos, ésteres y haluros de ácidos

Sus fórmulas generales son:

Ácido carboxílico   Anhídrido   Éster   Haluro de ácido

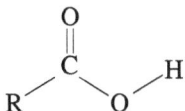   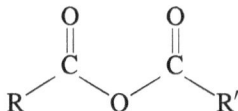   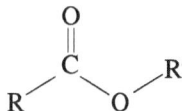   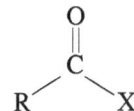

$R - COOH$ $R - CO - O - OC - R'$ $R - COO - R'$ $R - CO - X$
                                                                            $(X = F, Cl, Br, I)$

Ácidos carboxílicos

Se nombran iniciando con la palabra *ácido* añadiendo el nombre del hidrocarburo correspondiente y terminando en -*oico*.

El carbono del ácido carboxílico $-COOH$ es siempre, entre todas las demás funciones, el que tiene *prioridad máxima (número 1)*. (Apéndice 1)

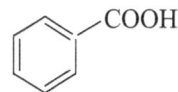

$CH_3 - CH_2 - COOH$ $HOOC - CH_2 - COOH$ $CH_2 = CH - CHOH - COOH$

ácido propanoico   ácido propanodioico   ácido 2-hidroxi-3-butenoico   ácido benzoico

Ejemplos de ácidos carboxílicos con nombres propios aceptados por la IUPAC:

Compuesto ácido	Nombre sistemático	Nombre aceptado
$H - COOH$	ácido metanoico	ácido fórmico
$CH_3 - COOH$	ácido etanoico	ácido acético
$CH_3 - CH_2 - COOH$	ácido propanoico	ácido propiónico
$CH_3 - CH_2 - CH_2 - COOH$	ácido butanoico	ácido butírico
$HOOC - COOH$	ácido etanodioico	ácido oxálico
$HOOC - CH_2 - COOH$	ácido propanodioico	ácido malónico
$HOOC - CH_2 - CH_2 - COOH$	ácido butanodioico	ácido succínico
$HOOC - CH_2 - CH_2 - CH_2 - COOH$	ácido pentanodioico	ácido glutárico
$HOOC - CH_2 - CH_2 - CH_2 - CH_2 - COOH$	ácido hexanodioico	ácido adípico
$CH_2 = CH - COOH$	ácido propenoico	ácido acrílico
$CH \equiv C - COOH$	ácido propinoico	ácido propiólico
$CH_2 = C(CH_3) - COOH$	ácido 2-metilpropenoico	ácido metacrílico
$HOOC - CH = CH - COOH$ (cis)	ácido butenodioico	ácido maléico
$CH_3 - CHOH - COOH$	ác. 2-hidroxipropanoico	ácido láctico

Las sales de los ácidos carboxílicos son los carboxilatos, y se nombran como el ácido de partida añadiendo el sufijo *-ato* y después el nombre del catión que contienen.

$$CH_3 - COOH$$
ácido acético

$$CH_3 - COO^-$$
anión acetato

$$CH_3 - COONa$$
acetato de sodio

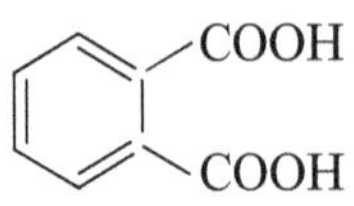

ácido ftálico* o
ácido o-bencenodioico

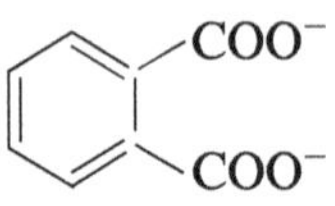

anión ftalato* o
anión o-bencenodioato

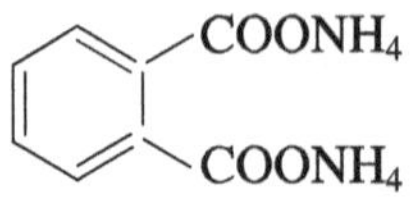

ftalato de diamonio* o
o-bencenodioato de diamonio

$$CH_3 - CH - CH_2 - CH_2 - COOH$$
$$|$$
$$Cl$$

ácido 4-cloro-pentanoico

$$CH_3 - CH - CH_2 - CH_2 - COO^-$$
$$|$$
$$Cl$$

anión 4-cloro-pentanoato

$$CH_3 - CH - CH_2 - CH_2 - COOK$$
$$|$$
$$Cl$$

4-cloro-pentanoato de potasio

(* Nombres vulgares aceptados por la IUPAC)

Anhídridos

Los anhídridos se obtienen de los ácidos cuando éstos *pierden una molécula de agua entre dos grupos carboxilo*. Se nombran como los ácidos de los que provienen, pero colocando delante la palabra *anhídrido*. (Apéndice 1)

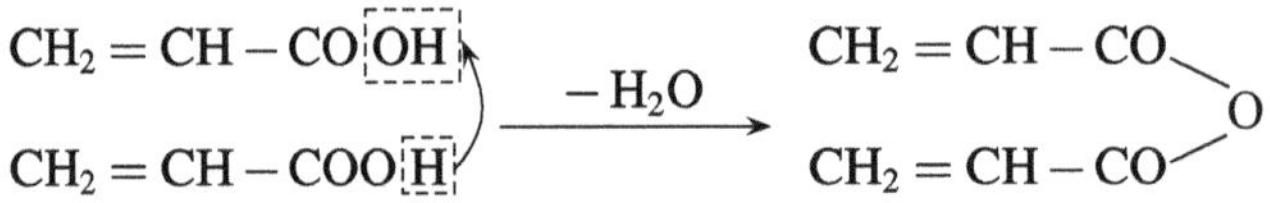

$$CH_2 = CH - CO\boxed{OH}$$
$$CH_2 = CH - COO\boxed{H}$$
$$\xrightarrow{-H_2O}$$
$$CH_2 = CH - CO{\diagdown}$$
$$\qquad\qquad\qquad O$$
$$CH_2 = CH - CO{\diagup}$$

2 ácidos acrílicos*

1 anhídrido acrílico*

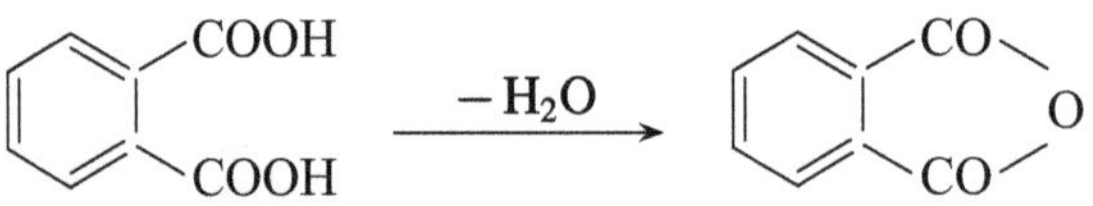

ácido ftálico*

anhídrido ftálico*

(* Nombres vulgares aceptados por la IUPAC)

Ésteres

Un éster se obtiene por pérdida de una molécula de agua al reaccionar un ácido con un alcohol.

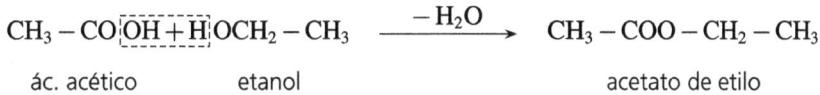

$$CH_3 - CO\underline{|OH + H|}OCH_2 - CH_3 \xrightarrow{\;-H_2O\;} CH_3 - COO - CH_2 - CH_3$$

    ác. acético   etanol   acetato de etilo

Se nombran como el ácido de partida terminando en *-ato* y añadiendo el nombre de la cadena o radical que sustituye al H del OH de la función ácido.

$$H - COO - CH_3 \qquad\qquad CH_3 - CH_2 - COO - C_6H_5$$

    formiato de metilo   propanoato de fenilo

$$C_6H_5 - COO - CH_2 - CH_3 \qquad\qquad CH_3OOC - COOCH_3$$

    benzoato de etilo   oxalato de dimetilo

Haluros de ácido

En los haluros de ácido, un halógeno F, Cl, Br o I está sustituyendo al OH de la función ácido. Se nombran con la palabra *haluro* (fluoruro, cloruro, bromuro, yoduro) y se termina con el radical *acilo,* que a su vez se nombra sustituyendo la terminación *-oico* del ácido por *-ilo* o *-oilo.*

Nombre de algunos radicales *acilo*

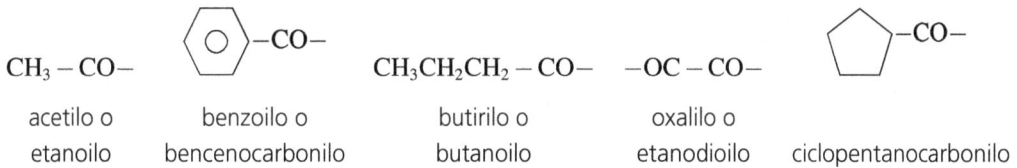

$$CH_3 - CO- \qquad\qquad -CO- \qquad\qquad CH_3CH_2CH_2 - CO- \qquad -OC - CO- \qquad\qquad -CO-$$

    acetilo o   benzoilo o   butirilo o   oxalilo o
    etanoilo   bencenocarbonilo   butanoilo   etanodioilo   ciclopentanocarbonilo

Nombre de algunos haluros de ácido

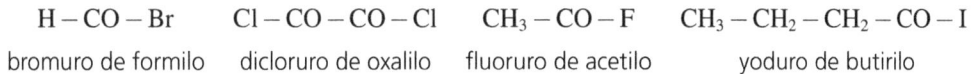

$$H - CO - Br \qquad Cl - CO - CO - Cl \qquad CH_3 - CO - F \qquad CH_3 - CH_2 - CH_2 - CO - I$$

   bromuro de formilo   dicloruro de oxalilo   fluoruro de acetilo   yoduro de butirilo

1.16 Compuestos nitrogenados. Aminas, amidas, nitrilos o cianuros y nitroderivados

Fórmulas de compuestos orgánicos nitrogenados:

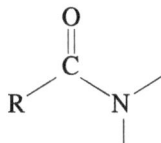

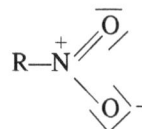

    amina   amida   nitrilo o cianuro   nitro

Aminas

Son compuestos derivados del amoníaco. (Apéndice 1)

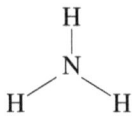

NH_3

amoníaco

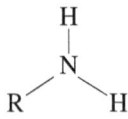

RNH_2

amina primaria

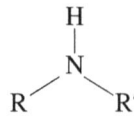

$RNHR'$

amina secundaria

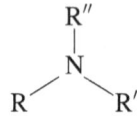

$RNR'R''$

amina terciaria

Las *aminas primarias* se pueden nombrar de dos maneras, ambas correctas:

1. Nombrando primero el nombre del radical y terminando con -*amina*.
2. Nombrando primero el hidrocarburo y terminando en -*amina*.

Si en la molécula hay más de una amina primaria, se indica con un número el carbono donde se encuentra la función.

$CH_3 - NH_2$ $CH_3 - CH_2 - CH_2 - NH_2$ 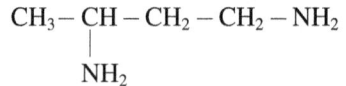 $CH_3 - \underset{\underset{NH_2}{|}}{CH} - CH_2 - CH_2 - NH_2$

metilamina   propilamina

metanamina   propanamina   ciclohexilamina   1,3-butanodiamina

Las *aminas secundarias y terciarias* se nombran como derivados de las primarias de cadena más larga. Primero se nombra el radical o radicales (orden alfabético) unidos al nitrógeno de la amina, con la letra *N* en cursiva, y luego el nombre de la amina primaria.

Nomenclatura aminas secundarias: 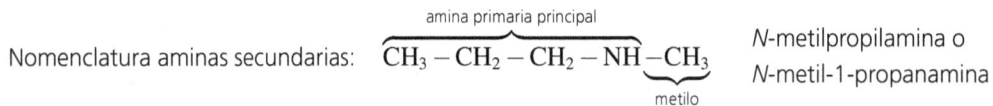   *N*-metilpropilamina o
N-metil-1-propanamina

Nomenclatura aminas terciarias: 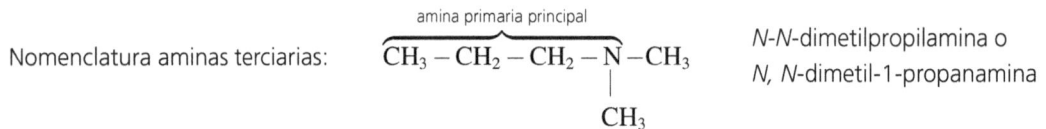   *N-N*-dimetilpropilamina o
N, N-dimetil-1-propanamina

Ejemplos de aminas:

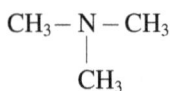   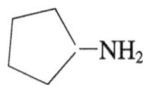   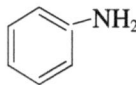   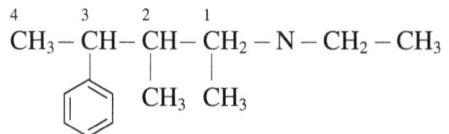

trimetilamina   ciclopentanamina   fenilamina o   3-fenil-*N*-etil-*N*,2-dimetilbutilamina
                       ciclopentanamina   anilina*

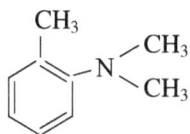

N,N-dimetil-2-metilfenilamina

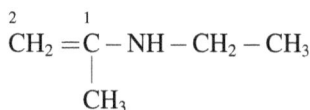

N-etilisopropenilamina

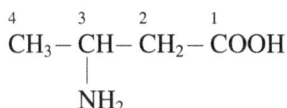

ácido 3-aminobutanoico

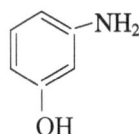

m-aminofenol o 3-aminofenol

Iminas: Son menos comunes que las aminas y su fórmula es $R = NH$

Se nombran como las aminas, pero terminando en *-imina*.

$CH_2 = NH$	$CH_3 - CH_2 = NH$	$(CH_3)_2C = NH$	$(CH_3)_2C = N - CH_3$
metanimina	etanimina	2-propanimina	N-metil-2-propanimina

Amidas

Una amida se obtiene por pérdida de una molécula de agua al reaccionar un ácido con amoníaco o con una amina primaria o secundaria. (La amina terciaria no tiene H unido al N para formar H_2O con el OH de la función ácido).

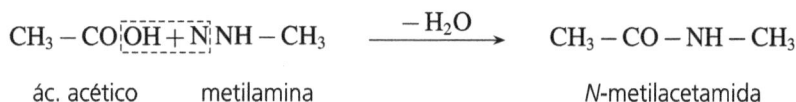

ác. acético	metilamina		N-metilacetamida

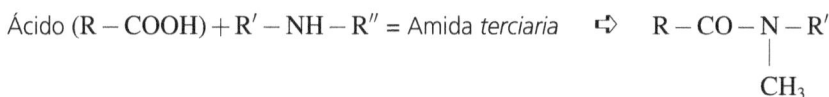

La nomenclatura de las amidas va unida a la de los ácidos. Las *amidas primarias* se nombran como los ácidos, pero terminando en *amida*.

$CH_3 - CH_2 - CO - NH_2$

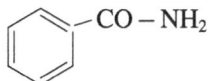$- CO - NH_2$

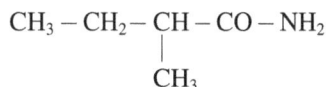

propanamida

benzamida

2-metilbutanamida

formiamida

En las *amidas secundarias y terciarias*, se nombra el radical o radicales unidos al nitrógeno, con *N* cursiva delante, y después el nombre del ácido terminando en *amida*. (Apéndice 1)

$$CH_3 - CO - NH - CH_3 \qquad CH_3 - CO - NH- \qquad CH_3 - CH_2 - CH_2 - CO - \underset{\underset{CH_3}{|}}{N} - CH_2 - CH_3$$

N-metilacetamida   *N*-fenilacetamida   *N*-etil-*N*-metilbutanamida

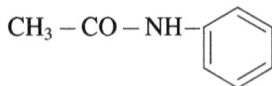

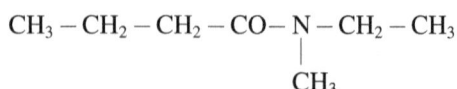

Nitrilos o cianuros

Los nitrilos son compuestos semejantes al cianuro de hidrógeno, $H - C \equiv N$, en los que el H es sustituido por un radical hidrocarbonado.

Los nitrilos se pueden nombrar de dos maneras, ambas correctas:

1. Nombrando primero el nombre del hidrocarburo y terminando con el sufijo –*nitrilo*. (Grupo nitrilo quiere decir $\equiv N$).
2. Nombrando primero *cianuro* y después el nombre del radical. (Grupo cianuro quiere decir $-C \equiv N$).

Observar que la función nitrilo es terminal; luego se encuentra siempre en los extremos de la molécula.

$$CH_3 - C \equiv N \qquad CH_3 - CH_2 - \underset{\underset{CH_3}{|}}{CH} - C \equiv N \qquad C \equiv N \qquad N \equiv C - CH_2 - C \equiv N$$

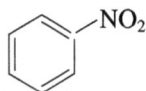

etanonitrilo o   2-metil-butanonitrilo o   bencenocarbonitrilo   propanodinitrilo
cianuro de metilo   cianuro de *sec*-butilo   o cianuro de fenilo

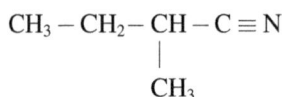

Nitroderivados

Los nitroderivados son compuestos con un grupo NO_2 y su fórmula es:

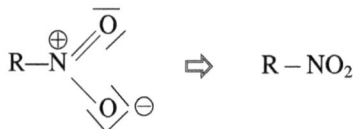

$$R-\overset{\oplus}{N}\underset{\underset{O^{\ominus}}{\diagup}}{\overset{\overline{O}}{\diagup}} \qquad \Rightarrow \qquad R - NO_2$$

Se nombran usando primero el prefijo *nitro-* y después se nombra el hidrocarburo. El grupo NO_2 nunca es función principal, sino que se considera un sustituyente de la molécula.

$$CH_3 - CH_2 - NO_2 \qquad NO_2 \qquad \underset{NO_2}{NO_2} \qquad \underset{NO_2}{\overset{CH_3}{\underset{}{NO_2 NO_2}}} \text{ (T.N.T)}$$

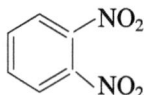

nitroetano   nitrobenceno   *o*-dinitrobenceno   2,4,6-trinitrotolueno

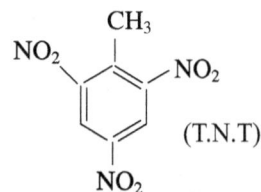

Existen también derivados *nitrosos*, que poseen el grupo **NO**. Se nombran como los nitro, pero usando la palabra *nitroso* al comenzar su nombre.

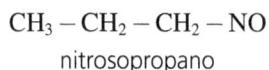

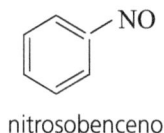

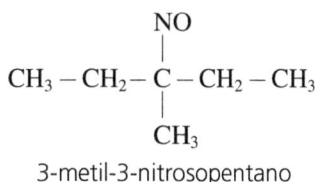

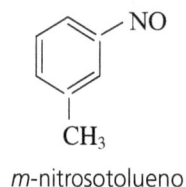

$$R - \overset{\cdot\cdot}{N} = O \quad \Rightarrow \quad R - \overset{\oplus}{N} \equiv \overset{\ominus}{O}$$

$$CH_3 - CH_2 - CH_2 - NO$$
nitrosopropano

nitrosobenceno

3-metil-3-nitrosopentano

m-nitrosotolueno

1.17 Compuestos orgánicos con azufre

Los compuestos con azufre tienen fórmulas semejantes a los compuestos con oxígeno, pues el O y el S son del mismo grupo de la tabla periódica. Solo se tratan algunos de ellos.

	Tioles	*Sulfuros*	*Sulfóxidos*	*Ácidos sulfónicos*
Fórmula	$R - SH$	$R - S - R'$	$R - SO - R'$	$R - SO_3H$
Compuesto	$CH_3 - CH_2 - SH$	$CH_3 - S - CH_2 - CH_3$	$CH_3 - SO - CH_3$	SO_3H
	etanotiol	sulfuro de etilmetilo	dimetil sulfóxido	ác. bencenosulfónico

Elección de la cadena principal

Compuesto orgánico sin grupos funcionales

- La cadena principal es la más larga y la que posee mayor número de insaturaciones.

- Los dobles enlaces tienen preferencia sobre los triples enlaces.

- La numeración menor debe corresponder a las insaturaciones, sin tener en cuenta si son enlaces dobles o triples.

Criterios de preferencia en grupos funcionales

Compuesto orgánico con grupos funcionales

- Compuesto con *una función*

  a) La cadena principal de la molécula es la que contiene la función.
  b) La función tiene preferencia frente a los dobles y triples enlaces; luego su numeración debe ser la menor.

- Compuesto con *varias funciones distintas*

  a) Para elegir la cadena principal de la molécula, la IUPAC estableció un orden de preferencias entre funciones que, de *mayor a menor*, son:

1. Ácidos carboxílicos	7. Cetonas
2. Anhídridos	8. Alcoholes
3. Ésteres	9. Fenoles
4. Amidas	10. Aminas
5. Nitrilos	11. Iminas
6. Aldehídos	12. Éteres

  b) La cadena principal debe contener la función preferente y las otras funciones se consideran y se nombran como sustituyentes y por orden alfabético.

Problemas resueltos: Química Inorgánica. Formulación y nomenclatura ▬▬▬▬▬

☐ Problema 1.1

Formulad los compuestos e iones siguientes:

1. Óxido de plata
2. Ozono
3. Hidruro de cesio
4. Óxido de hierro(II)
5. Ión mercurio(II)
6. Trióxido de uranio
7. Amoníaco
8. Cianuro de rubidio
9. Trióxido de cobre(II) y estaño(IV)
10. Hidróxido de hierro(III)
11. Fosfuro de plata
12. Fluoruro de cobre(II)
13. Tricloruro de boro
14. Peróxido de hidrógeno
15. Ácido sulfhídrico
16. Dicloruro de diazufre

[Solución]

1. Ag_2O
2. O_3
3. CsH
4. FeO
5. Hg^{2+}
6. UO_3
7. NH_3
8. $RbCN$
9. $CuSnO_3$
10. $Fe(OH)_3$
11. Ag_3P
12. CuF_2
13. BCl_3
14. H_2O_2
15. H_2S (disolución acuosa)
16. S_2Cl_2

☐ Problema 1.2

Nombrad los compuestos siguientes:

1. CdS
2. $Ba(OH)_2$
3. Cu_2O
4. HF
5. MnO_2
6. AsH_3
7. BH_3
8. PbO_2
9. Na_2O_2
10. BrF_5
11. SiC
12. Sr_3N_2
13. $CaCl_3$
14. $Ni(OH)_2$
15. CrI_3
16. $NOBr$

[Solución]

1. Sulfuro de cesio
2. Hidróxido de bario
3. Óxido de cobre(I)
4. Fluoruro de hidrógeno
5. Dióxido de manganeso
6. Arsina
7. Borano
8. Óxido de plomo(IV)
9. Peróxido de sodio
10. Fluoruro de bromo(V)
11. Carburo de silicio
12. Dinitruro de estroncio
13. Cloruro de calcio
14. Hidróxido de niquel(II)
15. Yoduro de cromo(III)
16. Bromuro de nitrosilo

☐ Problema 1.3

Formulad los compuestos e iones siguientes:

1. Trióxido de calcio y titanio	2. Disilano
3. Tetrahidruro de silicio	4. Trihidróxido de cromo(II) y sodio
5. Hexaóxido de dicloro	6. Cianuro de estroncio
7. Fluoruro de uranilo(VI)	8. Pentaóxido de trihierro(III) y litio
9. Monóxido de carbono	10. Ión sulfato
11. Hidróxido de cerio(III)	12. Manganato de calcio
13. Perclorato de plata	14. Ión vanadilo(III)
15. Ácido hipocloroso	16. Ácido peroxonítrico

[Solución]

1. $CaTiO_3$	2. Si_2H_6
3. SiH_4	4. $NaCr(OH)_3$
5. Cl_2O_6	6. $Sr(CN)_2$
7. UO_2F_2	8. Fe_3LiO_5
9. CO	10. SO_4^{2-}
11. $Ce(OH)_3$	12. $CaMnO_4$
13. $AgClO_4$	14. VO^+
15. $HClO$	16. HNO_4

☐ Problema 1.4

Nombrad los compuestos siguientes:

1. RbI_3	2. CaC_2
3. KHS	4. $Ni(OH)_2$
5. RaO_2	6. N_2O_5
7. N_2H_4	8. $NaMnO_4$
9. H_3BO_3	10. $(H_2SiO_3)_n$
11. H_2CO_3	12. $Ba_3(PO_4)_2$
13. HCN (disolución acuosa)	14. $Mg_2P_2O_7$
15. $AgNO_3$	16. $SrCl(OH)$
17. $AgNaSO_3$	18. HFO
19. $ZnCl_2$	20. $CaBaS_2$

[Solución]

1. Triyoduro de rubidio	2. Acetiluro de calcio
3. Hidrógenosulfuro de potasio	4. Hidróxido de níquel(II)
5. Peróxido de radio	6. Pentaóxido de dinitrógeno
7. Hidracina	8. Permanganato de sodio
9. Ácido ortobórico	10. Ácido metasilícico

11. Ácido carbónico
12. Fosfato de bario
13. Ácido cianhídrico
14. Difosfato de magnesio
15. Nitrato de plata
16. Hidroxicloruro de estroncio
17. Sulfito de plata y sodio
18. Ácido hipofluoroso
19. Cloruro de cinc
20. Sulfuro de bario y calcio

■ Problema 1.5

Formulad los compuestos e iones siguientes:

1. Sulfato de cadmio-agua (2/5)
2. Ácido metafosfórico
3. Carbonato de aluminio
4. Aziduro de hidrógeno
5. Tiosulfato de sodio
6. Tetranitroniquelato(II) de potasio
7. Dicromato de potasio
8. Ión estaño(IV)
9. Trioxosulfato de dihidrógeno
10. Ácido tiociánico
11. Estibina
12. Nitruro de sodio
13. Ácido peroxodisulfúrico o ác. persulfúrico
14. Hidróxido de bismuto
15. Imiduro de calcio
16. Ión cobre(II) o ión cobre(2+)
17. Tetrahidruro de Al y Li
18. Tetrahidroxocincato de Rb

[Solución]

1. $2CdSO_4 \cdot 5H_2O$
2. HPO_3
3. $Al_2(CO_3)_3$
4. HN_3
5. $Na_2S_2O_3$
6. $K_2[Ni(NO_2)]_4$
7. $K_2Cr_2O_7$
8. Sn^{4+}
9. H_2SO_3 (ác. sulfuroso)
10. $HNCS$
11. SbH_3
12. Na_3N
13. $H_2S_2O_8$
14. $Bi(OH)_3$
15. $CaNH$
16. Cu^{2+}
17. $Li[AlH_4]$
18. $Rb_2[Zn(OH)_4]$

■ Problema 1.6

Nombrad los compuestos e iones siguientes:

1. H_2Se
2. $[Ni(NH_3)_6](NO_3)_2$
3. $Ba(HCO_3)_2$
4. $SbBrO$
5. $Na_2[Fe(CN)_5(NO)]$
6. $CuSO_4 \cdot 6H_2O$
7. $LiNH_4HPO_4$
8. $LiNa(HS)_2$
9. $[Co_2(CO)_8]$
10. $[NiCl_4]^{2-}$
11. $Al(CN)_3$
12. $H_2S_2O_6$
13. $Cr_2(SeO_3)_3$
14. $Sn(ClO_2)_2$
15. $NaNH_4Cl_2$
16. $Mg(ClO_4)_2$
17. $LaBrO$
18. Cl_2O_6

1. Seleniuro de hidrógeno
2. Nitrato de hexaamminaníquel(II)
3. Hidrógenocarbonato de bario
4. Oxibromuro de antimonio(III)
5. Pentacianonitrosiferrato(II) de sodio
6. Sulfato de cobre(II)-agua (1/6)
7. Hidrógenofosfato de amonio y litio
8. Hidrógenosulfuro de litio y sodio
9. Octacarbonildicobalto
10. Ión tetracloruro de níquel(II)
11. Cianuro de aluminio
12. Ácido ditiónico
13. Selenito de cromo(III)
14. Clorito de estaño(II)
15. Cloruro de amonio y sodio
16. Perclorato de magnesio
17. Oxibromuro de lantano
18. Hexaóxido de dicloro

Problema 1.7

Formulad los compuestos e iones siguientes:

1. Ión hexaaminavanadio(III)
2. Hexafluorplatinato de hierro(III)
3. Pentasulfuro de dinitrógeno
4. Óxido de cobre(II) y estaño(IV)
5. Tetrahidroxoaluminato de sodio
6. Pentaoxicarbonato de Zr(IV)
7. Fosfato de bario y potasio
8. Cloruro de hexaaquocobalto(II)
9. Hidrógenodicromato de amonio
10. Bismutato de plata
11. Hidróxido de zirconio(IV)
12. Azido de plomo(II)
13. Peróxido de cinc
14. Tiocianato de cromo(III)
15. Clorato de vanadio
16. Dioxicloruro de molibdeno
17. Ión clorito
18. Sulfato de talio(I)

1. $[V(NH_3)_6]^{3+}$
2. $Fe_2[PtF_6]_3$
3. N_2S_5
4. $CuSnO_3$
5. $Na[Al(OH)_4]$
6. $Zr_3O_5(CO_3)$
7. $KBaPO_4$
8. $[Co(H_2O)_6]Cl_2$
9. $NH_4HCr_2O_7$
10. $AgBiO_3$
11. $Zr(OH)_4$
12. $Pb(N_3)_2$
13. ZnO_2
14. $Cr(SCN)_3$
15. $VO(ClO_3)_3$
16. MoO_2Cl_2
17. ClO^-
18. Tl_2SO_4

Problema 1.8

Nombrad los compuestos e iones siguientes:

1. FeS_2
2. $K[Au(OH)_4]$
3. $Ca_3(AsO_4)_2$
4. $La(OH)_3$
5. $[CoCl_2(NH_3)_4]^-$
6. $NaHCO_3$
7. PON
8. $Al(OH)(SO_4)$
9. $Na_2CO_3 \cdot 10\,H_2O$
10. $MgI(OH)$
11. $AlNO_3SO_4$
12. $Ba(HSO_3)_2$

13. $3CdSO_4 \cdot 8H_2O$ 14. $COCl_2$
15. $[Cd(NH_3)_4]^{2+}$ 16. $Cu_3(OH)_2Cl$
17. $PbCrO_4$ 18. $[CuBr_2(NH_3)_2]$

[Solución]

1. Disulfuro de hierro(II)
2. Tetrahidroxoaurato(III) de potasio
3. Arseniato de calcio
4. Hidróxido de lantano(III)
5. Ión tetraamminadiclorocobalto(III)
6. Hidrógenocarbonato de sodio
7. Nitruro de fosforilo
8. Hidroxisulfato de aluminio
9. Carbonato de sodio-agua (1/10)
10. Hidroxiyoduro de magnesio
11. Nitrato-sulfato de aluminio
12. Hidrógenosulfito de bario
13. Sulfato de cadmio-agua (3/8)
14. Cloruro de carbonilo
15. Ión tetraamincadmio(II)
16. Dihidroxicloruro de cobre(I)
17. Cromato de plomo
18. Diamindibromocobre(II)

Problema 1.9

Formulad los compuestos e iones siguientes:

1. Ión hexafluoruro ferrato(III)
2. Trioxotiosulfato de dihidrógeno
3. Sulfato de amonio y hierro(III)
4. Ión perclorato
5. Hidroxitrinitrato de cerio(IV)
6. Ortosilicato de cadmio y hierro(II)
7. Ácido dioxonítrico(III)
8. Sulfato de tetraamminacobre(II)
9. Sulfuro de manganeso(IV)
10. Permanganato de cobalto(III)
11. Dioxidibromuro de uranio(VI)
12. Pentafluoruro de fósforo
13. Fluoruro de nitrosilo
14. Ión hexaaquohierro(II)
15. Trioxoclorato(V) de hidrógeno
16. Fosfuro de boro
17. Óxido de nitrógeno(IV)
18. Tetracloroyodato de calcio

[Solución]

1. $[FeF_6]^{3-}$
2. $H_2S_2O_3$ (ác.trioxotiosulfúrico)
3. $NH_4Fe(SO_4)_2$
4. ClO_4^-
5. $Ce(OH)(NO_3)_3$
6. $CdFeSiO_4$
7. HNO_2 (ác. nitroso)
8. $[Cu(NH_3)_4]SO_4$
9. MnS_2
10. $Co(MnO_4)_3$
11. UO_2Br_2
12. PF_5
13. NOF
14. $[Fe(H_2O)_6]^{2+}$
15. $HClO_3$
16. BP
17. N_2O_4
18. $Ca[ICl_4]_2$

Problema 1.10

Nombrad los compuestos e iones siguientes:

1. $HSCN$ 2. $[V(CN)_5(NO)]^{5-}$
3. CrO_4^{2-} 4. $Zn(BrO_3)_2 \cdot 6H_2O$

5. SO_2Cl_2

6. $(NH_4)_4[CN)_6]$

7. $Bi_2O_2Cr_2O_7$

8. $Ca_2Al(OH)_7$

9. WOF_4

10. $CaHPO_4$

11. $Mg_4(OH)_2(CO_3)_3$

12. $VOSO_4$

13. BF_3

14. $[AlH_4]^-$

15. Cs_2SO_3

16. $[CoCl_3(NH_3)_3]$

17. $Ca_2[V(CN)_6]$

18. V_2S_5

[Solución]

1. Ácido tiociánico

2. Ión pentacianonitrosilvanadato

3. Ión cromato

4. Bromato de cinc-agua (1/6)

5. Cloruro de sulfurilo

6. Hexacianoferrato de amonio

7. Dioxidicromato de bismuto(III)

8. Heptahidróxido de dicalcio y aluminio

9. Oxitetrafluoruro de wolframio(VI)

10. Hidrógenofosfato de calcio

11. Dihidroxitricarbonato de magnesio

12. Oxisulfato de vanadio(IV)

13. Trifluoruro de boro

14. Ión tetrahidruroaluminato

15. Sulfito de cesio

16. Triclorotriamminacobalto(III)

17. Hexacianovanadato(II) de calcio

18. Pentasulfuro de divanadio

Problemas resueltos: Química Orgánica. Formulación y nomenclatura ▬▬▬

☐ Problema 1.11

Formulad los compuestos orgánicos siguientes:

1. 4-hexen-2-ona
2. nitrobutano
3. 1,6-heptadien-3-ino
4. ácido *m*-bencenodioico
5. etil vinil éter
6. ácido *Z*-3-fluoro-propenoico
7. 2,3-pentanodiol
8. *N*,*N*-dimetilbutanamida
9. 2-butanotiol
10. acetato de etilo
11. cloruro de acetilo
12. ácido oxálico
13. ciclopenteno
14. 2-pentenodial
15. *N*-fenil-*N*,*N*-dimetilamina
16. 2-hidroxibutanato de amonio
17. 2-metil-1,3-propanodiamina
18. acrilato de etilo

[Solución]

1. $CH_2 - CH = CH - CH_2 - CO - CH_3$

2. $CH_3 - CH_2 - CH_2 - CH_2 - NO_2$

3. $CH_2 = CH - C \equiv C - CH_2 - CH = CH_2$

4.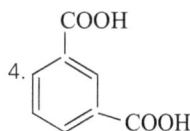

5. $CH_3 - CH_2 - O - CH = CH_2$

6.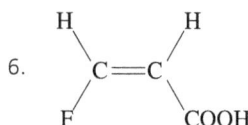

7. $CH_3 - CHOH - CHOH - CH_2 - CH_3$

8.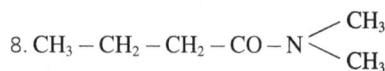

9. $CH_3 - CHSH - CH_2 - CH_3$

10. $CH_3 - COO - CH_2 - CH_3$

11. $CH_3 - CO - Cl$

12. $HOOC - COOH$

13.

14. $OHC - CH = CH - CH_2 - CHO$

15.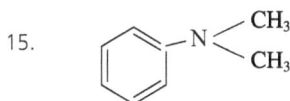

16. $CH_3 - CH_2 - CHOH - COO - NH_4$

17.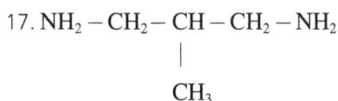

18. $CH_2 = CH - COO - CH_2 - CH_3$

☐ Problema 1.12

Nombrad los compuestos orgánicos siguientes:

1. $CH_3 - CHOH - CH_2 - CHO$

2. $CH_2 = CH - CO - CH_2 - CH_3$

3. $CH_3 - CH_2 - NH - CH_2 - CH_3$

4.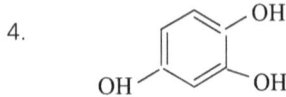

5. $CH_3 - S - CH_3$

6. $CH_3 - CHBr - CH = CH - CH_3$

7. $CH_3 - NO$

8. $CH \equiv C - CH - CH_2 - C \equiv C - CH_3$
$\qquad \qquad | $
$\qquad \quad CH_2 - CH_2 - CH_3$

[Solución]

1. 3-hidroxibutanal	2. etil vinil cetona
3. dietilamina	4. 1,2,4-trihidroxibenceno
5. sulfuro de dimetilo	6. 4-bromo-2-penteno
7. nitrosometano	8. 3-propil-1,5-heptadiino

☐ Problema 1.13

Formulad los compuestos orgánicos siguientes:

1. 2-buten-1-ol
2. 2,4-hexandiinal
3. ácido *p*-metoxibenzoico
4. 2-propennitrilo
5. 1,2,2-trifluoropropano
6. naftol
7. etilenglicol
8. acetona
9. *N*-etilformiamida
10. 5-etil-2,6-dimetil-1-hepteno
11. cianuro de propilo
12. anhídrido ftálico
13. 1-bromometil-4-propilbenceno
14. ácido etanosulfónico

[Solución]

1. $CH_3 - CH = CH_2 - CHOH$

2. $CH_3 - C \equiv C - C \equiv C - CHO$

3.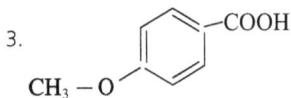

4. $CH_2 = CH - C \equiv N$

5.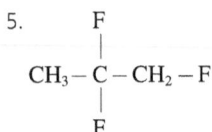

6.

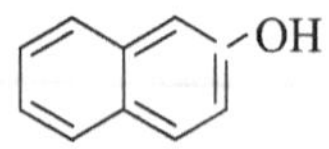

7. $CH_2OH - CH_2OH$

8. $CH_3 - CO - CH_3$

9. $H - CO - NH - CH_2 - CH_3$

10. $CH_3 - CH - CH - CH - CH_2 - C = CH_2$
$\qquad \quad | \qquad | \qquad \qquad \qquad |$
$\qquad \; CH_3 \; CH_2 - CH_3 \qquad \; CH_3$

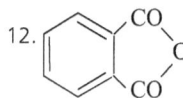

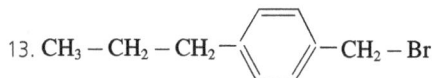

11. $CH_3 - CH_2 - CH_2 - C \equiv N$

12.

13. $CH_3 - CH_2 - CH_2 - \langle \rangle - CH_2 - Br$

14. $CH_3 - CH_2 - SO_3H$

☐ Problema 1.14

Nombrad los compuestos orgánicos siguientes:

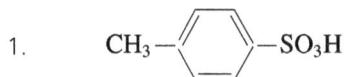

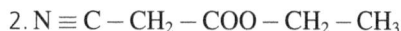

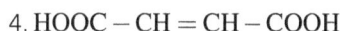

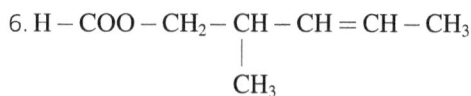

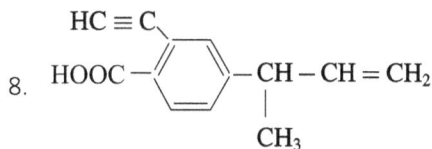

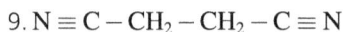

1. $CH_3 - \langle \rangle - SO_3H$

2. $N \equiv C - CH_2 - COO - CH_2 - CH_3$

3. $CH_2OHCH = CH\,CHCH_2CH = CHCH_2OH$
   $\qquad\qquad\qquad |$
   $\qquad\qquad C \equiv C - CH_2 - CH_2OH$

4. $HOOC - CH = CH - COOH$

5. $CH_3 - CO - NH - CH_3$

6. $H - COO - CH_2 - CH - CH = CH - CH_3$
   $\qquad\qquad\qquad\qquad |$
   $\qquad\qquad\qquad\qquad CH_3$

7. $Cl - CO - CO - Cl$

8. $HC \equiv C$
   $HOOC - \langle \rangle - CH - CH = CH_2$
   $\qquad\qquad\qquad |$
   $\qquad\qquad\qquad CH_3$

9. $N \equiv C - CH_2 - CH_2 - C \equiv N$

10. $F_2CH - COOH$

[Solución]

1. ácido *p*-toluensulfónico
3. 5-(4-hidroxi-1-butinil)-2,6-octadieno-1,8-diol
5. *N*-metilacetamida
7. dicloruro de oxalilo
9. butanodinitrilo

2. cianoacetato de etilo
4. ácido butenodioico
6. formiato de 2-metil-3-pentenilo
8. Ácido 2-etinil-4-(1-metil-2-propenil)benzoico
10. ácido difluoroacético

■ Problema 1.15

Formulad los compuestos orgánicos siguientes:

1. 3-oxopentanal
3. nitrobutano
5. 3-pentinal
7. ácido 2-clorobutanoico
9. 2,4,6-trinitrofenol o ácido pícrico
11. benzoato de vinilo
13. *N*-isopropil-*N*-metilanilina

2. 2,4,6-triyodoanilina
4. anhídrido acetopropanoico
6. *N*-etilciclobutilamina
8. pentanodiamida
10. malonato de dimetilo
12. 2,4-pentanodiol
14. 5-hexen-3-ona

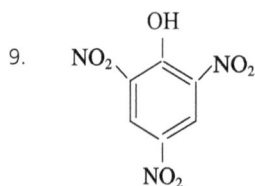

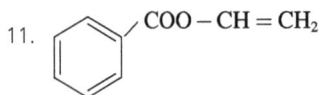

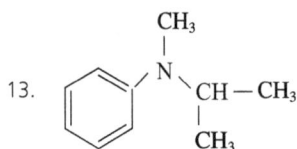

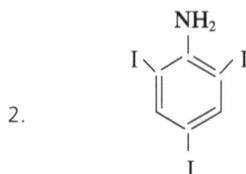

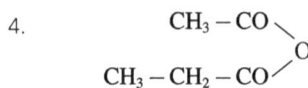

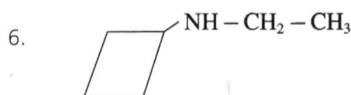

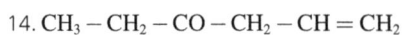

1. $CH_3 - CH_2 - CO - CH_2CHO$

2.

3. $CH_3 - CH_2 - CH_2 - CH_2 - NO_2$

4.

$$CH_3 - CO$$
$$\qquad\qquad O$$
$$CH_3 - CH_2 - CO$$

5. $CH_3 - C \equiv C - CH_2 - CHO$

6.

$NH - CH_2 - CH_3$

7. $CH_3 - CH_2 - CHCl - COOH$

8. $H_2N - CO - CH_2 - CH_2 - CH_2 - CO - NH_2$

9.

10. $CH_3 - OOC - CH_2 - COO - CH_3$

11.

$COO - CH = CH_2$

12. $CH_3 - CHOH - CH_2 - CHOH - CH_3$

13.

14. $CH_3 - CH_2 - CO - CH_2 - CH = CH_2$

Problema 1.16

Nombrad los compuestos orgánicos siguientes:

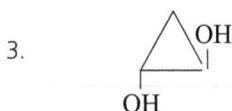

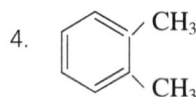

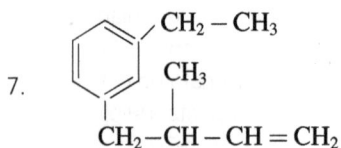

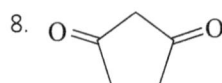

1. $CH_3 - CHOH - CO - CH_3$

2. $CH_3 - CH_2 - C \equiv N$

3.

4.

5. $CH_3 - CHBr - CH_2 - CH_2 - COONa$

6. $CH_2 = CH - SH$

7.

8.

[Solución]

1. 3-hidroxibutanona
2. cianuro de etilo
3. *trans*-dihidroxiciclopropano
4. *o*-xileno (*o*-dimetilbenceno)
5. 4-bromopentanoato de sodio
6. etenotiol
7. 1-etil-3-(2-metil-3-butenil)benceno
8. ciclopentanodiona

Problema 1.17

Formulad los compuestos orgánicos siguientes:

1. ácido 2-hidroxipropanoico
2. bromuro de etinilo
3. 2,4-dimetilhexanoato de metilo
4. 1,1-dicloropropano
5. 2,2-dimetil-1,3-ciclohexanodiona
6. *N*-etilaminoacetaldehído
7. ácido 3-hidroxi-6-metil-5-heptenoico
8. yodoformo o triyodometano
9. propilenglicol
10. 5-alil-1,3-dimetilbenceno
11. 2-cloroacetato de etilo
12. *N*,4-dimetilbenzamida
13. 2-hidroxipropanodiamina
14. cloruro de 2-clorobenzoilo

[Solución]

1. $CH_3-CHOH-COOH$ (ácido láctico)

2. $CH\equiv C-Br$

3. $\begin{array}{l} CH_3-CH_2-\underset{\displaystyle CH_3}{\underset{|}{CH}}-CH_2-\underset{\displaystyle CH_3}{\underset{|}{CH}}-COO-CH_3 \end{array}$

4. $CH_3-CH_2-CHCl_2$

5. 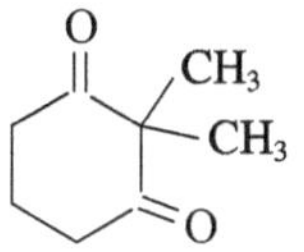

6. $CH_3-CH_2-NH-CH_2CHO$

7. $CH_3-\underset{\displaystyle CH_3}{\underset{|}{C}}=CH-CH_2-CHOH-CH_2-COOH$

8. CHI_3

9. $CH_3-CHOH-CH_2OH$

10. 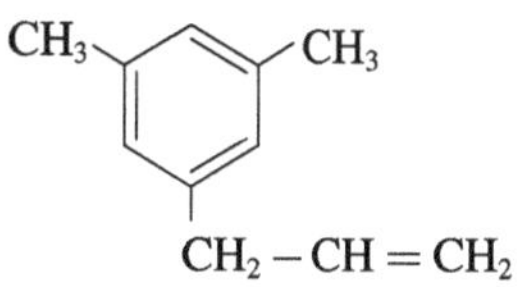

11. $Cl-CH_2-COO-CH_2-CH_3$

12. 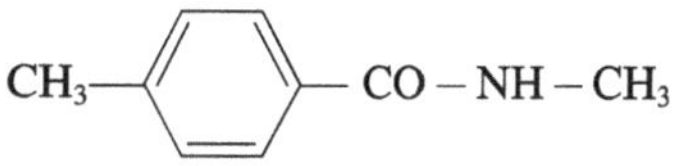

13. $NH_2-CH_2-CHOH-CH_2-NH_2$

14. 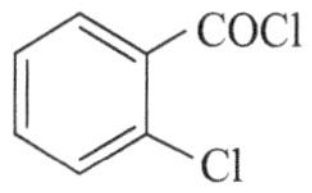

Problema 1.18

Nombrad los compuestos orgánicos siguientes:

1.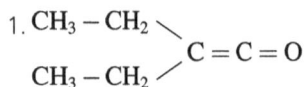

2. $CH_3 - CH = CH - CH_2SO_3H$

3.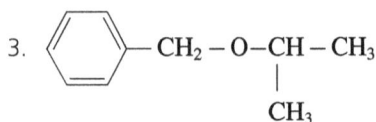

4.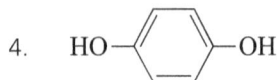

5.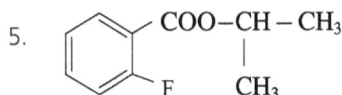

6. $H - CO - NH - CH_2 - CH_3$

7.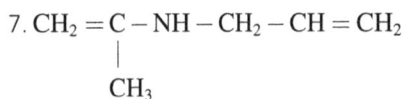

8.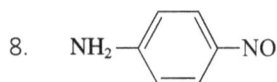

[Solución]

1. dietilcetena
3. bencil isopropil éter
5. o-fluorobenzoato de isopropilo
7. N-alilisopropenilamina

2. ácido 2-butensulfónico
4. hidroquinona
6. N-etilformiamida
8. p-nitrosoanilina

Problema 1.19

Formulad los compuestos orgánicos siguientes:

1. ácido 1,3,5-pentanotricarboxílico
3. fenantreno
5. ácido 2,3-dibromobutanoico
7. m-hidroxibenzamida
9. 2,4-pentadien-1-ol
11. 3,4-dihidroxipentanona
13. isopropoxibenceno

2. glicerol o propanotriol
4. acrilato de etilo
6. 5-etil-1,3-dimetil-2-vinilbenceno
8. 3,4-diclorofenol
10. propanoato de isopropenilo
12. etil metil sulfóxido
14. 1,1-ciclobutildiamina

[Solución]

1.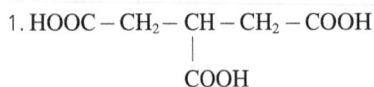

2. $CH_2OH - CHOH - CH_2OH$

3.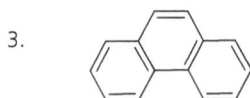

4. $CH_2 = CH - COO - CH_2 - CH_3$

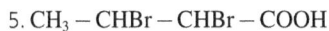

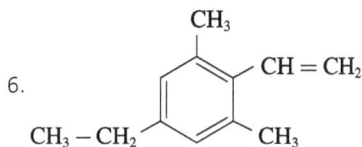

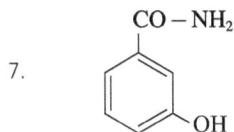

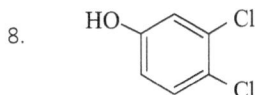

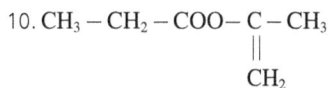

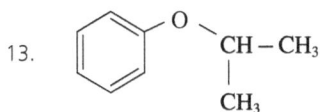

5. $CH_3 - CHBr - CHBr - COOH$

6.

7.

8.

9. $CH_2 = CH - CH = CH - CH_2OH$

10. $CH_3 - CH_2 - COO - \underset{\underset{CH_2}{\|}}{C} - CH_3$

11. $CH_3 - CO - CHOH - CHOH - CH_3$

12. $CH_3 - CH_2 - SO - CH_3$

13.

14.

☐ Problema 1.20

Nombrad los compuestos orgánicos siguientes:

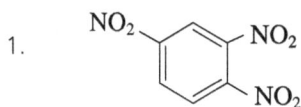

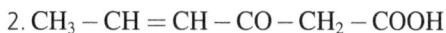

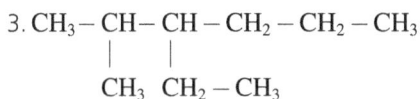

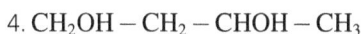

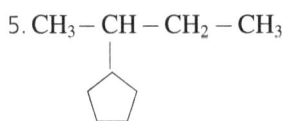

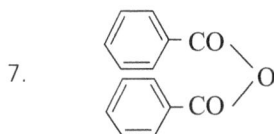

1.

2. $CH_3 - CH = CH - CO - CH_2 - COOH$

3. $CH_3 - \underset{\underset{CH_3}{|}}{CH} - \underset{\underset{CH_2 - CH_3}{|}}{CH} - CH_2 - CH_2 - CH_3$

4. $CH_2OH - CH_2 - CHOH - CH_3$

5. $CH_3 - \underset{|}{CH} - CH_2 - CH_3$

6. $CH_3OOC - CH_2 - CH_2 - COOH$

7.

8. $HOOC - COO - CH_3$

[Solución]

1. 1,3,4-trinitrobenceno
3. 3-etil-2-metilhexano
5. 2-ciclopentilpropano
7. anhídrido benzoico

2. ácido 3-oxo-4-hexenoico
4. 1,3-butanodiol
6. ácido (3-metoxicarbonil)propionico
8. oxalato de monometilo

☐ Problema 1.21

Formulad los compuestos orgánicos siguientes:

1. fenilacetato de fenilo
2. cianuro de metilo
3. ácido (E)-2-metilbutenoico
4. N-alilacetamida
5. p-aminotolueno
6. 4-etil-1,3-hexanodieno
7. 4-penten-2-ol
8. ácido 2-aminopropanoico o alanina
9. 2,3-dihidroxibutanal
10. o-aminobenzoato de vinilo
11. cloruro de 1-propinilo
12. ciclohexadieno
13. trans-1,3-difluorociclobutano
14. ácido glutárico

[Solución]

1.
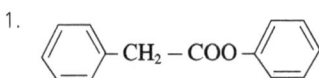

2. $CH_3 - C \equiv N$

3.
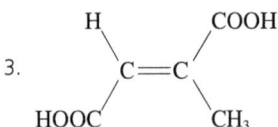

4. $CH_3 - CO - NH - CH_2 - CH = CH_2$

5.
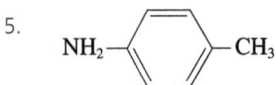

6.
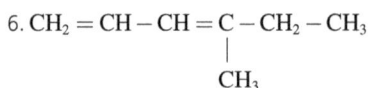

7. $CH_3 - CHOH - CH_2 - CH = CH_2$

8.
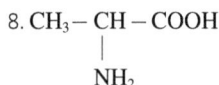

9. $CH_3 - CHOH - CHOH - CHO$

10.
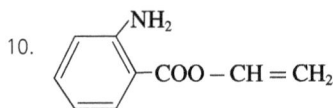

11. $CH_3 - C \equiv C - Cl$

12.

13.

14. $HOOC - CH_2 - CH_2 - CH_2 - COOH$

Problema 1.22

Nombrad los compuestos orgánicos siguientes:

1. 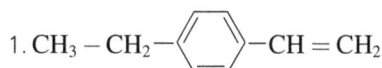 $CH_3 - CH_2 - \langle\!\!\langle\;\rangle\!\!\rangle - CH = CH_2$

2.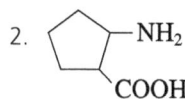

3. 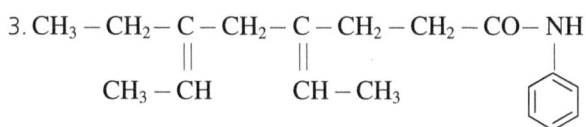 $CH_3 - CH_2 - C - CH_2 - C - CH_2 - CH_2 - CO - NH$

4. $CH_3 - CH_2 - CHOH - CHOH - C_2OH$

5.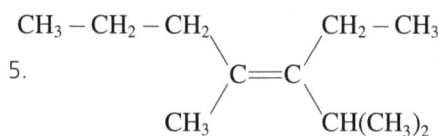

6.  $CH_3 - \langle\!\!\langle\;\rangle\!\!\rangle - CO - NH_2$

7. $H - COO - CH_2 - CH - CH = CH - CH_3$
$\qquad\qquad\qquad\qquad |$
$\qquad\qquad\qquad\quad CH_3$

8. $CH_3 - CH_2 - CH_2 - CH = C = O$

[Solución]

1. *p*-etilvinilbenceno
2. ácido 2-aminociclopentanocarboxílico
3. 6-etil-4-etiliden-*N*-fenil-6-octenamida
4. 1,2,3-pentanotriol
5. (*Z*)-3-etil-2,4-dimetil-3-hepteno
6. 4-metil-3-ciclohexencarboxamida
7. formiato de 2-metil-3-pentenilo
8. propilcetena

Problema 1.23

Formulad los compuestos orgánicos siguientes:

1. anhídrido tricloroacético
2. ácido propenoico
3. 2,4-diyodobenzoato de isopropilo
4. malonato de monoisopropilo
5. 3,4,4-trimetil-2-oxopentanal
6. 1,1-dicloroacetona
7. 5-etil-3-metiliden-1-hepten-6-ino
8. *N*-bencilanilina
9. 2-bromo-3-butinonitrilo
10. (4*E*,6*E*)-1,4,6-octatrieno
11. propil vinil éter
12. 4-*sec*-butil-ciclohexeno
13. ciclobutanona
14. 1,5-ciclooctadieno

[Solución]

1.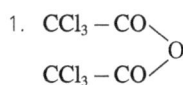
$\qquad CCl_3 - CO$
$\qquad\qquad\qquad\qquad O$
$\qquad CCl_3 - CO$

2. $CH_2 = CH - COOH$

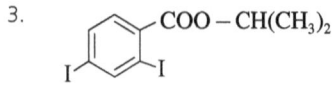

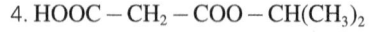

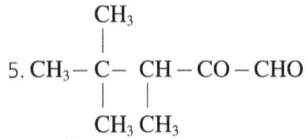

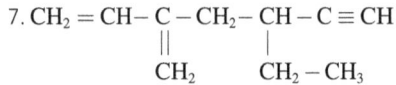

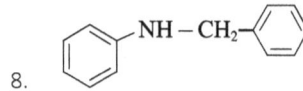

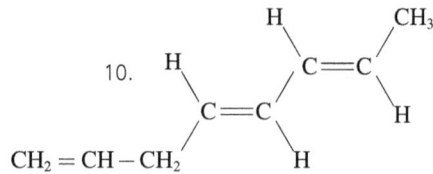

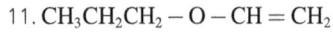

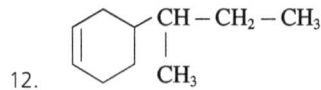

3. $COO - CH(CH_3)_2$

4. $HOOC - CH_2 - COO - CH(CH_3)_2$

$$
\begin{array}{c}
CH_3 \\
| \\
5.\ CH_3 - C - CH - CO - CHO \\
|\quad | \\
CH_3\ CH_3
\end{array}
$$

6. $Cl_2CH - CO - CH_3$

$$
7.\ CH_2 = CH - C - CH_2 - CH - C \equiv CH \\
\qquad\quad \parallel \qquad\qquad | \\
\qquad\quad CH_2 \qquad CH_2 - CH_3
$$

8. $NH - CH_2-$

9. $CH \equiv C - CHBr - C \equiv N$

10.

11. $CH_3CH_2CH_2 - O - CH = CH_2$

12. $CH - CH_2 - CH_3$ $| $ CH_3

13. $= O$

14.

□ **Problema 1.24**

Nombrad los compuestos orgánicos siguientes:

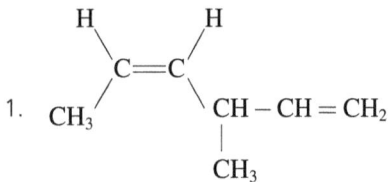

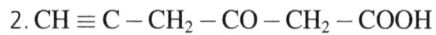

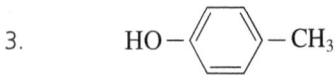

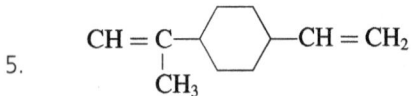

1.

2. $CH \equiv C - CH_2 - CO - CH_2 - COOH$

3. $HO -$ $- CH_3$

4. $Cl_2C = CHCl$

5. $CH = C-$ $-CH = CH_2$ $| $ CH_3

6. $CH_3 - C \equiv C - CHO$

7. 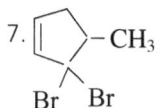   8. $CH_3 - C \equiv C - CH = CH - CHOH - CH_3$

■ Problema 1.25

Formular los compuestos orgánicos siguientes:

1. dicloruro de ftaloilo
3. ácido 2-amino-3-fenil-3-metilpropanoico
5. 2,2-diyodo-5-oxo-6-octinoato de metilo
7. 1-alil-3-etilnaftaleno
9. 3,4-dietil-1,3-hexadien-5-ino
11. 3-bromo-6,7-dimetoxi-1-naftol
13. ácido (cloroformil)acético
15. butoxieteno
17. oxalato de monoetilo
19. 1,4-pentadien-1-ol
21. 1,3,5-trioxociclohexano

2. sulfuro de divinilo
4. fluoruro de 1,4-hexadienilo
6. 3-hexenoato de metilo
8. ácido *trans*-1,2-ciclopentildicarboxílico
10. *N*-etil-*N*-propilbutanamida
12. diisopropilcetena
14. *o*-hidroxifenolato de etilo
16. ciclopentil fenil éter
18. *N*-fenil-2-propanimina
20. succinato de disodio
22. *N,N*-dimetilvinilamina

[Solución]

1.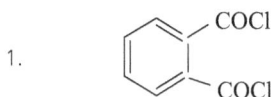

2. $CH_2 = CH - S - CH = CH_2$

3.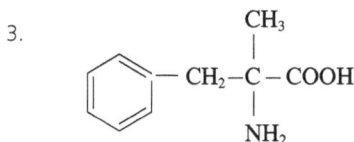

4. $CH_3 - CH - CH - CH_2 \quad CH = CII - \Gamma$

5. $CH_3C \equiv C - CO - CH_2CH_2 - CI_2 - COOCH_3$

6. $CH_3 - CH_2 - CH = CH - CH_2 - COO - CH_3$

7.

8.

9.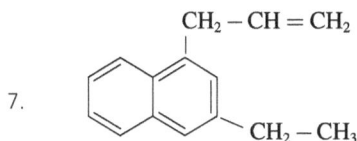

10.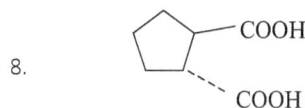

11.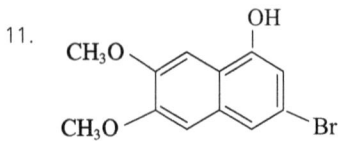

12.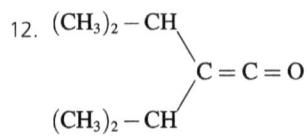

13. $Cl - CO - CH_2 - COOH$

14.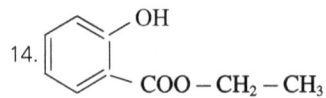

15. $CH_3CH_2CH_2CH_2 - O - CH = CH_2$

16.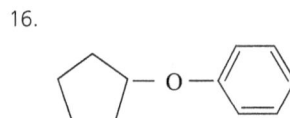

17. $HOOC - COO - CH_2 - CH_3$

18.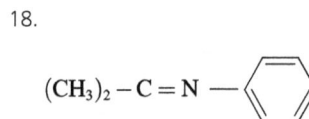

19. $CH_2 = CH - CH_2 - CH = CH - OH$

20.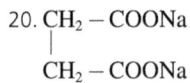

21.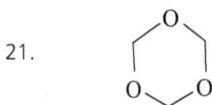

22. $CH_3 - N - CH = CH_2$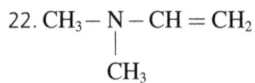

Problemas propuestos: Química Inorgánica. Formulación y nomenclatura

□ Problema 1.1

Formulad los compuestos e iones siguientes:

1. Ión tetrafluoruroferrato(III)
2. Ácido trioxotiosulfúrico
3. Sulfato de alumino y hierro(III)
4. Yoduro de nitrosilo
5. Hidroxitrinitrato de osmio(IV)
6. Nitrito de bario
7. Ácido ortosilícico
8. Sulfuro de aluminio y litio
9. Tetraóxido de dinitrógeno
10. Trioxoclorato(V) de hidrógeno
11. Hidrógenosulfuro de cesio
12. Tetranitroniquelato(II) de potasio
13. Ión hipoclorito
14. Ión tetraaquohierro(III)
15. Aziduro de cobre(II)
16. Cianuro de cobalto(II)
17. Sulfato tetraaminocobre(I)
18. Tetracloroyodato de magnesio

□ Problema 1.2

Nombrad los compuestos e iones siguientes:

1. $Cu(BrO_3)_2 \cdot 6\,H_2O$
2. $LiCa(HPO_4)_3$
3. $Mg_2Al(OH)_7$
4. $K_5[V(CN)_5(NO)]$
5. $NaSCN$
6. $Ca_2[MoCl_8]$
7. $Bi_2O_2CrO_4$
8. $[CoCl_2(NH_3)_3]$
9. $AgNO_3$
10. $Cr_2O_7^{2-}$
11. SO_2F_2
12. $Na[AlH_4]$
13. CCl_4
14. $LiCa(SO_4)_3$
15. U_3S
16. $Mg(OH)_2$
17. $Na[Co(CO)_4]$
18. $AlBO_3$

□ Problema 1.3

Formulad los compuestos e iones siguientes:

1. Sulfato de cadmio y talio(I)
2. Óxido de cobre(II) y rutenio(IV)
3. Bismutato de cromo(III)
4. Hexafluoroplatinato de litio
5. Cloruro de hexaaquocobalto(II)
6. Hidrógenosulfuro de amonio
7. Fosfato de bario y calcio
8. Tiocianato de cromo(II)
9. Tetrahidroxoaluminato de potasio
10. Nitrato de potasio-agua (1/10)
11. Hidróxido de iridio(IV)
12. Ácido tiosulfúrico
13. Dicianoaurato(I) de amonio
14. Clorato de vanadio
15. Octacarbonildicobalto
16. Azida de cobre(II)
17. Peróxido de níquel
18. Fosfina
19. Ácido tetraoxodisulfúrico
20. Ión carbonato
21. Oxiyoduro de escandio
22. Hidroxibromuro de paladio
23. Peróxido de cadmio
24. Tetrafluoruro de silicio
25. Ácido tetratioarsénico
26. Tetracarbonilníquel

Problema 1.4

Nombrad los compuestos e iones siguientes:

1. SeO_3^{2-}
2. $Ca[Cu(CN)_2]_2$
3. $Co(IO_3)_3 \cdot 6\,H_2O$
4. $[FeCl_2(CO)_4]$
5. $NaCa(SCN)_3$
6. $AgNO_3 \cdot 4\,H_2O$
7. VO_3^-
8. $[CrCl_2(OH)(H_2O)_3]$
9. NH_4CN
10. Cl_2O_7
11. NO_2^+
12. $FeAsO_4$
13. $KMgCO_3$
14. $[Cr(CN)_4(NH_3)_2]^-$
15. Mo_2O_5
16. $LiMg(OH)_3$
17. $Co(NO_2)(OH)$
18. $Na_3[Fe(SCN)_6]$

Problema 1.5

Formulad los compuestos e iones siguientes:

1. Ión triamminacloroplatino(II)
2. Ácido monoxoclórico
3. Fosfato de tetramminacobre(II)
4. Borato de calcio
5. Nitrato de cromo(III)-agua (1/6)
6. Bromuro cloruro de plomo(IV)
7. Aziduro de platino(IV)
8. Manganato de tetraamminacobre(II)
9. Hidrógenocromato de talio
10. Nitrito sulfato de triamonio
11. Hidrógenoseleniuro de sodio
12. Tetranitroniquelato(II) de potasio
13. Sulfato de bario y cadmio
14. Hidrógenocarbonato de cesio
15. Arsenito de rutenio(II)
16. Cianuro de cobalto(II)
17. Hidroxifluoruro de magnesio
18. Tetraoxosulfato de calcio

Problema 1.6

Nombrad los compuestos e iones siguientes:

1. $[CoBr(NH_3)_5]^{2+}$
2. $TlOH$
3. $K_2Mg(CrO_4)_2$
4. $BaCa(OH)_4$
5. $Hg(IO_3)_2$
6. NH_4NO_2
7. $3\,CdSO_4 \cdot 8\,H_2O$
8. $[Zn(H_2O)_4]Cl_2$
9. PBr_3
10. $FeNaSiO_4$
11. $Al_2O_3 \cdot 3\,H_2O$
12. $K[Cu(CN)_2]$
13. $Na_7(AsO_4)_2Cl$
14. $Cr(HS)_3$
15. Ca_2C
16. $Ca(HCO_3)_2$
17. $[Al(OH)(H_2O)_5]^{2+}$
18. SiS_2

Problema 1.7

Formulad los compuestos siguientes:

1. Hidrógenosulfuro de magnesio
2. Sulfuro de hidrógeno-agua (4/23)
3. Cloruro de carbonilo
4. Ión tetracianoplatinato(II)
5. Ácido biosulfúrico
6. Ión hexaaquahierro(2+)
7. Ión estaño(II)
8. Heptaoxodicromato(VI)
9. Sulfuro de hierro(III)
10. Catión dimercurio(I)

Problema 1.8

Nombrad los compuestos e iones siguientes:

1. $(NH_4)_2[Hg(SCN)_4]$
2. $BrCN$
3. $Ce(OH)(NO_3)_3$
4. Al_2C_3
5. $[Cd(H_2O)_4]^{2-}$
6. $LiMnO_4$
7. $3\ NiSO_4 \cdot 6\ H_2O$
8. HI
9. $Ca(HSO_3)_2$
10. $Na[Cu(SCN)_2]$
11. $AgNO_3 \cdot 3\ H_2O$
12. $CsK(NO_3)_2$
13. $[Co(H_2O)(NH_3)_5]Cl_3$
14. H_2O_2
15. O_3
16. $K_2[MnCl_5]$
17. $NaCa(OH)_3$
18. $Ca(OH)_2(ClO_2)_2$

Problema 1.9

Formulad los compuestos e iones siguientes:

1. Ión triamminacloroplatino(II)
2. Ácido monoxoclórico
3. Fosfato de tetramminacobre(II)
4. Sulfuro de cromo(III)-agua (1/8)
5. Hipofosfito de cinc
6. Hidroxinitrato de cobalto(II)
7. Disulfuro de cobre(II) y bario
8. Ión amonio
9. Dióxido de sodio y cromo(III)
10. Dicromato de potasio
11. Peróxido de litio
12. Ión hexaamminavanadio(III)
13. Sulfito de calcio y talio
14. Ión disulfuro
15. Dioxicloruro de molibdeno
16. Óxido de cobre(II) y estaño(IV)
17. Hidroxicloruro de níquel
18. Tetraoxosulfito de magnesio

Problema 1.10

Nombrad los compuestos e iones siguientes:

1. $(NH_4)_2[Fe(CN)_6]$
2. $Al(OH)SO_4$
3. $NH_4Fe(SO_4)_2 \cdot 12\ H_2O$
4. $SrClF$
5. $KFeS_2$
6. Li_2ZnO_2

7. HSO_3^- 8. $Ga(OH)_3$
9. $[Ag(NH_3)_2]Br$ 10. $Na[Cu(SCN)_2]$
11. Fe_2O_3 12. Fe_3O_4
13. UO_2FNO_3 14. $AgKCO_3$
15. $Co(SCN)_3$ 16. $K_4[Mn(SCN)_6]$
17. $NH_4CoPO_4 \cdot H_2O$ 18. $Na_2S_2O_2$

■ **Problema 1.11**

Formulad los compuestos e iones siguientes:

1. Ácido dioxonítrico   2. Dicloruro de diazufre
3. Hexafluorosilicato de aluminio   4. Hipoyodito de estaño(II)
5. Cloruro de calcio-amoníaco (1/8)   6. Tetraborano
7. Ión estaño(II)   8. Heptaoxodicromato(VI)
9. Sulfuro de potasio   10. Hidroxicloruro de cobalto(II)

Problemas propuestos: Química Orgánica. Formulación y nomenclatura ▬▬▬▬

☐ **Problema 1.12**

Formulad los compuestos orgánicos siguientes:

1. 5-heptil-3-hepteno
2. 4-etil-4,5-dimetilciclohexeno
3. p-dietilbenceno
4. N-metoxi-1,3-propanodiamina
5. etil isopropil éter
6. ácido Z-3-cloro-propenoico
7. anisol o metoxibenceno
8. N,N-dietilpropanamida
9. yoduro de ciclopentanocarbonilo
10. yoduro de acetilo
11. ciclobuteno
12. 2-pentenodial
13. butanato de amonio
14. 2,4-pentanodiona
15. N,N-dietilpentanamida
16. anhídrido maleico
17. naftaleno
18. acrilato de vinilo

☐ **Problema 1.13**

Nombrad los compuestos orgánicos siguientes:

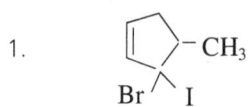

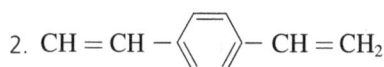

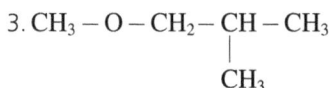

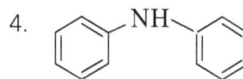

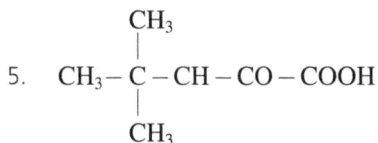

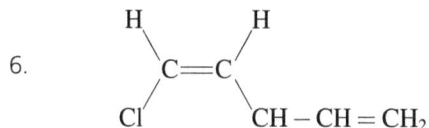

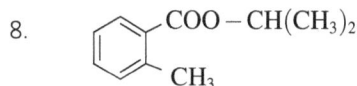

1. (estructura de ciclopenteno con $-CH_3$, Br e I)

2. $CH = CH - \langle anillo \rangle - CH = CH_2$

3. $CH_3 - O - CH_2 - CH - CH_3$
   con CH_3

4. (estructura de difenilamina con NH)

5. $CH_3 - \overset{CH_3}{\underset{CH_3}{C}} - CH - CO - COOH$

6. (estructura)
   $\overset{H}{\underset{Cl}{}} C = C \overset{H}{\underset{CH - CH = CH_2}{}}$

7. $CH_3 - CH - CO - Cl$

8. (anillo bencénico con $COO - CH(CH_3)_2$ y CH_3)

☐ **Problema 1.14**

Formulad los compuestos orgánicos siguientes:

1. dimetilcetena
2. metil propil cetona
3. (E)-3-etil-2,4-dimetil-3-hepteno
4. 2-butenal
5. cianuro de butilo
6. ácido (E)-3-bromopropenoico
7. trimetilamina
8. N-metilacetamida
9. ácido p-acetamidobenzoico
10. ácido ftálico

11. cloruro de benzoilo
12. ciclopentadieno
13. ácido *m*-toluensulfónico
14. *N*,4-dimetoxianilina
15. cloruro de metilideno
16. ciclohexanona
17. *p*-etilestireno
18. malonato de amonio
19. benzamida
20. *o*-xileno
21. diisopropil éter
22. *o*-metoxifenol o guayacol
23. 3,6-diformiloctanodial
24. 1,3,5-pentanotriamina

□ **Problema 1.15**

Nombrad los compuestos orgánicos siguientes:

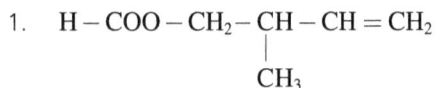

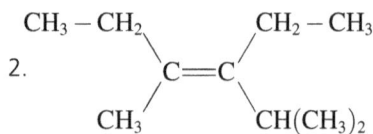

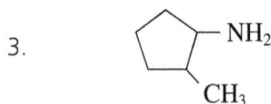

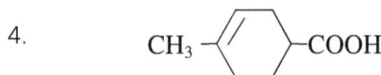

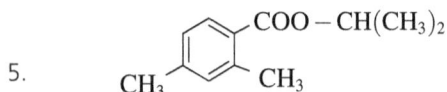

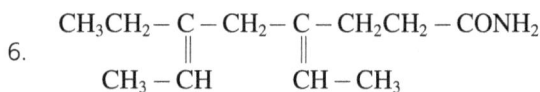

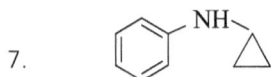

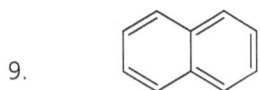

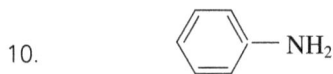

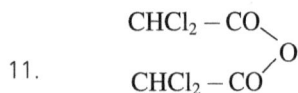

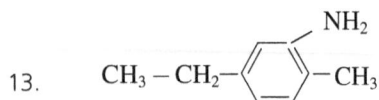

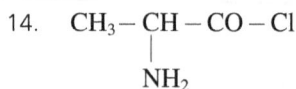

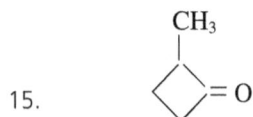

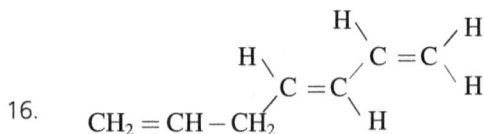

1. $H - COO - CH_2 - CH - CH = CH_2$
    $\qquad\qquad\qquad\quad |$
    $\qquad\qquad\qquad\ CH_3$

2.

3.

4.

5.

6. $CH_3CH_2 - \underset{\underset{CH_3-CH}{\|}}{C} - CH_2 - \underset{\underset{CH-CH_3}{\|}}{C} - CH_2CH_2 - CONH_2$

7.

8. $CH_3CO - NH - CH_3$

9.

10.

11.

12. $COOH - CH_2 - CH - CH = CH - COOH$

13.

14. $CH_3 - CH - CO - Cl$
    $\qquad\quad |$
    $\qquad\ NH_2$

15.

16.

17. $CH_3 - CH_2 - O - CH_2 - \underset{\underset{\displaystyle CH_3}{|}}{CH} - CH_3$

18. 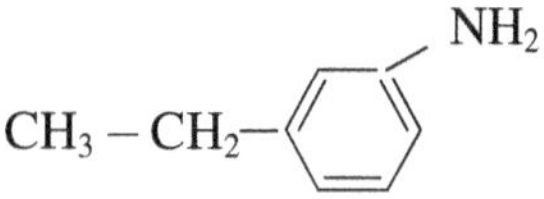 $CH_3 - CH_2 -$ ⬡ NH_2

19. $CH_3 - \underset{\underset{\displaystyle CH_3}{|}}{\overset{\overset{\displaystyle CH_3}{|}}{C}} - CH - CHOH - COOH$

20. 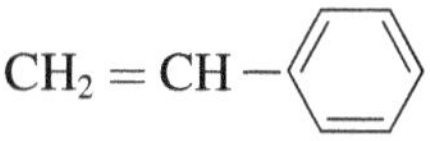 $CH_2 = CH -$ ⬡

21. 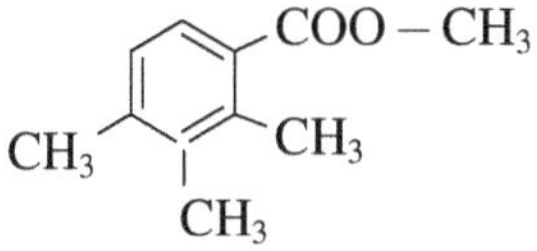 ⬡ con $COO - CH_3$, CH_3, CH_3, CH_3

22. $CH_3 - \underset{\underset{\displaystyle CH_3}{|}}{CH} - CO - COOH$

23. $CHCl_2 - CO - NH_2$

24. $CH_3 - CHOH - CH_2 - CHOH - COOH$

25. $CH_3 - CHOH - \underset{\underset{\displaystyle CH_3}{|}}{CH} - CHOH - COOH$

26. 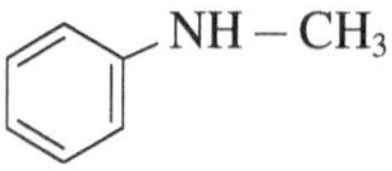 ⬡ $NH - CH_3$

27. 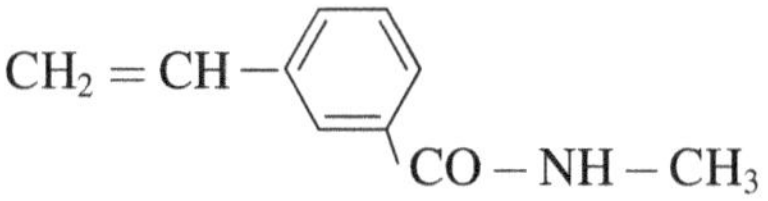 $CH_2 = CH -$ ⬡ $CO - NH - CH_3$

28. $CH_3 - CH_2 - CO - NH - CH_3$

29. 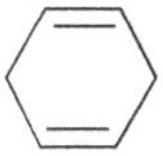 ⬡

30. 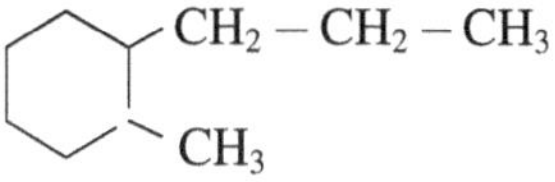 ⬡ con $CH_2 - CH_2 - CH_3$ y CH_3

31. $CH_3 - CHOH - CH_2 - COO - CH_3$

32. 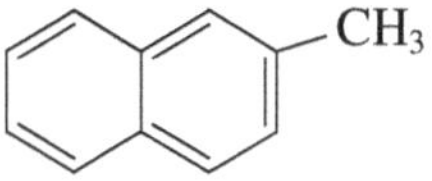 ⬡⬡ CH_3

☐ **Problema 1.16**

Formulad los compuestos orgánicos siguientes:

1. 3-bromo-1-butano
2. propilciclohexano
3. feniletenona
4. ácido 2-hidroxipropanoico
5. formiato 4,4-dimetilpentílico
6. 1,1-diyodoacetona
7. anhídrido etanoico-propanoico
8. 2-etil-1-penteno
9. 3-vinilhexandial
10. sulfuro de dietilo
11. 3-(2-ciclopropil)butirato etílico
12. 9-hidroxi-1,7-decadiin-5-ona
13. trifenilamina
14. benzoato de isobutilo
15. 3-isobutil-5-metoxibenzaldehído
16. N-etil-N-metil-1-butanamida

17. etoxibenceno
18. ácido 1-naftalencarboxílico
19. 4-metoxifenol
20. 2,4,6-trinitrolueno (T.N.T)
21. propionato *terc*-butílico
22. *m*-clorobencenocarbonitrilo
23. *N,N*-dimetil-2-metilfenilamina
24. cloruro de butanoilo

Problema 1.17

Nombrad los compuestos orgánicos siguientes:

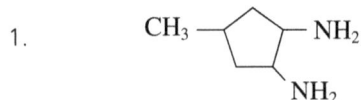

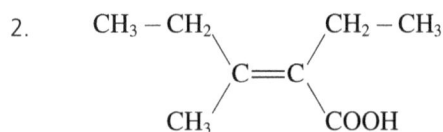

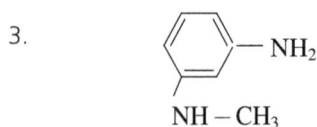

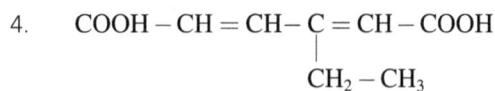

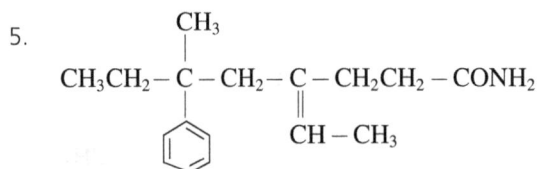

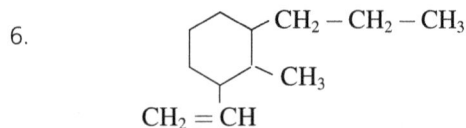

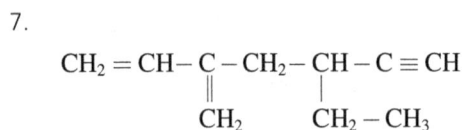

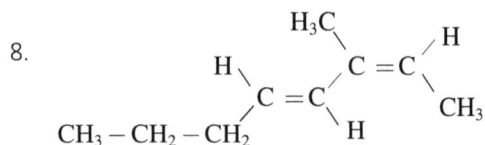

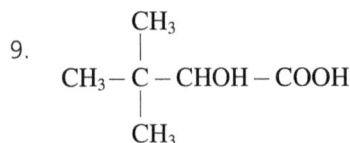

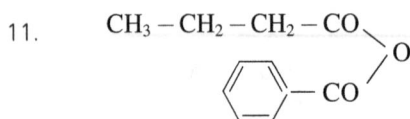

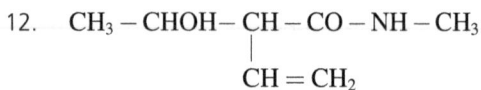

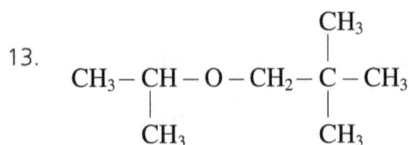

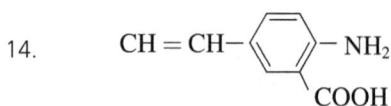

1.
$$CH_3 - \langle \rangle - NH_2 \quad (NH_2)$$

2.
$$\begin{array}{cc} CH_3 - CH_2 & CH_2 - CH_3 \\ & C = C \\ CH_3 & COOH \end{array}$$

3.
$$\langle \rangle - NH_2 \quad (NH - CH_3)$$

4.
$$COOH - CH = CH - \underset{\underset{CH_2 - CH_3}{|}}{C} = CH - COOH$$

5.
$$CH_3CH_2 - \underset{\underset{C_6H_5}{|}}{\overset{\overset{CH_3}{|}}{C}} - CH_2 - \underset{\underset{CH - CH_3}{||}}{C} - CH_2CH_2 - CONH_2$$

6.
$$\langle \rangle \begin{array}{l} CH_2 - CH_2 - CH_3 \\ CH_3 \\ CH_2 = CH \end{array}$$

7.
$$CH_2 = CH - \underset{\underset{CH_2}{||}}{C} - CH_2 - \underset{\underset{CH_2 - CH_3}{|}}{CH} - C \equiv CH$$

8.
$$\begin{array}{cc} & H_3C \quad H \\ H \quad \quad \quad C = C \\ C = C \quad \quad CH_3 \\ CH_3 - CH_2 - CH_2 \quad H \end{array}$$

9.
$$CH_3 - \underset{\underset{CH_3}{|}}{\overset{\overset{CH_3}{|}}{C}} - CHOH - COOH$$

10.
$$\langle \rangle = O$$

11.
$$\begin{array}{c} CH_3 - CH_2 - CH_2 - CO \\ \quad \quad \quad \quad \quad \quad \quad \quad \quad O \\ \langle \rangle - CO \end{array}$$

12.
$$CH_3 - CHOH - \underset{\underset{CH = CH_2}{|}}{CH} - CO - NH - CH_3$$

13.
$$CH_3 - \underset{\underset{CH_3}{|}}{CH} - O - CH_2 - \underset{\underset{CH_3}{|}}{\overset{\overset{CH_3}{|}}{C}} - CH_3$$

14.
$$CH = CH - \langle \rangle - NH_2 \quad (COOH)$$

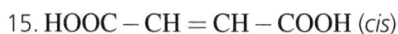

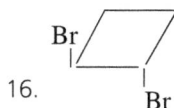

15. $HOOC - CH = CH - COOH$ (*cis*)

16.

Problema 1.18

Formulad los compuestos orgánicos siguientes:

1. bromuro de *terc*-butilo
2. *trans*-1,2-dihidroxiciclobutano
3. acetato de alilo
4. 1,2,3-trihidroxibenceno (pirogalol)
5. (*Z*)-2-cloro-2-penteno
6. 3-etil-3-hexeno
7. *o*-dimetoxibenceno
8. 1,1-dietil-2-metilciclopentano
9. fluoruro de ciclopropilo
10. 3,3-divinilciclopenteno
11. alcohol isopropílico
12. difenil éter
13. mesitileno
14. 3-pentenodial
15. diisopropilcetena
16. 4-isopropilheptano
17. metacrilato de potasio
18. dicloruro de oxalilo
19. 3,6-difenil-2-hepten-4-ino
20. cumeno o isopropilbenceno
21. 3-ciclopropilpentano
22. *N*-etil-*N*,2-dimetilbutilamina
23. dimetil-2,3-butandiol (pinacol)
24. *p*-nitrotolueno

Problema 1.19

Nombrad los compuestos orgánicos siguientes:

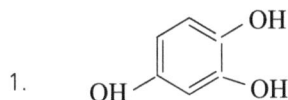

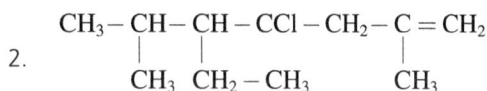

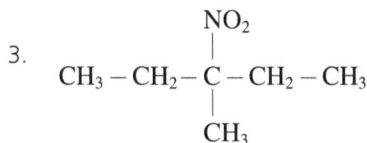

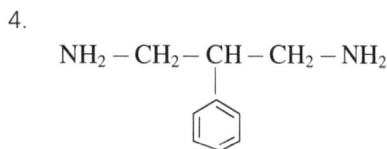

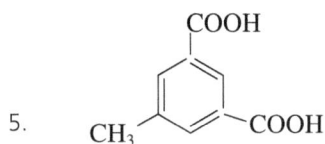

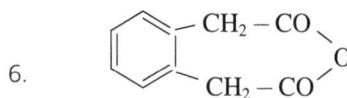

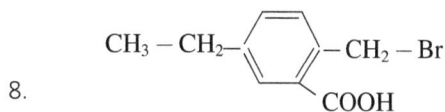

1.

2. $CH_3 - CH - CH - CCl - CH_2 - C = CH_2$
   con CH_3, $CH_2 - CH_3$ y CH_3

3. $CH_3 - CH_2 - \overset{NO_2}{\underset{CH_3}{C}} - CH_2 - CH_3$

4. $NH_2 - CH_2 - CH - CH_2 - NH_2$ (con fenilo)

5.

6.

7.

8. $CH_3 - CH_2 - \text{(anillo)} - CH_2 - Br$, $COOH$

9.

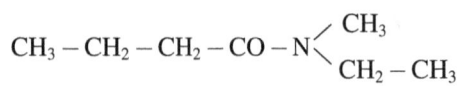

$$CH_3 - CH_2 - CH_2 - CO - N \begin{smallmatrix} CH_3 \\ CH_2 - CH_3 \end{smallmatrix}$$

10.

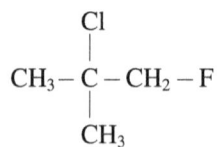

$$CH_3 - \overset{\overset{\displaystyle Cl}{|}}{\underset{\underset{\displaystyle CH_3}{|}}{C}} - CH_2 - F$$

11.

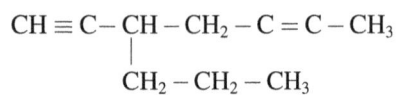

$$CH \equiv C - \underset{\underset{\displaystyle CH_2 - CH_2 - CH_3}{|}}{CH} - CH_2 - C = C - CH_3$$

12.

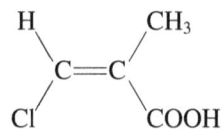

$$\begin{smallmatrix} H \\ Cl \end{smallmatrix} C = C \begin{smallmatrix} CH_3 \\ COOH \end{smallmatrix}$$

13.

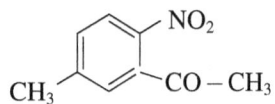

14.

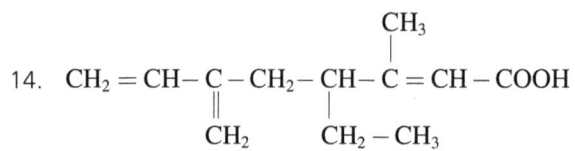

$$CH_2 = CH - \overset{\overset{\displaystyle}{\|}}{\underset{\underset{\displaystyle CH_2}{}}{C}} - CH_2 - \overset{\overset{\displaystyle CH_3}{|}}{\underset{\underset{\displaystyle CH_2 - CH_3}{|}}{CH}} - C = CH - COOH$$

Estructura atómica. Configuraciones electrónicas y orbitales atómicos. Propiedades periódicas

2

2.1 Introducción y objetivos

La teoría de Dalton sobre la indivisibilidad del átomo abrió un camino a una nueva era de progreso de la química. Todos los cálculos sobre la transformación química y la estequiometría están basados en esta idea atómica, la cual aún justificando y explicando las relaciones advertidas en las reacciones químicas no sirve para explicar por qué reaccionan las sustancias de la manera como lo hacen.

Muchos experimentos realizados desde entonces sobre la materia llevaron a mitad del siglo XIX a considerar que el átomo era divisible y que estaba formado por partículas. Posteriormente, a principios del siglo XX, otros descubrimientos significativos aportaron conocimientos más claros sobre la *estructura atómica*. Estos descubrimientos fueron:

a) La naturaleza eléctrica de las partículas subatómicas.
b) La naturaleza dual de la luz.
c) El hecho de que el átomo consta de un núcleo rodeado de electrones.
d) Las leyes mecánicas que rigen la conducta de los electrones en los átomos.
e) La cuantización de la energía.

Todo esto indicó la conveniencia de considerar y estudiar un *modelo atómico* actualizado, que ha aportado los fundamentos sobre los que se ha estructurado la química moderna.

En este capítulo se comienza revisando el concepto de átomo y las ideas elementales sobre su estructura, que se relacionarán con un mínimo planteamiento según la evolución histórica.

Con el átomo de hidrógeno o modelo atómico de Bohr, se tratará la nueva visión de la estructura atómica con la mecánica ondulatoria, la dualidad onda-partícula y el principio de incertidumbre de Heisenberg. A continuación, el modelo atómico según la ecuación de Schrödinger nos llevará al concepto de función de onda y al significado de los números cuánticos, cuyo conocimiento es importante porque determinan el *orbital atómico*.

Se expondrán, después, las configuraciones electrónicas de átomos con más de dos electrones o poli-electrónicos, con los principios básicos que son precisos para que se ocupen niveles estables o de menor energía.

Finalmente, la configuración electrónica de los átomos llevará a un criterio de clasificación, según *la tabla periódica de los elementos*, que permitirá estudiar la variación de las propiedades periódicas, tales como: radio y volumen atómico, electronegatividad, afinidad electrónica, energía de ionización, etc.

2.2 Descripción del átomo

El átomo está formado por un núcleo, que contiene principalmente protones y neutrones, y una capa externa formada por electrones.

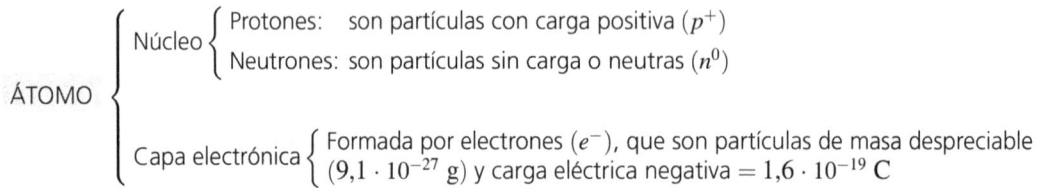

$$\text{ÁTOMO} \begin{cases} \text{Núcleo} \begin{cases} \text{Protones: son partículas con carga positiva } (p^+) \\ \text{Neutrones: son partículas sin carga o neutras } (n^0) \end{cases} \\ \\ \text{Capa electrónica} \begin{cases} \text{Formada por electrones } (e^-), \text{ que son partículas de masa despreciable} \\ (9,1 \cdot 10^{-27} \text{ g}) \text{ y carga eléctrica negativa} = 1,6 \cdot 10^{-19} \text{ C} \end{cases} \end{cases}$$

El átomo es neutro, luego:

$$\text{Número } e^- = \text{Número } p^+ = \text{Número atómico} = Z$$

La masa del protón es igual que la masa del neutrón y vale $1,67 \cdot 10^{-24}$ g. Luego, la masa atómica se encuentra principalmente en el núcleo y será su suma.

$$\text{Masa atómica} = \text{masa } n^0 + \text{masa } p^+ = M$$

Tanto M como Z describen el átomo y se representan como superíndice y subíndice al lado izquierdo del átomo.

El helio tiene $M = 4$ y $Z = 2$. Así pues, se representa como $_2^4\text{He}$ y posee $\begin{cases} 2p^+ \\ 2n^0 \\ 2e^- \end{cases}$

Los átomos de un mismo elemento que tienen el mismo número atómico (Z) y distinta masa atómica reciben el nombre de *isótopos*.

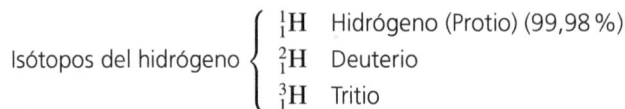

$$\text{Isótopos del hidrógeno} \begin{cases} _1^1\text{H} & \text{Hidrógeno (Protio) (99,98 \%)} \\ _1^2\text{H} & \text{Deuterio} \\ _1^3\text{H} & \text{Tritio} \end{cases}$$

Algunos isótopos del átomo pueden ser inestables y espontáneamente se desintegran; entonces, se dice que son *radioactivos*.

Los átomos con distinto número de protones y de electrones poseen carga eléctrica y son los *iones*.

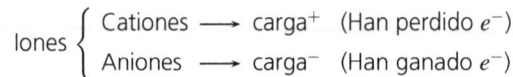

$$\text{Iones} \begin{cases} \text{Cationes} \longrightarrow \text{carga}^+ & (\text{Han perdido } e^-) \\ \text{Aniones} \longrightarrow \text{carga}^- & (\text{Han ganado } e^-) \end{cases}$$

2.3 El átomo de hidrógeno

La estabilidad del átomo es un equilibrio complejo y sutil, ya que se debe tener en cuenta la atracción entre el núcleo y los electrones y las repulsiones entre los electrones. Ambas fuerzas *son de Coulomb*.

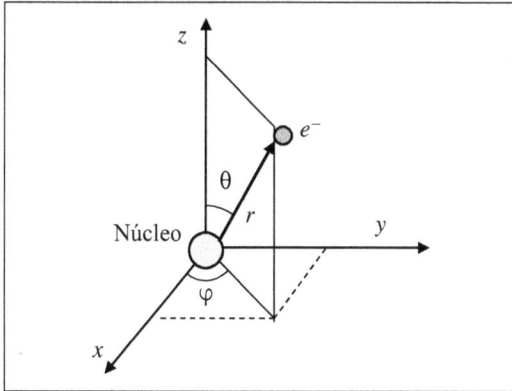

(Relación entre coordenadas cartesianas y esféricas)

Por su complejidad, es conveniente comenzar el estudio del átomo por aquellos átomos que son más simples y que poseen un solo electrón y un solo protón, como el átomo de hidrógeno, o bien como el átomo-ión de He^+, que tiene $2p^+ 2n^0$ en el núcleo, pero un solo e^-.

Bohr-Sommerfeld-Rutherford elaboraron el *modelo planetario* del átomo de hidrógeno, debido a la relación *existente entre las fuerzas de Coulomb del campo gravitatorio con las de los átomos.*

Este modelo supone que los electrones describen órbitas circulares o elípticas alrededor del núcleo con una energía determinada.

El problema mecanocuántico del átomo de hidrógeno consiste en describir el comportamiento de su único electrón, que está sometido a la atracción del núcleo, que está fijo y localizado en el origen de coordenadas, mientras que el electrón (e^-) está situado a una distancia r del núcleo sobre el que actúa una fuerza de atracción, que es la de Coulomb.

La energía potencial del e^- debida a su interacción con el núcleo vale:

$$V = -\left(\tfrac{1}{4}\pi\varepsilon_0\right)\left(Ze^2/r\right)$$

$\begin{cases} V: & \text{Energía potencial} \\ 1/4\pi\varepsilon_0 : & \text{Constante} \\ Ze: & \text{Carga del electrón} \end{cases}$

La descripción del comportamiento del electrón en el átomo de hidrógeno pasa por resolver problemas más complejos, como los que se derivan del estudio de una partícula en una caja tridimensional, caso del átomo, en el que se debe tener en cuenta, además de la energía potencial, la cinética de la partícula y también las funciones angulares y radiales en tres dimensiones.

2.4 Ecuación de Schrödinger

La ecuación de Schrödinger para el átomo es semejante a la de la partícula moviéndose en una caja tridimensional. Esta ecuación es:

$$\underbrace{-\frac{h^2}{8\pi^2 m}\left(\frac{\delta^2\Psi}{\delta x^2}+\frac{\delta^2\Psi}{\delta y^2}+\frac{\delta^2\Psi}{\delta z^2}\right)}_{\text{Energía cinética}}-\underbrace{\left(\frac{1}{4\pi\varepsilon_0}\frac{Ze^2\Psi}{r}\right)}_{\text{Energía potencial}}=E\Psi$$

$\begin{cases} E: & \text{Energía} \\ \Psi: & \text{Función de onda} \\ h^2/8\pi^2 m: & \text{Constante} \\ & (h = \text{cte. Planck}; m = \text{masa}) \end{cases}$

Los tres sumandos de la energía cinética de la ecuación de Schrödinger se pueden descomponer en tres ecuaciones independientes, que se corresponden con los tres ejes cartesianos $\psi(x)$, $\psi(y)$ y $\psi(z)$. Estas coordenadas cartesianas pueden transformarse en esféricas, ya que el campo de fuerzas entre el electrón y el núcleo del átomo posee simetría esférica.

De esta manera se obtienen soluciones de la ecuación de Schrödinger que son funciones de onda, una radial y la otra angular, y que son:

$$\Psi = R(r)\,Y(\theta,\varepsilon)$$

$\begin{cases} R(r): & \text{Parte radial de la función de onda } \psi \\ Y(\theta,\varepsilon): & \text{Parte angular de } \psi \end{cases}$

2.5 Los números cuánticos

Como consecuencia de las condiciones impuestas a las soluciones de la ecuación de Schrödinger, aparecen tres números cuánticos que imponen restricciones en las funciones de onda y en los valores permitidos para el electrón.

$$\text{Función radial } R(r) \qquad \begin{cases} n : \text{núm. cuántico principal} \\ l : \text{núm. cuántico secundario (depende de } n) \end{cases}$$

(Determina el valor de energía)

$$\text{Función angular } Y(\theta,\phi) \qquad \begin{cases} l : \text{núm. cuántico secundario (forma de la órbita)} \\ m : \text{núm. cuántico magnético (orientación de la órbita)} \end{cases}$$

(Determina la forma y la orientación de la orientación de la órbita descrita por el e^-)

Además de estos tres números cuánticos, que determinan la función de onda del espacio o orbital y que se derivan de las funciones radiales y angulares resultantes, existe un cuarto número cuántico llamado *spin* (s), relacionado con el electrón y que representa el momento angular intrínseco que tendría una partícula (el electrón) girando sobre su propio eje.

Los valores que puede tomar el spin en el giro del e^- sobre sí mismo son:

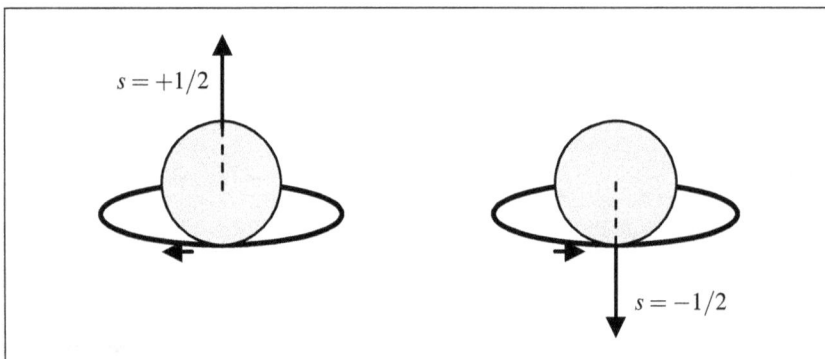

Teniendo en cuenta todas estas consideraciones, los cuatro números cuánticos y los valores que toman son:

$$n : \text{ principal o nivel de energía } n = 1, 2, 3, \ldots$$
$$l : \text{ secundario o subnivel de energía o azimutal } l = 0, 1, 2, \ldots, (n-1)$$
$$m : \text{ magnético } m = -l, \ldots, 0 \ldots, l$$
$$s : \text{ spin } s = \pm 1/2$$

El número l depende de n desde el punto de vista energético. De ahí sus valores. También indica la forma que posee el orbital. Mientras que el número m depende de l e indica la orientación de la órbita seguida por el electrón.

2.5.1 Combinaciones permitidas para los números cuánticos

Los nombres que reciben las funciones de onda se construyen mediante un número que indica el número cuántico principal n, seguido de una letra que indica el número cuántico secundario l, mediante la siguiente equivalencia:

Número cuántico secundario l	0	1	2	3	4
Equivalencia o función de onda	s	p	d	f	g

Las combinaciones permitidas para los números cuánticos son:

Números cuánticos				Núm. máximo de electrones	Funciones de onda o orbitales
$n = 1$	$l = 0$	$m = 0$	$s = \pm \frac{1}{2}$	$2\,e^-$	$1s^2$
$n = 2$	$l = 0$	$m = 0$	$s = \pm \frac{1}{2}$	$2\,e^-$ $\Big\}$ $8\,e^-$	$2s^2$
	$l = 1$	$m = -1$	$s = \pm \frac{1}{2}$		
		$m = 0$	$s = \pm \frac{1}{2}$	$6\,e^-$	$2p^6$
		$m = +1$	$s = \pm \frac{1}{2}$		
$n = 3$	$l = 0$	$m = 0$	$s = \pm \frac{1}{2}$	$2\,e^-$	$3s^2$
	$l = 1$	$m = -1$	$s = \pm \frac{1}{2}$		
		$m = 0$	$s = \pm \frac{1}{2}$	$6\,e^-$	$3p^6$
		$m = +1$	$s = \pm \frac{1}{2}$	$18\,e^-$	
	$l = 2$	$m = -2$	$s = \pm \frac{1}{2}$		
		$m = -1$	$s = \pm \frac{1}{2}$		
		$m = 0$	$s = \pm \frac{1}{2}$	$10\,e^-$	$3d^{10}$
		$m = +1$	$s = \pm \frac{1}{2}$		
		$m = +2$	$s = \pm \frac{1}{2}$		
$n = 4$	$l = 0$	$m = 0$	$s = \pm \frac{1}{2}$	$2\,e^-$	$4s^2$
	$l = 1$	$m = -1$	$s = \pm \frac{1}{2}$		
		$m = 0$	$s = \pm \frac{1}{2}$	$6\,e^-$	$4p^6$
		$m = +1$	$s = \pm \frac{1}{2}$		
	$l = 2$	$m = -2$	$s = \pm \frac{1}{2}$		
		$m = -1$	$s = \pm \frac{1}{2}$		
		$m = 0$	$s = \pm \frac{1}{2}$	$10\,e^-$	$4d^{10}$
		$m = +1$	$s = \pm \frac{1}{2}$	$32\,e^-$	
		$m = +2$	$s = \pm \frac{1}{2}$		
	$l = 3$	$m = -3$	$s = \pm \frac{1}{2}$		
		$m = -2$	$s = \pm \frac{1}{2}$		
		$m = -1$	$s = \pm \frac{1}{2}$		
		$m = 0$	$s = \pm \frac{1}{2}$	$14\,e^-$	$4f^{14}$
		$m = +1$	$s = \pm \frac{1}{2}$		
		$m = +2$	$s = \pm \frac{1}{2}$		
		$m = +3$	$s = \pm \frac{1}{2}$		

Forma de los orbitales: s esférico

p lobular sobre los tres ejes espaciales: $p_x\, p_y\, p_z$

d planar lobular: $d_{xy}\, d_{xz}\, d_{yz}\, d_{x^2y^2}\, d_{z^2}$

2.5.2 Orbitales atómicos

Los orbitales atómicos se definen, de manera simplificada, como la superficie o lugar del espacio atómico donde existe mayor probabilidad de encontrar el electrón que gira en torno al núcleo atómico y sobre sí mismo.

Si se considera un átomo de hidrógeno aislado, su único electrón está en el nivel n de energía, pero si se considera mayor número de átomos, éstos pueden interaccionar entre sí mediante choques y colisiones, lo que da lugar a la *mecánica cuántica*. Además, es corriente tratar con gran número de átomos, pues se sabe por la *ley de Avogadro* que, a una atmósfera y a 25° C, el volumen de 22,4 litros de gas hidrógeno contiene $6,023 \cdot 10^{23}$ átomos.

Las colisiones entre átomos hacen que entre éstos se intercambie la energía y que se altere el nivel energético inicial, hasta que se alcanza el equilibrio termodinámico. Saber cuál es el número de átomos cuyo electrón está en el primer nivel, cuántos lo tienen en el segundo y cuántos en el tercero permite conocer una *distribución de población,* que lógicamente dependerá de la *temperatura.*

La función de onda radial $R(r)$ y las funciones de onda angulares $Y(\theta,\phi)$ determinan la distribución de probabilidad electrónica o orbital.

Por tanto, la distribución de probabilidad radial es la densidad de máxima probabilidad de encontrar el electrón a una distancia r del núcleo sin depender del valor de sus ángulos.

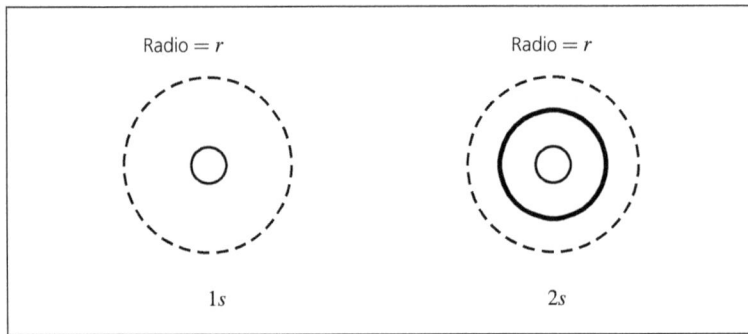

Densidad de probabilidad s de $1e^-$

Para $l = 0$, se tiene $R(r) \neq 0$ y $Y(\theta,\phi) = \text{constante}$, independiente de θ y de ϕ, por lo que el orbital es el s y su simetría es esférica.

Para $n = 1$ y $l = 0$, el orbital es $1s$. La probabilidad máxima está a un valor de r.

Para $n = 2$ y $l = 0$, el orbital es $2s$ y existen dos esferas concéntricas, siendo más fácil encontrar el electrón en el radio mayor.

Para $n = 2$, también se tiene el valor de $l = 1$ y $m = -1,0,+1$, que da lugar a los orbitales p en los 3 ejes del espacio, $p_x\,p_y\,p_z$.

Para $n = 3$, $l = 0,1,2$, $m = (0),(-1,0,+1),(-2,-1,0,+1,+2)$

$\qquad\qquad\qquad\qquad\qquad\longrightarrow d_{xy}\,d_{xz}\,d_{yz}\,d_{x^2y^2}\,d_{z^2}$

Los orbitales p y d que se representan a continuación no contienen la parte radial sino las funciones de onda angulares $Y(\theta,\phi)$, pero nos dan idea de la densidad de probabilidad de distribución electrónica constante por su forma y por su orientación espacial.

2.5.2.1 Representación gráfica de orbitales atómicos

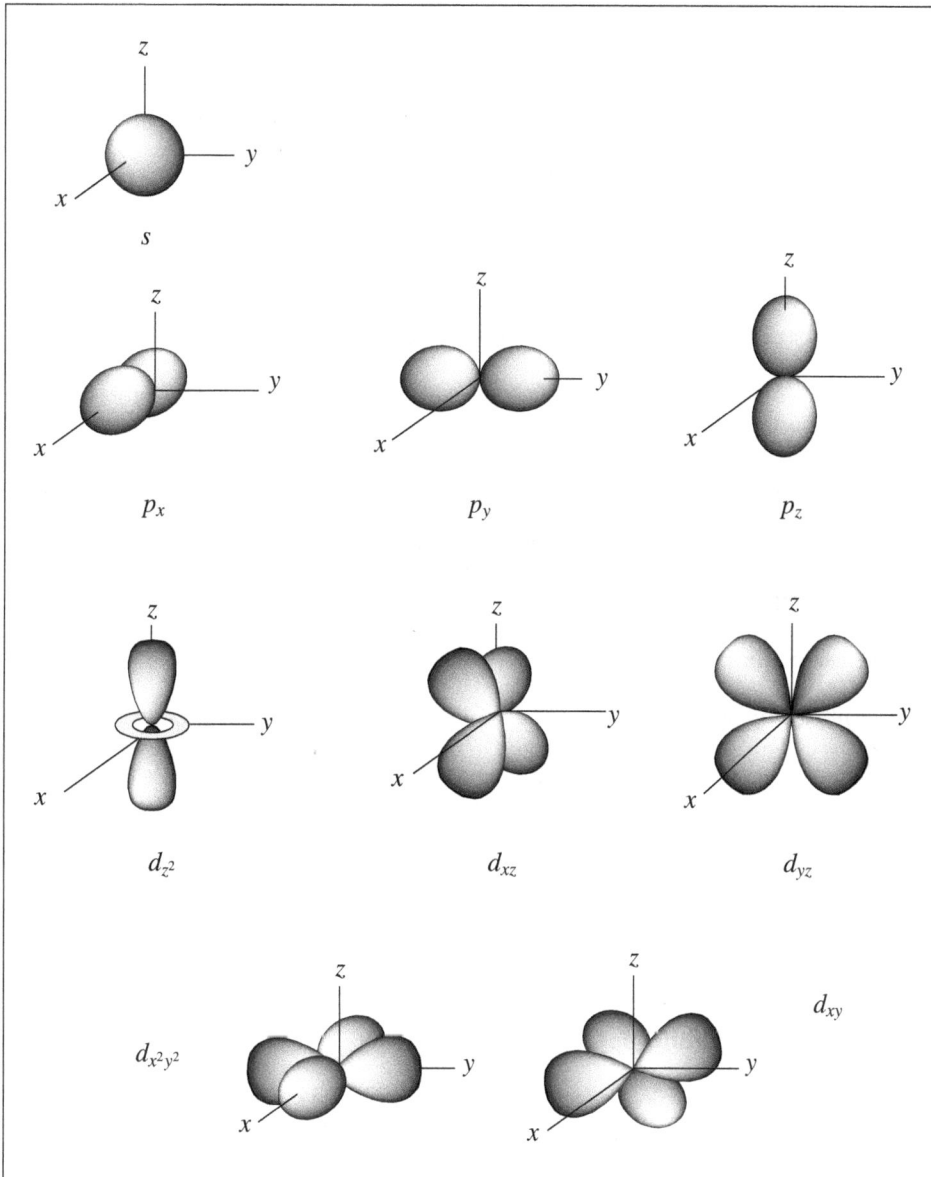

Funciones de onda angulares representadas en tres dimensiones para s, p, d.

2.6 Átomos polielectrónicos

La ecuación de Schrödinger se puede plantear para cualquier sistema atómico, aunque sus soluciones han de encontrarse de manera aproximada.

Estas soluciones, que son siempre aproximadas, darán una idea general del comportamiento y de las propiedades de los átomos polielectrónicos.

La energía total del átomo polielectrónico será la suma de la energía cinética total y la potencial. Así:

$$Energía\ cinética\ total = \sum Energía\ cinética\ de\ cada\ e^-$$

$$Energía\ potencial = \sum Energía\ de\ atracción\ entre\ los\ e^-\ y\ el\ núcleo +$$

$$+ \sum Energía\ potencial\ de\ repulsión\ entre\ los\ e^-$$

Las funciones de onda más apropiadas para estos casos surgen del modelo en el que se considera un átomo polielectrónico como una superposición de átomos hidrogenoides, donde cada uno de los electrones está descrito por un spin-orbital. Este modelo se conoce como de *aproximación orbital*.

Mediante este modelo de aproximación orbital, se pueden evaluar las energías de los diferentes estados orbitales del átomo polielectrónico, pero habría que decidir el modo en que los electrones del átomo ocupan los distintos orbitales disponibles. Esto se estudiará con el principio de Aufbau, que en algunos libros aparece denominado como principio de Building-Up.

Por otra parte, como los electrones no pueden colocarse de cualquier manera en los átomos polielectrónicos, pues tienen un número cuántico o spin de $\pm 1/2$, existirán ciertas restricciones para la disposición de los electrones en los orbitales atómicos. Esto se aplicará con el principio de exclusión de Pauli.

2.6.1 Principio de exclusión de Pauli

En un átomo polielectrónico no pueden haber dos electrones con los cuatro números cuánticos iguales.

En consecuencia, para un mismo orbital atómico sólo puede haber como máximo dos electrones con spines antiparalelos, $s = +1/2$ y $s = -1/2$, que se representarán, para mayor comprensión visual, así:

Por ejemplo, para el átomo de Li, $Z = 3$, los dos primeros electrones se localizarán en el orbital $1s$ con sus spines apareados, pero el tercer electrón ocupará el orbital $2s$ que es el más próximo en energía.

El estado fundamental del Li es: $1s^2 2s^1$

2.6.2 Principio de Aufbau (building-up)

En el átomo de hidrógeno se vio que el único electrón que posee se coloca en el nivel de mínima energía, ya que es su estado fundamental. Luego, *en los átomos de más electrones también actuarán igual, de manera que primero se ocuparán los orbitales de menor energía y sucesivamente todos los demás*. Este es el principio de Aufbau, que también se conoce como principio de *Building Up*.

Si los orbitales s, p, d poseen un número máximo de electrones, que es $s^2 p^6 d^{10}$ y se cumple el principio de exclusión de Pauli (dos electrones de spin $\pm 1/2$ en cada orbital), se pueden representar los orbitales como:

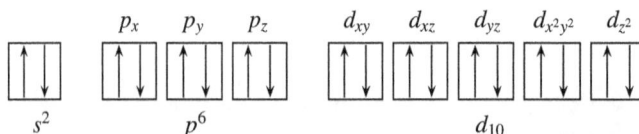

Para indicar el nivel de energía de estos orbitales, se deberá conocer el valor del número cuántico n, que será mínimo para $n = 1$ e irá aumentando sucesivamente para $n = 2,3$, etc. Así, para los distintos niveles de energía y para los distintos orbitales, se tiene el siguiente orden:

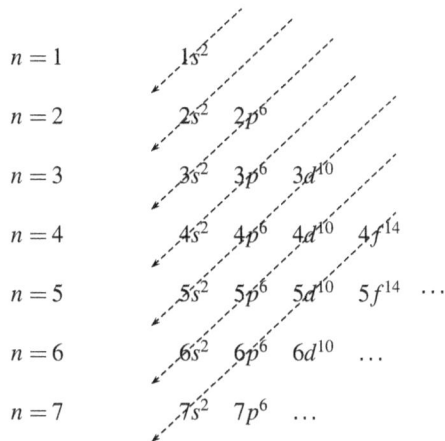

$n = 1$ $1s^2$

$n = 2$ $2s^2$ $2p^6$

$n = 3$ $3s^2$ $3p^6$ $3d^{10}$

$n = 4$ $4s^2$ $4p^6$ $4d^{10}$ $4f^{14}$

$n = 5$ $5s^2$ $5p^6$ $5d^{10}$ $5f^{14}$ $\cdots$

$n = 6$ $6s^2$ $6p^6$ $6d^{10}$ $\cdots$

$n = 7$ $7s^2$ $7p^6$ $\cdots$

Principio de Aufbau:

El sentido de la flecha indica el orden en que los electrones ocupan los orbitales de menor a mayor energía.

Por ejemplo, los electrones en el átomo de Mg, de número atómico $Z = 12$, se colocarán según el método de Aufbau en:

Mg $(Z = 12):$ $1s^2\,2s^2\,2p^6\,\,3s^2$ *electrones de valencia del* Mg $= 2e^-$, que están en su última capa electrónica o nivel de energía

V $(Z = 23):$ $1s^2\,2s^2\,2p^6\,3s^2\,3p^6\,\underbrace{4s^2\,(3d^3)}_{5e^-\ \text{valencia}}$ o bien: $1s^2\,2s^2\,2p^6\,3s^2\,3p^6\,\underbrace{3d^3\,4s^2}_{5e^-\ \text{valencia}}$

Si se representan gráficamente los orbitales del V con sus electrones de valencia, se tiene:

V: [↑|↓]   [↑|↓|↑| | |]   ¿Será correcta la ubicación de electrones?
   $4s^2$ $3d^3$

Si se representan gráficamente los orbitales del C con sus electrones de valencia, se tiene:

C $(Z = 6):$ $1s^2\,\,2s^2\,2p^2$ $4e^-$ de valencia   [↑|↓]   [↑|↓| |]   ¿Será correcta la ubicación de electrones?
                  $2s^2$ $2p^2$

Para este último caso del átomo de C, los dos electrones situados en el orbital $2p$ podrían colocarse en $2p_x$, $2p_y$ o $2p_z$, ya que el orbital $2p$ es tres veces degenerado. Para el caso del átomo de V los tres electrones situados en el orbital $3d$ podrían colocarse en cualquiera de los cinco orbitales d, ya que el orbital $3d$ es cinco veces degenerado. Para resolver esta indeterminación, se utiliza la regla de Hund.

2.6.3 Regla de Hund

Cuando varios electrones ocupan orbitales degenerados, lo hacen, si es posible, ocupando orbitales diferentes y con los spines desapareados o paralelos.

Esta regla es consecuencia del efecto mecanocuántico llamado *correlación de spin*, que consiste en que dos electrones con spines paralelos ↑↑ tienden a ocupar dos regiones del espacio separadas entre sí, es decir, distintos orbitales, porque de esta manera minimizan las repulsiones entre ellos.

Por el contrario, dos electrones con spines antiparalelos ↑↓ o apareados pueden ocupar la misma región del espacio o orbital (Pauli).

Según esta regla, los electrones de valencia para el V y para el C se ubicarán desapareados, pues tienen orbitales d y p, respectivamente, vacíos.

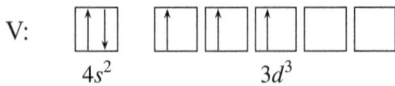

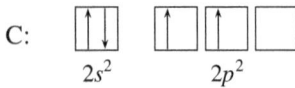

V: ↑↓ ↑ ↑ ↑ □ □
$4s^2$ $3d^3$

C: ↑↓ ↑ ↑ □
$2s^2$ $2p^2$

Todos los principios vistos hasta ahora, como el principio de Aufbau, el principio de exclusión de Pauli y la regla de Hund, se aplicarán como ejemplos a algunos átomos en su estado fundamental y también a algunos iones.

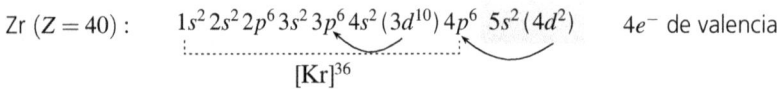

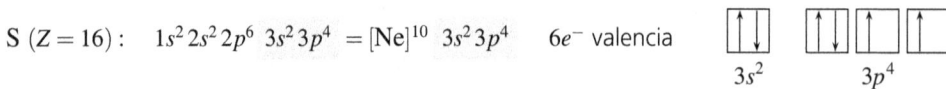

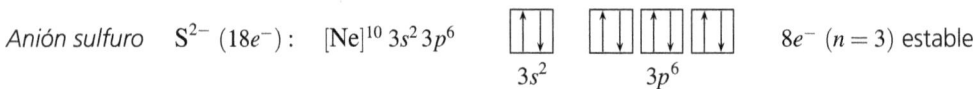

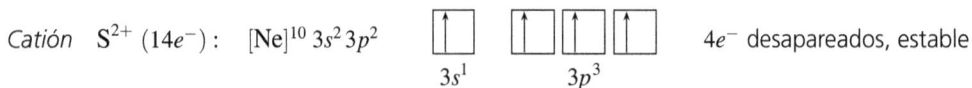

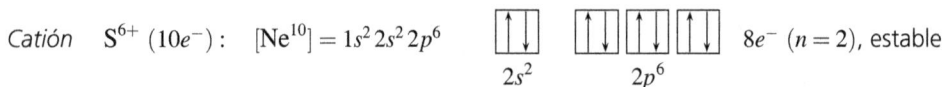

$Zr\ (Z = 40):\quad 1s^2\,2s^2\,2p^6\,3s^2\,3p^6\,4s^2\,(3d^{10})\,4p^6\ \ 5s^2\,(4d^2)\qquad 4e^-$ de valencia

$[Kr]^{36}$

$Zr\ (Z = 40):\quad [Kr]^{36}\ 4d^2\,5s^2$ ↑↓   ↑ ↑ □ □ □
$5s^2$ $4d^2$

$S\ (Z = 16):\quad 1s^2\,2s^2\,2p^6\ 3s^2\,3p^4 = [Ne]^{10}\ 3s^2\,3p^4\quad 6e^-$ valencia   ↑↓   ↑↓ ↑ ↑
$3s^2$ $3p^4$

Anión sulfuro $S^{2-}\ (18e^-):\quad [Ne]^{10}\ 3s^2\,3p^6$ ↑↓   ↑↓ ↑↓ ↑↓ $8e^-\ (n = 3)$ estable
$3s^2$ $3p^6$

Catión $S^{2+}\ (14e^-):\quad [Ne]^{10}\ 3s^2\,3p^2$ ↑   ↑ ↑ ↑ $4e^-$ desapareados, estable
$3s^1$ $3p^3$

Catión $S^{6+}\ (10e^-):\quad [Ne^{10}] = 1s^2\,2s^2\,2p^6$ ↑↓   ↑↓ ↑↓ ↑↓ $8e^-\ (n = 2)$, estable
$2s^2$ $2p^6$

Luego, los estados de oxidación más estables para el S son: S^{2-}, S^{2+}, S^{6+}.

Algunos compuestos químicos que poseen estas valencias para el S son:

Ácido sulfhídrico	H_2S (ac)	$H_2^{2+}S^{2-}$
Dicloruro de azufre	SCl_2	$Cl_2^{2-}S^{2+}$
Ácido sulfúrico	H_2SO_4	$H_2^{2+}S^{6+}O_4^{8-}$

2.7 Tabla periódica de los elementos

Hace más de cien años, Mendeleyev y Meyer, por separado, establecieron una clasificación donde los diversos elementos químicos conocidos estaban situados en orden creciente de masa atómica. Asimismo, observaron una variación gradual de las propiedades de los elementos ordenados, que se repiten a intervalos regulares.

El comportamiento de los átomos polielectrónicos depende de la interacción de los electrones atómicos, concretamente de los electrones más externos, de manera que si éstos están en el mismo orbital, los átomos tienen propiedades similares.

Por ello, la distribución electrónica del átomo basada en el orden creciente de energía puede explicar las propiedades físicas y químicas de los elementos.

Por ejemplo, si se toma el grupo de elementos: H, Li, Na, K, Rb, Cs, Fr, en sus configuraciones electrónicas se observa que todos ellos poseen un solo electrón de valencia en el orbital s, pero situado en distinto nivel n.

$H: 1s^1 \quad Li: 2s^1 \quad Na: 3s^1 \quad K: 4s^1 \quad Rb: 5s^1 \quad Cs: 6s^1 \quad Fr: 7s^1$ tendrán propiedades semejantes

Por ejemplo, si se toman los elementos del nivel de energía $n = 2$, que son: Li, Be, B, C, N, O, F, Ne, en sus configuraciones electrónicas se observa que aumentan en un electrón en orden creciente a su masa atómica y que se van llenando primero los orbitales s y luego los orbitales p.

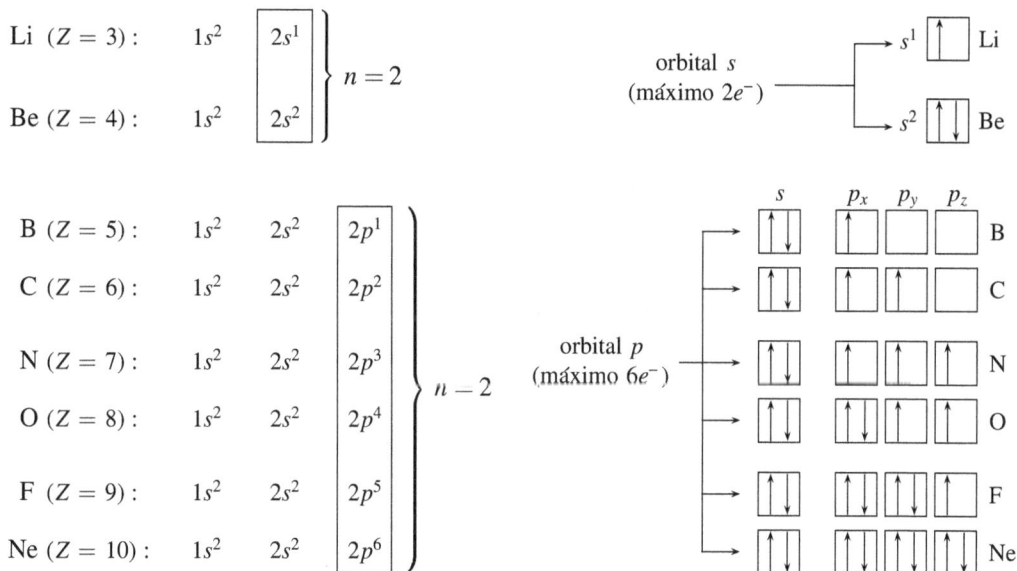

Por las configuraciones electrónicas se observa que:

$$
\left.
\begin{array}{ll}
\text{Orbitales } s & \text{2 elementos} \\
\text{Orbitales } p & \text{6 elementos} \\
\text{Orbitales } d & \text{10 elementos} \\
\text{Orbitales } f & \text{14 elementos}
\end{array}
\right\}
\begin{array}{l}
\text{Coinciden con los } e^- \text{ que posee} \\
\text{el orbital, por lo que la tabla} \\
\text{periódica se puede dividir en} \\
\text{cuatro bloques: } s, p, d, f.
\end{array}
$$

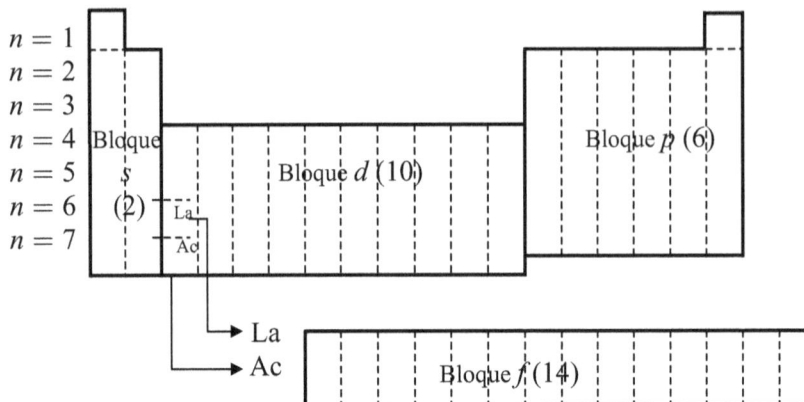

2.8 Propiedades atómicas periódicas

Tal como se ha expuesto anteriormente, las configuraciones electrónicas de los elementos químicos presentan muchas regularidades a lo largo de los periodos y de los grupos de la tabla periódica. Por ello, las propiedades atómicas químicas y físicas pueden cambiar en función del número de electrones que posean en su capa electrónica los átomos.

La tabla periódica se caracteriza principalmente por las siguientes normas:

1. Los elementos del *grupo* (columna) tienen propiedades químicas y físicas semejantes.
2. Estas propiedades del *grupo* varían con el número atómico.
3. Al pasar de un elemento a otro del mismo *periodo* se observa una tendencia de variación regular de sus propiedades.

Por tanto, la tabla periódica de los elementos permite relacionar las características de los átomos y de las distintas especies derivadas de ellos. También permite establecer comparaciones y generalizaciones sobre el comportamiento de los elementos químicos.

A continuación se tratarán algunas de las propiedades más significativas que varían de manera sistemática en la tabla periódica.

2.8.1 Energía de ionización

La ionización es el proceso de pérdida de uno o más electrones por parte del átomo, que da lugar al ión positivo o catión. Para arrancar un electrón del átomo es necesario suministrarle energía, que es absorbida por el sistema.

La energía de ionización (E_i) es la cantidad mínima de energía necesaria para ionizar o hacer saltar el electrón de la capa electrónica de un átomo gaseoso en su estado fundamental. Por lo tanto, es la energía absorbida por el átomo gaseoso para expulsar el electrón. Como es una energía ganada por el sistema, su valor es siempre positivo y se expresa en $kJ \cdot mol^{-1}$.

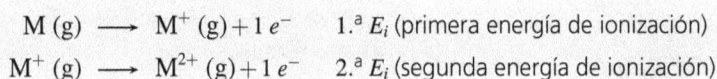

$$M\,(g) \longrightarrow M^+\,(g) + 1\,e^- \quad \text{1.ª } E_i \text{ (primera energía de ionización)}$$
$$M^+\,(g) \longrightarrow M^{2+}\,(g) + 1\,e^- \quad \text{2.ª } E_i \text{ (segunda energía de ionización)}$$

Tabla periódica de los elementos

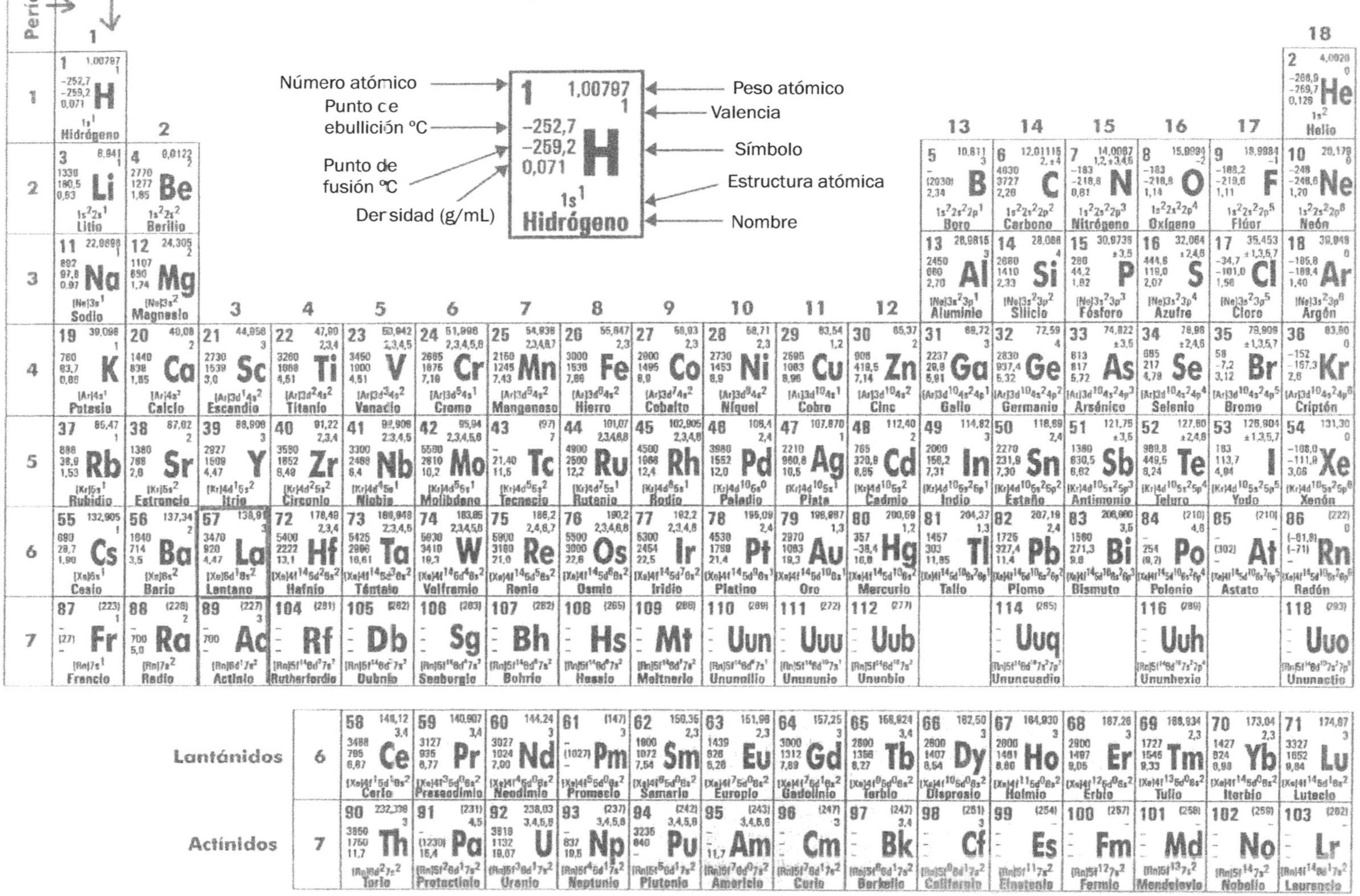
Periodo
Grupo
Número atómico
Punto de ebullición °C
Punto de fusión °C
Densidad (g/mL)
Peso atómico
Valencia
Símbolo
Estructura atómica
Nombre
1 1,00787 1 -252,7 -259,2 0,071 H 1s1 Hidrógeno
Lantánidos
Actínidos

El átomo posee tantas energías de ionización como electrones tiene, y sus valores aumentan a medida que se pierden los electrones.

$$1.^a E_i < 2.^a E_i < 3.^a E_i < \cdots$$

En cada *periodo* de la tabla periódica, la *energía de ionización* aumenta de izquierda a derecha, de manera que en todos ellos el de menor energía es el elemento alcalino (**Li**, **Na**, **K**...) y el de mayor energía es el gas noble (**He**, **Ne**, **Ar**...), aunque se observan irregularidades dentro de un mismo periodo.

El aumento de la energía de ionización en el periodo se debe a que la carga nuclear va aumentando gradualmente a través de él. Los electrones no influyen tanto en la E_i, porque en un mismo periodo tienen el mismo nivel de energía y están apantallados de forma similar por los demás electrones.

Representación de la primera energía de ionización de los elementos químicos en $kJ \cdot mol^{-1}$ *frente al número atómico*

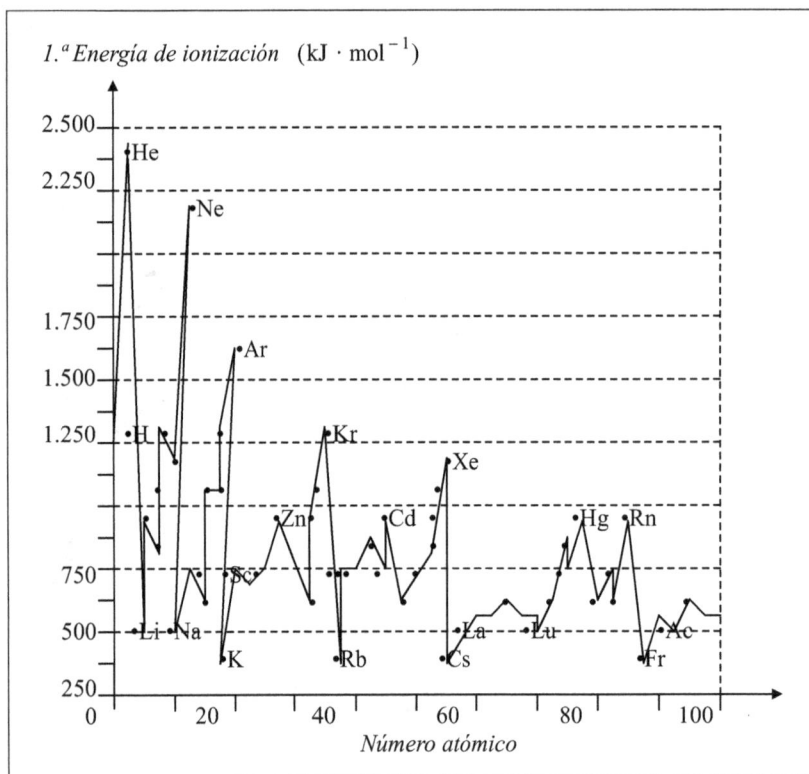

2.8.2 Afinidad electrónica

Afinidad electrónica (A_e) *es la energía mínima necesaria para la formación de un ión negativo gaseoso a partir de un átomo gaseoso en su estado fundamental y en condiciones de presión y temperatura estándar.*

Estos procesos de formación de iones negativos a partir de átomos neutros son exotérmicos, o lo que es lo mismo liberan calor durante los mismos. Según el convenio de signos usado en termodinámica, estas energías son negativas.

$$Cl\,(g) + 1\,e^- \longrightarrow Cl^-\,(g) \quad E_{\text{afinidad}} < 0$$

La variación periódica de la afinidad electrónica es inversa a la observada en la energía de ionización. Por ello, los elementos de la derecha de la tabla periódica, como F, Cl, Br, etc., poseen mayor afinidad electrónica que los elementos de la izquierda, como Li, Na, Ca, etc.

En general, la afinidad electrónica se explica en función de la configuración electrónica del estado fundamental y del apantallamiento de los electrones del átomo neutro sobre el electrón que se ha adicionado.

Afinidades electrónicas (A_e) de algunos elementos en kJ $\cdot$ mol^{-1}

$n = 1$	H 72,7								He ~ -38
$n = 2$	Li 59,6	Be ~ -39	B 29	C 122	N 26,7	O 141	F 328	Ne ~ -110
$n = 3$	Na 52,9	Mg ~ -37	Al 42,5	Si 134	P 71,9	S 207	Cl 349	Ar ~ -107
$n = 4$	K 48,3	Ca ~ -34	Ga 30	Ge 130	As 81	Se 200	Br 325	
$n = 5$	Rb 47		In 30	Sn 120	Sb 107	Te 190	I 295	

Con algunas irregularidades y exceptuando los gases nobles, la afinidad electrónica de los elementos aumenta de izquierda a derecha (según la flecha $\longrightarrow$) en los periodos de la tabla periódica. En los grupos existe mayor disparidad en cuanto al aumento o disminución de la afinidad, pues cambia con el grupo.

2.8.3 Electronegatividad

La electronegatividad es un parámetro empírico, que se define como la capacidad de un átomo para atraer electrones en un compuesto químico.

Es una propiedad de los átomos combinados con otros átomos para formar moléculas. Por tanto, depende no solo de las características del átomo mismo, sino también del número y el tipo de átomos de que forma parte.

Como la electronegatividad es un parámetro definido artificialmente, no resulta fácil establecer una escala numérica, por lo que existen varias escalas para medirla: la de Pauling, la de Mulliken, la de Allen, etc.

$$\text{Mulliken:} \qquad \text{Electronegatividad} = \frac{1}{2}\,(E_i + A_{\text{electrónica}})$$

Pauling: define la electronegatividad a partir de las energías de enlace, contando con un término de contribución iónica.

En general, la electronegatividad en los elementos de la tabla periódica aumenta de derecha a izquierda en los periodos, y de abajo arriba en los grupos, según las flechas:

$$\text{Electronegatividad} \begin{cases} \text{Periodos} \longrightarrow \\ \text{Grupos} \uparrow \end{cases}$$

2.8.4 Radio atómico

El radio atómico sería el radio de una esfera, suponiendo que los átomos fueran esferas rígidas. Este radio no estaría bien definido ya que los electrones de la capa electrónica atómica se extienden indefinidamente.

Será necesario considerar el enlace de una molécula de dos átomos para medir su *radio covalente, que será la mitad de la distancia entre núcleos o longitud del enlace*. En general, el radio atómico en la tabla periódica varía según las flechas:

$$\text{Volumen y radio atómico} \begin{cases} \text{Periodos} \longleftarrow \\ \text{Grupos} \downarrow \end{cases}$$

El aumento de la carga nuclear en el *periodo* provoca que los electrones más externos sean atraídos por el núcleo y que los átomos se hagan progresivamente más compactos.

En los *grupos*, el radio atómico aumenta de arriba abajo, debido a que el número cuántico principal n aumenta también en ese sentido.

La formación de un ión a partir del átomo comporta una importante variación del volumen. Los iones positivos tienen un volumen menor que los átomos de partida, aunque no haya desaparecido completamente la capa exterior. En cambio, los iones negativos son más voluminosos que los átomos de los que proceden, de manera que:

Iones +:   menor volumen que el átomo de partida
Iones −:   mayor volumen que el átomo de partida

Actualmente, se dispone de valores correctos de radios iónicos, pues se obtienen por difracción de rayos X, por lo que se pueden subsanar errores anteriores.

En general, se puede decir que en *iones isoelectrónicos* (de igual número de electrones), el radio iónico disminuye con el número atómico, ya que al aumentar la carga nuclear las capas electrónicas tienden a experimentar una contracción.

Ejemplo

Iones isoelectrónicos	N^{3-}	O^{2-}	F^-	Na^+	Mg^{2+}	Al^{3+}
Número de electrones	10	10	10	10	10	10
Carga nuclear	+7	+8	+9	+11	+12	+13
Radio iónico (pm)	171	140	136	95	65	50

Problemas resueltos ■■■■■■■■■■■■■■■■■■■■■■■■■■■■■■■■■■■■■

Conceptos generales sobre los átomos. Configuración electrónica y números cuánticos

☐ Problema 2.1

Schrödinger estudió la mecánica de las propiedades ondulatorias de las partículas elementales, que se resume en una ecuación aplicada al átomo de hidrógeno que permite calcular los distintos niveles de energía y la probabilidad de encontrar el electrón dentro de un área particular alrededor del núcleo.

Para el hidrógeno:

a) ¿Cómo se llama el espacio más probable donde se encuentra el electrón con una energía específica?

b) ¿Qué diferencia existe entre órbita y orbital atómico?

[Solución]

a) Se llama orbital atómico.

b) Órbita es una trayectoria definida y orbital es una región del espacio.

☐ Problema 2.2

Según el principio de exclusión de Pauli, ¿cuántos electrones puede haber en un mismo orbital?

[Solución]

Principio de Pauli: *"En un mismo orbital no puede haber dos electrones con los cuatro números cuánticos iguales"*.

En un orbital sólo hay dos electrones.

Así, para el orbital $1s$ los números cuánticos son: $n = 0$ $l = 0$ $m = 0$ $s = \pm^{1}/_{2}$

Luego, puede haber dos electrones con spines antiparalelos $(+1/2$ y $-1/2)$.

☐ Problema 2.3

Escribid la configuración electrónica completa para los átomos de Ar y de He, que son gases nobles de números atómicos 18 y 2 respectivamente.

[Solución]

Ar $(Z = 18)$: $1s^2 2s^2 2p^6$ $3s^2 3p^6$ Tiene completo su nivel 3 con los 8 electrones.

He $(Z = 2)$: $1s^2$ Tiene completo su nivel 1 con 2 electrones.

■ Problema 2.4

Escribid los cuatro números cuánticos de cada uno de los electrones del átomo de Na en su estado fundamental. El número atómico del Na es 11.

Na $(Z = 11)$: $1s^2\,2s^2\,2p^6\ \,3s^1$

		Números cuánticos			Orbital	Número de e^-
Nivel 1.°:	$n = 1$	$l = 0$	$m = 0$	$s = \pm\,^1/_2$	$1s^2$	2
Nivel 2.°:	$n = 2$	$l = 0$	$m = 0$	$s = \pm\,^1/_2$	$2s^2$	
		$l = 1$	$m = +1$	$s = \pm\,^1/_2$	$2p^6$	8
			$m = 0$	$s = \pm\,^1/_2$		
			$m = -1$	$s = \pm\,^1/_2$		
Nivel 3.°:	$n = 3$	$l = 0$	$m = 0$	$s = +\,^1/_2$	$3s^1$	1

$11\ e^-$

☐ Problema 2.5

El principio de Aufbau dice: *"Los electrones atómicos ocupan primero los orbitales de menor energía disponibles".* Según este principio, escribid y representad en orbitales de valencia las configuraciones electrónicas de O, Na y Ni.

Datos: O $(Z = 8)$, K $(Z = 19)$ y Ni $(Z = 28)$

O $(Z = 8)$: $1s^2\ \,2s^2\,2p^4$

$2s^2$ $2p^4$

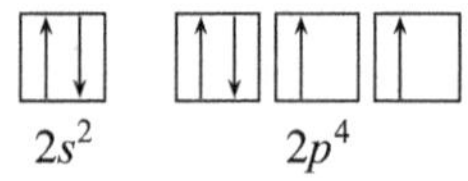

K $(Z = 19)$: $1s^2\,2s^2\,2p^6\,3s^2\,3p^6\ \,4s^1$

$[Ar]^{18}$ $4s^1$

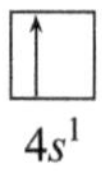

Ni $(Z = 28)$: $1s^2\,2s^2\,2p^6\,3s^2\,3p^6\ \,4s^2\ \,(3d^8)$

o bien $1s^2\,2s^2\,2p^6\,3s^2\,3p^6\,3d^8\ \,4s^2$

$[Ar]^{18}$ $4s^2$ $3d^8$

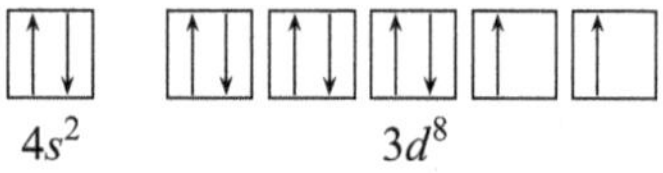

Átomos isoeléctrónicos y propiedades magnéticas de los átomos

☐ Problema 2.6

Comparad las configuraciones electrónicas del K^+ y del Cl^-.

Datos: K $(Z = 19)$, Cl $(Z = 17)$

El K pierde 1 e^- y se convierte en el catión K^+ $(18\ e^-)$: $1s^2\,2s^2\,2p^6\,3s^2\,3p^6$

El Cl gana 1 e^- y se convierte en el anión Cl^- $(18\ e^-)$: $1s^2\,2s^2\,2p^6\,3s^2\,3p^6$

Ambas especies tienden a parecerse al gas noble Ar, tienen configuraciones electrónicas idénticas y reciben por ello el nombre de *isoelectrónicas*.

☐ Problema 2.7

Escribid las configuraciones electrónicas de las siguientes especies, indicando las que son isoelectrónicas: Ne, O^{2-}, Cl^-, K^+ y Ti.

Datos: Ne $(Z = 10)$, O $(Z = 8)$, Cl $(Z = 17)$, K $(Z = 19)$ y Ti $(Z = 22)$

[Solución]

Ne $(Z = 10)$: $1s^2 2s^2 2p^6$

O^{2-} $(8 + 2 = 10\ e^-)$: $1s^2 2s^2 2p^6$ o bien $[Ne]^{10}$

Cl^- $(17 + 1 = 18\ e^-)$: $1s^2 2s^2 2p^6 3s^2 3p^6$ o bien $[Ar]^{18}$

K^+ $(19 - 1 = 18\ e^-)$: $1s^2 2s^2 2p^6 3s^2 3p^6$ o bien $[Ar]^{18}$

Ti $(Z = 22)$: $1s^2 2s^2 2p^6 3s^2 3p^6 4s^2 (3d^2)$ o bien $1s^2 2s^2 2p^6 3s^2 3p^6 3d^2 4s^2$

$$\underbrace{\qquad\qquad\qquad\qquad}_{[Ar]^{18}}$$

Las especies isoelectrónicas poseen igual número de electrones y son: Ne y O^{2-} con $10\ e^-$ y Cl^- y K^+ con $18\ e^-$.

■ Problema 2.8

Dados los átomos e iones siguientes: P, P^{3+}, P^{5+}, P^{3-} y Cr, Cr^{2+}, Cr^{3+}, Cr^{6+}.

a) Escribid sus configuraciones electrónicas.

b) Indicad el número de electrones desapareados presentes en cada caso.

Datos: P $(Z = 15)$ y Cr $(Z = 24)$

[Solución]

a) Configuraciones electrónicas de acuerdo con el principio de Aufbau:

P $(Z = 15)$: $1s^2 2s^2 2p^6\ \ 3s^2 3p^3$ $\quad 5\ e^-$ de valencia

P^{3+} $(12\ e^-)$: $1s^2 2s^2 2p^6 3s^2$
P^{5+} $(10\ e^-)$: $1s^2 2s^2 2p^6$
P^{3-} $(18\ e^-)$: $1s^2 2s^2 2p^6 3s^2 3p^6$

Cr $(Z = 24)$: $1s^2 2s^2 2p^6 3s^2 3p^6\ \ 4s^2 (3d^4)$ $\quad 6\ e^-$ de valencia

Cr^{2+} $(22\ e^-)$: $1s^2 2s^2 2p^6 3s^2 3p^6 3d^4$
Cr^{3+} $(21\ e^-)$: $1s^2 2s^2 2p^6 3s^2 3p^6 3d^3$
Cr^{6+} $(18\ e^-)$: $1s^2 2s^2 2p^6 3s^2 3p^6$

b) Electrones desapareados:

$\text{P} = 3\, e^-$ desapareados en el orbital p; $\text{P}^{3+} = 0$; $\text{P}^{5+} = 0$; $\text{P}^{3-} = 0$

$\text{Cr} = 0\, e^-$ desapareados; $\text{Cr}^{2+} = 0$; $\text{Cr}^{3+} = 3\, e^-$; $\text{Cr}^{6+} = 0$

☐ Problema 2.9

¿Se puede averiguar experimentalmente la presencia o ausencia de electrones desapareados en un átomo?

[Solución]

Podría averiguarse la presencia o ausencia de electrones desapareados en un átomo por la acción de un campo magnético aplicado sobre él.

Si la sustancia a investigar es atraída por un campo magnético externo, es que posee *electrones desapareados* que se orientan y es *paramagnética*.

Si la sustancia a investigar no es atraída por un campo magnético externo, es que posee *electrones apareados* y es *diamagnética*.

■ Problema 2.10

Dados los siguientes iones: S^{2-}, Cu^{2+}, Hg^{2+} y Pb^{2+}.

a) Escribid sus configuraciones electrónicas.

b) Indicad sus propiedades magnéticas.

Datos: $\text{S}\ (Z = 16)$, $\text{Cu}\ (Z = 29)$, $\text{Hg}\ (Z = 80)$ y $\text{Pb}\ (Z = 82)$

[Solución]

a) Configuraciones electrónicas de acuerdo con el principio de Aufbau:

$\text{S}^{2-}\ (18\ e^-):\ 1s^2\,2s^2\,2p^6\quad 3s^2\,3p^6$

$\text{Cu}^{2+}\ (27\ e^-):\ 1s^2\,2s^2\,2p^6\,3s^2\,3p^6\quad 4s^0\,(3d^9)\quad$ o bien $[\text{Ar}]^{18}\,3d^9$

$\text{Hg}^{2+}\ (78\ e^-):\ 1s^2\,2s^2\,2p^6\,3s^2\,3p^6\,4s^2\,(3d^{10})\,4p^6\,5s^2\,(4d^{10})\,5p^6\quad 6s^0\,(4f^{14})\,(5d^{10})\quad$ o bien $[\text{Xe}]^{54}\,4f^{14}\,5d^{10}$

$\text{Pb}^{2+}\ (80\ e^-):\ 1s^2\,2s^2\,2p^6\,3s^2\,3p^6\,4s^2\,(3d^{10})\,4p^6\,5s^2\,(4d^{10})\,5p^6\quad 6s^2\,(4f^{14})\,(5d^{10})\quad$ o bien $[\text{Xe}]^{54}\,4f^{14}\,5d^{10}\,6s^2$

b) *Especies diamagnéticas:* Poseen electrones apareados en sus orbitales atómicos, de manera que al aplicarles un campo magnético externo producen momentos inducidos opuestos, sin propiedades magnéticas.

Especies paramagnéticas: Poseen electrones desapareados en sus orbitales atómicos y su magnetización se debe a la orientación de los dipolos magnéticos al aplicarles un campo magnético externo.

S^{2-} :   electrones apareados $\longrightarrow$ anión *diamagnético*

Cu^{2+} : electrones desapareados $\longrightarrow$ catión *paramagnético*

Hg^{2+} :   electrones apareados $\longrightarrow$ catión *diamagnético*

Pb^{2+} :   electrones apareados $\longrightarrow$ catión *diamagnético*

■ Problema 2.11

¿Qué cationes de los elementos Mn, Fe y Co tienen una configuración electrónica $[Ar]^{18}\, 3d^6$?

a) ¿Cuáles de los cationes de estos elementos no existen?

b) ¿Qué estados de oxidación son más estables en el Fe y el Co?

c) ¿Qué implicación tiene la respuesta del apartado anterior en el comportamiento de oxidación-reducción del Fe y del Co?

Datos: Mn $(Z = 25)$, Fe $(Z = 26)$ y Co $(Z = 27)$

[Solución]

a) Configuración electrónica de acuerdo con el principio de Aufbau:

Mn $(Z = 25)$: $1s^2\, 2s^2\, 2p^6\, 3s^2\, 3p^6\, 4s^2\, (3d^5)$ o bien $[Ar]^{18}\, 3d^5\, 4s^2$

El catión $[Ar]^{18}\, 3d^6$ del Mn *no existe*, pues en su configuración electrónica, los 5 e^- en sus 5 orbitales $3d$ están desapareados y serán muy estables.

El Mn pierde los 2 e^- del orbital $4s$ y se convierte en Mn^{2+}, que es estable.

Fe $(Z = 26)$: $1s^2\, 2s^2\, 2p^6\, 3s^2\, 3p^6\, 4s^2\, (3d^6)$, o bien $[Ar]^{18}\, 3d^6\, 4s^2$ *existen los cationes* $\left\{ \begin{array}{l} Fe^{2+} :\quad [Ar]^{18}\, 3d^6 \\ Fe^{3+} :\quad [Ar]^{18}\, 3d^5 \end{array} \right.$

Co $(Z = 27)$: $1s^2\, 2s^2\, 2p^6\, 3s^2\, 3p^6\, 4s^2\, (3d^7)$, o bien $[Ar]^{18}\, 3d^7\, 4s^2$ *existen los cationes* $\left\{ \begin{array}{l} Co^{2+} :\quad [Ar]^{18}\, 3d^7 \\ Co^{3+} :\quad [Ar]^{18}\, 3d^6 \end{array} \right.$

b) Los cationes más estables son el Fe^{3+} y el Co^{2+}.

c) El Fe^{2+} se oxidará espontáneamente a Fe^{3+}, que es más estable, pues tiene los e^- en d desapareados. El Co^{3+} se reducirá espontáneamente a Co^{2+}.

Tabla periódica y propiedades periódicas. Electronegatividad, afinidad electrónica, energía de ionización y radio atómico

□ Problema 2.12

Observad la tabla periódica y explicar en función de la estructura electrónica:

a) Por qué el primer periodo $(n = 1)$ tiene 2 elementos.

b) Por qué el segundo periodo $(n = 2)$ y el tercero $(n = 3)$ tienen 8 elementos.

c) Por qué el cuarto periodo ($n = 4$) y el quinto ($n = 5$) tienen 18 elementos.

d) Por qué el sexto periodo ($n = 6$) y el séptimo ($n = 7$) tienen 32 elementos.

[Solución]

a) En el primer periodo hay 2 elementos (H, He), porque el orbital $1s$ tiene $2\,e^-$. El orbital $1s$ recibe su primer electrón con el H y el segundo con el He.

b) En el segundo periodo hay 8 elementos (Li, Be, B, C, N, O, F, Ne), porque el orbital $2s$ se llena con 2 electrones y el $2p$ con 6 electrones. Por tanto, el Li tiene sólo $1\,e^-$ en el orbital $2s^1$, llenándose progresivamente los orbitales hasta llegar al Ne, en que se completan, quedando su estructura electrónica externa como $2s^2\,2p^6$. Pasa lo mismo en el tercer periodo ($Na, Mg, \dots, Cl, Ar$), con 8 elementos.

c) En el cuarto periodo hay 18 elementos (K, Ca, Sc, $Ti, \dots, Br$, Kr) porque los orbitales $4s$ se llenan con $2\,e^-$, los orbitales $4p$ con $6\,e^-$ y los $4d$ con $10\,e^-$. Así, el K tiene $1\,e^-$ en $4s^1$, el Ca tiene $2\,e^-$ en $4s^2$, llenándose los orbitales progresivamente hasta llegar al Kr: $3d^{10}\,4s^2\,4p^6$. Pasa lo mismo con el quinto periodo (Rb, $Sr, \dots, I$, Xe), con 18 elementos.

d) En el sexto periodo hay 32 elementos (Cs, La, $Ce, \dots, Lu$, At, Rn), porque los orbitales $6s$ se llenan con $2\,e^-$, los $6p$ con $6\,e^-$, los $5d$ con $10\,e^-$ y los $4f$ con $14\,e^-$. Los orbitales $4f$ se llenan a partir del La y dan lugar a los 14 elementos de transición interna o *lantánidos*, que van desde el Ce al Lu. Pasa lo mismo con el 7.° periodo (Fr, Ra, $Th, \dots, No$, Lw): los orbitales $5f$ se llenan a partir del Ac y dan lugar a los *actínidos*, con 14 elementos.

☐ Problema 2.13

Dadas las configuraciones electrónicas de las capas mas externas:

1) $2s^2\,2p^6\,3s^2\,3p^5$; 2) $4s^2\,4p^6\,4d^{10}\,5s^2$; 3) $5s^2\,5p^6\,5d^7\,6s^2$;

4) $2s^2\,2p^6\,3s^2$; 5) $3s^2\,3p^6\,3d^{10}\,4s^2\,4p^6\,4d^5\,5s^2$; 6) $3s^2\,3p^6\,3d^7\,4s^2$

y usando la *tabla periódica de los elementos:*

a) Identificad los átomos a que corresponde cada una de ellas.

b) Señalad la ionización más probable para cada caso.

[Solución]

a) 1) $1s^2\,2s^2\,2p^6\,3s^2\,3p^5 \longrightarrow$ 17 electrones $\longrightarrow$ Cl $(Z = 17)$
   $[Ne]^{10}$

2) $1s^2\,2s^2\,2p^6\,3s^2\,3p^6\,3d^{10}\,4s^2\,4p^6\,4d^{10}\,5s^2 \longrightarrow$ 48 electrones $\longrightarrow$ Cd $(Z = 48)$
   $[Kr]^{36}$

3) $1s^2\,2s^2\,2p^6\,3s^2\,3p^6\,3d^{10}\,4s^2\,4p^6\,4d^{10}\,5s^2\,5p^6\,5d^7\,6s^2 \longrightarrow$ 63 electrones $\longrightarrow$ Eu $(Z = 63)$
   $[Xe]^{54}$

4) $1s^2\,2s^2\,2p^6\,3s^2 \longrightarrow$ 12 electrones $\longrightarrow$ Mg $(Z = 12)$
   $[Ne]^{10}$

5) $1s^2\,2s^2\,2p^6\,3s^2\,3p^6\,3d^{10}\,4s^2\,4p^6\,4d^5\,5s^2 \longrightarrow$ 43 electrones $\longrightarrow$ Tc $(Z = 43)$
   $[Kr]^{36}$

6) $1s^2\,2s^2\,2p^6\,3s^2\,3p^6\,3d^7\,4s^2 \longrightarrow$ 27 electrones $\longrightarrow$ Co $(Z = 27)$
   $[Ar]^{18}$

b) Ionización más probable:

1) Cl^- Gana 1 e^- en el orbital $3p$ para parecerse al gas noble Ar.

2) Cd^{2+} Pierde 2 e^- del orbital $5s$.

3) Eu $\begin{cases} Eu^{2+} & \text{Pierde 2 } e^- \text{ del orbital } 6s. \\ Eu^{7+} & \text{Pierde 7 } e^- \text{ del orbital } 5d \text{ (especie estable).} \\ Eu^{3-} & \text{Gana 3 } e^- \text{ en el orbital } 5d \text{ (especie estable).} \end{cases}$

4) Mg^{2+} Pierde $2e^-$ del orbital $3s$.

5) Tc $\begin{cases} Tc^+ & \text{Pierde 1 } e^- \text{ del orbital } 5s. \\ Tc^{2+} & \text{Pierde 2 } e^- \text{ del orbital } 5s. \\ Tc^{5+} & \text{Pierde 5 } e^- \text{ del orbital } 4d \text{ (especie estable).} \end{cases}$

6) Co $\begin{cases} Co^{2+} & \text{Pierde 2 } e^- \text{ en el orbital } 4s \text{ (especie más probable).} \\ Co^{3+} & \text{Pierde 1 } e^- \text{ en el orbital } 4s \text{ y 2 } e^- \text{ en } 3d. \end{cases}$

☐ Problema 2.14

Ordenar de forma creciente las energías de ionización de los elementos siguientes: Mg, Ba, Ca, C, Ne y F.

[Solución]

Energía de ionización: *Es la energía necesaria para arrancar un electrón a un átomo gaseoso aislado en su estado fundamental.*

Orden creciente de energías de ionización: Ba < Ca < Mg < C < F < Ne

■ Problema 2.15

¿De los pares de elementos siguientes, cuál posee mayor energía de ionización?:

a) Rb y Sr   *c)* Sb y Bi   *e)* O y S.
b) Sn y Sb   *d)* Sn y Se

[Solución]

a) Rb < Sr. A la derecha en la tabla el Sr: Rb $(401 \text{ kJ} \cdot \text{mol}^{-1})$ < Sr $(548 \text{ kJ} \cdot \text{mol}^{-1})$

b) Sn < Sb. A la derecha en la tabla el Sb: Sn $(706,5 \text{ kJ} \cdot \text{mol}^{-1})$ < Sb $(832 \text{ kJ} \cdot \text{mol}^{-1})$

c) Bi < Sb. Arriba del grupo en la tabla el Sb: Bi $(773 \text{ kJ} \cdot \text{mol}^{-1})$ < Sb $(832 \text{ kJ} \cdot \text{mol}^{-1})$

d) Sn < Se. A la derecha en la tabla el Se: Sn $(706,5 \text{ kJ} \cdot \text{mol}^{-1})$ < Se $(940,5 \text{ kJ} \cdot \text{mol}^{-1})$

e) S < O. Arriba del grupo en la tabla el O: S $(999 \text{ kJ} \cdot \text{mol}^{-1})$ < O $(1.312,5 \text{ kJ} \cdot \text{mol}^{-1})$

Problema 2.16

Según la estructura electrónica, explicad el hecho de que la segunda energía de ionización del Mg sea mayor que la primera, pero no tan grande como la segunda energía de ionización del Na. ¿Se puede explicar esto químicamente?

Datos: Na $(Z = 11)$, Mg $(Z = 12)$

[Solución]

Na $(Z = 11)$: $1s^2 2s^2 2p^6\ \ 3s^1$

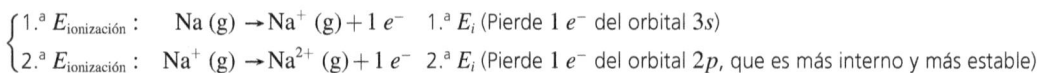

$\begin{cases} 1.^a\ E_{\text{ionización}}: & \text{Na (g)} \rightarrow \text{Na}^+ \text{(g)} + 1\ e^- & 1.^a\ E_i\ (\text{Pierde } 1\ e^- \text{ del orbital } 3s) \\ 2.^a\ E_{\text{ionización}}: & \text{Na}^+ \text{(g)} \rightarrow \text{Na}^{2+} \text{(g)} + 1\ e^- & 2.^a\ E_i\ (\text{Pierde } 1\ e^- \text{ del orbital } 2p, \text{ que es más interno y más estable}) \end{cases}$

Mg $(Z = 12)$: $1s^2 2s^2 2p^6\ \ 3s^2$

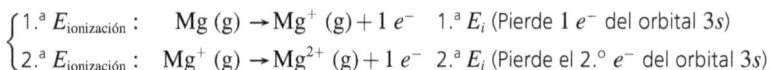

$\begin{cases} 1.^a\ E_{\text{ionización}}: & \text{Mg (g)} \rightarrow \text{Mg}^+ \text{(g)} + 1\ e^- & 1.^a\ E_i\ (\text{Pierde } 1\ e^- \text{ del orbital } 3s) \\ 2.^a\ E_{\text{ionización}}: & \text{Mg}^+ \text{(g)} \rightarrow \text{Mg}^{2+} \text{(g)} + 1\ e^- & 2.^a\ E_i\ (\text{Pierde el } 2.^o\ e^- \text{ del orbital } 3s) \end{cases}$

Luego, se cumple que la *segunda energía de ionización del* Na *es mayor que la segunda energía de ionización del* Mg, pues el segundo e^- arrancado del Na corresponde a un orbital del nivel $2p$, mientras que el del Mg corresponde a un orbital de un nivel $3s$, más externo y de menor energía.

Respecto a las primeras energías de ionización, como ambos pertenecen al tercer periodo, el que posee mayor número atómico, *el* Mg, *que está a la derecha, poseerá mayor energía de ionización.*

Los valores reales de las E_i para el Na y el Mg son:

$$1.^a\ E_i\ \text{Na} = 493\ \text{kJ} \cdot \text{mol}^{-1} \quad\quad 2.^a\ E_i\ \text{Na} = 4560\ \text{kJ} \cdot \text{mol}^{-1}$$
$$1.^a\ E_i\ \text{Mg} = 736\ \text{kJ} \cdot \text{mol}^{-1} \quad\quad 2.^a\ E_i\ \text{Mg} = 1450\ \text{kJ} \cdot \text{mol}^{-1}$$

Problema 2.17

Los valores de las primeras energías de ionización en $\text{kJ} \cdot \text{mol}^{-1}$ para los elementos del segundo periodo de la tabla periódica son:

Átomo	Li	Be	B	C	N	O	F	Ne
Núm. atómico (Z)	3	4	5	6	7	8	9	10
E ionización (kJ · mol^{-1})	519	900	799	1.086	1.406	1.314	1.682	2.080

Se observa que la energía de ionización aumenta en el periodo al aumentar el número atómico, pero hay dos excepciones: el B $(Z = 5)$ y el O $(Z = 8)$: que poseen energías de ionización *menores* que las que les correspondería. ¿Cómo explicarías esta situación?

$$
\text{Config. electrónicas:}
\begin{cases}
\text{Li } (Z=3): \ 1s^2 \ \ 2s^1 \\[1.5em]
\text{Be } (Z=4): \ 1s^2 \ \ 2s^2 \\[1.5em]
\text{B } (Z=5): \ 1s^2 \ \ 2s^2\,2p^1 \qquad \text{inestable} \\[1.5em]
\text{C } (Z=6): \ 1s^2 \ \ 2s^2\,2p^2 \\[1.5em]
\text{N } (Z=7): \ 1s^2 \ \ 2s^2\,2p^3 \\[1.5em]
\text{O } (Z=8): \ 1s^2 \ \ 2s^2\,2p^4 \qquad \text{inestable} \\[1.5em]
\text{F } (Z=9): \ 1s^2 \ \ 2s^2\,2p^5 \\[1.5em]
\text{Ne } (Z=10): \ 1s^2 \ \ 2s^2\,2p^6 \qquad \text{máxima estabilidad, gas noble}
\end{cases}
$$

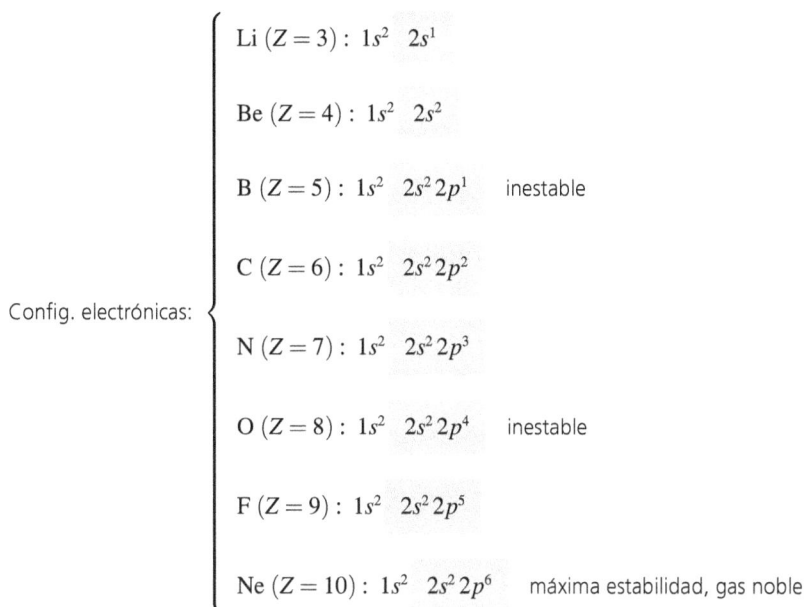

En el **Be**, el electrón que se arranca en la primera ionización está en el nivel 2, igual que el del **Li**, pero tiene más carga nuclear. Luego, hay un aumento de la E_i.

En el **B**, disminuye la E_i por el quinto electrón del $2p$, más fácil de arrancar por estar en un orbital más inestable que el $2s$.

El **C** y el **N**, que le siguen aumentan sus E_i progresivamente, como consecuencia del aumento de la carga nuclear, manteniéndose constantes los parámetros, ya que los electrones ionizados son en ambos $2p$.

En el **O**, se ve un descenso respecto al esperado, porque posee un cuarto electrón en $2p$ que provoca que se coloque apareado en uno de los 3 orbitales p y por ello es fácil de arrancar, por ser inestable.

Tanto en el **F** como en el **Ne**, el electrón ionizado está en $2p$ y, por tanto, la carga nuclear al aumentar hace que aumente la E_i.

☐ Problema 2.18

Ordenad de forma creciente las afinidades electrónicas de los elementos siguientes: F, Ru, Cl, Fe, S y Te.

Afinidad electrónica: Es la energía asociada al proceso en el que un electrón es captado por un átomo gaseoso en su estado fundamental.

Orden creciente de las afinidades electrónicas: $Ru < Fe < Te < S < Cl < F$

☐ Problema 2.19

¿Pueden afectar la carga nuclear y el tamaño del átomo a la afinidad electrónica?

Los dos factores afectan a la afinidad electrónica de distinta manera.

La afinidad electrónica *aumenta* al aumentar la carga nuclear efectiva, suponiendo que los otros factores sea iguales.

La afinidad electrónica *disminuye* al aumentar el radio atómico, cuando la carga nuclear es constante.

■ Problema 2.20

Dados los elementos del tercer periodo: Na, Mg, Al, Si, P, S, Cl, Ar. Indicad:

a) Los que son metales.

b) El que posee mayor radio atómico.

c) El que posee mayor energía de ionización.

d) El metal más activo.

e) El no metal más activo.

a) Son metales: Na, Mg y Al.

b) Posee mayor radio atómico, por tener menor carga nuclear, el Na.

c) Posee mayor energía de ionización, por tener mayor carga nuclear, el Ar.

d) El metal más activo es el Na.

e) El no metal más activo es el Cl.

□ Problemas propuestos ■

Problema 2.1

Del tratamiento matemático de la ecuación de Schrödinger para el átomo de hidrógeno salen tres números cuánticos:

a) ¿Cuáles son?

b) ¿Cuáles son sus valores posibles?

c) ¿Cuál es el cuarto número cuántico y sus valores posibles?

□ Problema 2.2

Escribid los cuatro números cuánticos de cada uno de los electrones del átomo de S en su estado fundamental.

Dato: S $(Z = 16)$

Problema 2.3

¿Qué valores puede tomar el número cuántico m para:

a) Un orbital $4d$.

b) Un orbital $1s$.

c) Un orbital $3p$.

Problema 2.4

Según el principio de Aufbau:

a) Escribid las configuraciones electrónicas de los siguientes átomos: Si, Co y Ga.

b) Representad los electrones de valencia en sus orbitales para cada uno de ellos.

Datos: Si $(Z = 14)$, Co $(Z = 27)$, Ga $(Z = 31)$

Problema 2.5

Escribid la configuración electrónica de las siguientes especies: Mo, Mo^{3+}, Mo^{4+}, Mo^{6+} y Se, Se^{4+}, Se^{6+}, Se^{2-}.

Datos: Mo $(Z = 42)$, Se $(Z = 34)$

Problema 2.6

La regla de Hund afirma: "Cada uno de los orbitales de igual energía ha de ser ocupado por un solo electrón, antes de que penetre el segundo electrón de spin opuesto". Según este principio, ¿cómo estarían dispuestos los electrones en los orbitales del N?

Dato: N $(Z = 7)$

Problema 2.7

Dados los átomos y los iones siguientes: N^{3-}, Ne, S, S^{2-}, Al, Al^{3+}, F^-, I^-.

a) Escribid sus configuraciones electrónicas.

b) Indicad las que son isoelectrónicas.

Datos: N $(Z = 7)$, Ne $(Z = 10)$, S $(Z = 16)$, Al $(Z = 13)$, F $(Z = 9)$, I $(Z = 53)$

Problema 2.8

¿Cuál sería la estructura electrónica más externa y cómo estarían situados los electrones en los orbitales para los átomos de: Cr, Cu, Ge y As?

Datos: Cr $(Z = 24)$, Cu $(Z = 29)$, Ge $(Z = 32)$ y As $(Z = 33)$

Problema 2.9

Consultando la tabla periódica, indicad la familia o grupo de elementos a la que pertenecen las especies siguientes:

a) $1s^2\,2s^2\,2p^6\,3s^2\,3p^5$

b) $1s^2\,2s^2\,3p^6\,3s^2\,3p^6\,3d^7\,4s^2$

c) $1s^2\,2s^2\,2p^6\,3s^2\,3p^6\,3d^{10}\,4s^1$

d) $1s^2\,2s^2\,2p^6\,3s^2\,3p^6\,3d^{10}\,4s^2\,4p^6$

e) $[Kr]^{36}\,4d^5\,5s^2$

f) $1s^2\,2s^2\,2p^6\,3s^2$

g) $[Ar]^{18}\,3d^3\,4s^2$

h) $[Xe]^{54}\,6s^2$

Problema 2.10

Dados los siguientes iones: Sc^{3+}, Cr^{3+}, Cu^+ y Se^{2-}.

a) Escribid sus configuraciones electrónicas.

b) Indicad el número de electrones desapareados que tiene cada uno de ellos.

c) Indicad sus propiedades magnéticas.

Datos: Sc $(Z = 21)$, Cr $(Z = 24)$, Cu $(Z = 29)$ y Se $(Z = 34)$

Problema 2.11

Para los siguientes átomos: Mg, Al, K, Ca, Sc, Fe, Zn, Ag y Sn.

a) Escribid sus configuraciones electrónicas.

b) Predecid qué iones cargados positivamente se formarán por pérdida de los electrones más externos.

Datos: Mg $(Z = 12)$, Al $(Z = 13)$, K $(Z = 19)$, Ca $(Z = 20)$, Sc $(Z = 21)$, Fe $(Z = 26)$, Zn $(Z = 30)$, Ag $(Z = 47)$ y Sn $(Z = 50)$

Problema 2.12

Para los siguientes átomos: C, N, F, P y Br.

a) Escribid sus configuraciones electrónicas.

b) Predecid qué iones cargados negativamente se formarán por ganancia de electrones para completar la capa más externa.

Datos: C $(Z = 6)$, N $(Z = 7)$, F $(Z = 9)$, P $(Z = 15)$ y Br $(Z = 35)$

Problema 2.13

Atendiendo a la configuración electrónica del Na y del I, justificad la mayor afinidad electrónica de este último.

Datos: Na $(Z = 11)$, I $(Z = 53)$

Problema 2.14

Las propiedades físicas y químicas de los elementos son función periódica del número atómico. Así pues, los números atómicos:

a) ¿Aumentan o disminuyen según los periodos de la tabla periódica?

b) ¿Aumentan o disminuyen según los grupos de la tabla periódica?

c) ¿Cómo variarán los radios y los volúmenes atómicos en la tabla periódica?

Problema 2.15

La naturaleza del nivel de energía del que se arranca el electrón afecta a la energía de ionización de los electrones en los átomos.

Teniendo en cuenta esta afirmación, explicad por qué el Mg tiene una primera energía de ionización mayor que el Al, a pesar de que su número atómico es más pequeño.

Datos: Mg $(Z = 12)$, Al $(Z = 13)$

Problema 2.16

La electronegatividad mide la tendencia de un átomo para atraer electrones y varía en la tabla periódica en el mismo sentido que la afinidad electrónica.

¿Cómo se puede relacionar la electronegatividad con el número de oxidación de los elementos? Justificadlo para el caso del tricloruro de yodo, ICl_3.

Datos: I $(Z = 53)$, Cl $(Z = 17)$

Problema 2.17

Ordenar de forma creciente los radios atómicos de las siguientes especies isoelectrónicas: Na^+, Mg^{2+}, Cl^- y Ar.

Datos: Na $(Z = 11)$, Mg $(Z = 12)$, Cl $(Z = 17)$ y Ar $(Z = 18)$

Problema 2.18

Consultando la tabla periódica y dados los siguientes pares de elementos: Mg y Al, K y Cu, Pd y Ag, Li y Na, F y I, Cs y Ar, indicad en cada par cuál tiene una energía de ionización mayor.

Problema 2.19

Consultando la tabla periódica, ordenad de forma creciente las afinidades electrónicas de los siguientes elementos: Cl, P, S, Na y Cs.

Problema 2.20

Consultando la tabla periódica, ordenad de forma creciente las primeras energías de ionización de los siguientes elementos: Mg, Al, Si, P, S, Ga, Ca, Ge, P, Na, F, I, Cs y Ar.

Problema 2.21

Las primeras energías de ionización para los elementos Sr, Ba y Ra son, respectivamente, 5,69 eV, 5,21 eV y 5,28 eV. Explicad la anomalía observada al pasar del Ba al Ra.

El enlace químico. Estructura molecular y propiedades moleculares

3

3.1 Introducción y objetivos

Una propiedad que tienen todos los átomos es la capacidad de combinarse con otros átomos para dar lugar a especies complejas como las moléculas y los iones. Las fuerzas que mantienen unidos a los átomos reciben el nombre de *enlaces químicos*.

Los átomos raramente están aislados, sólo los gases nobles y algunos metales en estado vapor están formados por moléculas monoatómicas. Esto se debe al hecho de que al enlazarse dos o más átomos, se tiende a un estado de energía inferior del sistema, es decir, a una mayor estabilidad.

Las propiedades de un compuesto, tanto químicas como físicas, son debidas no solamente a su composición, sino a la manera como se enlazan los átomos. Por ello es muy importante comprender el enlace químico. Su estudio y las teorías que se han ido desarrollando han evolucionado desde conceptos muy sencillos hacia otros más complicados basados en la mecánica ondulatoria.

Hay que tener en cuenta que existen dos aspectos puntuales que destacan por su importancia, que son el aspecto energético y el aspecto geométrico del enlace. Este capítulo sobre el enlace químico se desarrolla orientándolo hacia estos dos puntos concretos.

En primer lugar, se tratan los tres tipos básicos de enlaces que mantienen unidos los átomos y los iones, y se consideran las propiedades asociadas a cada tipo de enlace: covalente, iónico y metálico. Los parámetros moleculares, como energía de enlace, longitud de enlace y polaridad de enlace, se revisan a continuación. También se considera imprescindible examinar, aunque no sea sucintamente, la geometría molecular, los modelos de orbitales de pares electrónicos y los orbitales híbridos.

Las combinaciones lineales de orbitales atómicos, así como el orden de enlace y las propiedades magnéticas de las moléculas, se estudiarán con ejemplos representativos.

Finalmente, con la polaridad molecular se describen las fuerzas o interacciones intermoleculares de las fuerzas de Van der Waals, fuerzas dipolo-dipolo y enlace por puente de hidrógeno, que permitirán estudiar las propiedades físicas de los compuestos.

Todos los apartados teóricos expuestos van acompañados de ejemplos aplicados que permiten hallar la solución a los problemas que después se enunciarán y se resolverán.

3.2 El enlace químico. Tipos de enlace ▪▪▪▪▪▪▪▪▪▪▪

Una molécula está formada por un conjunto de núcleos atómicos rodeados de electrones y unidos entre sí mediante enlaces químicos.

En la molécula existen repulsiones debidas a interacciones entre núcleos de cargas positivas, y también repulsiones entre electrones de carga negativa, aunque también hay fuerzas atractivas entre núcleos y electrones.

El balance correcto de estas interacciones permite que la molécula sea más estable que los átomos de partida y que posea menor energía que ellos.

$$\text{Tipos de enlace} \begin{cases} \text{Enlace covalente} \\ \text{Enlace iónico o covalente polar} \\ \text{Enlace metálico} \end{cases}$$

El enlace covalente es el resultado de la compartición de electrones entre átomos electronegativos para formar una molécula.

El enlace iónico o covalente polar es el resultado de la unión entre átomos por atracción electrostática entre un elemento electropositivo y otro electronegativo, para así formar una molécula. Da lugar a sólidos cristalinos iónicos.

El enlace metálico es el resultado de la compartición de electrones por átomos metálicos, que son elementos electropositivos. Origina sólidos con propiedades metálicas.

Ejemplos

1. Enlace covalente de la molécula de H_2 : $H - H$ (Los H comparten $2\,e^-$ entre sí)

2. Enlace iónico de la molécula de HF : $\overrightarrow{H-F}$ o bien $H^{\delta(+)} - F^{\delta(-)}$ (Molécula polar)

   El flúor, que es más electronegativo que el hidrógeno, atrae con más fuerza los dos electrones del enlace, formándose un dipolo y por tanto una molécula polar.

3. Enlace metálico: los metales Al, Fe, Ni, Cu, etc. son sólidos a temperatura ambiente, excepto el Hg (l), y mantienen sus átomos integrados y unidos por la acción de las fuerzas del enlace metálico.

   Los núcleos atómicos en los metales están rodeados de una capa de electrones que es compartida por todos ellos, por lo que conducen bien la corriente eléctrica (flujo de electrones) y el calor. Además poseen baja energía de ionización y se oxidan, lo que indica que son buenos conductores.

3.3 Enlace por pares de electrones ▪▪▪▪▪▪▪▪▪▪▪

La primera aproximación al estudio de las moléculas y al enlace químico fue llevada a cabo por G. N. Lewis, y recibe el nombre de *teoría de Lewis o enlace por pares de electrones*.

Algunas ideas básicas en la teoría de Lewis son:

1. Los electrones de los átomos que están en la capa más externa o de valencia juegan un papel fundamental en el enlace químico.

2. Existen casos en que se transfieren electrones de un átomo a otro, formándose iones positivos y negativos que se atraen entre sí por fuerzas electrostáticas, llamadas enlaces iónicos.
3. En otros casos los átomos comparten uno o más pares de electrones entre sí. Esta compartición se llama enlace covalente.
4. Los átomos adquieren una configuración electrónica estable cuando los electrones se transfieren o se comparten, de manera que se asemejan a la configuración del gas noble con ocho electrones.

La molécula diatómica del hidrógeno (H_2) está formada por dos núcleos o protones y dos electrones que proceden cada uno de un átomo de hidrógeno y que dan lugar al enlace covalente.

Los dos electrones del enlace deben tener distinto número cuántico de espín ($\uparrow\downarrow$), como ocurre en los orbitales atómicos, ya que es la condición necesaria para compartir la misma región del espacio minimizando las repulsiones que existirían entre ellos.

3.3.1 Regla del octeto

"Los enlaces moleculares se forman con el objetivo de que los átomos adquieran la configuración de un gas noble para conseguir mayor estabilidad, por lo que estarán rodeados de ocho electrones". (Lewis, 1916)

Esto se debe a que los gases nobles (He, Ne, Ar, Kr, Xe, Rn) tienen una configuración electrónica especial que les confiere estabilidad, de modo que poseen en su capa electrónica externa ocho electrones (excepto el He, que tiene dos electrones), con la distribución electrónica siguiente:

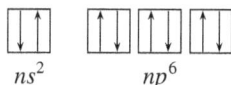

$$ns^2 \qquad np^6$$

La regla del octeto la cumplen generalmente los elementos del segundo periodo de la tabla periódica, a excepción del B y el N en los ácidos oxácidos, por lo que tiene sus limitaciones.

Los elementos del tercer periodo de la tabla periódica pueden cumplir la regla del octeto, aunque no lo hacen de manera general.

Ejemplo de la molécula de H_2O : $H - \overset{\_}{\underset{\_}{O}} - H$

Cada guión representa $2\ e^-$ ($\uparrow\downarrow$)

El oxígeno posee $8\ e^-$ en su capa externa, pareciéndose al gas noble que le precede en la tabla periódica, el neón, y cada hidrógeno posee $2\ e^-$ en su capa externa, pareciéndose al gas noble que le precede en la tabla, el helio.

El oxígeno posee dos pares de electrones que forman enlace y dos pares de electrones que no forman enlace, o antienlazantes, y que permanecen bajo la influencia del núcleo del oxígeno.

3.3.2 Estructuras de Lewis

Las estructuras de Lewis para las moléculas son la representación de los electrones distribuidos alrededor de cada uno de los átomos de la molécula, según el modelo de pares de electrones para el enlace.

Para poder escribir correctamente una estructura de Lewis se deben tener en cuenta las bases siguientes:

- Deben aparecer en la estructura todos los electrones de valencia de los átomos que la forman.
- Los electrones que aparecen en la estructura de Lewis generalmente está apareados.
- Cada átomo que aparece en la estructura adquiere en su capa externa un octeto de electrones, excepto el hidrógeno, que tiene dos electrones.
- En ciertas ocasiones, los enlaces son dobles o triples. Los átomos que forman más fácilmente dichos enlaces son el C, el N, el O, el P y el S.
- Los átomos de hidrógeno son siempre átomos terminales en el esqueleto de la estructura.
- Los átomos centrales del esqueleto de la estructura suelen ser los que tienen menor electronegatividad.
- Los átomos de carbono son casi siempre átomos centrales.

Para poder combinar todas las ideas anteriores, vamos a utilizar unas normas útiles para escribir correctamente las estructuras de Lewis, que son:

1. Determinar el *número total de electrones* de valencia de la estructura.
2. Identificar el átomo o los átomos centrales de la estructura y los átomos terminales.
3. Escribir el esqueleto correcto de la estructura y unir los átomos mediante enlaces simples o sencillos.
4. Por cada enlace del esqueleto restar *dos electrones* del número total de los electrones de valencia.
5. Con los *electrones que quedan* de valencia, completar los octetos de los átomos terminales y completar después los octetos del átomo o átomos centrales. Los átomos de hidrógeno se completan con dos electrones.
6. Restar del número total de electrones de valencia el número de electrones utilizados. Puede ocurrir que quede sobrante algún electrón o que queden completos los electrones de la estructura.

Según se dé uno u otro caso seguiremos el esquema siguiente:

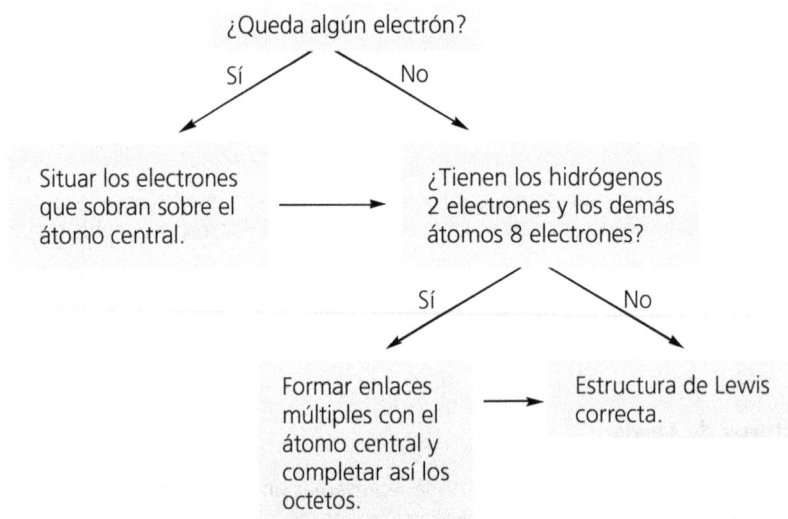

¿Queda algún electrón?

Sí / No

Situar los electrones que sobran sobre el átomo central. → ¿Tienen los hidrógenos 2 electrones y los demás átomos 8 electrones?

Sí / No

Formar enlaces múltiples con el átomo central y completar así los octetos. → Estructura de Lewis correcta.

□ **Ejemplo práctico 1**

1. Estructuras de Lewis para átomos del segundo periodo

$$\text{Li} \cdot \quad \cdot \text{Be} \cdot \quad \cdot \overset{\cdot\cdot}{\text{B}} \cdot \quad \cdot \overset{\cdot\cdot}{\underset{\cdot}{\text{C}}} \cdot \quad \cdot \overset{\cdot\cdot}{\underset{\cdot}{\text{N}}} \cdot \quad \cdot \overset{\cdot\cdot}{\underset{\cdot\cdot}{\text{O}}} \cdot \quad : \overset{\cdot\cdot}{\underset{\cdot\cdot}{\text{F}}} \cdot \quad : \overset{\cdot\cdot}{\underset{\cdot\cdot}{\text{Ne}}} :$$

2. Estructuras de Lewis para hidruros del segundo periodo

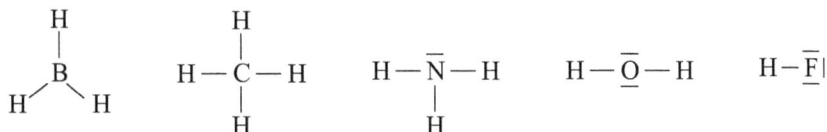

$$\underset{\text{H}}{\overset{\text{H}}{\underset{|}{\text{B}}}} \quad \text{H} - \underset{|}{\overset{|}{\underset{\text{H}}{\text{C}}}} - \text{H} \quad \text{H} - \underset{|}{\overset{|}{\underset{\text{H}}{\text{N}}}} - \text{H} \quad \text{H} - \overline{\underline{\text{O}}} - \text{H} \quad \text{H} - \overline{\text{F}}|$$

3. Moléculas de otros periodos

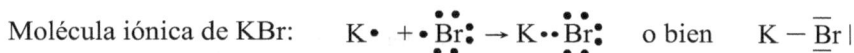

Molécula covalente de HI: $\quad \text{H} \cdot + \cdot \overset{\cdot\cdot}{\underset{\cdot\cdot}{\text{I}}} : \rightarrow \text{H} \cdot \cdot \overset{\cdot\cdot}{\underset{\cdot\cdot}{\text{I}}} : \quad$ o bien $\quad \text{H} - \overline{\underline{\text{I}}}|$

Molécula iónica de KBr: $\quad \text{K} \cdot + \cdot \overset{\cdot\cdot}{\underset{\cdot\cdot}{\text{Br}}} : \rightarrow \text{K} \cdot \cdot \overset{\cdot\cdot}{\underset{\cdot\cdot}{\text{Br}}} : \quad$ o bien $\quad \text{K} - \overline{\text{Br}}|$

Las estructuras de Lewis no indican ni la forma, ni la geometría, ni el tamaño de las moléculas, sino únicamente la distribución electrónica alrededor de cada átomo que forma la molécula.

No hay que sobrevalorar la importancia ni la aplicabilidad de la regla del octeto, pues existen muchas excepciones a la misma.

Para el fluoruro de oxígeno (OF_2) y para el fluoruro de azufre (SF_2) sus estructuras electrónicas deben ser idénticas, ya que el oxígeno y el azufre pertenecen al mismo grupo de la tabla periódica.

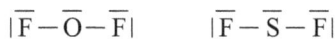

$$|\overline{\text{F}} - \overline{\underline{\text{O}}} - \overline{\text{F}}| \qquad |\overline{\text{F}} - \overline{\underline{\text{S}}} - \overline{\text{F}}|$$

El azufre, además, puede combinarse con el flúor dando el hexafluoruro de azufre, puesto que puede rodearse de más de ocho electrones, ya que pertenece al tercer periodo de la tabla periódica.

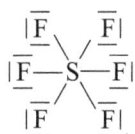

$$\begin{array}{ccc} |\overline{\text{F}} & \diagdown & \overline{\text{F}}| \\ |\overline{\text{F}} - & \text{S} & - \overline{\text{F}}| \\ |\overline{\text{F}} & \diagup & \overline{\text{F}}| \end{array}$$

El oxígeno no puede formar combinaciones semejantes a la anterior con el flúor, porque pertenece al segundo periodo de la tabla periódica y debe cumplir obligatoriamente la regla del octeto.

Un proceso semejante tiene lugar con las moléculas de trifluoruro de nitrógeno (NF_3) y de trifluoruro de fósforo (PF_3), que poseen los mismos electrones totales de valencia, pues el N y el P son átomos isoelectrónicos por ser del mismo grupo en la tabla periódica. Debido a que el fósforo pertenece al tercer periodo de la tabla periódica puede rodearse de diez electrones en la molécula de PF_5 mientras que el nitrógeno no.

$$\overline{|F}\diagup\overset{\displaystyle\overline{N}}{\underset{\displaystyle|\underline{F}|}{\diagdown}}\overline{F|}\qquad \overline{|F}\diagup\overset{\displaystyle\overline{P}}{\underset{\displaystyle|\underline{F}|}{\diagdown}}\overline{F|}\qquad \overset{\displaystyle|\overline{F}|}{\underset{\displaystyle|\underline{F}|}{\overline{|\underline{F}|}\!\!>\!\!P\!-\!\overline{F|}}}$$

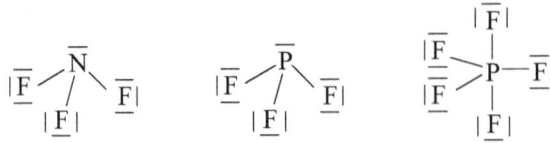

Ejemplos de estructuras de Lewis en moléculas con enlaces múltiples

1. Moléculas con enlaces dobles

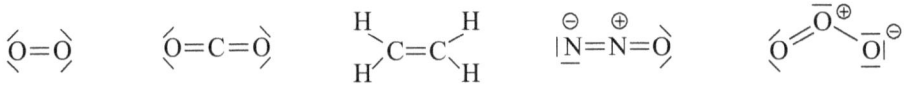

$$\acute{\underline{O}}{=}\grave{\underline{O}} \qquad \acute{\underline{O}}{=}C{=}\grave{\underline{O}} \qquad \overset{H}{\underset{H}{\diagup}}C{=}C\overset{H}{\underset{H}{\diagdown}} \qquad |\underline{N}{=}\overset{\ominus}{N}{=}\grave{\underline{O}} \qquad \acute{\underline{O}}{=}\overset{\displaystyle\overline{O}^{\oplus}}{\diagdown}\underline{O}|^{\ominus}$$

2. Moléculas con enlaces triples

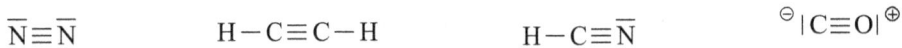

$$\overline{N}{\equiv}\overline{N} \qquad H{-}C{\equiv}C{-}H \qquad H{-}C{\equiv}\overline{N} \qquad {}^{\ominus}|C{\equiv}O|^{\oplus}$$

Ejemplos de estructuras de Lewis con átomos del tercer periodo

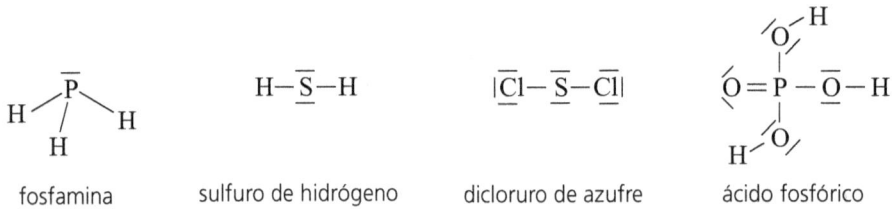

$$H\diagup\overset{\displaystyle\overline{P}}{\underset{\displaystyle H}{\diagdown}}H \qquad H{-}\underline{\overline{S}}{-}H \qquad |\underline{\overline{Cl}}{-}\underline{\overline{S}}{-}\underline{\overline{Cl}}| \qquad \overset{\displaystyle\diagup\underset{}{O}{-}H}{\underset{\displaystyle H\diagdown O\diagup}{\overline{O}{=}P{-}\underline{O}{-}H}}$$

| fosfamina | sulfuro de hidrógeno | dicloruro de azufre | ácido fosfórico |

En los ejemplos expuestos se ve que hay moléculas que contienen más de cuatro pares de electrones alrededor del átomo central. Ello se debe a que dicho átomo pertenece al tercer periodo o a los periodos sucesivos.

3.3.3 Ácidos y bases de Lewis

La teoría ácido-base de Lewis está muy relacionada con el enlace y la estructura que se acaba de ver. No está limitada a las reacciones que implican iones H^+ o iones OH^- (en disolución), sino que es más general, pues se extiende a las reacciones ácido-base entre gases y sólidos.

Ácido de Lewis: es un átomo, molécula o ión que actúa como aceptor de un par de electrones y que posee orbitales vacíos de valencia.

Ejemplo: BF_3 (trifluoruro de boro).

Base de Lewis: es un átomo, molécula o ión que actúa como dador de un par de electrones y que posee pares de electrones sin compartir.

Ejemplo: NH_3 (amoníaco).

Una reacción entre un ácido de Lewis (BF_3) y una base de Lewis (NH_3) conduce a la formación de un enlace covalente entre ellos. El producto que se obtiene se denomina *compuesto de adición* o *aducto*.

ácido de Lewis   base de Lewis   aducto

Según estas definiciones, el ión OH^- (base de Brönsted-Lowry) también es una base de Lewis por los pares solitarios de electrones del átomo de oxígeno.

El NH_3 también es una base de Lewis por el par de electrones solitarios que posee el átomo de nitrógeno. Por otro lado, el HCl no es un ácido de Lewis ya que no es aceptor de electrones, pero podemos considerar que produce iones H^+ y este sí es un ácido de Lewis, ya que forma un enlace covalente coordinado con un par de electrones disponible.

3.4 Carga formal asociada a un átomo

Las cargas formales son cargas aparentes que se sitúan sobre algunos átomos de una estructura de Lewis cuando los átomos no han contribuido con igual número de electrones al enlace covalente que los une.

Conocer la carga formal que tiene asociada un átomo en una molécula sirve para saber cuál de las estructuras de Lewis de la molécula es la más representativa y también para poder describir las propiedades químicas y físicas de dicha molécula. La carga formal (CF) se determina según:

$$CF = EV - EPC - ENC$$

CF :   número de electrones de valencia del átomo en estado elemental.
EPC :   pares de electrones que forman enlace o número de enlaces.
ENC :   número de electrones de antienlace o no compartidos.

Ejemplos

Ión amonio:

$CF (N) = 5 - 4 - 0 = 1^{\oplus}$
$CF (H) = 1 - 1 - 0 - 0$

Ión sulfato de hidrógeno:

$CF (S) = 6 - 6 - 0 = 0$
$CF (O^{\ominus}) = 6 - 6 - 1 = 1^{\ominus}$

3.5 Concepto de resonancia

Resonancia es el estado electrónico intermedio de una molécula para la que son posibles distintas distribuciones electrónicas.

La estructura molecular real de una molécula para la que pueden escribirse estructuras en resonancia se llama *híbrido de resonancia*, ya que tiene las características de todas las estructuras posibles.

Las estructuras aceptables que contribuyen al híbrido de resonancia deben tener todas el mismo esqueleto, solo pueden diferir en la distribución de electrones dentro de la estructura.

La resonancia no es un equilibrio; dos formas resonantes entre sí se representan por ←——→.

■ **Ejemplo práctico 2**

1. Estructura de Lewis del anión perclorato

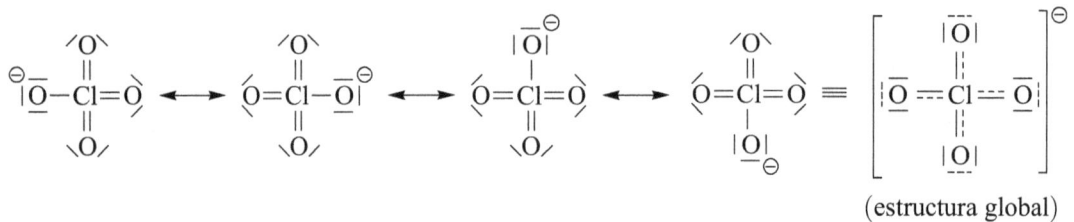

(estructura global)

El enlace simple no está localizado en una única posición, sino en cuatro distintas, que son las estructuras resonantes equivalentes del perclorato.

2. Estructura de Lewis del anión nitrato

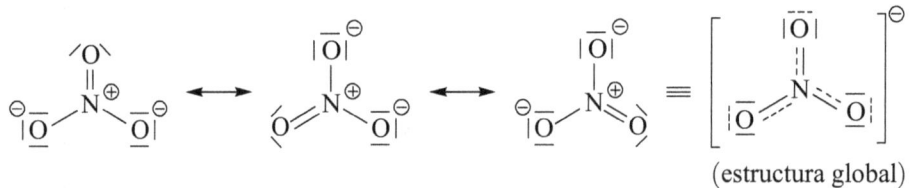

(estructura global)

En el nitrato coexisten tres formas resonantes que son equivalentes entre si.

Cuanto mayor es el número de formas resonantes que posee una molécula su estabilidad es mayor.

3.6 Excepciones a la regla del octeto

En ocasiones la regla del octeto no se cumple debido a que puede haber moléculas con octetos incompletos, moléculas con capas de valencia expandidas y moléculas con número impar de electrones de valencia. Todos estos casos se verán a continuación.

1. Octectos incompletos

El número de especies con octetos incompletos se limita a ciertos compuestos del berilio, el boro y el aluminio.

El átomo de boro, en el trifluoruro de boro, BF_3, tiene sólo seis electrones en su capa de valencia; luego posee un *octeto incompleto*.

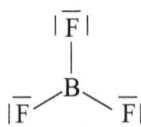

El **B** tiene seis electrones en su capa de valencia.

Otra forma de representar la molécula es mediante un enlace doble entre el átomo de B y un átomo de F (tres estructuras equivalentes).

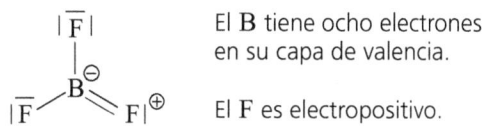

$$|\overline{F}|$$

El B tiene ocho electrones en su capa de valencia.

El F es electropositivo.

Dada la alta electronegatividad del flúor, puede considerarse que el enlace $B - F$ tiene carácter iónico.

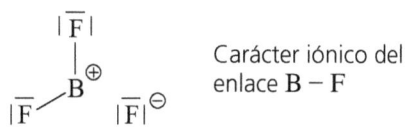

Carácter iónico del enlace $B - F$

El comportamiento químico y las propiedades moleculares del BF_3 hacen suponer que es un híbrido de resonancia de las tres estructuras anteriores, en que la contribución más importante es la primera, con seis electrones en la capa de valencia.

2. Capas de valencia expandidas

Hay ciertas estructuras moleculares que tienen diez y doce electrones de valencia alrededor del átomo central y no ocho electrones. En estos casos se crea lo que se denomina *capa de valencia expandida*.

Estas moléculas suelen estar formadas por átomos no metálicos situados a partir del tercer periodo y enlazados a átomos muy electronegativos. Entre este tipo de moléculas podemos poner como ejemplos el PCl_5 y el SF_6.

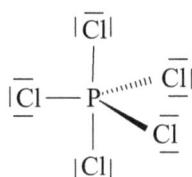

Capa de valencia de 10 e^- Capa de valencia de 12 e^-

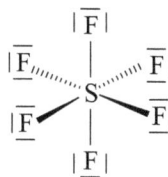

Esta capa de valencia expandida de ocho electrones del átomo central a diez y a doce electrones, respectivamente, puede explicarse bajo la suposición de que después de llenar las capas $3s$ y $3p$, los electrones que sobran del octeto ocupan la capa $3d$, que está vacía.

3.7 Teoría de la repulsión entre pares de electrones de la capa de valencia (RPECV) ▬▬▬

Método de RPECV (Sidwich y Powell (1940) y Nyholm y Gillispie (1957))

El átomo central de una estructura posee una capa de valencia formada por pares de electrones ($\uparrow\downarrow$). Estos pares de electrones se repelen entre sí, tanto si están compartidos, formando enlaces, como si no están compartidos, que son los de antienlace, de forma que tienden a adoptar en el espacio una disposición tal que la repulsión entre ellos sea mínima.

Un aspecto aclaratorio sobre la teoría de RPECV es que no se centra en *pares de electrones*, sino en *grupos de electrones*. Un grupo de electrones puede ser un par solitario de antienlace, un par enlazante, un electrón solo (radical libre) y un enlace doble o triple.

Por ejemplo, en el dióxido de carbono (CO_2), el átomo central, el carbono, tiene dos grupos de electrones en su capa de valencia, un grupo por cada doble enlace unido al oxígeno.

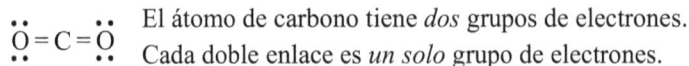

$$\ddot{\text{O}} = \text{C} = \ddot{\text{O}}$$

El átomo de carbono tiene *dos* grupos de electrones.
Cada doble enlace es *un solo* grupo de electrones.

El modelo de RPECV asume que la geometría más probable de una molécula es aquella en la que se minimizan las repulsiones entre los grupos de electrones de la capa de valencia de los átomos que integran la molécula.

Las geometrías basadas en los grupos de electrones son:

- Lineal (dos grupos de electrones)
- Trigonal plana (tres grupos de electrones)
- Tetraédrica (cuatro grupos de electrones)
- Bipiramidal trigonal (cinco grupos de electrones)
- Octaédrica (seis grupos de electrones)

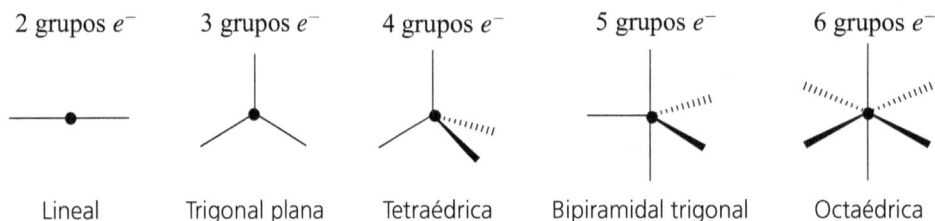

2 grupos e^-	3 grupos e^-	4 grupos e^-	5 grupos e^-	6 grupos e^-
Lineal	Trigonal plana	Tetraédrica	Bipiramidal trigonal	Octaédrica

Las estructuras geométricas anteriores corresponden a moléculas con pares de electrones de enlace o compartidos, pero puede haber moléculas con pares de electrones sin compartir o antienlazantes, con lo que la geometría molecular cambiará.

La molécula *trigonal plana* del BF_3 se convierte en *angular* en el $SnCl_2$, ya que el Sn posee dos electrones sin compartir.

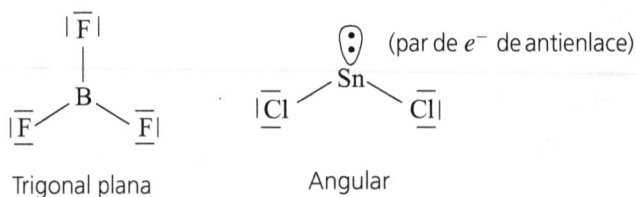

(par de e^- de antienlace)

Trigonal plana   Angular

La molécula *tetraédrica* del CH_4 se convierte en una molécula de *pirámide trigonal* en el NH_3 ya que el N posee dos electrones sin compartir. En el H_2O la molécula es *angular*, pues el O posee dos pares de electrones sin compartir.

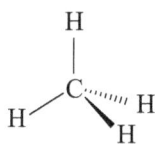

H — C with H, H, H (Tetraédrica)

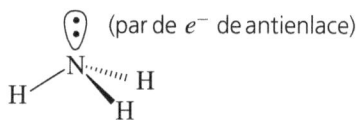

N with H, H, H and par de e^- de antienlace (Pirámide trigonal)

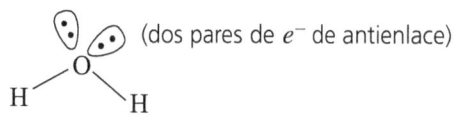

O with H, H and dos pares de e^- de antienlace (Angular)

3.7.1 Número estérico

El número estérico, NE, es el número de grupos o de pares de electrones compartidos y sin compartir que rodean un átomo en una molécula.

$$NE = \text{Número total de pares de } e^- = \text{pares } e^- \text{ de enlace} + \text{pares } e^- \text{ de antienlace}$$

El número estérico es tres para las moléculas de BF_3 y de $SnCl_2$; para las moléculas de CH_4, NH_3 y H_2O, el número estérico es cuatro.

3.8 Hibridación de orbitales atómicos

La formación de un enlace entre átomos para formar una molécula está basada en un solapamiento sencillo de orbitales atómicos (s con s, p con p y otros) que no está de acuerdo en la mayor parte de los casos con los valores que se observan.

Esto se debe a que los orbitales atómicos se hibridan entre sí para estabilizar el enlace y la molécula formada.

La combinación algebraica de funciones de onda (Tema 2) es una combinación lineal de orbitales atómicos, es decir, simplemente son adiciones y substracciones. Las combinaciones lineales resultantes son soluciones de la ecuación de Schrödinger de la molécula.

Respecto a los orbitales híbridos, la definición anterior es correcta y rigurosa, pero no es la más clarificadora. Luego, para situarnos a un nivel más asequible de comprensión, se puede decir que la hibridación de orbitales es la contaminación entre los electrones de los orbitales de la capa de valencia de los átomos que forman la molécula.

1. El enlace en la molécula de metano, CH_4. Hibridación sp^3

   La configuración electrónica de la capa de valencia correspondiente al *estado fundamental* del átomo de carbono es:

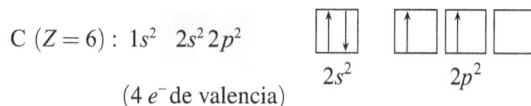

   $$C\ (Z=6):\ 1s^2\ \ 2s^2 2p^2$$

   (4 e^- de valencia)

   $2s^2$ $2p^2$

   Se sabe que el hidrocarburo más sencillo conocido es el metano, CH_4. Luego, para formar dicha molécula, se necesitan cuatro electrones desapareados en el carbono, de forma que el solapamiento de orbitales debe conducir a cuatro enlaces $C-H$ y solo hay dos, que son los de la capa $2p$.

   Para conseguir este diagrama en la molécula de metano, uno de los electrones apareados $2s$ del carbono en su estado fundamental absorbe energía y se traslada al orbital vacío $2p$.

La configuración electrónica resultante es la de un estado excitado del átomo de carbono y se representa como:

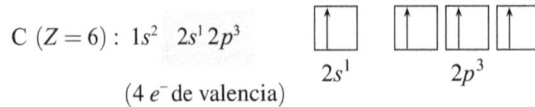

$$C \ (Z=6): \ 1s^2 \ \ 2s^1 \, 2p^3$$

$$\boxed{\uparrow\,} \quad \boxed{\uparrow\,}\boxed{\uparrow\,}\boxed{\uparrow\,}$$
$$\qquad \qquad 2s^1 \qquad \qquad 2p^3$$

(4 e^- de valencia)

Por ello que el carbono ahora dispone de cuatro electrones desapareados con hibridación sp^3 y que tienen igual energía.

Estos nuevos orbitales híbridos están dirigidos en forma tetraédrica y tienen energías que son intermedias entre las de los orbitales $2s$ y $2p$.

Este proceso matemático de substitución de los orbitales atómicos puros por orbitales atómicos redefinidos para los átomos que forman el enlace se denomina *hibridación*. La hibridación de un orbital s y tres orbitales p forma un conjunto de cuatro *orbitales híbridos sp^3*.

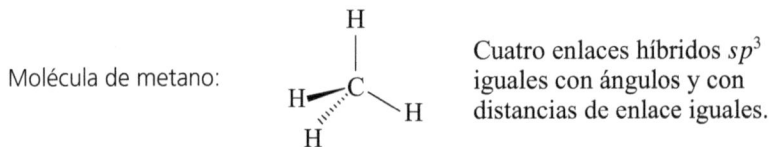

Molécula de metano:

Cuatro enlaces híbridos sp^3 iguales con ángulos y con distancias de enlace iguales.

Por lo tanto, en el metano los cuatro enlaces $C-H$ poseen igual longitud de enlace, igual ángulo de enlace $(109,5°)$ e igual energía, puesto que los cuatro electrones del carbono son iguales porque tienen igual hibridación sp^3.

2. El enlace en la molécula de trifluoruro de boro, BF_3. Hibridación sp^2

El átomo de boro tiene cuatro orbitales, pero solo tres electrones en la capa de valencia del estado fundamental.

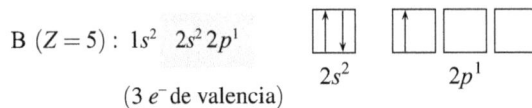

$$B \ (Z=5): \ 1s^2 \ \ 2s^2 \, 2p^1$$

$$\boxed{\uparrow\downarrow} \quad \boxed{\uparrow\,}\boxed{}\boxed{}$$
$$\qquad \qquad 2s^2 \qquad \qquad 2p^1$$

(3 e^- de valencia)

El boro en el trifluoruro de boro está rodeado de seis electrones, no de ocho (octeto) como los otros elementos del segundo periodo, y tiene tres enlaces covalentes de igual energía.

Para conseguir este diagrama en la molécula de trifluoruro de boro, uno de los electrones apareados $2s$ del boro en su estado fundamental absorbe energía y se traslada a uno de los dos orbitales vacíos $2p$.

La configuración electrónica resultante es la de un estado excitado del átomo de boro y se representa como:

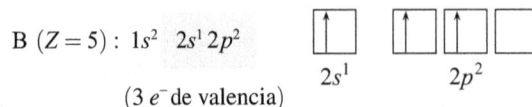

$$B \ (Z=5): \ 1s^2 \ \ 2s^1 \, 2p^2$$

$$\boxed{\uparrow\,} \quad \boxed{\uparrow\,}\boxed{\uparrow\,}\boxed{}$$
$$\qquad \qquad 2s^1 \qquad \qquad 2p^2$$

(3 e^- de valencia)

Por ello el átomo de boro ahora dispone de tres electrones desapareados con hibridación sp^2 que tienen igual energía y deja un orbital p sin hibridar.

Estos nuevos orbitales híbridos están dirigidos en forma triangular plana y tienen energías que son intermedias entre las de los orbitales $2s$ y $2p$.

La hibridación de un orbital s y dos orbitales p forma un conjunto de tres *orbitales híbridos* sp^2.

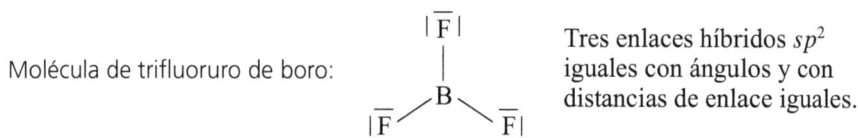

Molécula de trifluoruro de boro:

$$
\begin{array}{c}
|\overline{F}| \\
| \\
\diagup B \diagdown \\
|\underline{F}\diagup \quad \underline{F}|
\end{array}
$$

Tres enlaces híbridos sp^2 iguales con ángulos y con distancias de enlace iguales.

Por lo tanto, en el trifluoruro de boro los tres enlaces $B-F$ poseen igual longitud de enlace, igual ángulo de enlace $(120°)$ e igual energía, puesto que los tres electrones del boro son iguales porque tienen igual hibridación sp^2.

3. El enlace en la molécula de dicloruro de berilio, $BeCl_2$. Hibridación sp

El átomo de berilio tiene cuatro orbitales y solo dos electrones en la capa de valencia del estado fundamental.

$$Be\ (Z=4):\ 1s^2\ \ 2s^2$$

$2s^2$ $2p^0$

(2 e^- de valencia)

El berilio en el dicloruro de berilio está rodeado de cuatro electrones, no de ocho (octeto) como los otros elementos del segundo periodo, y tiene dos enlaces covalentes de igual energía.

Para conseguir este diagrama en la molécula de dicloruro de berilio, uno de los electrones apareados $2s$ del berilio en su estado fundamental absorbe energía y se traslada a uno cualquiera de los tres orbitales vacíos $2p$.

La configuración electrónica resultante es la de un estado excitado del átomo de berilio y se representa como:

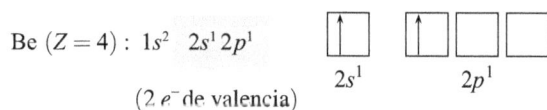

$$Be\ (Z=4):\ 1s^2\ \ 2s^1 2p^1$$

$2s^1$ $2p^1$

(2 e^- de valencia)

Por ello el átomo de berilio ahora dispone de dos electrones desapareados con hibridación sp que poseen igual energía y quedan dos orbitales p sin hibridar.

Estos nuevos orbitales híbridos del estado excitado del átomo de berilio están dirigidos en forma lineal y tienen energías que son intermedias entre las de los orbitales $2s$ y $2p$.

La hibridación de un orbital s y un orbital p forma un conjunto de dos *orbitales híbridos* sp.

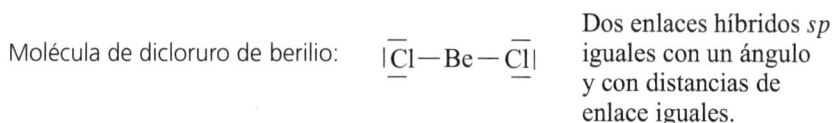

Molécula de dicloruro de berilio:

$$|\overline{Cl}-Be-\overline{Cl}|$$

Dos enlaces híbridos sp iguales con un ángulo y con distancias de enlace iguales.

Por lo tanto, en el dicloruro de berilio los dos enlaces $Be - Cl$ poseen igual longitud de enlace, igual energía y el ángulo de enlace es de $180°$, puesto que los dos electrones del berilio son iguales porque tienen igual hibridación sp.

4. Otros orbitales híbridos $sp^3 d$ y $sp^3 d^2$

Para describir los esquemas de hibridación correspondientes a las geometrías de los grupos con cinco y seis electrones, se necesita recurrir a otras subcapas de valencia, además de la s y la p. Esto implica incluir contribuciones de orbitales atómicos d.

En el pentacloruro de fósforo, PCl_5, los cinco enlaces $P - Cl$ se pueden explicar mediante la obtención de cinco orbitales semillenos en el fósforo, de modo que su geometría molecular es una bipirámide trigonal, obtenida mediante la hibridación de un orbital s, tres p y uno d de la capa de valencia.

Estas hibridaciones dan lugar a cinco orbitales híbridos $sp^3 d$.

$$sp^3 d \quad \boxed{\uparrow} \, \boxed{\uparrow} \, \boxed{\uparrow} \, \boxed{\uparrow} \, \boxed{\uparrow}$$

La geometría de la molécula es bipiramidal trigonal.

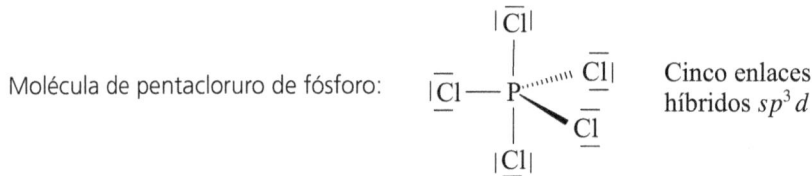

Molécula de pentacloruro de fósforo:

$$\begin{array}{c} |\overline{Cl}| \\ | \\ |\overline{Cl} - P^{\cdots\cdots} \overline{Cl}| \\ | \quad \searrow \overline{Cl} \\ |\underline{Cl}| \end{array}$$

Cinco enlaces híbridos $sp^3 d$

En el hexafluoruro de azufre, SF_6, los seis enlaces $S - F$ se pueden explicar mediante la obtención de seis orbitales semillenos en el azufre, de manera que su geometría molecular es octaédrica, obtenida mediante la hibridación de un orbital s, tres p y dos d de la capa de valencia. Estas hibridaciones dan lugar a seis orbitales híbridos $sp^3 d^2$.

$$sp^3 d^2 \quad \boxed{\uparrow} \, \boxed{\uparrow} \, \boxed{\uparrow} \, \boxed{\uparrow} \, \boxed{\uparrow} \, \boxed{\uparrow}$$

La geometría de la molécula es octaédrica.

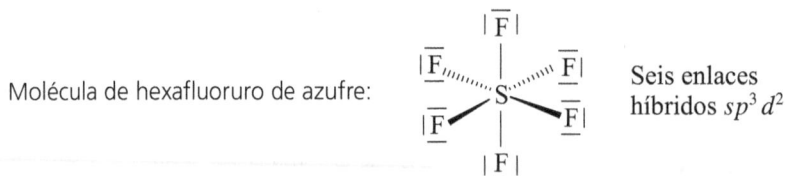

Molécula de hexafluoruro de azufre:

$$\begin{array}{c} |\overline{F}| \\ |\overline{F}_{\prime\prime\prime\prime} \quad | \quad {}^{\cdots\cdots}\overline{F}| \\ S \\ |\overline{F} \quad | \quad \overline{F}| \\ |\underline{F}| \end{array}$$

Seis enlaces híbridos $sp^3 d^2$

3.9 Geometría molecular

Las moléculas no siempre presentan la geometría regular del modelo de Gillespie o método RPECV. A veces hay distorsiones de la geometría ideal que se manifiestan en el valor de los ángulos de enlace entre los distintos átomos de una molécula.

El ángulo que forman tres núcleos de una molécula es un parámetro característico. Así, las moléculas con tres grupos de electrones, formen enlace o no, poseerían un ángulo de enlace de $120°$, como en el caso del BF_3, del $SnCl_2$ y del $ClNO$, pero esto no es siempre cierto.

Lo mismo ocurriría con las moléculas con una distribución de cuatro pares de electrones enlazantes o no alrededor del átomo central, pues tendrían ángulos de enlace tetraédricos de $109,5°$, como en el caso del CH_4, del NH_3 y del H_2O. Pero esto no es cierto, porque sus ángulos de enlace valen, respectivamente, $109,5°$, $107,5°$ y $104,5°$.

Las desviaciones de la geometría ideal en algunas moléculas se deben generalmente a estos motivos:

1. La molécula posee átomos diferentes y de distinta electronegatividad.
2. Los pares de electrones de enlace y de no enlace no son equivalentes.
3. Los enlaces moleculares, que pueden ser simples o múltiples, no son equivalentes en cuanto a su comportamiento.

Para entender todos los casos de las moléculas expuestas en la tabla 1 se necesita tener en cuenta estos conceptos:

- Cuanto más se fuerzan a acercarse dos grupos o pares de electrones entre sí, mayor es la repulsión entre ellos. La repulsión entre electrones es mayor para un ángulo de $90°$ que para un ángulo de $120°$ y ésta mayor que para un ángulo de $180°$.
- La repulsión entre pares de electrones solitarios o no enlazantes es mayor que entre pares de electrones de enlace. El orden de menor a mayor de las fuerzas de repulsión son:

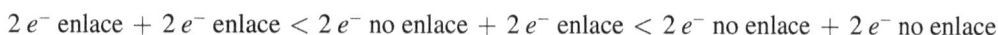

$$2\,e^- \text{ enlace} + 2\,e^- \text{ enlace} < 2\,e^- \text{ no enlace} + 2\,e^- \text{ enlace} < 2\,e^- \text{ no enlace} + 2\,e^- \text{ no enlace}$$

Según la hibridación del átomo central de una molécula, los electrones que rodean al átomo central y que poseen idéntica energía debido a que poseen igual hibridación se colocan ordenadamente o regularmente en el espacio como ya se ha visto en el método de repulsiones de pares electrónicos de la capa de valencia (RPECV).

El número de electrones totales, o número estérico, indicará la hibridación del átomo central, la geometría de la molécula y los ángulos de enlace, (α).

Número estérico (NE)	Hibridación	Ángulo de enlace (α)
2	sp	$180°$
3	sp^2	$120°$
4	sp^3	$109,5°$
5	sp^3d	$180° - 120° - 90°$
6	sp^3d^2	$180° - 90°$

Como ya se ha visto anteriormente, los ángulos de enlace varían cuando existen pares de electrones no enlazantes o solitarios en la molécula.

Hibridación	NE	Geometría molecular (Moléculas AB_x) (E = electrones no enlazantes)
sp	2	$B - A - B$ (BeCl$_2$) Lineal AB
sp^2	3	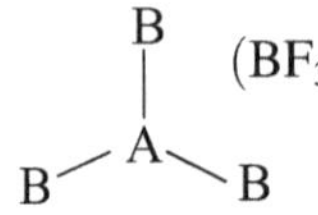 (BF$_3$) Plana triangular AB$_3$ 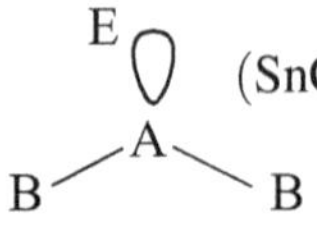 (SnCl$_2$) Angular AB$_2$E
sp^3	4	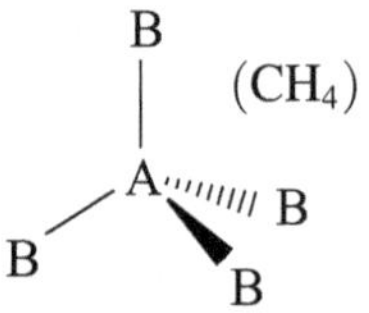 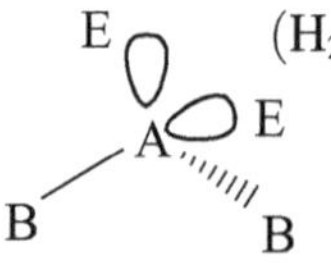 (CH$_4$) Tetraédrica AB$_4$ 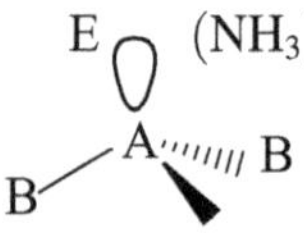 (NH$_3$) Pirámide trigonal AB$_3$E (H$_2$O) Angular AB$_2$E$_2$
sp^3d	5	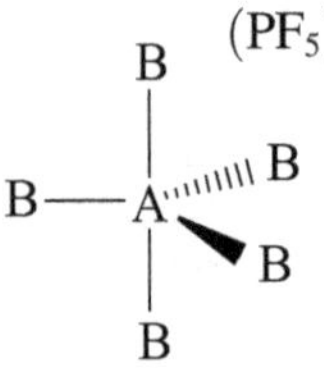 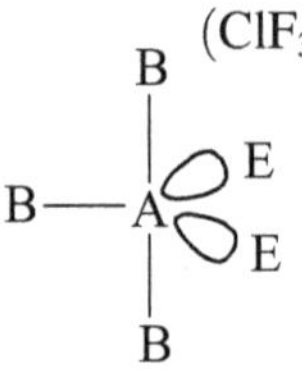 (PF$_5$) Bipirámide trigonal AB$_5$ 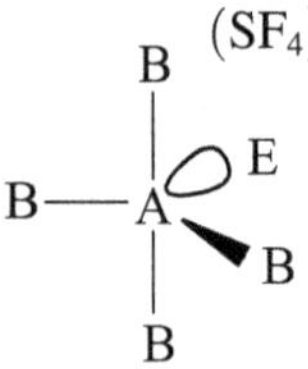 (SF$_4$) Tetraédrica irregular AB$_4$E (ClF$_3$) Forma de T AB$_3$E$_2$ 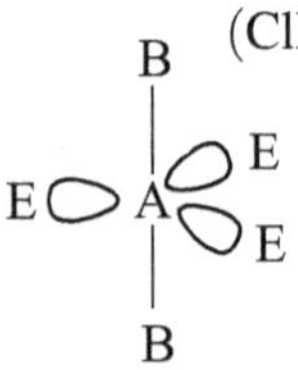 (ClF$_3$) Lineal AB$_2$E$_3$
sp^3d^2	6	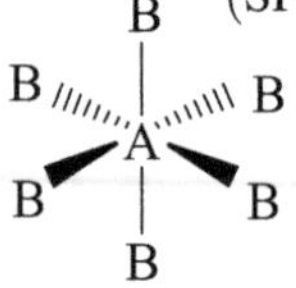 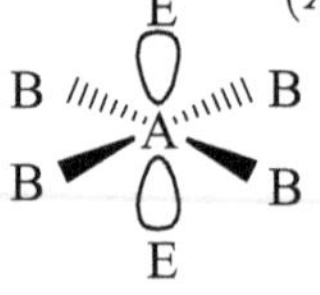 (SF$_6$) Octaédrica AB$_6$ 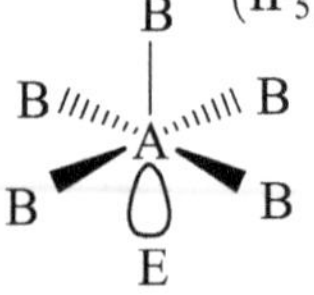 (IF$_5$) Pirámide cuadrada AB$_5$E (XeF$_4$) Plana cuadrada AB$_4$E$_2$

Tabla 1 Geometría de moléculas con pares de electrones enlazantes y no enlazantes

Para predecir la forma de las moléculas se deben seguir los siguientes pasos:

1. Escribir la estructura de Lewis correcta para la molécula o ión.
2. Determinar el número de grupos o pares de electrones que rodean al átomo central de la molécula y averiguar los pares que son enlazantes y los que no lo son.
3. Establecer la geometría de los grupos de electrones alrededor del átomo central por su hibridación: lineal, trigonal plana, tetraédrica, bipiramidal trigonal y octaédrica.
4. Determinar la geometría molecular de las posiciones alrededor del átomo central ocupadas por otros átomos a partir de la tabla 1.

☐ Ejemplo práctico 3

Determinad la geometría molecular del polianión IF_4^-.

Utilizaremos las cuatro etapas que se acaban de explicar.

1. Escribimos la estructura de Lewis. El número de electrones de valencia es:

$$7 \, e^- \text{ (valencia del I)} + 7 \, e^- \text{ (valencia del F)} \cdot 4 \, (F) + 1 \, e^- \text{ (carga } -) = 36 \, e^-$$

Para unir los cuatro átomos de F al átomo central de I y conseguir octetos para todos los átomos, se necesitan 32 electrones. Como se dispone de 36 electrones totales de valencia, tenemos cuatro electrones adicionales o bien dos pares de electrones no enlazantes en el I.

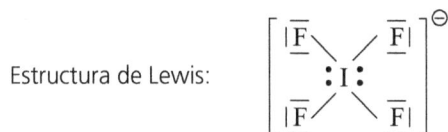

$$\text{Estructura de Lewis:} \quad \left[\begin{array}{c} |\overline{F} \diagdown \quad \diagup \overline{F}| \\ \text{:} \, I \, \text{:} \\ |\overline{F} \diagup \quad \diagdown \overline{F}| \end{array} \right]^{\ominus}$$

2. Alrededor del átomo central de I hay cuatro pares de electrones que son de enlace y dos pares no enlazantes o solitarios.
3. La geometría de los grupos de electrones (seis pares de electrones), es decir, la orientación de los seis grupos de electrones es *octaédrica*.
4. El polianión IF_4 es del tipo AB_4E_2, y según la tabla 1 le corresponde una geometría molecular *plana cuadrada*.

3.9.1 Moléculas con enlaces covalentes múltiples

Los enlaces múltiples son los dobles y triples enlaces, que consisten en dos o tres pares de electrones compartidos ($\uparrow\downarrow$) entre dos átomos.

Los dos o tres pares de electrones de un doble o un triple enlace no comparten la misma región del espacio, pero sí están orientados en la misma dirección y su conjunto constituye un grupo de electrones. Luego se comportan, respecto a la determinación estructural de una molécula, como enlaces simples.

Aplicaremos este concepto a la molécula de dióxido de azufre (SO_2).

El azufre y el oxígeno pertenecen al mismo grupo en la tabla periódica y ambos poseen seis electrones de valencia.

El S es el átomo central, y para la molécula de SO_2 el número total de electrones de valencia es:

$$3 \, e^- \text{ (valencia del S)} + 3 \, e^- \text{ (valencia del O)} \cdot 2 \text{ (O)} = 18 \, e^-$$

Estructura de Lewis: 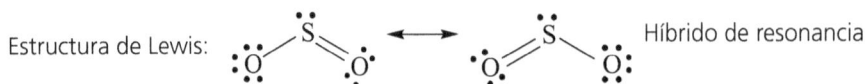 Híbrido de resonancia

En cualquiera de las dos formas resonantes anteriores, el doble enlace se cuenta como un solo grupo de electrones, igual que el enlace simple. Luego alrededor del átomo central, el S, hay tres grupos de electrones, dos correspondientes a los dos enlaces (uno doble y el otro simple) y uno correspondiente al par de electrones no enlazantes o solitarios.

Por ello la geometría de los grupos es *trigonal plana*. La molécula es del tipo AB_2E, lo que implica según la tabla 1 que la geometría molecular es *angular*, con un ángulo de enlace de $120°$.

3.9.2 Orden de enlace y longitud de enlace

El *orden de enlace* describe si un enlace covalente es *simple* o *sencillo* (orden de enlace 1), *doble* (orden de enlace 2) o *triple* (orden de enlace 3).

Cuanto mayor sea el orden de enlace entre dos átomos mayor será la unión entre ellos. Luego su distancia o longitud de enlace será menor.

La *longitud de enlace* es la distancia que existe entre los núcleos de dos átomos unidos por medio de un enlace covalente.

a) En las moléculas diatómicas homonucleares, como H_2, O_2, N_2, F_2, Cl_2 y I_2, se puede definir el radio covalente del H, O, N, F, Cl y I como la mitad de la distancia de enlace.

La molécula de F_2, cuya longitud de enlace es de $1,44$ Å, tiene un radio covalente de $0,72$ Å.

b) En las moléculas diatómicas heteronucleares, los átomos que las forman poseen distinta electronegatividad, y la distancia entre núcleos generalmente es menor que la suma de los dos radios atómicos.

Molécula de HF

$$\text{Longitud de enlace } H-F = \text{(radio H)} + \text{(radio F)} = 0,37 \text{ Å} + 0,72 \text{ Å} = 1,09 \text{ Å}$$

El valor observado experimentalmente para el HF es de $0,92$ Å, menor que el que se podría esperar. Este acortamiento del enlace se debe al carácter más electronegativo que posee el flúor respecto al hidrógeno.

c) Cuando las moléculas poseen enlaces dobles o triples, las longitudes de enlace disminuyen, de manera que el enlace doble tiene menor valor que el simple, y el triple, menor valor que el doble. Cuanto mayor es el orden de enlace, la longitud de enlace es menor.

Radios covalentes, en Å:

Enlace	$OE = 1$	$OE = 2$	$OE = 3$
$H - H$	0,37		
$O - O$	0,66		
$O = O$		0,57	
$N - N$	0,74		
$N = N$		0,65	
$N \equiv N$			0,55
$C - C$	0,71		
$C = C$		0,67	
$C \equiv C$			0,60
$Cl - Cl$	0,99		

3.9.3 Energía de enlace

Al unirse los átomos aislados para formar un enlace covalente se libera energía. Para separar los átomos unidos por enlaces covalentes se debe absorber energía.

La *energía de disociación de enlace*, D, es la cantidad de energía necesaria para romper un mol de enlaces covalentes en una especie gaseosa. Las unidades en el sistema internacional son kJ/mol.

Para que la molécula de H_2 (g) se disocie en sus átomos constituyentes hay que aportar una energía de $435,93 \ kJ/mol$.

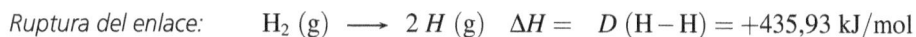

Ruptura del enlace: $\quad H_2 \ (g) \longrightarrow 2 \ H \ (g) \quad \Delta H = \quad D \ (H - H) = +435,93 \ kJ/mol$

Formación del enlace: $\quad 2 \ H \ (g) \longrightarrow H_2 \ (g) \quad \Delta H = -D \ (H - H) = -435,93 \ kJ/mol$

Para cualquier molécula *diatómica* AB, la energía de disociación de enlace es la variación de entalpía estándar de disociación del enlace entre A y B y su valor es siempre positivo.

Cuando las moléculas son *poliatómicas* con una sola clase de enlace, se define la energía media de enlace o energía de enlace promedio, que corresponde a la media aritmética de la energía total de la molécula.

La disociación de la molécula de metano, CH_4, en sus átomos constituyentes necesita $1.653,11 \ kJ/mol$.

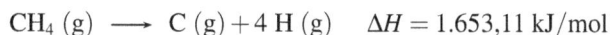

$$CH_4 \ (g) \longrightarrow C \ (g) + 4 \ H \ (g) \quad \Delta H = 1.653,11 \ kJ/mol$$

Por tanto, la energía de disociación del enlace $C - H$ se tomará como la cuarta parte de la energía total y serán $413,27 \ kJ/mol$.

La disociación de la molécula de agua, H_2O, en sus átomos constituyentes necesita $926,80 \ kJ/mol$.

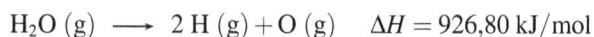

$$H_2O \ (g) \longrightarrow 2 \ H \ (g) + O \ (g) \quad \Delta H = 926,80 \ kJ/mol$$

Por tanto, la energía de disociación del enlace $O-H$ se tomará como la mitad de la energía total y serán 463,40 kJ/mol.

La energía del enlace $O-H$ en otras moléculas con OH será algo distinta de la del agua. Por ejemplo, en el metanol, CH_3OH, la energía de disociación del enlace $O-H$, que se representa por D $(H-OCH_3)$, es de 436,80 kJ/mol.

3.10 Teoría de orbitales moleculares

El método de enlace de valencia, las estructuras de Lewis y la teoría de la repulsión de pares de electrones de la capa de valencia (RPECV), forman una base sólida para describir el enlace covalente y las estructuras de las moléculas.

Pero todos estos conceptos, a veces, no proporcionan explicación a algunas cuestiones como el paramagnetismo del oxígeno, los espectros electrónicos de las moléculas o la estabilidad de iones como el H_2^+.

La teoría de orbitales moleculares nos permite responder a las cuestiones anteriores mediante un método diferente.

Los orbitales moleculares, igual que los orbitales atómicos, son funciones matemáticas que se pueden relacionar con la probabilidad de encontrar los electrones en determinadas regiones de las moléculas.

Luego las moléculas tienen sus electrones ubicados en orbitales moleculares cuyas configuraciones electrónicas siguen los mismos principios que los orbitales atómicos, principios que vamos a recordar.

1.*Principio de Aufbau*
   Se asignan electrones a los diferentes orbitales moleculares por orden creciente de energías.

2.*Principio de exclusión de Pauli*
   Cada orbital molecular puede ser ocupado como máximo por un par de electrones de espines opuestos.

3.*Regla de Hund*
   Si existen orbitales de igual energía, la configuración electrónica más estable es la del electrón con espines paralelos en distinto orbital.

Cuando dos átomos de H se unen para formar un enlace, ¿qué les sucede? ¿Qué ocurre con los orbitales atómicos o las dos funciones de onda $1s$ de cada H cuando se aproximan? ¿Se combinan e interfieren los orbitales $1s$ de forma constructiva o destructiva? Estas cuestiones son complejas y en este curso básico sólo podemos dar una visión general.

Recordemos que el enlace se forma cuando dos electrones comparten la misma región del espacio (orbital molecular), en la que existe mayor probabilidad de encontrarlos, estando ambos bajo la misma atracción de los dos núcleos.

Cuando dos funciones de onda (orbitales) se combinan, pueden existir dos interferencias, una aditiva o constructiva y otra substractiva.

El resultado de la interferencia aditiva o constructiva entre funciones de onda es un *orbital molecular enlazante* y la interferencia substractiva es un *orbital molecular antienlazante*.

El orbital molecular enlazante produce una densidad de carga electrónica *alta* entre núcleos. El orbital molecular antienlazante produce una densidad de carga electrónica *muy baja* entre núcleos.

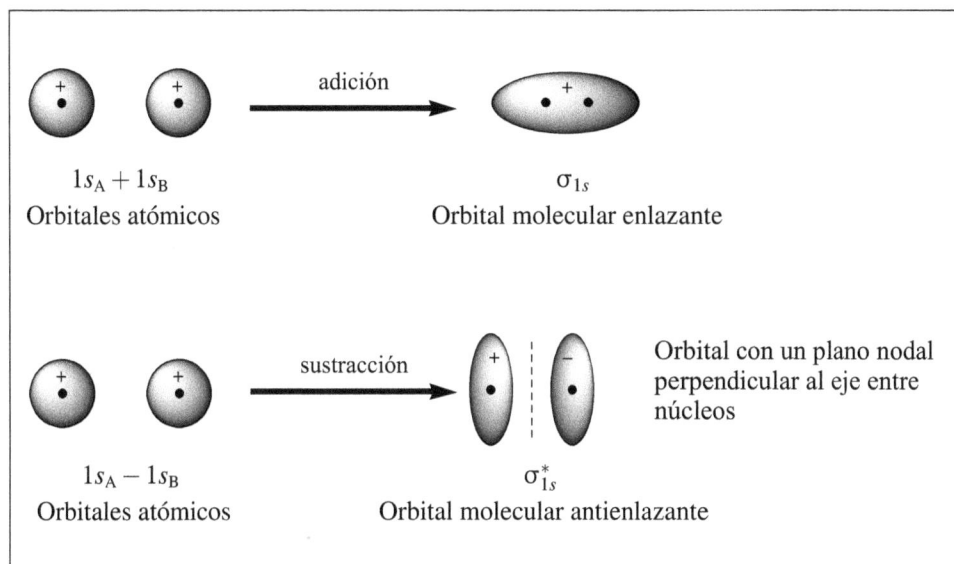

adición

$1s_A + 1s_B$
Orbitales atómicos

σ_{1s}
Orbital molecular enlazante

sustracción

Orbital con un plano nodal perpendicular al eje entre núcleos

$1s_A - 1s_B$
Orbitales atómicos

σ_{1s}^*
Orbital molecular antienlazante

El orbital molecular enlazante, al poseer una densidad de carga electrónica alta entre los núcleos atómicos, pues los núcleos están apantallados entre sí, reduce las repulsiones entre los núcleos con carga positiva y el enlace se fortifica. Luego este orbital molecular enlazante, llamado σ_{1s}, posee una energía menor que la de los orbitales atómicos $1s$.

En el orbital molecular antienlazante, que posee una densidad de carga electrónica baja entre los núcleos atómicos, pues los núcleos no están apantallados entre sí, se producen fuertes repulsiones y el enlace se debilita. Luego este orbital molecular antienlazante, llamado σ_{1s}^*, posee una energía mayor que la de los orbitales atómicos $1s$.

A continuación presentamos un resumen de las ideas básicas sobre orbitales moleculares (OM):

- El número de orbitales moleculares (OM) que se forman es igual al número de orbitales atómicos (OA) que se combinan.

- Al combinarse dos orbitales atómicos, se forman dos orbitales moleculares. Un OM es enlazante con una energía menor que la de los orbitales atómicos y un OM es antienlazante con una energía mayor.

- En la configuración del estado fundamental, los electrones se colocan en los orbitales moleculares vacíos o disponibles de menor energía (orbitales enlazantes).

- En un orbital molecular hay como máximo dos electrones de espines antiparalelos (principio de exclusión de Pauli).

- En la configuración del estado fundamental, los electrones se colocan solos o aislados en los orbitales moleculares que poseen igual energía, antes de emparejarse (regla de Hund).

Ejemplo práctico 4

Interacción de dos átomos de hidrógeno para formar la molécula de H_2

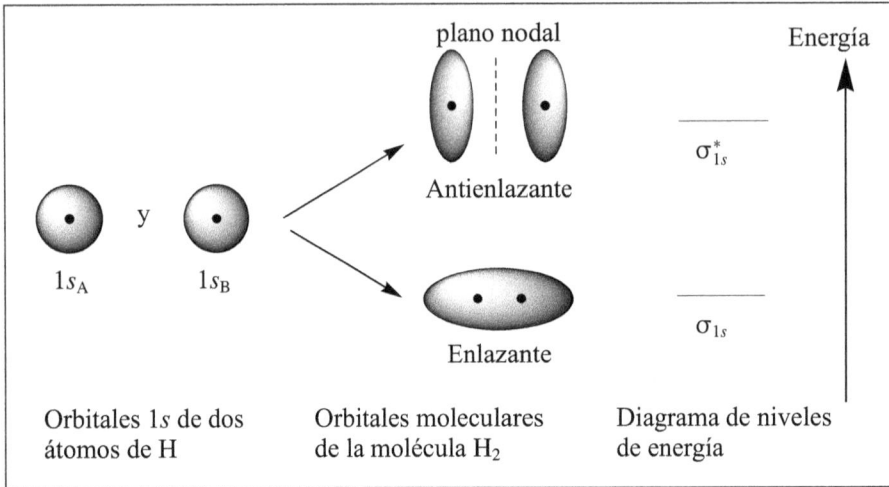

3.10.1 Orbitales moleculares de los elementos del segundo periodo

Los elementos del segundo periodo disponen de orbitales $2s$ y $2p$; luego pueden llegar a formarse un total de ocho orbitales moleculares.

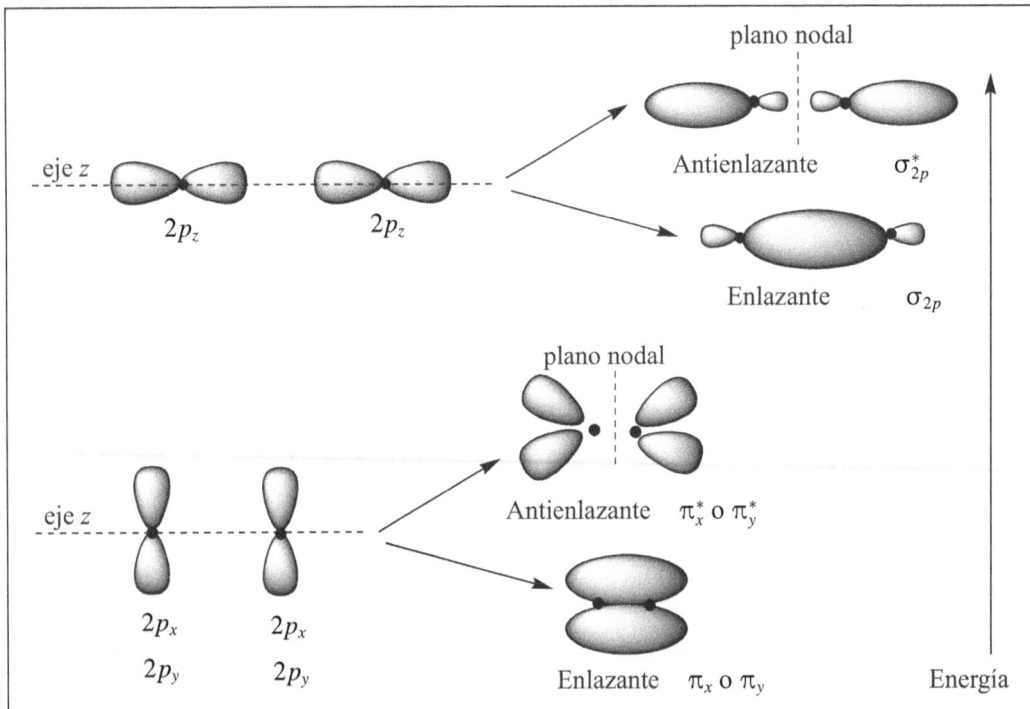

Los orbitales moleculares que se forman por combinación de los orbitales atómicos $2s$ son semejantes a los obtenidos por combinación de los orbitales $1s$, pero con mayor energía.

Cuando se combinan los orbitales atómicos $2p$ lo pueden hacer de dos formas distintas:

1. Adición de dos orbitales $2p$ a lo largo del eje entre núcleos (eje z), para formar el orbital molecular σ_{2p} enlazante y el orbital molecular σ_{2p}^* antienlazante.
2. Adición de dos orbitales $2p$ en dirección perpendicular al eje entre núcleos, para formar un orbital molecular π_{2p} enlazante y el orbital π_{2p}^* antienlazante.

Los orbitales p pueden combinarse de forma frontal o lateral. El mejor solapamiento es el frontal (orbital p_z), a lo largo de una línea recta (eje z), que da lugar a orbitales moleculares σ_{2p} enlazantes y σ_{2p}^* antienlazantes.

El solapamiento lateral (orbitales p_x, p_y) es perpendicular al eje z y da lugar a orbitales moleculares π_x y π_y enlazantes y π_x^* y π_y^* antienlazantes.

La forma de asignar los electrones a los orbitales moleculares de moléculas diatómicas del segundo periodo, según un orden creciente de energía, es:

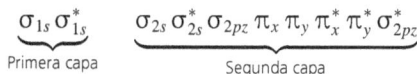

$$\underbrace{\sigma_{1s}\,\sigma_{1s}^*}_{\text{Primera capa}} \qquad \underbrace{\sigma_{2s}\,\sigma_{2s}^*\,\sigma_{2pz}\,\pi_x\,\pi_y\,\pi_x^*\,\pi_y^*\,\sigma_{2pz}^*}_{\text{Segunda capa}}$$

Todos los orbitales moleculares enlazantes o antienlazantes tienen *como máximo dos electrones* de espines antiparalelos, que se representan en los orbitales como superíndices: σ_s^2, σ_s^{*2}, π_x^1, π_x^{*2}, σ_{pz}^1, etc.

Para saber en qué nivel de energía se encuentran los orbitales moleculares se les coloca el subíndice correspondiente al nivel de los orbitales atómicos: σ_{1s}^2, σ_{2s}^1, σ_{2s}^{*1}, π_{2x}, etc.

3.10.2 Enlaces moleculares σ y π

El enlace se genera por el *solapamiento* de los dos orbitales atómicos que superponen sus respectivas zonas de mayor densidad electrónica.

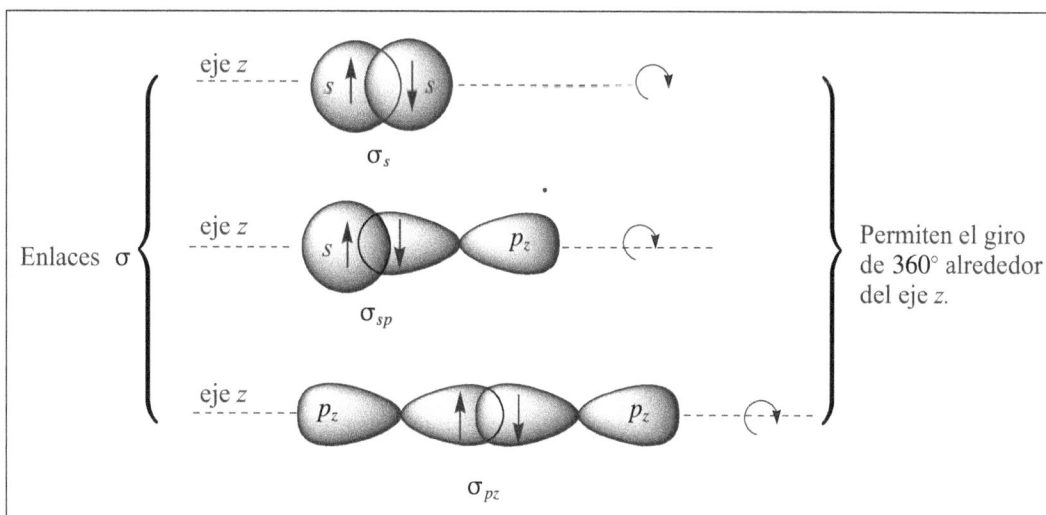

Para que los electrones compartan la misma región del espacio u orbital molecular deben tener espines antiparalelos ($\uparrow\downarrow$).

En el *enlace molecular* σ la simetría de los orbitales atómicos que se solapan frontalmente, respecto del eje internuclear de enlace, es cilíndrica.

Solapamiento electrónico frontal de orbitales atómicos $s - s$ $\longrightarrow$ σ_s

Solapamiento electrónico frontal de orbitales atómicos $s - p_z$ $\longrightarrow$ σ_{ps}

Solapamiento electrónico frontal de orbitales atómicos $p_z - p_z$ $\longrightarrow$ σ_{pz}

Ejemplos de moléculas diatómicas con enlace σ

Molécula de H_2: dos orbitales $1s$ por cada átomo de H $\longrightarrow$ $s - s = \sigma_s$

Molécula de HF: un orbital $1s$ del H y un orbital $2p$ del F $\longrightarrow$ $s - p = \sigma_{sp}$

Molécula de F_2: dos orbitales $2p$ por cada átomo de F $\longrightarrow$ $p_z - p_z = \sigma_{pz}$

El *enlace molecular* π está generado por el solapamiento lateral o tangencial de los orbitales atómicos p. Este enlace, por sus especiales propiedades de simetría, restringe la libre rotación alrededor del eje internuclear (eje z).

Los orbitales atómicos p_x y p_y que se solapan o se superponen lateralmente con otros orbitales iguales p_x y p_y forman los orbitales moleculares π_x y π_y y que se sitúan en los ejes x e y.

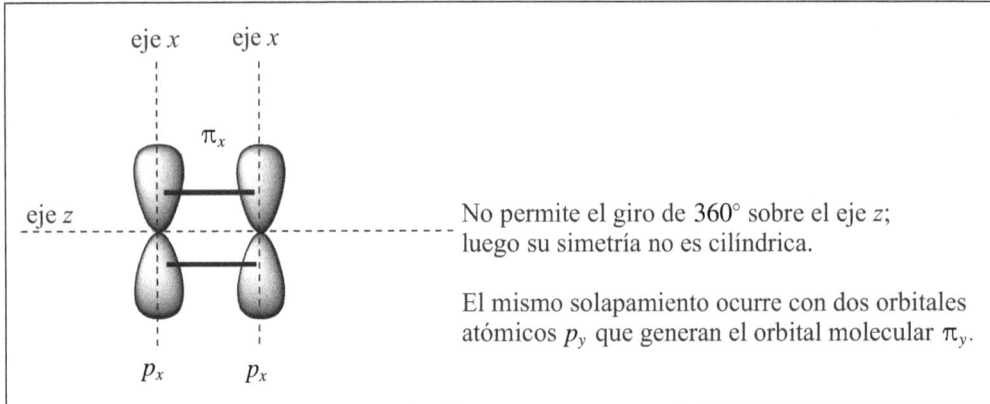

eje x eje x

π_x

eje z

No permite el giro de 360° sobre el eje z; luego su simetría no es cilíndrica.

El mismo solapamiento ocurre con dos orbitales atómicos p_y que generan el orbital molecular π_y.

p_x p_x

El par de electrones compartido del enlace π ocupa, con igual probabilidad, dos regiones del espacio por encima y por debajo del plano molecular.

En el plano molecular, que es el que contiene los núcleos de los dos átomos, la probabilidad de encontrar los electrones del enlace π es cero (plano nodal).

3.11 Combinaciones lineales de orbitales atómicos (CLOA). Moléculas homonucleares y heteronucleares

Los orbitales moleculares se construyen mediante combinaciones lineales de los orbitales atómicos de la capa de valencia de los átomos que integran la molécula.

Moléculas homonucleares diatómicas

1. Molécula de H_2. Tiene dos electrones, ambos en el orbital σ_{1s} mientras que el orbital antienlazante σ_{1s}^* de mayor energía permanece vacío.

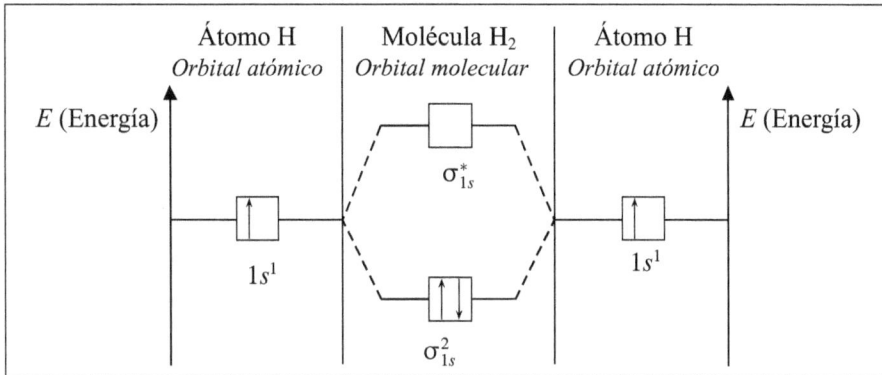

Para la molécula H_2 ($2\,e^-$) la estructura electrónica es: σ_{1s}^2.

Para la especie H_2^+ con un electrón menos, su estructura electrónica es: σ_{1s}^2.

2. Molécula de O_2. En esta molécula diatómica cada átomo de oxígeno tiene seis electrones de valencia, ya que la estructura electrónica del oxígeno según sus orbitales atómicos es:

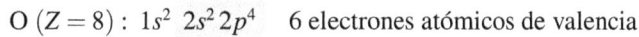

$$O\,(Z=8):\ 1s^2\ 2s^2\,2p^4 \quad 6 \text{ electrones atómicos de valencia}$$

Cuando asignamos los 12 electrones de valencia a los orbitales moleculares del O_2, se obtiene la representación de CLOA siguiente:

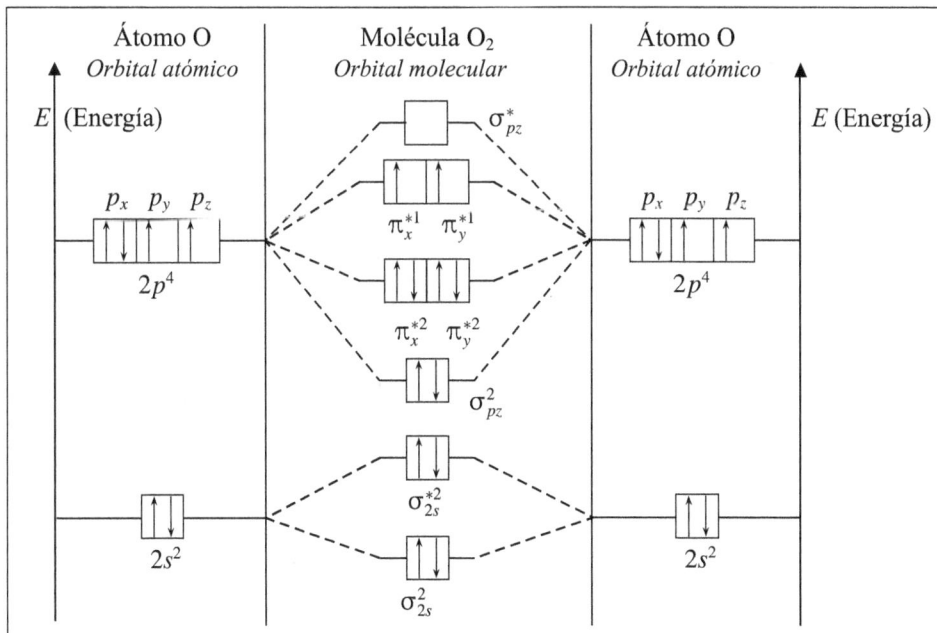

Este diagrama de CLOA para el O_2 se resume en los orbitales moleculares siguientes:

$$O_2 : \ \sigma_{2s}^2 \, \sigma_{2s}^{*2} \, \sigma_{pz}^2 \, \pi_x^2 \, \pi_y^2 \, \pi_x^{*1} \, \pi_y^{*1}$$

3. Molécula de N_2. En esta molécula diatómica cada átomo de nitrógeno tiene cinco electrones de valencia, ya que la estructura electrónica del nitrógeno según sus orbitales atómicos es:

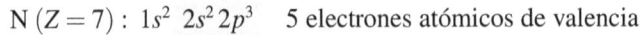

$$N \ (Z = 7) : \ 1s^2 \ 2s^2 \, 2p^3 \quad \text{5 electrones atómicos de valencia}$$

Cuando asignamos los 10 electrones de valencia a los orbitales moleculares del N_2, se obtiene la representación de CLOA siguiente:

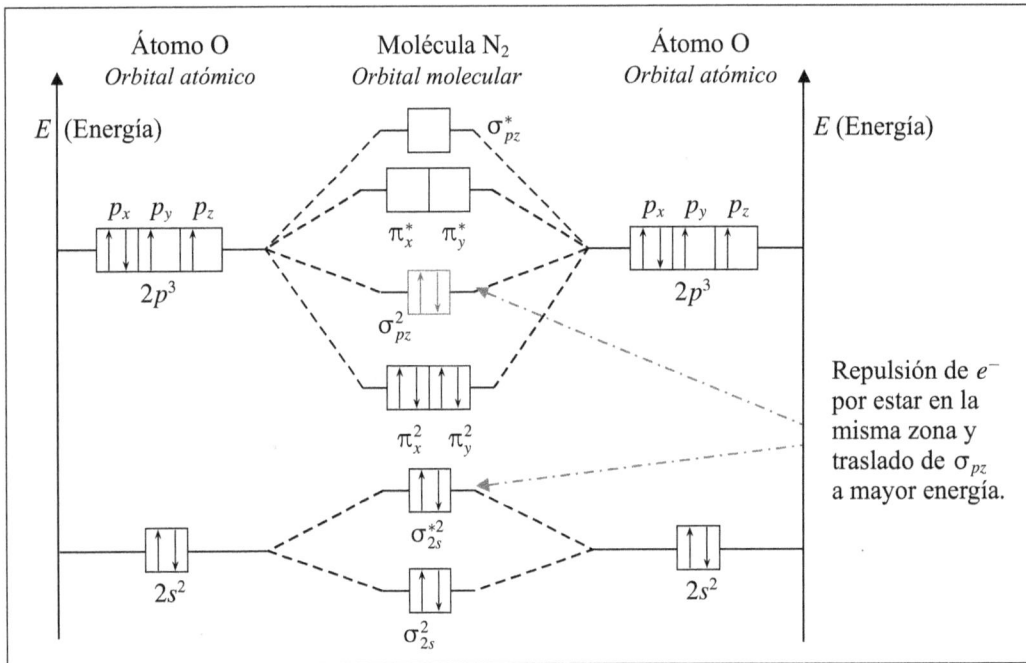

Este diagrama de CLOA para el N_2 se resume en los orbitales moleculares siguientes:

$$N_2 : \ \sigma_{2s}^2 \, \sigma_{2s}^{*2} \, \sigma_{pz}^2 \, \pi_x^2 \, \pi_y^2 \, \pi_x^{*1} \, \pi_y^{*1}$$

Cuando en las moléculas no hay suficientes electrones para ocupar los *orbitales antienlazantes* π^*, que contrarrestan la repulsión electrónica entre los orbitales moleculares σ_{2s}^* y σ_{pz} que están en la misma región molecular, *tiene lugar un aumento de energía en el orbital molecular* σ_{pz} respecto a los orbitales enlazantes $\pi_x \, \pi_y$. De esta manera la molécula se estabiliza.

Moléculas heteronucleares diatómicas

La molécula diatómica heteronuclear (BA) posee dos átomos distintos de diferente electronegatividad, átomos que contribuyen con dos electrones en el orbital s, de manera que el átomo A es más electronegativo que B. La energía relativa para los dos orbitales es:

$$E\left(s_{A}\right) < E\left(s_{B}\right) \quad \text{El orbital } s_{A} \text{ es más estable que el } s_{B}.$$

El diagrama energético para la molécula **BA** es:

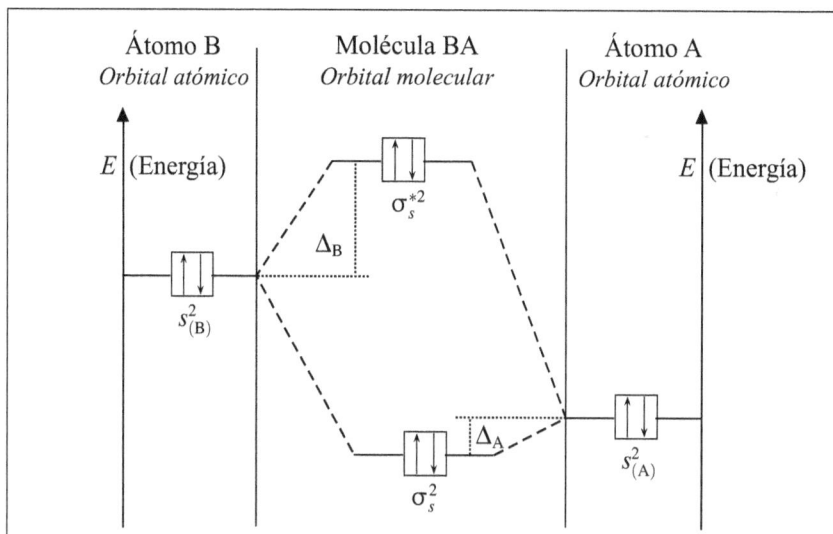

La *energía de estabilización* Δ_{A} del orbital molecular enlazante, respecto al orbital atómico más estable s_{A}, es menor que la *energía de desestabilización* Δ_{B} del orbital molecular antienlazante, respecto al orbital menos estable s_{B}.

$$\Delta_{A} < \Delta_{B}$$

Cuanto menor sea la diferencia de energía entre los orbitales s_{A} y s_{B}, más estable será el orbital molecular enlazante y menos estable será el orbital antienlazante.

Por otra parte, cuanto mayor sea el solapamiento de los orbitales atómicos, más estable será el orbital molecular enlazante y menos estable será el antienlazante.

Estos resultados para moléculas heteronucleares diatómicas con diferente electronegatividad justifican la aproximación de escoger sólo los orbitales de valencia de los átomos para la formación de orbitales moleculares.

3.11.1 Cálculo del orden de enlace (OE)

Los únicos electrones que contribuyen al enlace son los que están ocupando los orbitales moleculares enlazantes. En cambio, los que ocupan orbitales moleculares antienlazantes favorecen la disociación. Para medir la fuerza del enlace se define *el orden de enlace* (OE) del siguiente modo:

$$OE = \frac{(\text{número de } e^{-} \text{ enlazantes}) - (\text{número de } e^{-} \text{ antienlazantes})}{2}$$

Cuando el orden de enlace es cero, la molécula es inestable y se disociará inmediatamente, luego no existe. Los valores para el OE igual a 1, 2, 3 representan el enlace simple, el enlace doble y el enlace triple, respectivamente.

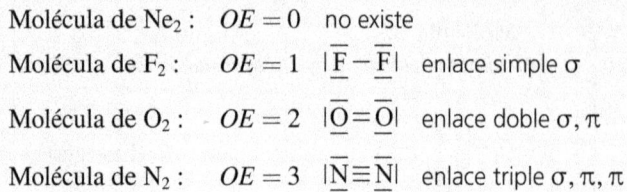

Molécula de Ne_2 : $OE = 0$ no existe

Molécula de F_2 : $OE = 1$ $|\overline{F} - \overline{F}|$ enlace simple σ

Molécula de O_2 : $OE = 2$ $|\overline{O} = \overline{O}|$ enlace doble σ, π

Molécula de N_2 : $OE = 3$ $|\overline{N} \equiv \overline{N}|$ enlace triple σ, π, π

Cuanto mayor es el orden de enlace, mayor es su estabilidad, por lo que la energía de disociación de enlace será mayor, mientras que la longitud de enlace o distancia entre núcleos (r) será menor, como se observa en la tabla:

Molécula	Orden de enlace	$E_{disociación}$ (eV)	r_{enlace} (nm)
H_2	1	4,75	0,0741
He_2	0	—	—
Li_2	1	1,14	0,2672
Be_2	0	—	—
B_2	1	3,00	0,1590
C_2	2	6,24	0,1243
N_2	3	9,76	0,1094
O_2	2	5,12	0,1208
F_2	1	1,60	0,1409

3.11.2 Propiedades magnéticas de las moléculas

Las partículas cargadas eléctricamente que tienen momento angular generan un campo magnético. Cuando éste interacciona con un campo magnético externo, se dice que presentan un momento magnético.

El electrón, al ser una partícula cargada negativamente, posee un campo magnético asociado, es decir, se comporta como un pequeño imán. Además, al poseer el electrón un momento angular de espín, se puede relacionar con un momento magnético.

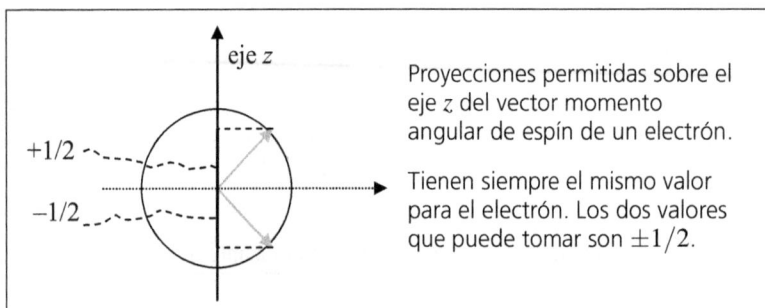

eje z

Proyecciones permitidas sobre el eje z del vector momento angular de espín de un electrón.

Tienen siempre el mismo valor para el electrón. Los dos valores que puede tomar son $\pm 1/2$.

$+1/2$

$-1/2$

Cuando se aplica un campo magnético a un material, los momentos magnéticos individuales tienden a orientarse, ya que el vector momento angular de espín del electrón se orienta con respecto a dicha dirección. Como los valores permitidos para el espín son $\pm 1/2$, valores que se representan por vectores ($\uparrow\downarrow$), esto implica que se puede adquirir una magnetización inducida por el campo magnético exterior, lo que recibe el nombre de *paramagnetismo*.

Las moléculas con electrones desapareados son *paramagnéticas*, ya que presentan momento magnético permanente. Las moléculas con electrones apareados son *diamagnéticas*.

Moléculas paramagnéticas: B_2, O_2, NO, Na, radicales libres orgánicos, etc.

Moléculas diamagnéticas: N_2, C_2, Li_2, CO, F_2, etc.

También existen moléculas y átomos con comportamientos magnéticos distintos a los dos anteriores. Los compuestos *ferromagnéticos*, como el hierro, son aquellos que, al aplicarles un campo magnético externo, adquieren propiedades magnéticas que se conservan aun después de separarlos de dicho campo.

3.12 Polaridad de enlace y polaridad molecular

1. Polaridad de enlace

Al formarse una molécula a partir de los átomos que la componen, tiene lugar una redistribución electrónica, de manera que los electrones atómicos ocupan orbitales moleculares deslocalizados por la molécula que determinan la densidad electrónica en el campo creado por los dos núcleos atómicos.

Si la molécula es homonuclear, los dos átomos participan con el mismo peso en el orbital molecular, y el *enlace es no polar* o *apolar*. Si la molécula es heteronuclear, la densidad electrónica que posee es asimétrica y se obtiene entonces un *enlace polar* o *iónico*, en el que la densidad electrónica está desplazada o polarizada hacia el átomo más electronegativo.

Los enlaces formados por átomos de distinta electronegatividad serán enlaces polares o enlaces iónicos.

En el HCl la electronegatividad del Cl es mayor que la del H. Luego, el par de electrones del enlace estarán desplazados hacia el Cl. El enlace es iónico.

$$H-\overset{\cdot\cdot}{\underset{\cdot\cdot}{Cl}}\text{:} \longrightarrow H^{\oplus} + \text{:}\overset{\cdot\cdot}{\underset{\cdot\cdot}{Cl}}\text{:}^{\ominus} \quad \text{Enlace iónico o polar}$$

Ejemplos de enlaces polares: $Li-H$, $H-F$, $H-I$, etc.

Ejemplos de enlaces no polares: $H-H$, $F-F$, $Br-Br$, etc.

El enlace entre átomos de distinta electronegatividad tiene asociado un *momento dipolar de enlace*, μ, que es vectorial y cuyo módulo es:

$$\vec{\mu}_{enlace} = q \cdot r$$

$\vec{\mu}_{enlace}$ = momento dipolar de enlace en $C \cdot m$ o en D

1 D (debye) = $3{,}34 \cdot 10^{-30} \, C \cdot m$

q = carga del electrón = $1{,}6 \cdot 10^{-19} \, C$

r = distancia internuclear o longitud de enlace en m

2. Polaridad molecular

Para que una molécula sea polar, es condición necesaria pero no suficiente que sus enlaces sean polares. Si estos enlaces son polares, se determina la polaridad total de la molécula por su geometría, siendo el momento dipolar molecular la suma vectorial de los momentos dipolares de sus enlaces.

$$\vec{\mu}_{molecular} = \sum \vec{\mu}_{enlace}$$

Es necesario, a veces, conocer el carácter iónico parcial o tanto por ciento de carácter iónico (CI) de una molécula o de un enlace, que se define como:

$$\% \, CI = \frac{\vec{\mu}_{experimental}}{\vec{\mu}_{teórico}} \cdot 100$$

Ejemplo práctico 5

1. *Molécula de agua,* H_2O

La molécula de H_2O es *polar*. Tiene dos momentos dipolares de enlace debido a la diferente electronegatividad del H y el O. El momento dipolar molecular resultante es de $1,85$ D. La molécula no puede ser lineal porque ello conllevaría una anulación de los momentos de enlace.

Mediante la teoría de RPECV se predice que la molécula de H_2O es angular y la observación de que es una molécula polar confirma esta predicción.

Momento dipolar = 1,85 D

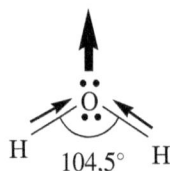

Los dos dipolos de los enlaces $H - O$ se señalan con flechas y la resultante es un vector que vale $1,85$ D.

Luego la molécula de H_2O es polar.

2. *Molécula de dióxido de carbono,* CO_2

La molécula de CO_2 es *apolar*. La diferencia de electronegatividad entre el C y el O origina un desplazamiento de carga electrónica hacia el O y produce un momento dipolar de enlace. Como existen dos momentos dipolares de enlace de igual magnitud pero opuestos, se anulan.

La no polaridad del CO_2 evidencia su linealidad. Esto se puede predecir mediante la teoría de RPECV, basándose en la estructura de Lewis.

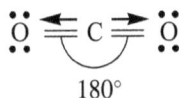

Momento dipolar = 0 La molécula de CO_2 es apolar.

3. *Molécula de amoníaco,* NH_3

La molécula de NH_3 es *polar*. Tiene tres momentos dipolares de enlace debido a la diferente electronegatividad del H y el N. El momento dipolar molecular resultante es de 1,47 D. La molécula no puede ser lineal porque ello conllevaría una anulación de los momentos de enlace.

Mediante la teoría de RPECV se predice que la molécula de NH_3 es una pirámide trigonal y la observación de que es una molécula polar confirma esta predicción.

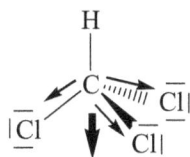

Momento dipolar = 1,47 D

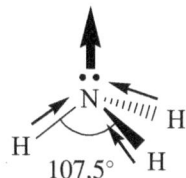

Los tres enlaces polares $H - N$ tienen un vector resultante que vale 1,47 D

Luego la molécula de NH_3 es polar.

4. *Molécula de cloroformo,* $CHCl_3$

La molécula de $CHCl_3$ es *polar*. Tiene tres momentos dipolares de enlace debido a la diferente electronegatividad del C y el Cl. El momento dipolar molecular resultante es de 1,01 D. La molécula no puede ser lineal porque ello implicaría consigo una anulación de los momentos de enlace.

Mediante la teoría de RPECV se predice que la molécula de $CHCl_3$ es tetraédrica y la observación de que es una molécula polar confirma esta predicción.

Los tres enlaces polares $C - Cl$ tienen un vector resultante que vale 1,01 D.

Luego la molécula de $CHCl_3$ es polar.

Momento dipolar = 1,01 D

3.13 Fuerzas intermoleculares

Las fuerzas intermoleculares actúan entre las moléculas con sus capas de valencia completas y son de naturaleza electromagnética. Son más débiles que las fuerzas del enlace covalente, iónico y metálico, y poseen distancias de enlace unas cinco veces mayores que las de los enlaces entre átomos.

Las fuerzas intermoleculares son las responsables de las propiedades físicas de la materia, de la estructura de las macromoléculas y de la no idealidad de los gases.

Se manifiestan según la polaridad que poseen las moléculas, se denominan genéricamente fuerzas de Van der Waals y son siempre interacciones de atracción molecular. Su intensidad a una cierta temperatura determina si una sustancia covalente molecular es un gas, un líquido o un sólido.

1. Moléculas no polares

Las moléculas *no polares* poseen una estructura electrónica simétrica y concentrada en una región del espacio (orbital). Pero puede ocurrir en un instante particular, y por azar, que exista un desplazamiento de electrones que convierta temporalmente la molécula en *polar*. Se ha formado un *dipolo instantáneo*.

Una vez creado el dipolo instantáneo, los electrones de un átomo o molécula vecina pueden desplazarse para producir también un dipolo. Esto es un proceso de inducción temporal, y el nuevo dipolo formado se denomina *dipolo inducido*.

Situación molecular	Dipolo instantáneo	Dipolo inducido

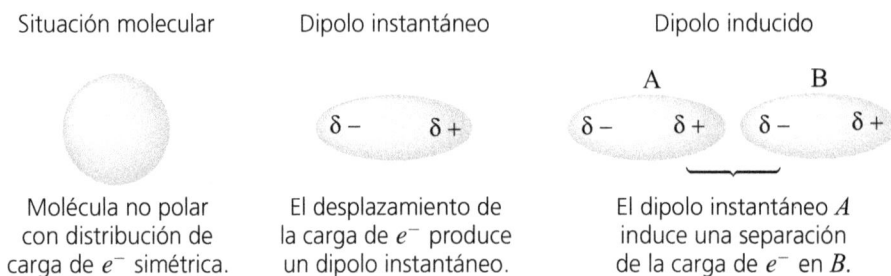

Molécula no polar con distribución de carga de e^- simétrica.	El desplazamiento de la carga de e^- produce un dipolo instantáneo.	El dipolo instantáneo A induce una separación de la carga de e^- en B.

Estos dos procesos conducen a una fuerza de atracción intermolecular que recibe el nombre de atracción instantánea *dipolo inducido-dipolo inducido*, aunque el nombre utilizado habitualmente es *fuerza de dispersión* o *fuerza de London*.

2. Moléculas polares

En una molécula *polar* los momentos dipolares son *permanentes*. El resultado es que las moléculas tienden a ordenarse por sí mismas con el extremo negativo de un dipolo dirigido hacia el extremo positivo de un dipolo vecino.

Estas interacciones moleculares reciben el nombre de fuerzas *dipolo-dipolo*.

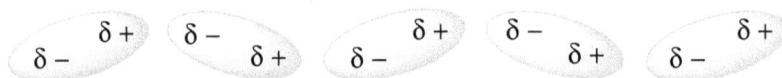

Interacciones dipolo-dipolo en moléculas polares

No hay que olvidar que siempre puede haber una interacción del *dipolo permanente* de una molécula con sus inmediatas vecinas. Esta interacción induce un momento dipolar adicional en dichas moléculas (además del suyo propio), que origina una nueva interacción añadida, que se denomina *dipolo-dipolo inducido*.

La atracción dipolar provoca que las moléculas permanezcan juntas, ya sea en estado líquido o en estado sólido, cuando la distancia entre ellas disminuye.

Consideremos los compuestos siguientes:

Compuesto	*Polaridad (D)*	*P. molecular*	$P_{\text{fusión}}$ (°C)	$P_{\text{ebullición}}$ (°C)
Silano (SiH_4)	$\mu = 0$ (no polar)	32,10 g/mol	$-185,0\,°C$	$-111,2\,°C$
Fosfina (PH_3)	$\mu = 0,55$ (polar)	33,99 g/mol	$-133,8\,°C$	$-87,8\,°C$
Sulfuro de hidrógeno (H_2S)	$\mu = 1,10$ (polar)	34,07 g/mol	$-85,6\,°C$	$-60,75\,°C$

Se observa que, aun teniendo pesos moleculares similares, el SiH_4 tiene puntos de fusión y de ebullición más bajos y el H_2S los tiene más elevados.

3. Enlace de hidrógeno

El enlace de hidrógeno se forma cuando un átomo de hidrógeno unido a un átomo muy electronegativo es atraído simultáneamente por un átomo muy electronegativo de una molécula vecina.

El átomo muy electronegativo al que está enlazado covalentemente el hidrógeno en la molécula, atrae fuertemente la densidad electrónica del hidrógeno, y el protón nuclear entonces es atraído por un par solitario de electrones de un átomo electronegativo de la molécula vecina.

Uno de los casos más conocidos es el enlace de hidrógeno en la molécula de agua.

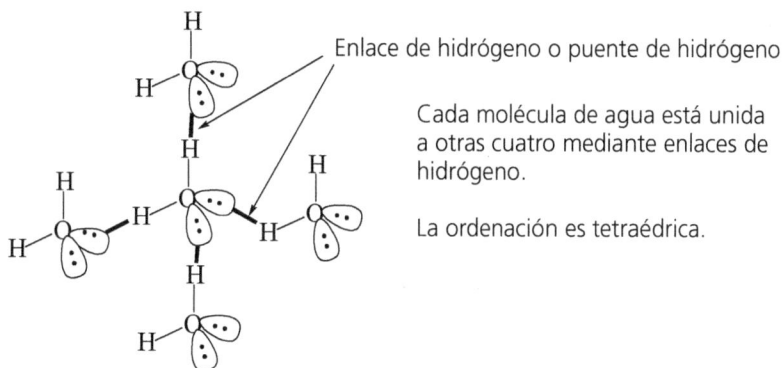

Enlace de hidrógeno o puente de hidrógeno

Cada molécula de agua está unida a otras cuatro mediante enlaces de hidrógeno.

La ordenación es tetraédrica.

También los cristales de fluoruro de hidrógeno contienen cadenas infinitamente largas en las que se puede considerar que cada átomo de hidrógeno está enlazado con un átomo de flúor y unido por puente de hidrógeno a otro átomo.

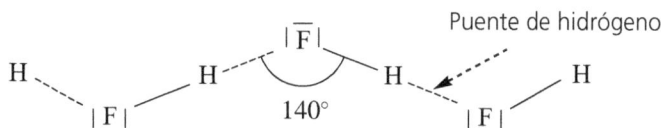

Puente de hidrógeno

Los enlaces de hidrógeno más fuertes se forman entre el hidrógeno y el flúor, el nitrógeno o el oxígeno, que son átomos pequeños con la carga negativa muy concentrada en un área pequeña.

Este tipo de enlaces se pueden formar entre átomos de la misma molécula o entre átomos de moléculas distintas.

Ejemplo práctico 6

1. *Puntos de ebullición por el tamaño molecular*

metano	CH_4	$P_{\text{ebullición}} = -161,5\,^{\circ}C$
n-propano	$CH_3 - CH_2 - CH_3$	$P_{\text{ebullición}} = -44,5\,^{\circ}C$
n-butano	$CH_3 - CH_2 - CH_2 - CH_3$	$P_{\text{ebullición}} = -0,5\,^{\circ}C$

Los puntos de ebullición aumentan con el tamaño molecular, porque las fuerzas de atracción son mayores si las moléculas poseen una masa mayor.

2. *Puntos de ebullición por la forma molecular*

Veamos qué ocurre en el caso del pentano, C_5H_{10}:

n-pentano:	$CH_3 - CH_2 - CH_2 - CH_2 - CH_3$	$P_{\text{ebullición}} = 36\,^{\circ}C$

isopentano:	$CH_3 - CH_2 - CH - CH_3$
	                          $\mid$
	                     CH_3
		$P_{\text{ebullición}} = 28\,^{\circ}C$

neopentano:	CH_3
	            $\mid$
	 $CH_3 - C - CH_3$
	            $\mid$
	           CH_3
		$P_{\text{ebullición}} = 9,5\,^{\circ}C$

Los puntos de ebullición disminuyen cuanto más ramificada es la estructura de la molécula, es decir, cuanto más inestable es el compuesto.

Problemas resueltos

Conceptos generales sobre el enlace. Tipos de enlace

☐ Problema 3.1

Al unirse dos elementos representativos, en general ambos tienden a adquirir la estructura electrónica de gas noble.

a) ¿Por qué pasa esto?. Justificarlo.

b) A los elementos de transición de la tabla periódica, no les resulta fácil adquirir esta estructura. ¿Por qué?

[Solución]

a) Los gases nobles presentan una distribución electrónica de máxima estabilidad en los orbitales *s* y en los orbitales *p* de valencia, ocupados por completo $(s^2\,p^6)$. Los otros elementos tienen incompletos sus niveles de valencia y tienden a ganar máxima estabilidad completando electrónicamente el nivel de valencia.

b) Los elementos de transición tienen orbitales *d* incompletos, tendrían que captar o eliminar un número excesivo de electrones.

Se llega a la forma mas estable cuando los orbitales *d* están semillenos con cinco electrones.

☐ Problema 3.2

Escribir algunos ejemplos de moléculas con enlace covalente, iónico y metálico.

Enlace covalente: H_2, O_2, CH_4, Cl_2, NO_2, N_2, etc.

Enlace iónico: HF, NaCl, ZnS, UO_2, NiO, NaH, etc.

Enlace metálico: Fe, Al, Hg, Cd, todos los metales.

Problema 3.3

En función del enlace que tienen los metales, justificar su conductividad eléctrica, térmica y el brillo característico que poseen.

- *El enlace metálico* es la atracción entre los iones positivos del metal y los electrones que lo rodean, más externos y que se mueven libremente.

- *La conductividad eléctrica* de los metales es alta a causa de la presencia de electrones móviles, que fluyen cuando al metal se le aplica un potencial eléctrico.

- *La conductividad térmica* de los metales es alta a causa de la presencia de electrones móviles que transmiten su aumento de energía cinética a otros electrones, cuando la temperatura del metal aumenta.

- *El brillo metálico* se debe al hecho de que los electrones libres de los metales pueden tener energías diferentes, es decir no están limitados a pocos niveles de energía específicos, por lo tanto son capaces de absorber y emitir luz de diferentes longitudes de onda.

Problema 3.4

Para el Co con número atómico $Z = 27$ y para el Cu con $Z = 29$, señalar sus ionizaciones y justificar la mas probable para cada caso.

- Las configuración electrónica para Co es:

Co $(Z = 27)$: $[Ar]_{18}\ 3s^2\ 3p^6\ (3d^7)\ 4s^2$

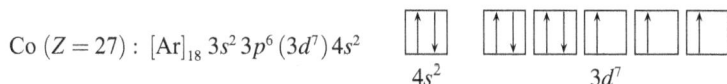

Co^{2+} :   pierde 2 e^- apareados del orbital d

Co^{3+} :   pierde 2 e^- apareados del orbital d y 1 e^- del orbital s que tiene mas energía

Luego la ionización mas probable es la del Co^{2+}.

- La configuración electrónica para el Cu es:

Cu $(Z = 29)$: $[Ar]_{18}\ 3s^2\ 3p^6\ (3d^9)\ 4s^2$

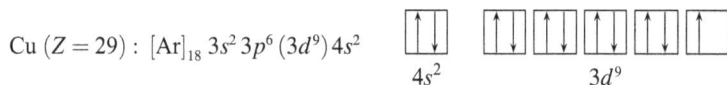

Cu^{1+} :   pierde 1 e^- desapareado del orbital d

Cu^{2+} :   pierde 2 e^- del orbital s que tienen mas energía

Luego la ionización mas probable es la del Cu^{1+}.

Regla del octeto. Estructuras de Lewis

☐ Problema 3.5

Representar las estructuras de Lewis correspondientes a los siguientes átomos y moléculas: Na, Si, Cl_2, O_2, NH_3, CO_2, H_2SO_3.[*]

[Solución]

Estructuras de Lewis:

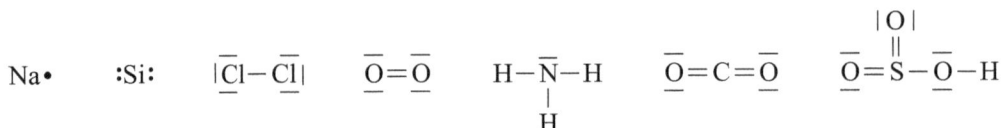

[*] Los electrones se representan por puntos y los pares de e^- pueden representarse por lineas.

☐ Problema 3.6

Representar las estructuras de Lewis para las siguientes especies: NaF, N_2, N_2O_3, NH_4^+, ClO_4^-.

[Solución]

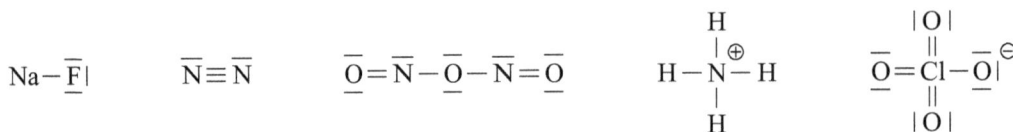

■ Problema 3.7

¿Por qué no puede existir una molécula diatómica del gas noble helio?

[Solución]

El He tiene una configuración electrónica $1s^2$, su molécula diatómica He_2 debería tener $4\ e^-$. De los cuales $2\ e^-$ están en σ_s y $2\ e^-$ más están en σ_s^*.

El efecto neto de la existencia de un número igual de electrones en los orbitales de enlace y de antienlace es la neutralización de ambos. Por lo tanto *no se puede formar enlace covalente* en estas circunstancias.

■ Problema 3.8

A partir de la regla del octeto, explicar por qué existe el compuesto PF_5 y no existe el compuesto NF_5. *Datos:* P $(Z = 15)$ y N $(Z = 7)$.

[Solución]

P $(Z = 15)$: $1s^2\ 2s^2\ 2p^6\ 3s^2\ 3p^3$

El fósforo es del 3er periodo, puede alojar electrones en el orbital $3d$ vacío, por lo que la hibridación del P en el PF_5 es sp^3d con $5\ e^-$ y que da lugar a 5 enlaces con una geometría de bipirámide trigonal. *Luego la molécula de* PF_5 *EXISTE.*

$N(Z = 7): 1s^2\ 2s^2 2p^3$

El nitrógeno es del 2° periodo, por lo que no tiene orbitales d para alojar electrones y dar 5 enlaces. *Luego la molécula de NF_5 NO EXISTE.*

☐ Problema 3.9

Dibujar las estructuras de Lewis para el diazometano, H_2CNN.

a) Los dos átomos de N están unidos por un enlace triple.

b) El átomo central de N está unido por enlaces dobles al C y al N.

[Solución]

a)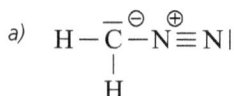

b)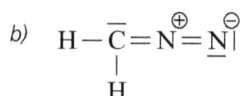

☐ Problema 3.10

a) ¿Qué es orbital molecular?

b) ¿Que se entiende por orbital molecular de enlace y de antienlace?

[Solución]

a) El orbital molecular es el espacio en el cual existe mas probabilidad de encontrar un electrón de una energía específica.

b) El orbital molecular de enlace es el espacio en el cual la mayor parte de la densidad electrónica está localizada entre los núcleos de los átomos unidos.

El orbital molecular de antienlace es el espacio en el cual la mayor parte de la densidad electrónica está situada fuera del eje internuclear y existe un nodo en el cual la densidad entre núcleos es cero.

☐ Problema 3.11

¿Cuales son las normas que se deben seguir para el llenado electrónico de los orbitales moleculares?. Explicadlo.

[Solución]

1.° Los electrones ocupan primero los orbitales de energía inferior.

2.° En cada orbital molecular, nada más puede haber dos electrones de spines antiparalelos (principio de exclusión de Pauli).

3.° Los orbitales moleculares de igual energía se ocupan por un solo electrón antes de que comience el emparejamiento (regla de Hund).

☐ Problema 3.12

Explicar el enlace covalente de la molécula de metano, CH_4.

El átomo de carbono se combina con cuatro átomos de H por igual, pero si su distribución electrónica en el estado elemental es: C $(Z = 6)$: $1s^2\ 2s^2 2p^2$ con $4\ e^-$ de valencia en dos orbitales distintos y de energías distintas, sus cuatro enlaces no serán equivalentes, en cambio se sabe que lo son.

Esto se debe a que al combinarse el átomo de C con otros elementos recibe energía y ésta es absorbida por los electrones, a su vez éstos se excitan y un electrón del orbital $2s^2$ salta al orbital $2p_z$, quedando el átomo de C excitado.

C excitado: $\boxed{\uparrow}$ $\boxed{\uparrow}\boxed{\uparrow}\boxed{\uparrow}$ Mayor estabilidad por e^- desapareados.

$\quad\quad\quad\quad\quad 2s^1 \quad\quad\quad 2p^3$

Los $4\ e^-$ ocupan nuevos orbitales híbridos sp^3 y poseen igual forma y energía, se colocan alrededor del C con una distribución regular de ángulo $109,5°$.

Por ello la estructura del *metano es tetraédrica*, con el carbono situado en el centro del tetraedro y con los enlaces de los 4 H dirigidos hacia los vértices.

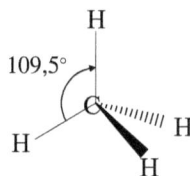

Problema 3.13

Comparar la estructura tetraédrica del CH_4, con las estructuras de los iones siguientes: PH_4^+, BH_4^- y AlH_4^-.

PH_4^+, P $(Z = 15)$: $1s^2 2s^2 2p^6\ 3s^2 3p^3$ $5\ e^-$ de valencia

Para saber la hibridación del compuesto se calcularán el número de e^- que intervienen en la molécula PH_4^+ y que le corresponden al P, que son:

$$5\ e^-\ \text{(valencia)} + 4\ e^-\ \text{(correspondientes a los 4 H)} - 1\ e^-\ \text{(carga +)} = 8\ e^-$$

$$8\ e^-/2\ (e^-\ \text{por enlace}) = 4\ e^-\ \text{(pertenecen al P)} \longrightarrow 4\ e^-\ sp^3 \longrightarrow \textit{Estructura tetraédrica}$$

BH_4^-, B $(Z = 5)$: $1s^2\ 2s^2 2p^1$ $3\ e^-$ de valencia

Se sigue el mismo proceso que el usado en el caso anterior del P.

$$3\ e^-\ \text{(valencia)} + 4\ e^-\ \text{(correspondientes a los 4 H)} + 1\ e^-\ \text{(carga −)} = 8\ e^-$$

$$8\ e^-/2\ (e^-\ \text{por enlace}) = 4\ e^-\ \text{(pertenecen al B)} \longrightarrow 4\ e^-\ sp^3 \longrightarrow \textit{Estructura tetraédrica}$$

AlH_4^-, Al $(Z = 13)$: $1s^2 2s^2 2p^6\ 3s^2 3p^1$ $3\ e^-$ de valencia

$$3\ e^-\ \text{(valencia)} + 4\ e^-\ \text{(de los 4 H)} + 1\ e^-\ \text{(carga −)} = 8\ e^-$$

$$8\ e^-/2\ (e^-\ \text{por enlace}) = 4\ e^-\ \text{(del Al)} \longrightarrow 4\ e^-\ sp^3 \longrightarrow \textit{Estructura Tetraédrica}$$

Todos los iones anteriores son *isoelectrónicos* con número de electrones igual a 8.

Problema 3.14

Aplicando la teoría de la resonancia escribir la molécula de ozono, O_3.

[Solución]

$$O \ (Z = 8): \ 1s^2 \quad 2s^2 2p^4$$

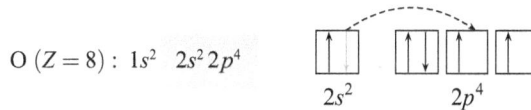

$$2s^2 \qquad 2p^4$$

El estado fundamental del O se transforma en excitado con hibridación sp^2, como marca la flecha de puntos. Por tanto, se tienen 3 e^- de hibridación sp^2 que darán lugar a orbitales moleculares σ quedando libre un orbital atómico p que se transformará en orbital molecular π. Estructura plana angular.

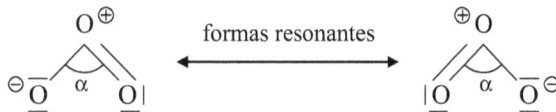

formas resonantes

Longitud de enlace = 1,278 Å (Valor intermedio entre enlace sencillo y doble) ⎫ (valores teóricos obtenidos
Ángulo de enlace, $\alpha = 116,5°$ ⎭ de la bibliografía)

Problema 3.15

Para la molécula de monóxido de nitrógeno, NO:

a) Escribir su estructura electrónica según los orbitales moleculares.

b) Determinar su orden de enlace y sus propiedades magnéticas.

c) Comparar su energía de enlace y longitud de enlace con las que le corresponden a la molécula de monóxido de carbono, CO del problema anterior.

d) Escribir las estructuras de Lewis para la molécula de NO y la de CO.

[Solución]

$N \ (Z = 7): \ 1s^2 \ 2s^2 2p^3$; $\quad O \ (Z = 8): \ 1s^2 \ 2s^2 2p^4$; $\quad NO \ (5 + 6 = 11 \ e^-$ de valencia)

a) Estructura electrónica, $NO \ (11 \ e^-): \ \sigma_{2s}^2 \, \sigma_{2s}^{*2} \, \sigma_{pz}^2 \, \pi_x^2 \, \pi_y^2 \, \pi_x^{*1}$

b) Orden de enlace, $OE = (8 \ e^- - 3 \ e^-)/2 = 2,5$ *paramagnética*, con 1 e^- desapareado

c) $CO \longrightarrow OE = 3$; $\quad NO \longrightarrow OE = 2,5$.

Como $OE \ (CO) > OE \ (NO)$ resulta que:

Energía disociación de enlace: $\quad E_{\text{enlace}} \ (CO) > E_{\text{enlace}} \ (NO)$

Distancia internuclear o longitud de enlace: $\quad r_{\text{enlace}} \ (CO) < r_{\text{enlace}} \ (NO)$

d) Lewis: $\overset{\ominus}{\overline{C}} \equiv \overset{\oplus}{\overline{O}}$ Tiene triple enlace como era de esperar, pues el $OE = 3$

$\overset{\ominus}{:}\overline{N} = \overline{O}: \longleftrightarrow :N \equiv O \overset{\oplus}{:}$ Enlace doble y triple a la vez, pues $OE = 2,5$
(Formas resonantes)

Problema 3.16

Representar por combinación lineal de orbitales atómicos (CLOA), la molécula heteronuclear de monóxido de carbono, CO.

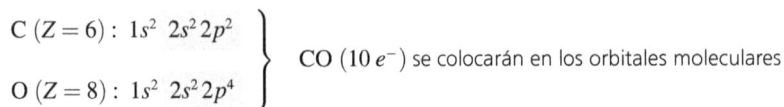

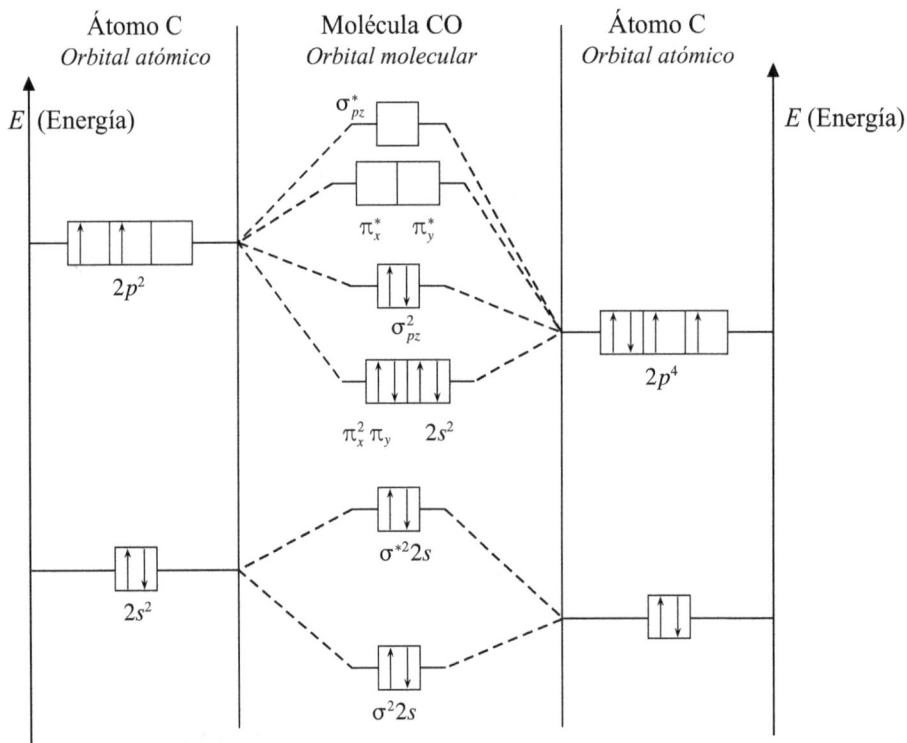

$$\left. \begin{array}{l} C\ (Z=6):\ 1s^2\ 2s^2 2p^2 \\[2mm] O\ (Z=8):\ 1s^2\ 2s^2 2p^4 \end{array} \right\} \quad CO\ (10\ e^-)\ \text{se colocarán en los orbitales moleculares}$$

El átomo mas electronegativo que es el O poseerá orbitales atómicos de menor energía o de mayor estabilidad.

La estructura electrónica de la molécula de CO es:

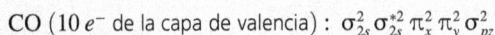

$$CO\ (10\ e^-\ \text{de la capa de valencia}):\ \sigma_{2s}^2 \sigma_{2s}^{*2} \pi_x^2 \pi_y^2 \sigma_{pz}^2$$

Problema 3.17

Para el ión cianuro CN^-:

a) Escribir su estructura electrónica según los orbitales moleculares.

b) Determinar su orden de enlace y sus propiedades magnéticas.

c) Comparar el orden de enlace con la estructura de Lewis que le corresponde.

a) C $(Z = 6)$: $1s^2\ 2s^2 2p^2$;   N $(Z = 7)$: $1s^2\ 2s^2 2p^3$

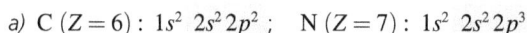

El ión CN^- posee $4\ e^-$ del C $+5\ e^-$ del N $+1\ e^-$ por la carga $= 10\ e^-$ para ubicar.

Orbitales moleculares del CN^- $(10\ e^-)$: $\sigma_{2s}^2 \sigma_{2s}^{*2} \pi_x^2 \pi_y^2 \sigma_{pz}^2$

b) Orden de enlace: $OE = (8\ e^- - 2\ e^-)/2 = 3$. Luego es un triple enlace. La molécula de CN^- es *diamagnética* ya que posee todos sus electrones apareados.

c) Estructura de Lewis: $^{\ominus}\!:C\!\equiv\!N\!:$ Se corresponde con el $OE = 3$.

■ Problema 3.18

¿Qué especie iónica será la más estable de entre los siguientes cationes?: Li_2^+, Be_2^+, O_2^+, N_2^+ y NO^+?. Justificar la respuesta. *Datos:* Números atómicos: Li $(Z = 3)$, Be $(Z = 4)$, N $(Z = 7)$ y O $(Z = 8)$.

La especie más estable es la que tiene la energía de disociación de enlace mayor, es decir la que posee mayor orden de enlace. El orden de enlace de cada catión se averigua a partir de su configuración electrónica.

Configuración electrónica del estado fundamental	Orden de enlace
Li_2^+ $(5\ e^-$ en los OM$)$: $\sigma_{1s}^2 \sigma_{1s}^{*2} \sigma_{2s}^1$	$OE = (3\ e^- - 2\ e^-)/2 = 0{,}5$
Be_2^+ $(7\ e^-)$: $\sigma_{1s}^2 \sigma_{1s}^{*2} \sigma_{2s}^2 \sigma_{2s}^{*1}$	$OE = (4\ e^- - 3\ e^-)/2 = 0{,}5$
O_2^+ $(15\ e^-)$: $\sigma_{1s}^2 \sigma_{1s}^{*2} \sigma_{2s}^2 \sigma_{2s}^{*2} \sigma_{pz}^2 \pi_x^2 \pi_y^2 \pi_x^{*1}$	$OE = (10\ e^- - 5\ e^-)/2 = 2{,}5$
N_2^+ $(13\ e^-)$: $\sigma_{1s}^2 \sigma_{1s}^{*2} \sigma_{2s}^2 \sigma_{2s}^{*2} \sigma_{pz}^2 \pi_x^2 \pi_y^1$	$OE = (9\ e^- - 4\ e^-)/2 = 2{,}5$
NO^+ $(14\ e^-)$: $\sigma_{1s}^2 \sigma_{1s}^{*2} \sigma_{2s}^2 \sigma_{2s}^{*2} \sigma_{pz}^2 \pi_x^2 \pi_y^2$	$OE = (10\ e^- - 4\ e^-)/2 = 3$

El catión NO^+ es el que tiene el mayor orden de enlace (3) y será la especie más estable.

☐ Problema 3.19

Las fuerzas dipolo-dipolo se presentan en las moléculas polares y mantienen unidas a las moléculas en estado líquido o sólido. ¿Cómo se puede pronosticar la polaridad de una molécula?

La polaridad de una molécula que contiene más de dos átomos se basará en:

1.° La polaridad de los enlaces que la forman.

2.° La disposición de los electrones libres.

3.° La geometría molecular.

■ Problema 3.20

Dadas las moléculas e iones siguientes: NH_3, NH_4^+, NH_2^- y NCl_3.

a) Indicar la naturaleza de las interacciones presentes en cada caso cuando están en fase líquida.

b) Ordenarlas según su carácter ácido-base.

a) Se representarán según sus estructuras de Lewis:

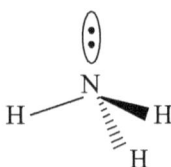

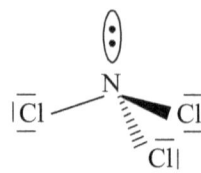

| Pirámide trigonal | Estructura tetraédrica | Estructura angular | Pirámide trigonal |

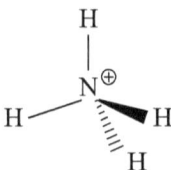

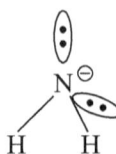

NH_3 : 3 enlaces por puentes de hidrógeno. Carácter básico por poseer 2 e^- no enlazantes el N que puede ceder. Polaridad de los tres enlaces hacia el N y molécula polar porque la resultante, según su geometría, del momento dipolar de los 3 enlaces polares es positiva.

NH_4^+ : 4 enlaces por puentes de hidrógeno. Carácter ácido porque puede aceptar 2 e^- por su carga positiva. Polaridad de los cuatro enlaces hacia el N, pero con resultante cero, por su geometría tetraédrica.

NH_2^- : 2 enlaces por puentes de hidrógeno. Carácter básico por poseer 2 pares de electrones no enlazantes el N que puede ceder. Polaridad de los dos enlaces hacia el N y molécula polar porque la resultante, según su geometría angular es positiva.

NCl_3 : No posee enlaces por puentes de hidrógeno. Carácter básico por tener 2 e^- no enlazantes el N que puede ceder, aunque con menor facilidad ya que la polaridad de los tres enlaces se dirigen hacia los Cl. Molécula polar porque la resultante vectorial es positiva.

b) Lewis $\begin{cases} \text{Ácido:} & \text{Acepta electrones} \\ \text{Base:} & \text{Cede electrones} \end{cases}$

Según las indicaciones anteriores y el orden de basicidad será:

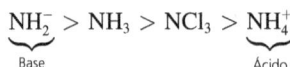

$$\underbrace{NH_2^-}_{\text{Base}} > NH_3 > NCl_3 > \underbrace{NH_4^+}_{\text{Ácido}}$$

Problema 3.21

Ordenar los compuestos siguientes según la polaridad de su enlace creciente: PCl_3, BaF, CO_2, N_2 y $AlBr_3$.

La polaridad del enlace será tanto mayor cuanto mayor sea la diferencia entre las electronegatividades de los elementos que forman el enlace.

Se sabe que mirando la tabla periódica, las electronegatividades de los elementos aumentan en el periodo de izquierda a derecha y en los grupos de abajo arriba. Por otra parte se pueden consultar dichas electronegatividades en la bibliografía.

Resultando: $N_2 < PCl_3 < CO_2 < AlBr_3 < BaF$

☐ Problema 3.22

La molécula de fluoruro de hidrógeno tiene un enlace covalente polar.

a) Justificar esta afirmación en función de las electronegatividades de los átomos que componen la molécula.
b) ¿Cómo se mide el grado de polaridad de un enlace?

[Solución]

a) El enlace de la molécula de HF es polar, porque el F es un átomo electronegativo y tiende a tener una carga negativa parcial. El átomo de hidrógeno tiende a tener una carga positiva parcial por pérdida de un electrón.

b) El grado de polaridad de un enlace se mide por su momento dipolar, μ, ya que en la molécula se ha formado un dipolo.

Así para la molécula de HF es:

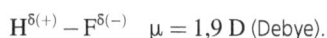

$$H^{\delta(+)} - F^{\delta(-)} \quad \mu = 1,9 \text{ D (Debye)}.$$

■ Problema 3.23

Explicar por qué el momento dipolar del disulfuro de carbono, CS_2 es cero y el del SCO es 0,72 D.

[Solución]

Las dos moléculas son lineales:

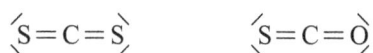

$$S=C=S \qquad\qquad S=C=O$$

En la molécula de CS_2 tiene los dos dobles enlaces iguales con longitud de enlace igual ya que están unidos al mismo átomo, las polaridades de enlace se anulan. En la molécula de SCO los dos dobles enlaces no son iguales por no estar unidos al mismo átomo, por lo que la molécula es polar.

El enlace $C=O$ es polar y el enlace $C=S$ es casi no polar.

■ Problema 3.24

Las distancias interatómicas para las siguientes moléculas: HF, HCl, HBr y HI son respectivamente 0,092 nm, 0,127 nm, 0,141 nm y 0,161 nm.

a) Calcular sus momentos dipolares.
b) Ordenarlas según su volatilidad o capacidad para pasar a estado vapor.

Datos: Carga del electrón, $q_e = 1,6 \cdot 10^{-19} \text{ C}$

[Solución]

a) Todas estas moléculas poseen un solo enlace que es polar en todas ellas. El momento dipolar de enlace μ es:

$$\mu = q_e \cdot r \qquad \begin{array}{l} r = \text{distancia internuclear o longitud de enlace} \\ q_e = 1,6 \cdot 10^{-19} \text{ C} \end{array}$$

$$\text{HF}: \quad \mu = (1{,}6 \cdot 10^{-19}\ \text{C}) \cdot (0{,}092 \cdot 10^{-9}\ \text{m}) = 1{,}472 \cdot 10^{-29}\ \text{C m}$$

$$\text{HCl}: \quad \mu = (1{,}6 \cdot 10^{-19}\ \text{C}) \cdot (0{,}127 \cdot 10^{-9}\ \text{m}) = 2{,}032 \cdot 10^{-29}\ \text{C m}$$

$$\text{HBr}: \quad \mu = (1{,}6 \cdot 10^{-19}\ \text{C}) \cdot (0{,}141 \cdot 10^{-9}\ \text{m}) = 2{,}256 \cdot 10^{-29}\ \text{C m}$$

$$\text{HI}: \quad \mu = (1{,}6 \cdot 10^{-19}\ \text{C}) \cdot (0{,}161 \cdot 10^{-9}\ \text{m}) = 2{,}56 \cdot 10^{-29}\ \text{C m}$$

b) La volatilidad de las moléculas aumenta al disminuir su carácter iónico, ya que cuanto más iónica es la molécula, mayor atracción hay entre las capas electrostáticas diferentes y su estabilidad es mayor.

$$\text{Carácter iónico:} \quad \text{HF} > \text{HCl} > \text{HBr} > \text{HI}$$

$$\text{Estabilidad:} \quad \text{HF} > \text{HCl} > \text{HBr} > \text{HI}$$

$$\text{Volatilidad:} \quad \text{HF} < \text{HCl} < \text{HBr} < \text{HI}$$

Problema 3.25

¿Como se puede explicar la mayor solubilidad de la sal $NaHSO_4$ en agua respecto de la sal Na_2SO_4?

[Solución]

Las sales en disolución acuosa están totalmente disociadas:

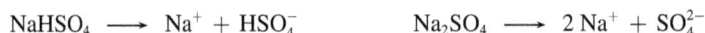

$$NaHSO_4 \longrightarrow Na^+ + HSO_4^- \qquad\qquad Na_2SO_4 \longrightarrow 2\,Na^+ + SO_4^{2-}$$

El anión HSO_4^- tiene un átomo de hidrógeno con el que puede unirse a las moléculas de agua por enlace por puente de hidrógeno y será más soluble, mientras que el anión sulfato SO_4^{2-} no tiene hidrógeno y no puede hacerlo.

Problema 3.26

Justificar por qué las longitudes de enlace entre los átomos del anión sulfato SO_4^{2-} son iguales, mientras que en la molécula de pentacloruro de fósforo, PCl_5 no lo son.

[Solución]

Estructuras de Lewis resonantes para el anión sulfato:

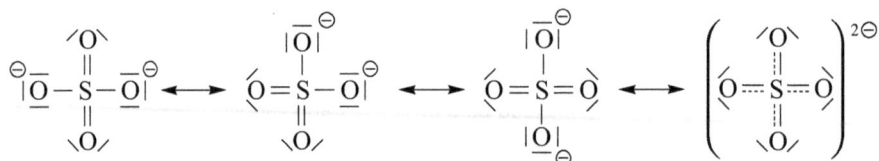

Todas estas formas tienen enlaces intermedios entre simples y dobles, por tanto la longitud de todos sus enlaces resonantes es la misma. En la estructura de Lewis para el PCl_5, el P tiene hibridación dsp^3 y posee por tanto $5\ e^-$ con la misma energía y con hibridación sp^3d, lo que indica que su geometría es de bipirámide trigonal.

Tres enlaces son iguales que son los que están dirigidos hacia los vértices del triángulo equilátero de la base de la bipirámide (ecuatoriales), pero distintos a los otros dos que están dirigidos hacia los vértices de cada pirámide (axiales).

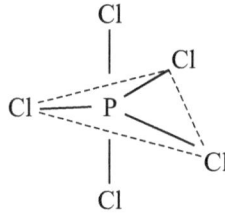

Longitud enlace axial > Longitud enlace ecuatorial

■ Problema 3.27

De acuerdo con la estructura del BF_3 y el NF_3 indicar:

a) La molécula que tiene los momentos dipolares de enlace mayores.

b) La molécula que tiene un momento dipolar mayor.

c) Si dichas moléculas estuvieran en estado sólido ¿cuál de ellas tendría el punto de fusión más alto?

[Solución]

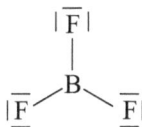

Hibridación sp^2
Estructura plana triangular
$\mu_{enlace}(B \longrightarrow F) > 0$
μ (molecular) $= 0$
(la resultante vectorial se anula)

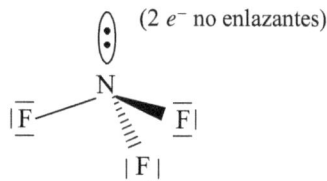

Hibridación sp^3
Estructura pirámide trigonal
$\mu_{enlace}(N \longrightarrow F) > 0$
μ (molecular) > 0
(la resultante vectorial es positiva)

a) μ_{enlace} $(BF_3) > \mu_{enlace}$ (NF_3) Mayor diferencia de electronegatividad entre B y F.

b) μ $(NF_3) > \mu$ (BF_3)

c) $P_{fusión}$ $(NF_3) > P_{fusión}$ (BF_3) Por poseer el NF_3 mayor peso molecular y mayor momento dipolar μ.

Problemas propuestos ▬▬▬▬▬▬▬▬▬▬▬▬▬▬▬▬▬▬▬▬▬▬▬▬▬

☐ Problema 3.1

Cuando los átomos que se enlazan para formar una molécula son de electronegatividad muy similar, se forma el enlace covalente por compartición de electrones. Poner algunos ejemplos de moléculas con enlace covalente.

☐ Problema 3.2

Representar según las estructuras de Lewis los átomos y las moléculas siguientes: S, N, PCl_3, F_2, CH_4, C_2H_2, CsF y CCl_4.

Datos: Números atómicos de los elementos de la tabla periódica.

◻ Problema 3.3

Representar según las estructuras de Lewis los iones siguientes: CN^-, NO_2^-, IO_4^-, CO_3^{2-} y PH_4^+.

Datos: Números atómicos de los elementos de la tabla periódica.

◼ Problema 3.4

La base de Lewis cede electrones. ¿Cual de las siguientes especies posee menor capacidad como base de Lewis?: CN^-, I^-, I^+ y SCl_2. ¿Por qué?

Datos: Números atómicos: C $(Z = 6)$, N $(Z = 7)$, I $(Z = 53)$, S $(Z = 16)$ y Cl $(Z = 17)$.

◻ Problema 3.5

a) ¿ Como se forma el orbital molecular σ_s?

b) Explicadlo para la molécula de hidrógeno.

c) ¿El orbital molecular σ_s tendrá más o menos energía que los orbitales atómicos s de partida?

◻ Problema 3.6

¿Cuántos enlaces σ existen en la molécula de etano, $CH_3 - CH_3$?

◻ Problema 3.7

Los orbitales moleculares de antienlace σ_s^*:

a) ¿Tienen más o menos energía que los orbitales atómicos s?

b) ¿Tienen más o menos energía que los orbitales moleculares σ_s?

c) ¿Estabilizan el enlace covalente?

◼ Problema 3.8

a) ¿Cómo se forman los orbitales moleculares π?

b) ¿Cuántos orbitales moleculares π existirán en relación con los tres orbitales atómicos p?

c) Relacionar la energía molecular de los orbitales moleculares π con la de los orbitales atómicos de partida y con los orbitales moleculares σ_s.

◼ Problema 3.9

Representar mediante la combinación lineal de orbitales atómicos (CLOA) las energías de los orbitales para la molécula de F_2.

Datos: Número atómico del F $(Z = 9)$.

Problema 3.10

Escribid los orbitales moleculares, el orden de enlace y el carácter magnético de las moléculas e iones siguientes: Li_2, Be_2, NO y CN^-.

Datos: Números atómicos: Li $(Z = 3)$, Be $(Z = 4)$, C $(Z = 6)$, N $(Z = 7)$ y O $(Z = 8)$.

Problema 3.11

a) ¿Qué pasa cuando el átomo central de una molécula tiene uno o más pares de electrones no enlazantes?

b) Predecir la geometría molecular de las moléculas siguientes: H_2O, BrF, ClF_3, $COCl_2$ y CH_3Cl.

Problema 3.12

Definir longitud de enlace y energía de enlace. ¿Qué relación existe entre ambos términos desde un punto de vista químico?

Problema 3.13

a) ¿Entre qué elementos de la tabla periódica es más factible que se forme un enlace iónico?

b) ¿Cómo son los puntos de fusión y de ebullición de los compuestos iónicos respecto a los puntos de fusión y de ebullición de los compuestos covalentes?

Problema 3.14

Decid si los enlaces son iónicos o covalentes para las moléculas siguientes: MgO, NF_3, $FeCl_2$, NaH y BCl_3. Justificad la respuesta.

Problema 3.15

Ordenad según su polaridad de enlace creciente las moléculas siguientes: CO_2, $AlBr_3$, N_2, PCl_3 y NaF.

Problema 3.16

Dadas las moléculas siguientes: OF_2, NF_3, CF_4 y BF_3, dos de ellas tienen momento dipolar cero y los momentos dipolares medidos para las otras dos son $8,0 \cdot 10^{-30}$ C m y $1,0 \cdot 10^{-30}$ C m.

a) Escribir las estructuras de Lewis de estas moléculas.

b) Determinad cual será la geometría de cada molécula.

c) Asignad a cada una de ellas los momentos dipolares que se observan.

Problema 3.17

Indicad para las moléculas siguientes: CH_3Br, NH_3, CH_4 y H_2O_2.

a) Las que poseen enlaces por puentes de hidrógeno.

b) Las que pueden tener interacciones dipolo-dipolo.

Problema 3.18

Indicad el tipo de fuerza de atracción intermolecular que se encuentra en las moléculas siguientes: HCl, Ar, HF, NO y CO_2. Justificar la respuesta.

Problema 3.19

Las moléculas CH_4, NH_3 y H_2O tienen respectivamente los momentos dipolares (en Debye) siguientes: 1,49 D, 0,00 D y 1,85 D. Justificad estos valores en función de las características moleculares que poseen cada una de ellas.

Problema 3.20

¿Por qué los puntos de fusión y de ebullición del agua son mas altos que los del amoníaco? Justificad la respuesta.

El estado sólido.
Introducción a la cristalografía. Los metales.
Compuestos iónicos y covalentes

4

4.1 Introducción y objetivos

La materia suele encontrarse en uno de estos tres estados: sólido, líquido o gaseoso. En el estado sólido, los átomos, los iones o las moléculas que forman la materia están en contacto entre sí y a veces están ordenados formando cristales. Las propiedades físicas más notables de los sólidos son su rigidez y su incompresibilidad.

Los sólidos cristalinos forman estructuras tridimensionales regulares cuya forma cristalina constituye una característica que permite identificarlos, ya que todos los cristales del mismo compuesto tienen iguales ángulos entre sus caras. Mediante la medida de estos ángulos es posible identificar el cristal.

A una determinada presión exterior, existe una temperatura llamada *punto de fusión*, por encima de la cual un sólido se transforma en líquido (cambio de fase).

Cuando un sólido cristalino se calienta, los átomos, iones o moléculas que lo forman vibran con más energía, de manera que a una cierta temperatura las vibraciones cambian el orden de la estructura cristalina, el sólido pierde su forma regular ordenada y se transforma en líquido por fusión. La temperatura a la que ocurre este proceso se denomina *punto de fusión*. El proceso inverso de paso de líquido a sólido recibe el nombre de *congelación* o *solidificación* y la temperatura a la que ocurre es el *punto de congelación* o *de solidificación*.

En el caso del agua, el punto de fusión y el de congelación son $0\,^{\circ}\text{C}$ y ambas fases están en equilibrio en condiciones estándar de presión.

Para que el H_2O (s) pase a líquido, es preciso dar al sistema una entalpía, que es la de fusión:

$$H_2O\ (s) \longrightarrow H_2O\ (l) \quad \Delta H_{\text{fusión}} = +6{,}01\ \text{kJ} \cdot \text{mol}^{-1}$$

Los sólidos también pueden vaporizarse a una temperatura determinada; el paso directo de un sólido a vapor recibe el nombre de *sublimación*.

El estado líquido es un estado intermedio entre el estado sólido y el estado gaseoso, de modo que a medida que aumenta la temperatura se pasa del estado sólido original al líquido y después se alcanza el estado gaseoso.

$$\text{Sólido} \xrightarrow{\text{fusión}} \text{Líquido} \xrightarrow{\text{vaporización}} \text{Vapor}$$

$$\text{sublimación}$$

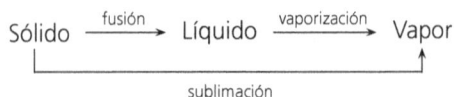

En estos casos, la entalpía de sublimación es igual a la suma de las entalpías de fusión y de vaporización.

$$\Delta H_{\text{sublimación}} = \Delta H_{\text{fusión}} + \Delta H_{\text{vaporización}}$$

4.2 El estado sólido. Tipos de sólidos

Los sólidos en condiciones ordinarias de presión y de temperatura pueden estar formados por átomos, iones o moléculas, y se caracterizan por las grandes fuerzas de cohesión que mantienen unidos a los átomos, iones o moléculas que forman el sólido, fuerzas que impiden los movimientos de traslación.

El estado sólido puede ser amorfo o cristalino. El sólido cristalino posee una estructura regular y ordenada que se repite periódicamente en las tres dimensiones del espacio, mientras que el sólido amorfo no tiene esa ordenación.

Según los tipos de enlaces que forman los sólidos, se subdividen en moleculares, metálicos, iónicos, covalentes y mixtos.

Los *sólidos moleculares* están formados por moléculas que se mantienen unidas por fuerzas intermoleculares de Van der Waals, como por ejemplo algunos plásticos, el grafito, etc.

Los *sólidos metálicos* están formados por átomos metálicos que se mantienen unidos por las fuerzas características del enlace metálico. Los metales son sólidos (excepto el Hg) a temperatura y presión normales de $0\,°C$ y de 1 atm. Las aleaciones metálicas son combinaciones de distintos metales y generalmente también son sólidas.

En los *sólidos iónicos*, las fuerzas del enlace iónico mantienen unidos entre sí los iones positivos y los negativos, electrostáticamente, pero también intervienen fuerzas de repulsión entre los iones de igual signo, de forma que la atracción resultante es la que predomina. Los iones no están inmóviles y unidos rígidamente, sino que sufren movimientos de rotación y de vibración, aunque no de traslación.

Los *sólidos covalentes* están formados por átomos unidos entre sí por enlaces covalentes que comparten por igual los dos electrones del enlace. El ejemplo característico es el carbono del diamante.

Los *sólidos mixtos* están formados por átomos, iones o moléculas con enlaces mezclados. Por ejemplo, enlaces iónicos y covalentes se dan en el SiO_2 (s), que puede ser de estructura regular cristalina, tipo cuarzo, y de estructura irregular, llamada sílice o cuarzo de vidrio. Estas estructuras mixtas las tienen distintos materiales cerámicos, como la porcelana y algunas aleaciones de $Cu - As$ y de $Cu - Ga$.

4.3 Sólido cristalino. Estructuras cristalinas

En los sólidos cristalinos, los átomos, los iones o las moléculas constituyentes no se agrupan de cualquier forma, sino que lo hacen ordenadamente.

Las distintas fuerzas de cohesión que los mantienen unidos tienden a agrupar las unidades constituyentes del sólido, haciendo que estas unidades ocupen el menor espacio posible, siempre que ello sea compatible con las características y propiedades químicas del enlace correspondiente.

La estructura del cristal implica una ordenación periódica de unidades, que pueden ser átomos, iones o moléculas que se disponen en el espacio, de manera que los cristales poseen una simetría traslacional, o lo que es lo mismo, el entorno de cada punto de la red cristalina es idéntico para cualquier traslación.

Para describir las estructuras cristalinas tenemos que trabajar con patrones tridimensionales, ya que el espacio es tridimensional. Esto se realiza mediante tres conjuntos de planos paralelos, que reciben el nombre de *red*.

4.3.1 Redes cristalinas. Celda cristalina y parámetros de red

Los planos de la red cristalina se cortan, dando figuras tridimensionales que tienen seis caras ordenadas en tres conjuntos de planos paralelos y que se denominan paralelepípedos.

Los planos perpendiculares y equidistantes entre sí forman una red cúbica. Otras veces no son equidistantes y se cortan en ángulos distintos de 90°, dando lugar a otras redes cristalinas. Existen siete posibilidades para las redes cristalinas.

Un paralelepípedo que puede utilizarse para generar la red completa por simples desplazamientos en línea recta se denomina *celda unidad* o *celda cristalina*. Las redes espaciales tridimensionales, se ordenan de forma que los centros de las partículas estructurales del cristal (átomos, iones o moléculas) están situados en puntos de la red.

El retículo espacial de un sólido cristalino puede representarse así:

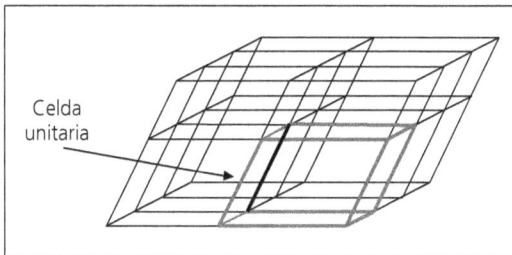

La celda unidad del cristal es la señalada en negrita y es la que, por traslación, genera todo el cristal.

Una celda unidad se caracteriza por tres vectores que definen las tres direcciones independientes del paralelepípedo. Esto se traduce en seis constantes reticulares o parámetros de red correspondientes a los módulos a, b y c de los tres vectores y a los ángulos α, β y γ que forman entre sí.

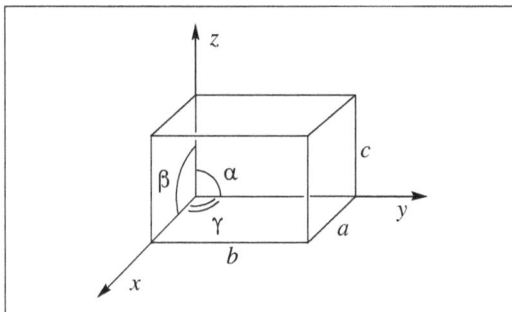

a, b, c se corresponden con las coordenadas x, y, z.

α, β, γ son los ángulos que se forman al cortarse cada una de las caras de la celda unidad, que en este caso son de 90°.

4.4 Sistemas cristalinos

Los siete sistemas cristalinos se generan por los seis parámetros definidos por las direcciones x, y, z que son a, b, c y por los ángulos α, β, γ del paralelepípedo cristalino o celda cristalina.

Los valores de los parámetros cristalográficos de los siete sistemas cristalinos se muestran en la tabla siguiente.

Sistema cristalino	Planos cristalográficos		
Cúbico	Tres ejes iguales en ángulo de 90°	$a = b = c$	$\alpha = \beta = \gamma = 90°$
Hexagonal	Dos ejes iguales a 120° y a 90° con el tercero	$a = b \neq c$	$\alpha = \beta = 90°\quad \gamma = 120°$
Tetragonal	Tres ejes en ángulos de 90°, dos iguales	$a = b \neq c$	$\alpha = \beta = \gamma = 90°$
Rómbico o ortorrómbico	Tres ejes distintos en ángulos de 90°	$a \neq b \neq c$	$\alpha = \beta = \gamma = 90°$
Trigonal o romboédrico	Tres ejes iguales inclinados por igual	$a = b = c$	$\alpha = \beta = \gamma \neq 90°$
Monoclínico	Tres ejes distintos, uno de ellos distinto de 90°	$a \neq b \neq c$	$\alpha = \gamma = 90°\quad \beta \neq 90°$
Triclínico	Tres ejes con diferente inclinación sin formar ángulo de 90°	$a \neq b \neq c$	$\alpha \neq \beta \neq\quad \gamma \neq 90°$

La disposición de los puntos de la red cristalina, llamados puntos reticulares (**pr**), determina para cada sistema cristalino las redes de Bravais que pueden constituir. Son catorce y describen los cristales mediante celdas unitarias que poseen *la mayor simetría y la mayor sencillez.*

Ejemplo práctico 1

Una celda cúbica centrada en las bases que no corresponde a ninguna de las catorce redes de Bravais expuestas anteriormente puede describirse como una celda tetragonal primitiva, como puede observarse en el dibujo siguiente:

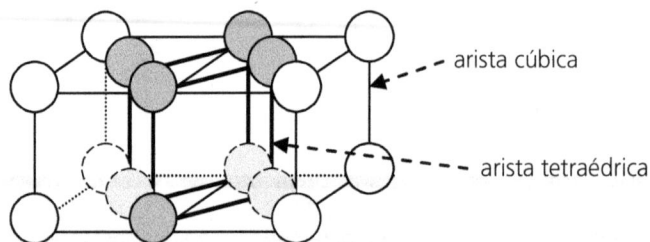

arista cúbica

arista tetraédrica

4.4.1 Redes de Bravais de los sistemas cristalinos

Los sistemas cristalinos y las redes de Bravais se representan a continuación:

Sistemas cristalinos (7)	Redes de Bravais (14)
Cúbico	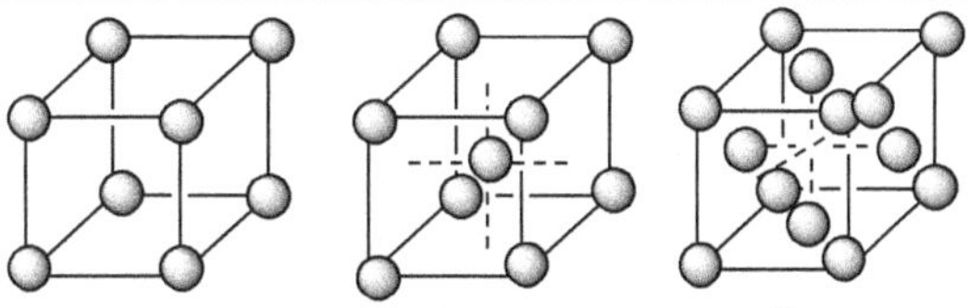 P I F
Tetragonal	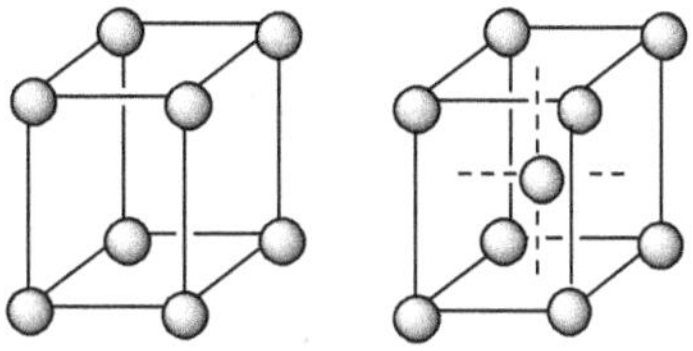 P I
Hexagonal	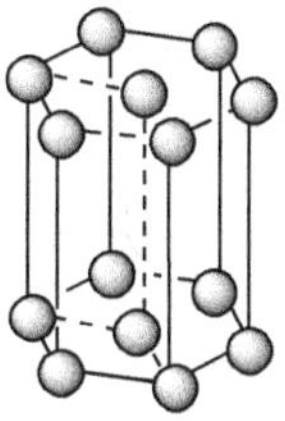 P
Rómbico o ortorrómbico	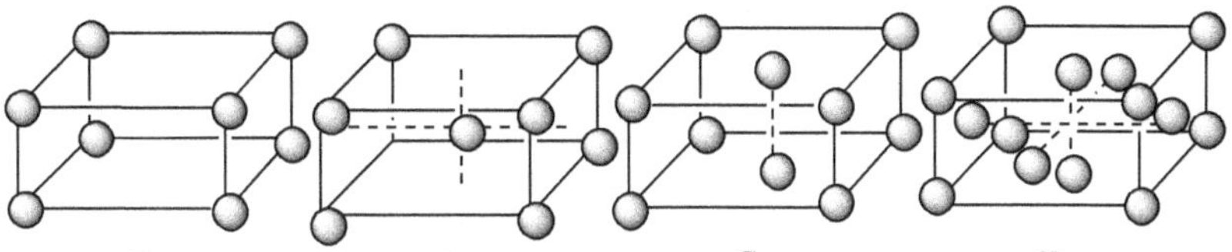 P I C F
Trigonal o romboédrico	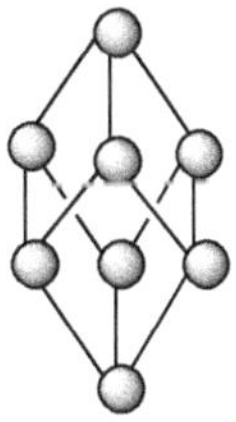 P
Monoclínico	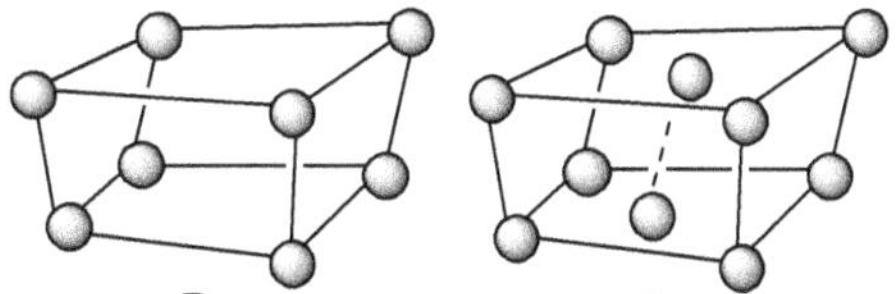 P C
Triclínico	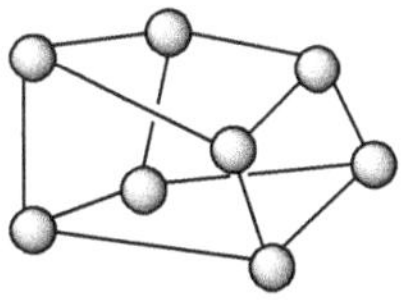 P

4.5 Parámetros cristalográficos: puntos y direcciones

Al considerar una celda unitaria cristalina, en primer lugar debe definirse el origen de las coordenadas x, y, z sobre uno de sus puntos reticulares. Se da el valor de la unidad a cualquier arista de cualquier sistema cristalino, sean iguales o distintas cada una de sus aristas.

Valor de la arista de la celda unitaria $= 1$

Notación de los puntos: A los puntos de la red cristalina les corresponden sus tres coordenadas cristalográficas escritas entre paréntesis y separadas por comas.

Notación del punto: (x, y, z)

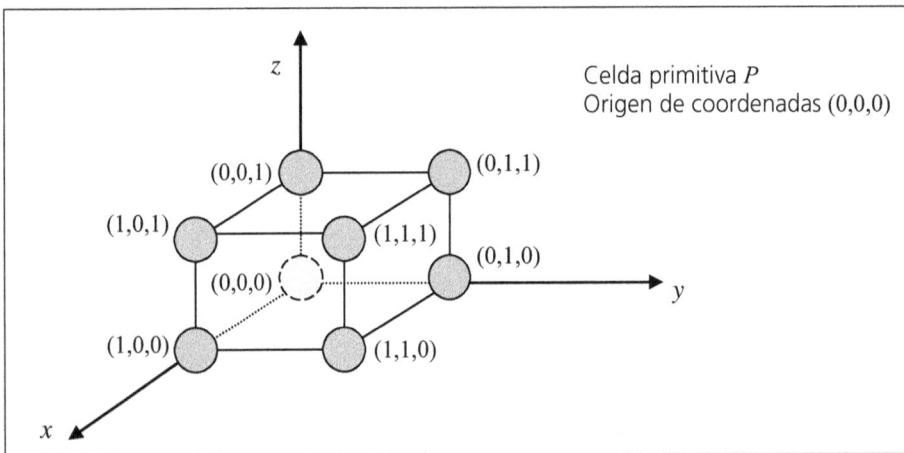

Celda primitiva P
Origen de coordenadas $(0,0,0)$

Notación de las direcciones: A una dirección señalada por un vector de la celda cristalina le corresponden sus tres coordenadas cristalográficas, que se escriben entre corchetes.

Notación de la dirección: $[x\ y\ z]$

Ejemplo práctico 2

Representación de algunas direcciones en celdas unitarias del sistema cúbico.

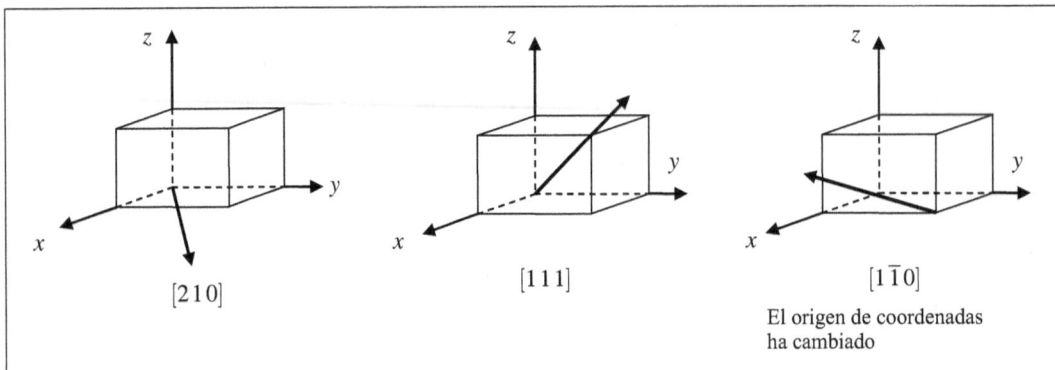

$[2\,1\,0]$

$[1\,1\,1]$

$[1\,\overline{1}\,0]$

El origen de coordenadas
ha cambiado

4.5.1 Planos cristalográficos. Índices de Miller

Cuando se considera un plano en un cristal, toda la familia de planos paralelos que tienen la misma orientación en la celda unitaria cristalina poseen las mismas características y su anotación es la misma.

Los planos cristalográficos se anotan mediante la especificación de los *índices de Miller*, que son la anotación inversa de los puntos de corte del plano que se quieren caracterizar y que corresponden a los ejes de coordenadas. Se representan los tres valores entre paréntesis y sin comas entre ellos.

$$\text{Notación de un plano según los ejes de coordenadas: } (x\,y\,z)$$

$$\text{Notación de un plano mediante los índices de Miller: } (1/x \quad 1/y \quad 1/z) \equiv (h\,k\,l)$$

Para señalar los índices de Miller de los planos, se sigue el siguiente proceso:

1. Si el plano pasa por el origen de coordenadas, se traza otro paralelo con una adecuada traslación dentro de la celda unidad, es decir, se escoge un plano que no pase por el origen.
2. El plano cristalográfico corta cada uno de los tres ejes o es paralelo a alguno de ellos. La longitud de los segmentos de los ejes se determina en función de los parámetros de red x, y, z.
3. Se escriben los inversos de estos valores, $(1/x \quad 1/y \quad 1/z)$. Un plano paralelo a un eje se considera que lo corta en el infinito; luego el índice es cero.
4. Estos tres números se multiplican o se dividen por un factor común. El valor negativo se escribe sobre el número de Miller.
5. Para terminar, se escriben juntos los índices enteros dentro de un paréntesis, $(h\,k\,l)$.

Ejemplo práctico 3

Representación de algunos planos mediante la notación de Miller.

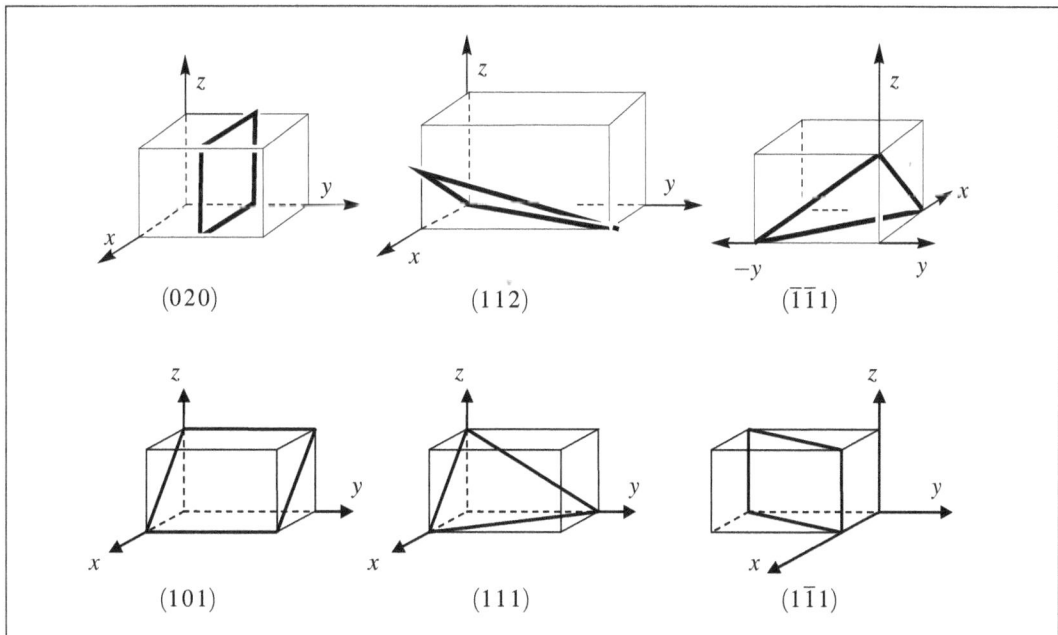

(020)   (112) $(\bar{1}\bar{1}1)$

(101)   (111) $(1\bar{1}1)$

4.5.2 Número de puntos reticulares por celda unidad

Para averiguar el número de puntos reticulares que pertenecen a una celda unidad cristalina cualquiera, es preciso diferenciar los puntos reticulares contenidos en la celda, que por tanto pertenecen a ella, y los puntos reticulares que son compartidos con otras celdas.

Toda celda cristalina está rodeada en las tres direcciones del espacio por otras celdas, formando el retículo cristalino.

Por ello, un punto reticular colocado en los vértices de la celda con forma de paralelepípedo está compartido por ocho celdas vecinas y vale $1/8$. Un punto reticular colocado en las caras de la celda está compartido por dos celdas vecinas y vale $1/2$. Y un punto reticular colocado en las aristas de la celda está compartido por cuatro celdas vecinas y vale $1/4$.

La compartición de los puntos reticulares o esferas entre celdas unidad se observa en la representación siguiente:

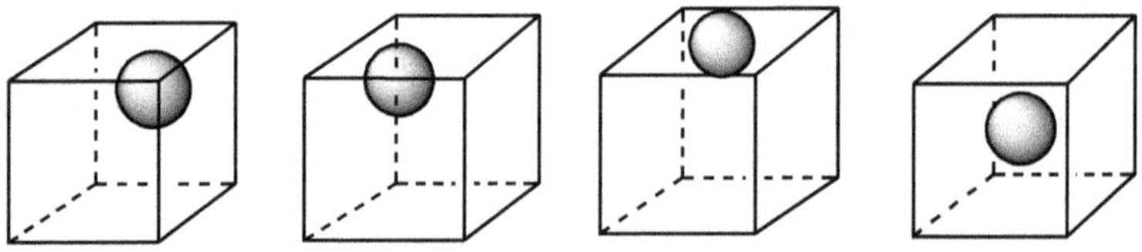

Punto reticular/celda: $1/8$ $1/4$ $1/2$ 1

Por ejemplo, en una celda cúbica centrada en el interior, CUB I, el número de puntos reticulares es: $1 + 8 \cdot 1/8 = 2$ pr

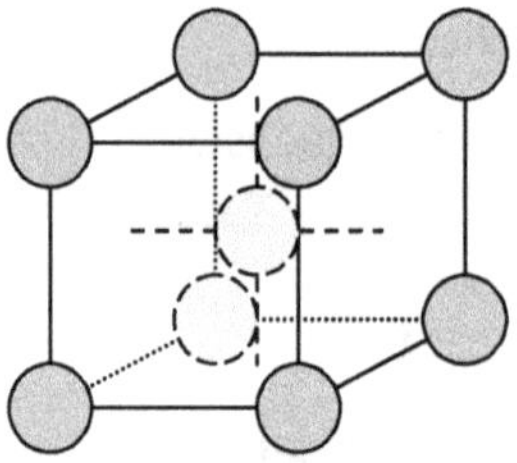

En una celda cúbica centrada en las caras, CUB F, el número de puntos reticulares es: $8 \cdot 1/8 + 6 \cdot 1/2 = 4$ pr

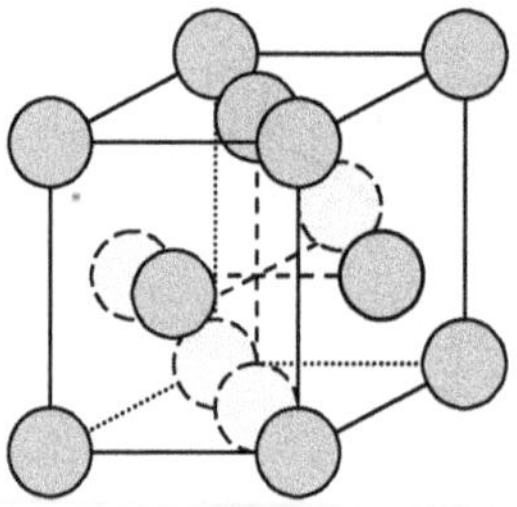

4.6 Densidades cristalinas: lineal, superficial o planar y reticular

La densidad en cristalografía se define como el número de puntos reticulares que están contenidos en una dirección, en una superficie o en una red cristalina o celda, partido por unidad de longitud, de superficie o de volumen, respectivamente.

1. Densidad lineal

La densidad lineal es el número de puntos reticulares por unidad de longitud (pr/unidad de longitud).

Las longitudes cristalinas son muy pequeñas, por ello las longitudes se dan en Angstroms (Å) o en nanómetros (nm) ($1 \text{ Å} = 10^{-10}$ m; $1 \text{ nm} = 10^{-9}$ m).

Para calcular la densidad lineal, se elige una dirección dentro de la celda, de forma que los puntos reticulares contenidos enteros en la dirección cuentan como 1 y los situados en los extremos de la misma valen $1/2$.

Para la dirección [111] de una red CUB I
de arista 0,5 nm, la densidad lineal vale:

Diagonal de la celda cúbica $= a\sqrt{3}$

$a = 0,5$ nm

$\rho_{[111]} = (1 + 2 \cdot 1/2) \text{ pr}/(0,5\sqrt{3}) \text{ nm} = 2,31 \text{ pr/nm}$

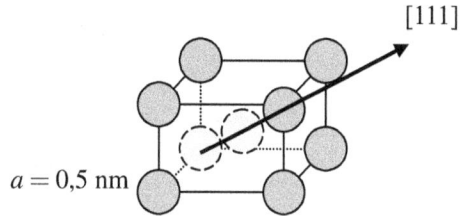

2. Densidad superficial o planar

La densidad superficial es el número de puntos reticulares por unidad de superficie (pr/unidad longitud^2).

Para calcular la densidad superficial, se elige un plano de la celda $(h\,k\,l)$, de forma que los puntos situados dentro del plano valen 1, los situados en las aristas valen $1/2$ y los situados en los vértices valen $1/4$.

$a = 0,3$ nm

Para el plano (101) de una red CUB I de
arista 0,3 nm, la densidad superficial vale:

$a\sqrt{2}$

$$\rho_{(101)} = (1 + 4 \cdot 1/4) \text{ pr}/(0,3 \cdot 0,3\sqrt{2}) \text{ nm}^2$$
$$= 15,71 \text{ pr/nm}^2$$

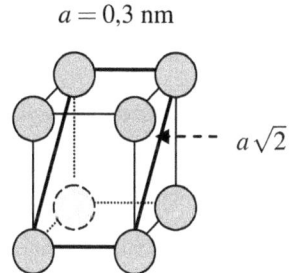

3. Densidad reticular espacial

La densidad reticular espacial es el número de puntos reticulares que contiene la celda cristalina por unidad de volumen (pr/unidad longitud^3).

Para calcular la densidad reticular en el espacio, se calcula el número de puntos reticulares de la celda, de manera que los puntos reticulares situados en su interior valen 1, los situados en los vértices valen $1/8$, los situados en las aristas valen $1/4$ y los situados en las caras valen $1/2$.

Para la celda cúbica primitiva, CUB P, de arista 0,45 nm, la densidad reticular vale:

$$\rho_{red} = (8 \cdot 1/8) \text{ pr}/0{,}45^3 \text{ nm}^3 = 10{,}974 \text{ pr/nm}^3$$

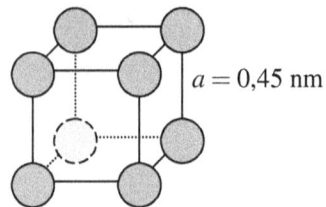

$a = 0{,}45$ nm

4.6.1 Densidad cristalina

La densidad cristalina ($\rho_{cristal}$) es la densidad de la celda unidad, que es la relación entre su masa en gramos y el volumen de la celda en cm^3.

Se calcula mediante la siguiente ecuación:

$$\rho_{cristal} = \frac{zM/N_A}{V}$$

$z = $ Número de pr de la celda
$M = $ Peso molecular del pr $(g \cdot mol^{-1})$
$N_A = $ Número de Avogadro $= 6{,}022 \cdot 10^{23}$ pr/mol
$V = $ Volumen de la celda en cm^3

La unidad de la densidad cristalina ($\rho_{cristal}$) es el g/cm^3.

El término (zM/N_A) de la ecuación anterior explica que la unidad del numerador se exprese en gramos (g).

$$\frac{z \text{ (número pr)} \cdot M \text{ (g/mol)}}{N_A(\text{pr/mol})}$$

El volumen debe estar en cm^3, por lo que se deberán convertir los valores de longitud de las aristas de la celda cristalina, que generalmente se dan en Å o en nm, a cm.

4.7 Factor de empaquetamiento y factor de huecos en los cristales

El factor de empaquetamiento es el factor de ocupación del espacio de los puntos reticulares que forman la celda unidad. El resto del volumen de la celda es espacio vacío y disponible.

Por lo tanto, *el factor de empaquetamiento (FE) es el cociente entre el volumen ocupado por los puntos reticulares, que se consideran esferas rígidas de radio R, y el volumen total de la celda unidad del cristal.*

$$FE = \frac{\text{Volumen de los pr}}{\text{Volumen de la celda}} \qquad V_{pr} = V_{esfera} = 4/3\,\pi\,R^3$$

El espacio disponible de la celda o factor de huecos (FH) es lo que le falta al espacio ocupado por los puntos reticulares para completar la celda unidad.

$$FH = 1 - FE$$

Tanto el factor de empaquetamiento como el factor de huecos son valores adimensionales y pueden darse en tanto por ciento (%, se multiplica por 100) o en tanto por uno.

4.8 Difracción de rayos X. Ley de Bragg

Para la determinación de la estructura cristalina, se utiliza la técnica de difracción de rayos X, que permite "ver" cómo están ordenados los átomos, los iones o las moléculas en un cristal, ya que los rayos X poseen longitudes de onda más cortas que los de la luz visible, y así se puede deducir la estructura microscópica del cristal.

Los rayos X se dispersan cuando atraviesan un cristal y producen un patrón visible a nuestros ojos mediante su impresión en una película fotográfica.

Ese patrón de la radiación dispersada de rayos X está relacionado con la distribución de los electrones en los átomos y en las moléculas que forman el cristal y nos da la información que se necesita para deducir su estructura microscópica.

Esto puede explicarse mediante un análisis geométrico propuesto por Bragg el año 1912, que se representa en el esquema siguiente:

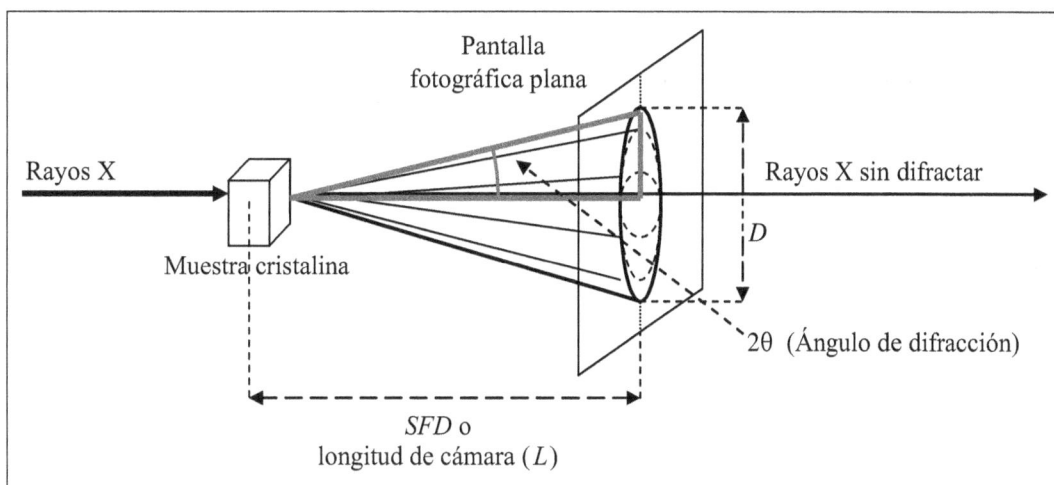

El ángulo θ se calcula a partir del triángulo rectángulo que se forma entre el ángulo difractado de mayor intensidad y el haz de rayos X sin difractar.

$$2\theta = \text{Ángulo de difracción}$$

$$\text{tg}\, 2\theta = (D/2)/SFD \qquad D = \text{Diámetro de anillo en la pantalla fotográfica}$$

$$SFD = \text{Distancia del cristal a la cámara } (L)$$

A partir de la medida del ángulo θ que produce la intensidad máxima para los rayos X dispersados, conociendo la longitud de onda (λ) de los rayos X se puede calcular la distancia (d) entre los planos de la celda unidad del cristal y, posteriormente, la estructura del cristal.

Para ello es necesario conocer la *ley de Bragg*.

Dos rayos 1 y 2 de un haz de rayos X monocromático (de una sola longitud de onda (λ)) se dispersan o se difractan cada uno de ellos por dos planos contiguos y paralelos del cristal, de modo que el rayo 2 recorre una distancia mayor que el rayo 1. La distancia adicional que recorre el rayo 2 es un valor representado por $2d \operatorname{sen} \theta$.

La intensidad de la radiación dispersada será máxima si las ondas 1 y 2 se refuerzan entre sí, es decir, si sus longitudes de onda (λ) coinciden. Para ello, es necesario que la distancia adicional recorrida por el rayo 2 sea un múltiplo entero n de la longitud de onda de los rayos X.

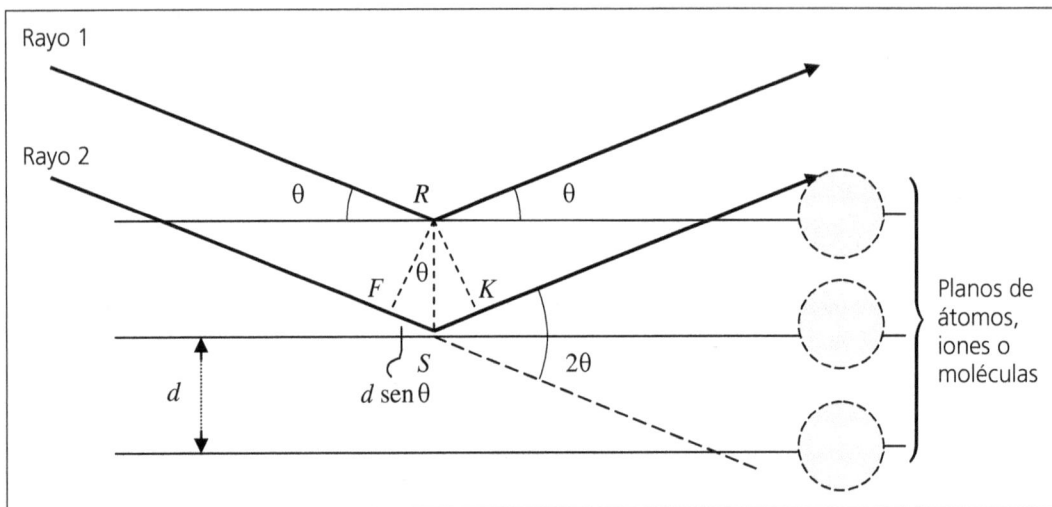

Los triángulos rectángulos $\widehat{FRS}$ y $\widehat{KRS}$ son iguales y los segmentos $\overline{FS}$ y $\overline{SK}$ también son iguales.

$$\overline{FS} = \overline{SK} = d \operatorname{sen} \theta$$

Para que el rayo 1 esté en fase con el rayo 2 es necesario que:

$$n\lambda = \overline{FS} + \overline{SK} = d \operatorname{sen} \theta + d \operatorname{sen} \theta = 2d \operatorname{sen} \theta$$

Para $n = 1$: $\lambda = 2d \operatorname{sen} \theta$

Ley de Bragg

λ = Longitud de onda de los rayos X

d = Distancia entre planos $(h\,k\,l)$

θ = Ángulo de Bragg

4.8.1 Ecuación para el cálculo de la distancia entre planos paralelos en el sistema cúbico

La distancia interplanar d de planos paralelos $(h\,k\,l)$ viene dada por una serie de ecuaciones estadísticas que relacionan dicha distancia con los parámetros de las redes, aristas y ángulos de la celda cristalina, y los planos $(h\,k\,l)$ que se consideren.

Existe una ecuación para cada uno de los siete sistemas cristalinos (Se recogen en el apéndice 4). Para un curso básico de cristalografía, es conveniente recordar únicamente la ecuación del sistema cúbico.

$$d_{(h\,k\,l)} = \frac{a}{\sqrt{(h^2 + l^2 + k^2)}}$$

a = Arista de la celda cúbica

$d_{(h\,k\,l)}$ = Distancia entre los planos paralelos $(h\,k\,l)$

$(h\,k\,l)$ = Índices de Miller del plano

4.8.2 Condiciones límite de difracción para las tres redes de Bravais del sistema cúbico

Conocido el sistema cristalográfico, existen unas restricciones características generales que permiten averiguar el tipo de red de Bravais del sistema.

Estas condiciones o restricciones de las redes de Bravais del sistema cúbico para los planos con índices de Miller $(h\,k\,l)$ se señalan en la tabla siguiente:

Condición	Tipo de red de Bravais
$h\,k\,l$ = Sin condiciones	Primitiva (P)
$h+k+l = 2n$ (valor par)	Centrada en el interior (I)
$h\,k\,l$ = Todos pares o todos impares	Centrada en las caras (F)

4.9 Determinación de estructuras cristalinas por rayos X

Una muestra en polvo de un cristal se coloca a una distancia de cámara (SFD) determinada, de manera que incida sobre ella un haz de rayos X de longitud de onda conocida (λ). En la pantalla fotográfica se observan los distintos anillos de diámetro (D) que permitirán conocer el ángulo de Bragg (θ) para cada uno de ellos, mediante la ecuación descrita en el apartado 4.8, que es:

$$\text{tg}\,2\theta = (D/2)/SFD$$

Así se pueden conocer los distintos valores de los ángulos de Bragg θ_1, θ_2, θ_3, θ_4, etc., para cada valor de los diámetros de los anillos de la pantalla fotográfica D_1, D_2, D_3, D_4, etc.

$$\left. \begin{array}{l} \text{Si el sistema cristalino es cúbico:} \quad d_{(h\,k\,l)} = \dfrac{a}{\sqrt{(h^2 + l^2 + k^2)}} \\[2ex] \text{Aplicando la ley de Bragg:} \quad \lambda = 2d\,\text{sen}\,\theta \end{array} \right\}$$

Se obtiene un sistema de dos ecuaciones y elevándolas ambas al cuadrado se obtiene la siguiente expresión:

$$\text{sen}^2\,\theta = \frac{\lambda^2}{4a^2}(h^2 + k^2 + l^2)$$

$$\begin{array}{l} \lambda = \text{constante} \\ a \text{ (arista cubo)} = \text{constante} \\ (\lambda^2/4a^2) = \text{constante} = A \\ (h^2 + k^2 + l^2) = \text{constante} = N \end{array}$$

La expresión anterior se transforma en la ecuación siguiente:

$$\text{sen}^2\,\theta = A \cdot N \qquad \left\{ \begin{array}{l} A = \dfrac{\lambda^2}{4a^2} \\[2ex] N = h^2 + k^2 + l^2 \end{array} \right.$$

Para los valores de los ángulos de Bragg θ_1, θ_2, θ_3, θ_4, se obtienen distintos valores de $h\,k\,l$, que permitirán, a partir de las condiciones de restricción señaladas en la tabla del apartado 4.8.2, determinar el tipo de red de Bravais que corresponde al sistema cúbico estudiado, ya sea celda cúbica primitiva (P), celda cúbica centrada en el interior (I) o celda cúbica centrada en las caras (F).

Esta es la manera experimental y científica de determinar estructuras cristalinas y redes de Bravais a través del análisis de un cristal por rayos X.

Conocida la estructura del cristal, se pueden averiguar otras propiedades, como el radio del punto reticular (que es considerado una esfera), ya sea átomo, ión o molécula, las distintas densidades, los factores de empaquetamiento y de huecos, entre otras.

Ejemplo práctico 4

La difracción de rayos X de longitud de onda (λ) 0,154 nm de una muestra cristalina de estructura cúbica dio los valores del ángulo de difracción siguientes: $2\theta = 44,4°$, $64,5°$, $81,8°$ y $98,2°$.

a) Averiguad los índices de Miller de los planos que dan lugar a estas reflexiones.

b) Calculad el parámetro de la red.

c) Determinad el ángulo con que se observarían los planos (444).

a) Se aplica la expresión: $\operatorname{sen}^2 \theta = \dfrac{\lambda^2}{4a^2}(h^2 + k^2 + l^2)$ que es la equivalente a la expresión $\operatorname{sen}^2 \theta = A \cdot N$

Como hipótesis, fijamos $N = 1$ y aplicando la ecuación anterior obtenemos el valor de A, que resulta ser: $\operatorname{sen}^2 \theta = A$.

Para los valores de A siguientes tendrá valor constante, ya que es igual a $\lambda^2/4a^2$.

Como N es igual a $h^2 + k^2 + l^2$, conociendo el valor de N sabremos los índices de Miller de los planos $(h\,k\,l)$.

Aplicando esto, en la tabla se observan los datos obtenidos siguientes:

2θ	$\operatorname{sen}^2 \theta$	A	N	$(h\,k\,l)$
44,4	0,1428	0,1428	1	(100)
64,5	0,2847	0,1428	2	(110)
81,8	0,4287	0,1428	3	(111)
98,2	0,5713	0,1428	4	(200)

Los planos obtenidos, (100), (110), (111) y (200), no poseen ninguna restricción ni condición. Luego, como se ha visto en el apartado 4.8.2, la celda es *cúbica* primitiva, P.

b) $A = \dfrac{\lambda^2}{4a^2}$; $\quad 0,1428 = \dfrac{0,154^2}{4a^2}$. Despejando a, la arista o parámetro de la celda se obtiene el valor de:

$a = 0,204$ nm.

c) Sistema cúbico: $\quad d_{(h\,k\,l)} = \dfrac{a}{\sqrt{(h^2 + l^2 + k^2)}} = \dfrac{0,204}{\sqrt{(4^2 + 4^2 + 4^2)}} = 0,02944$ nm

Aplicando la ley de Bragg: $\quad \lambda = 2d_{(h\,k\,l)} \operatorname{sen} \theta$

$$0,154 = 2 \cdot 0,02944 \operatorname{sen} \theta_{(444)}$$

Despejando el sen del ángulo de Bragg se obtiene: $\quad \operatorname{sen} \theta_{(444)} = 2,615$

El valor obtenido es superior a la unidad, por lo tanto, *no se puede hallar el ángulo* θ, ya que el $\operatorname{sen} \theta$ debe ser menor que la unidad.

4.10 Metales. Estructuras compactas

Debido a que los átomos metálicos que forman las estructuras cristalinas los consideramos esferas, al apilarlos unos junto a otros siempre queda espacio sin ocupar, formándose huecos que se reducen al mínimo cuando las esferas están tocándose. Estas estructuras se denominan de *empaquetamiento compacto* y son la base de muchas estructuras cristalinas.

Si imaginamos una primera capa *A* de esferas de color oscuro debajo, en la que cada esfera está en contacto con seis más, y se coloca una segunda capa *B* sobre ella ocupando los huecos, se pueden observar los huecos tetraédricos formados por cuatro esferas y los huecos octaédricos formados por seis esferas.

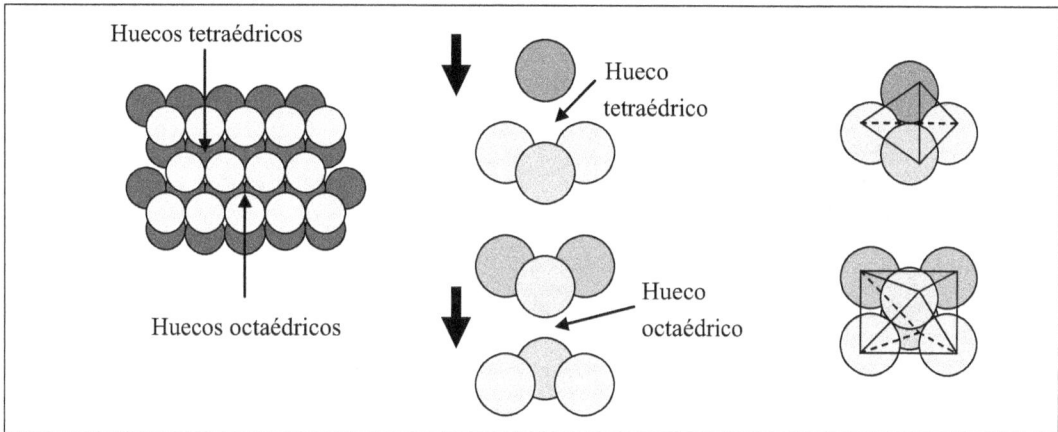

Para una tercera capa *C* de átomos, existen dos ordenaciones: una en que todos los huecos tetraédricos están tapados (por tanto, la capa *C* es como la *A*, y la estructura se repite: *ABABABAB...*, dando lugar a una *estructura hexagonal compacta*, *HC*) y otra ordenación en que los huecos octaédricos están tapados y la capa *C* es distinta de la capa *A* (la estructura es *ABCABCABC...*, dando lugar a una *estructura cúbica compacta*, *FCC*).[*]

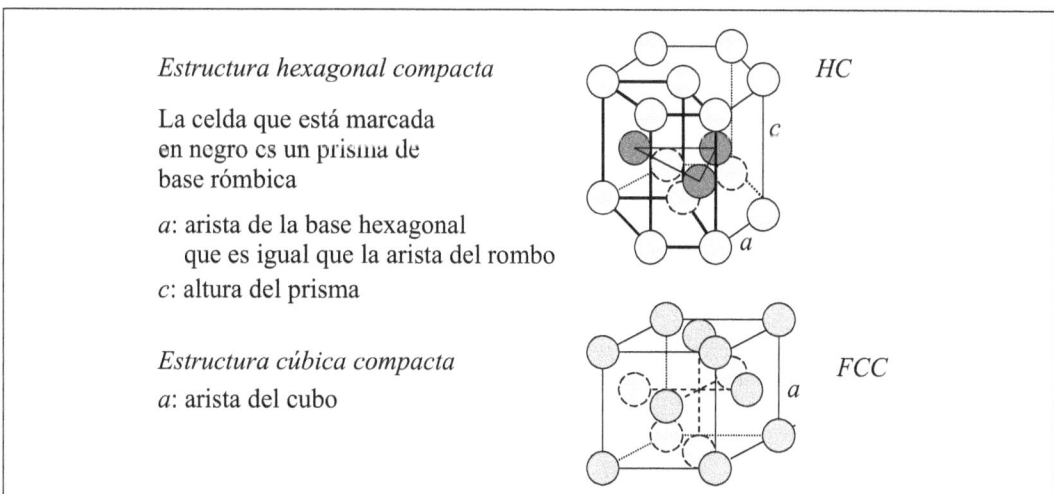

Estructura hexagonal compacta   HC

La celda que está marcada en negro es un prisma de base rómbica

a: arista de la base hexagonal que es igual que la arista del rombo

c: altura del prisma

Estructura cúbica compacta   FCC

a: arista del cubo

---

[*] En los metales la celda cúbica centrada en el interior, se le llama *BCC* (Body Cubic Centre) y la celda cúbica centrada en las caras, se le llama *FCC* (Face Cubic Centre).

El *factor de empaquetamiento* (apartado 4.7) se define como el cociente entre el volumen ocupado por los átomos del metal (esferas) que forman la celda cristalina y el volumen de la celda.

$$FE = \frac{V_{pr}\,(\text{esfera})}{V_{celda}} = \frac{z \cdot (4/3\pi R^3)}{V_{celda}}$$

z = número de átomos metálicos en la celda

$4/3\pi R^3$ = volumen del átomo metálico

R = radio del átomo metálico

4.10.1 Red metálica cúbica compacta centrada en las caras, FCC

La estructura cúbica centrada en las caras es de máxima compacidad o de mayor valor de factor de empaquetamiento (FE) para los metales que cristalizan en el sistema cúbico.

Puntos reticulares/celda unidad (z):

$8 \cdot 1/8 + 6 \cdot 1/2 = 4$

* Número de coordinación: 12

Cada pr de una cara está rodeado de ocho pr de la propia celda y de cuatro pr de la celda vecina

a = arista

[110]

(* El número de coordinación se define como el número de átomos de metal que rodean al átomo metálico)

Para averiguar la relación que existe entre la arista del cubo (a) y el radio del metal (R), se busca la dirección de máxima densidad lineal, que es donde estarán tocándose los átomos del metal y que es la dirección [110]. Esa dirección es la diagonal de una cara, que vale $a\sqrt{2}$ y que contiene dos átomos metálicos y cuatro radios.

$z = 8 \cdot 1/8 + 6 \cdot 1/2 = 4$

$a = 4R/\sqrt{2}$

$a\sqrt{2} = 4R$

Luego: $FE = \dfrac{4 \cdot (4/3\pi R^3)}{(4R/\sqrt{2})^3} = 0,74 \ \Rightarrow \ 74\%$

Algunos metales que poseen la estructura FCC son: Al, Ag, Cu, Pb, entre otros.

Para un *empaquetamiento metálico hexagonal compacto* (HC), el factor de empaquetamiento es el mismo que para una celda cúbica centrada en las caras, FCC y vale 0,74, ya que la manera de empaquetarse es la misma (ver el apartado 4.10), aunque con distinta ordenación.

Algunos metales que poseen la estructura HC son: Ti, Zn, Cd, Mg, entre otros.

4.10.2 Red metálica cúbica no compacta centrada en el interior, BCC

Este tipo de estructura no es de máxima compacidad, pero la presentan algunos metales como pueden ser: Cr, V, K, Na, Cs, Ba, Fe(α), entre otros.

Puntos reticulares/celda unidad (z):

$8 \cdot 1/8 + 1 = 2$

Número de coordinación: 8

Cada pr está rodeado de ocho pr
de la propia celda o coordinación cúbica.

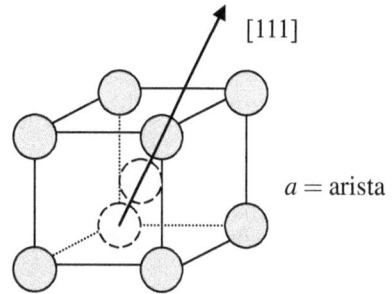

[111]

$a = $ arista

Para calcular el factor de empaquetamiento, que no será máximo para esta estructura metálica, es preciso averiguar la relación entre la arista del cubo (a) y el radio de la esfera (R) del átomo metálico. Para ello se busca la dirección de máxima densidad lineal.

La dirección de máxima densidad en la celda cúbica centrada en el interior BCC es la diagonal del cubo ($a\sqrt{3}$), es decir, la dirección [111].

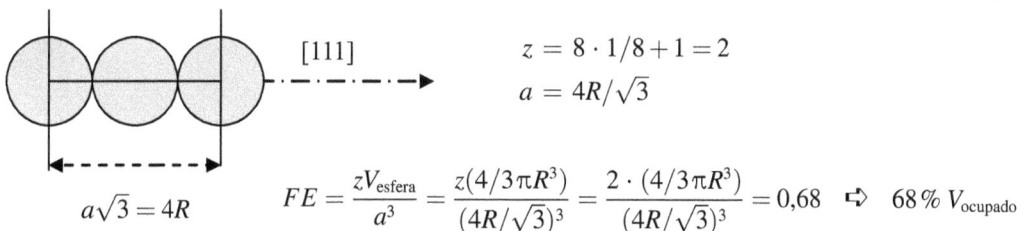

[111]

$z = 8 \cdot 1/8 + 1 = 2$

$a = 4R/\sqrt{3}$

$a\sqrt{3} = 4R$

$$FE = \frac{zV_{\text{esfera}}}{a^3} = \frac{z(4/3\pi R^3)}{(4R/\sqrt{3})^3} = \frac{2 \cdot (4/3\pi R^3)}{(4R/\sqrt{3})^3} = 0,68 \quad \Rightarrow \quad 68\% \; V_{\text{ocupado}}$$

Este factor de empaquetamiento no es el máximo, pues es menor que en la celda FCC.

4.10.3 Cálculo de la densidad cristalina de un metal que cristaliza en una celda hexagonal compacta, HC

El empaquetamiento hexagonal compacto es una celda hexagonal primitiva (ver el apartado 4.4.1) con puntos reticulares en los doce vértices y en mitad de las bases, pero que *además posee tres átomos colocados simétricamente en el interior de la celda y en el plano ecuatorial.*

Este tipo de empaquetamiento es de máxima compacidad, con igual factor de empaquetamiento que el de la red cúbica centrada en las caras.

Puntos reticulares/celdad unidad (z):

$12 \cdot 1/6 + 2 \cdot 1/2 + 3 = 6$

Número de coordinación: 12

Cada pr de la base está rodeado de $(6+3)$
de su propia celda y de 3 de la celda vecina.

Factor de empaquetamiento: 0,74
(igual que la estructura FCC)

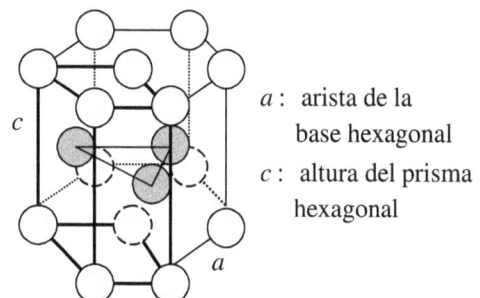

c

a : arista de la
    base hexagonal

c : altura del prisma
    hexagonal

a

La relación entre la arista de la base y la altura del prisma se puede calcular matemáticamente. El valor que se obtiene es:

$$c = 8R/\sqrt{6} = 1{,}63\,a \qquad R : \text{radio del metal}$$

La celda hexagonal, ya sea compacta o no, puede subdividirse en tres celdas iguales de base rómbica con arista de la base de valor a y con altura del prisma de valor c.

$$\text{Volumen de la celda hexagonal} = 3\ (\text{área rombo de la base}) \cdot (\text{altura } (c))$$

$$V_{\text{celda hexagonal}} = 3\ (a^2 \cos 30°) \cdot c$$

Cálculo de la densidad cristalina, ρ_c

$$\rho_c = \frac{zM/N_A}{V_{\text{celda hexagonal}}} = \frac{6M/6{,}022 \cdot 10^{23}}{3a^2 c \cos 30°}\ \text{g/cm}^3$$

Para el prisma de base rómbica, el volumen es la tercera parte del volumen de la celda de prisma hexagonal: $1/3 V_{\text{celda hexagonal}}$.

$$V_{\text{celda rómbica}} = (a^2 \cos 30°) \cdot c$$

Para el prisma de base rómbica los puntos reticulares son: $8 \cdot 1/8 + 1 = 2$ (tercera parte de 6)

Ejemplo práctico 5

Calculad la densidad cristalina del Zn (s), sabiendo que cristaliza en un empaquetamiento hexagonal compacto (HC), con una arista básica de 0,410 nm. La masa atómica del Zn es 65,37 g $\cdot$ mol^{-1}.

El valor de la altura del prisma es según lo visto anteriormente: $c = 1{,}63a = 1{,}63 \cdot 0{,}410 = 0{,}6683$ nm.

$$\rho_c = \frac{zM/N_A}{V_{\text{celda rómbica}}} = \frac{2 \cdot 65{,}37/6{,}022 \cdot 10^{23}}{a^2 c \cos 30°} = \frac{(2 \cdot 65{,}37/6{,}022 \cdot 10^{23})\ \text{g}}{(0{,}410^2 \cdot 0{,}6683 \cos 30°)\ \text{nm}^3}$$

La unidad de la densidad cristalina debe darse en g/cm^3; luego:

$$\rho_c = \frac{(2 \cdot 65{,}37/6{,}022 \cdot 10^{23})\ \text{g}}{(0{,}410^2 \cdot 0{,}6683 \cos 30°)\ \text{nm}^3 \cdot 10^{-21}\ \text{cm}^3/\text{nm}^3} = 2{,}230\ \text{g/cm}^3$$

4.10.4 Datos comparativos entre la celda cúbica centrada en las caras, FCC y la celda hexagonal compacta, HC

	FCC	$HC/3$ (celda de base rómbica)
Puntos reticulares/celda	4	2
Arista, a	$4R/\sqrt{2}$	$2R$
Altura de la celda, c	—	$8R/\sqrt{6} = 1{,}63a$
Factor de empaquetamiento (FE)	0,74	0,74
Dirección de densidad máxima	$[110]$	$[100]$
Número de coordinación	12	12

4.10.5 Tipos de huecos en las estructuras metálicas. Relación del radio del hueco con el radio metálico

Los metales son en general sólidos en condiciones normales y que cuando se funden a altas temperaturas pueden mezclarse entre sí formando disoluciones generalmente homogéneas, que cuando se enfrían dan lugar a una fase sólida, que es una disolución de metales que recibe el nombre de *aleación*.

Si la aleación está formada por dos metales, el uno está en mayor proporción (disolvente) que el otro (soluto), y la fase sólida recibe el nombre de aleación *binaria*.

Las aleaciones pueden ser de dos tipos: Según se coloque el metal que está en menor proporción o soluto dentro de la celda cristalina del metal que está en mayor proporción o disolvente.

Aleación $\begin{cases} \textit{Sustitucional:} \text{ un metal sustituye parcialmente a otro en los puntos reticulares de la red.} \\ \textit{Intersticial:} \text{ un metal se coloca en los huecos que posee la red cristalina.} \end{cases}$

Para poder averiguar si un metal puede colocarse en los huecos de una red cristalina de otro metal, es necesario saber calcular el radio del hueco, para poderlo comparar con el radio del metal y ver si cabe o no cabe.

Para ello, se calcularán los radios de los huecos en relación con el radio del metal y la arista de la red cristalina en las estructuras de empaquetamiento más compacto: cúbica centrada en el interior del cuerpo (BCC), cúbica centrada en las caras (FCC) y hexagonal compacta (HC).

1. Estructura cúbica centrada en el interior del cuerpo, BCC

Esta estructura posee dos tipos de huecos: octaédricos y tetraédricos.

Huecos octaédricos
Ocupan el centro de un octaedro
Número de coordinación = 6

Hueco octaédrico

Punto reticular

a

Estos huecos están situados: en las caras (6) y en las aristas (12)

Total de huecos octaédricos por celda cristalina $BCC =$

$= 6 \cdot 1/2 + 12 \cdot 1/4 = 6$ por celda

$a = 2R_{\text{hueco octaédrico}} + 2R_{\text{pr}}$ ⇨

$R_{\text{hueco octaédrico}} = (a/2) - R_{\text{pr}}$

Huecos tetraédricos

Ocupan el centro de un tetraedro
Número de coordinación = 4

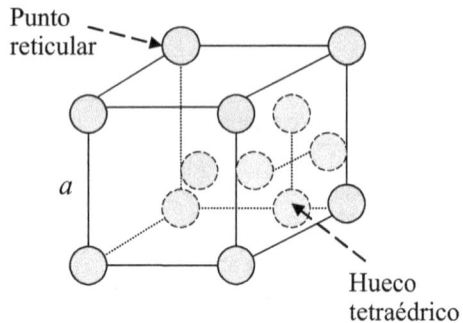

Total de huecos tetraédricos por celda $= 4 \cdot 6 \cdot 1/2 = 12$ por celda
Situados: 4 en cada cara

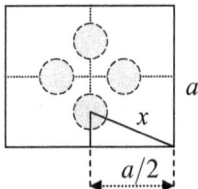

$$x = \sqrt{(a/2)^2 + (a/4)^2} = a/4\sqrt{5}$$

$$R_{\text{hueco tetraédrico}} = (a/4\sqrt{5}) - R_{\text{pr}}$$

Como la estructura *BCC* no posee la máxima compacidad, el radio de los huecos puede estar distorsionado, de manera que podría decirse que los huecos son pseudooctaédricos y pseudotetraédricos.

2. Estructura cúbica centrada en las caras, *FCC*

Esta estructura posee la máxima compacidad. Las esferas que forman sus puntos reticulares están tocándose en la diagonal de las caras que es la dirección de máxima densidad.

Hay dos tipos de huecos: octaédricos y tetraédricos.

Huecos octaédricos

Ocupan el centro de un octaedro regular.
Número de coordinación = 6

Estos huecos están situados
en el centro de la celda y
en la mitad de las aristas del cubo.

Total de huecos octaédricos por celda cristalina
$= 1 + 12 \cdot 1/4 = 4$ por celda

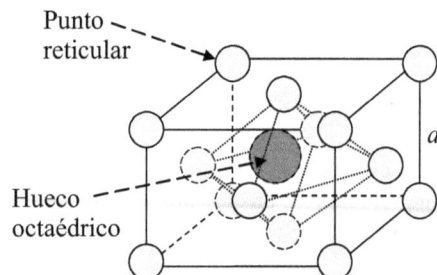

$$a = 2R_{\text{hueco octaédrico}} + 2R_{\text{pr}} \quad \Rightarrow \quad R_{\text{hueco octaédrico}} = (a_{FCC}/2) - R_{\text{pr}}$$

Huecos tetraédricos

Ocupan el centro de un tetraedro regular.
Número de coordinación = 4

Situados: en el centro de los ocho cubos
en que se divide la celda unidad por
los tres planos mediatrices.

Total de huecos tetraédricos por celda = 8

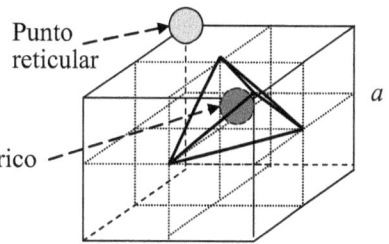

(Sólo se señala 1 pr y un hueco tetraédrico.)

Para calcular el valor del radio del hueco tetraédrico, se debe considerar el plano diagonal
de la celda cúbica que contiene el hueco.
Cualquier plano diagonal es correcto; por ejemplo, el plano (110).

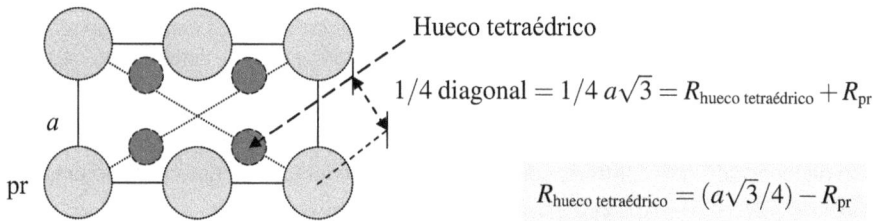

Hueco tetraédrico

$$1/4 \text{ diagonal} = 1/4\, a\sqrt{3} = R_{\text{hueco tetraédrico}} + R_{\text{pr}}$$

$$R_{\text{hueco tetraédrico}} = (a\sqrt{3}/4) - R_{\text{pr}}$$

3. Estructura hexagonal compacta, HC

La estructura HC posee máxima compacidad, lo mismo que la estructura cúbica centrada en las caras
FCC. El factor de empaquetamiento de ambas es el mismo y vale 0,74.

Debido a que su empaquetamiento es semejante al FCC, los radios de los huecos que posee la estructura
HC se calcularán a partir de las ecuaciones halladas para los radios de los huecos de la estructura cúbica
FCC, que es más simple. Hay, por tanto, huecos octaédricos y tetraédricos.

Total de huecos octaédricos en $HC = 6$ por celda

Total de huecos tetraédricos en $HC = 12$ por celda

Los huecos tetraédricos están situados: en el interior de la celda (8) y en cada arista lateral (2).

4.11 Cristales iónicos

Los cristales iónicos son sólidos cristalinos formados por cationes y aniones, unidos entre si por fuerzas de
atracción electrostáticas.

Si intentamos aplicar el modelo de empaquetamiento metálico por esferas a un cristal iónico, nos encontramos con los inconvenientes siguientes:

1. Algunos iones están cargados positivamente (cationes) y otros están cargados negativamente (aniones).

2. Los cationes y los aniones tienen tamaños diferentes.

Los iones de carga opuesta estarán en contacto en el cristal iónico, mientras que los iones de cargas de igual signo, ya sean positivas o negativas, sufrirán repulsiones mutuas y no estarán en contacto directo.

1. Radios iónicos y número de coordinación

Para los cristales iónicos, los tamaños relativos entre cationes y aniones son importantes para establecer un tipo de empaquetamiento determinado.

Una forma de ordenación de los iones que adoptan los cristales iónicos es el empaquetamiento cúbico compacto, en el que los aniones se colocan generalmente (excepción el CaF_2) en los puntos reticulares del sistema cúbico, mientras que los cationes se ajustan a los huecos que dejan las esferas empaquetadas.

Estos huecos poseen una estructura en el espacio con forma cúbica, tetraédrica o bien octaédrica.

El tamaño de los huecos está relacionado con el radio del punto reticular de los aniones de la estructura cristalina y se calculará por geometría, de manera que el radio del catión puede ajustarse al radio del hueco.

Si se trata de cristales iónicos binarios (con dos componentes), pueden darse los valores que relacionan el radio del catión en el hueco con el radio del anión y se debe considerar lógicamente el tipo de huecos de que se trate.

La relación de radios iónicos permite su comparación con el número de coordinación del anión y del catión, que es el número de iones de signo contrario con los que está en contacto un determinado ión.

El número de coordinación (NC) es la relación o cociente existente entre el radio del catión (R^+) y el radio del anión (R^-).

$$NC = R^+/R^-$$

Los valores del número de coordinación correspondientes al cociente radio catión/radio anión están representados en la *tabla de Pauling* siguiente:

R^+/R^-	1	$1 - 0,732$	$0,732 - 0,414$	$0,414 - 0,225$	$0,225 - 0,155$	$0,155 - 0$
NC	12	8	6	4	2	1
Hueco	—	*cúbico*	*octaédrico*	*tetraédrico*	—	—

2. Reglas de empaquetamiento iónico

Todas las redes cristalinas iónicas deben cumplir las siguientes reglas:

1. La red debe respetar la neutralidad eléctrica de la estructura cristalina, de forma que el número de cationes y de aniones debe ser el adecuado para que la estequiometría del compuesto se cumpla.

2. Cada catión debe rodearse del mayor número posible de aniones y cada anión del mayor número posible de cationes, de forma que el número de coordinación sea máximo para ambos iones.

3. Los iones de igual carga deben estar lo más separados posible, para conseguir la mayor estabilidad del cristal, mientras que los de distinta carga deben estar tocándose.

4.11.1 Estructuras CsCl, NaCl, ZnS y CaF_2

El *cloruro de cesio* (CsCl) es una estructura formada por una celda cúbica simple P de aniones (Cl^-), con el catión (Cs^+) situado en el hueco cúbico.

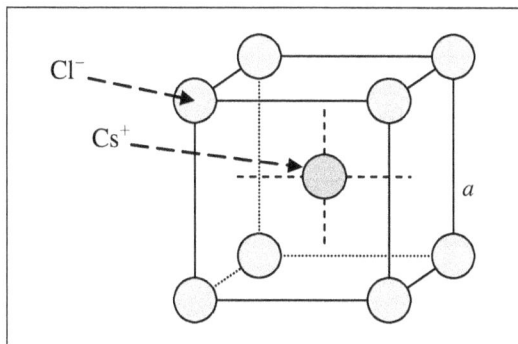

La estequiometría del CsCl es de un catión Cs^+ y un anión Cl^- ($1:1$).

El número de coordinación (NC) para el CsCl es ocho (simetría cúbica), tanto para los aniones como para los cationes.

Los cationes Cs^+ y los aniones Cl^- están en contacto en la dirección $[111]$, que es la diagonal del cubo.

Compuestos con la estructura del CsCl son: CsBr, CsI, TlBr, CsCN, TlCN, NH_4Cl, entre otros.

El *cloruro de sodio* (NaCl) es una estructura formada por una celda cúbica compacta F de aniones (Cl^-) y con los cationes (Na^+) situados en los huecos octaédricos.

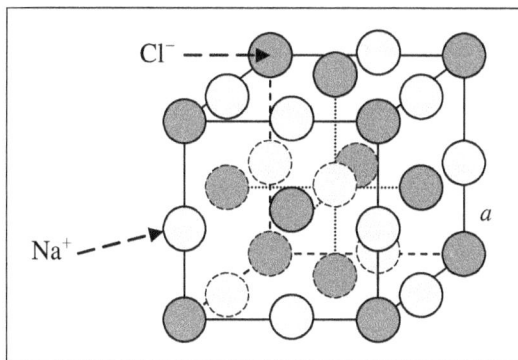

La estequiometría del NaCl es de un catión Na^+ y de un anión Cl^- ($1:1$).

El número de coordinación del NaCl es seis (simetría octaédrica), tanto para los aniones como para los cationes.

Los cationes Na^+ y los cationes Cl^- están en contacto en las aristas del cubo, por ejemplo en la dirección $[100]$.

Compuestos con la estructura del NaCl son: CaS, SrS, BaS, MgO, CaO, FeO, VO, entre otros.

El *sulfuro de cinc* o *blenda de cinc* (ZnS) es una estructura formada por una celda cúbica compacta F de aniones (S^{2-}) y con los cationes (Zn^{2+}) situados en cuatro de los ocho huecos tetraédricos que posee la estructura.

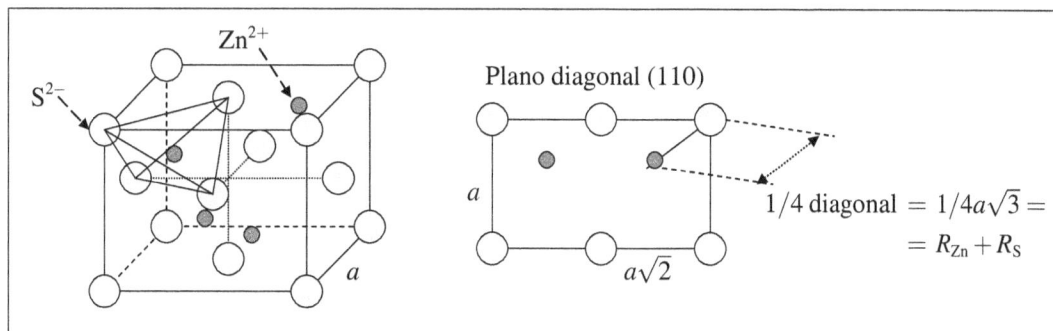

La estequiometría del ZnS es de un catión Zn^+ y de un anión S^{-2} ($1:1$).

El número de coordinación del ZnS es cuatro (simetría tetraédrica), tanto para los aniones como para los cationes.

Los cationes Zn^{2+} y los aniones S^{-2} están en contacto a la distancia de $1/4$ de la diagonal del cubo, dirección $[111]$, pues los huecos son tetraédricos y hay dos en cada uno de los planos diagonal.

Compuestos con la estructura del ZnS son: ZnO, CuF, $CuCl$, $CuBr$, HgS, BeS, entre otros.

La *fluorita* (CaF_2) tiene una estructura formada por una celda cúbica compacta F de cationes Ca^{2+}, con los aniones F^- situados en los ocho huecos tetraédricos.

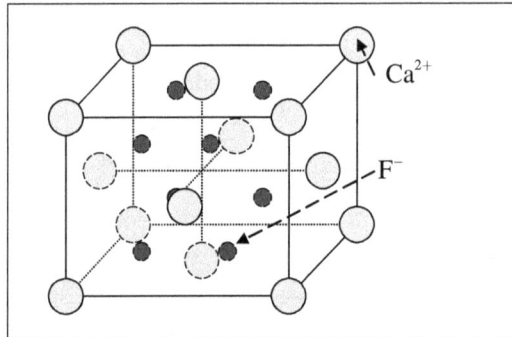

La estequiometría del CaF_2 es de un catión Ca^{2+} y de dos aniones F^- $(1:2)$.

El número de coordinación del CaF_2 es cuatro (simetría tetraédrica) para los aniones F^- y ocho (simetría cúbica) para los cationes Ca^{2+}.

Hay un anión F^- en cada uno de los ocho huecos tetraédricos ⇨ Ocho F^- por celda.

El número de cationes Ca^{2+} que contiene la celda es: $8 \cdot 1/8 + 6 \cdot 1/2 = 4\ Ca^{2+}$ por celda.

Compuestos con la estructura del CaF_2 son: SrF_2, BaF_2, CeO_2, UO_2, ZrO_2, entre otros.

Existen compuestos cristalinos con una estructura contraria a la de la fluorita, como es el caso del óxido de sodio (Na_2O). Esta estructura recibe el nombre de *antifluorita*. El Na_2O que cristaliza con la estructura de antifluorita forma una celda cúbica compacta centrada en las caras (*Cub F*) con los aniones O^{2-}, mientras que los cationes Na^+ ocupan los ocho huecos tetraédricos que posee la estructura.

La estequiometría del Na_2O es de dos cationes Na^+ y de un anión O^{2-} $(2:1)$.

4.12 Cristales covalentes. El diamante y el grafito ▬▬▬▬▬

Los cristales covalentes están formados por átomos unidos a sus vecinos más inmediatos por enlaces covalentes. La mayor parte de estas estructuras cristalinas son muy duras y subliman o funden a temperaturas muy altas.

El *diamante* que es carbono (C) es una estructura basada en redes de tetraedros, en que cada átomo de carbono se enlaza a otros cuatro carbonos mediante enlaces covalentes.

La red cristalina del diamante puede describirse como una estructura tipo blenda de cinc (ZnS) en la que todos los átomos son iguales y de carbono.

C

Cálculo de la relación entre la arista del cubo y el radio del carbono:

Plano diagonal (110)

a

$a\sqrt{2}$

$$1/4\,a\sqrt{3} = 2R_{carbono}$$
$$a = (8R_{carbono})/\sqrt{3}$$

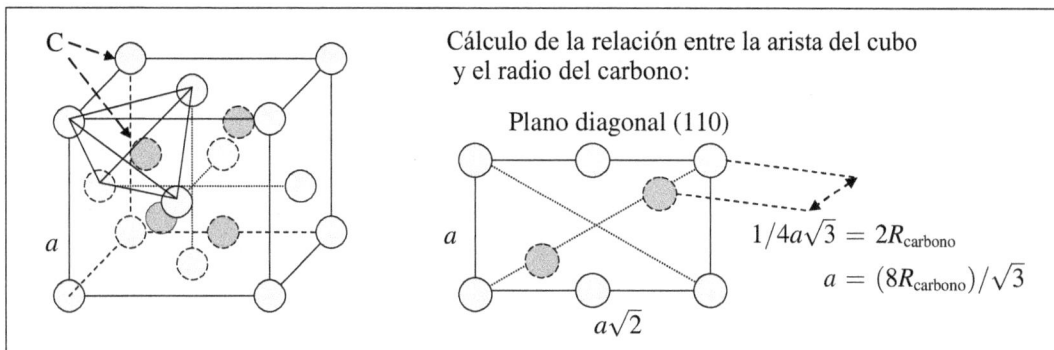

El número de coordinación (NC) para el diamante es cuatro (simetría tetraédrica) para cada uno de los átomos de carbono de la celda. Luego es una red cúbica compacta F con carbonos en los puntos reticulares y con cuatro átomos de carbono situados en cuatro de los ocho huecos tetraédricos que tiene la red.

Número total de carbonos en la celda del diamante:

$$4 \text{ (en los huecos tetraédricos)} + 8 \cdot 1/8 + 6 \cdot 1/2 = 8 \text{ C por celda}$$

La estructura del diamante la adoptan también a presión atmosférica otros elementos como el Ge, el Sn (variedad gris), el Si, entre otros.

El *carborundo*, SiC, es un material artificial con la estructura del diamante, con los carbonos situados en los puntos reticulares de una red cúbica compacta F, mientras que el silicio ocupa cuatro de los ocho huecos tetraédricos que posee la red.

Se obtiene por la reacción a altas temperaturas entre el carbono y el dióxido de silicio siguiente:

$$2\,C + SiO_2 \longrightarrow CO_2 + SiC \text{ (carborundo)}$$

El *grafito* que es carbono (C) es un cristal mixto parcialmente covalente y parcialmente molecular, formado por átomos de carbono que se enlazan de manera diferente a como lo hacen en el diamante y dan lugar a un sólido con propiedades muy distintas a las del diamante.

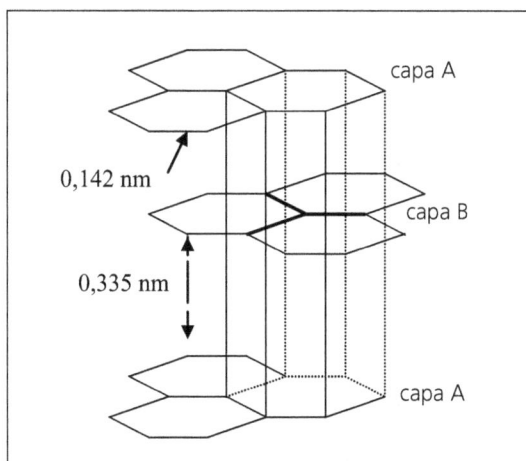

capa A

0,142 nm

capa B

0,335 nm

capa A

El enlace entre carbonos del grafito implica un conjunto de orbitales atómicos del carbono que son $(sp^2 + p)$.

Los tres orbitales híbridos sp^2 están en un plano con ángulos de $120°$, dando lugar a tres enlaces covalentes σ fuertes con tres átomos de carbono vecinos en un mismo plano y formando capas con ordenación hexagonal.

El orbital atómico p del carbono es perpendicular a los planos hexagonales (capas A y B) y forma orbitales moleculares π entre los carbonos de los planos. Este orbital π dirigido hacia arriba y hacia abajo de cada plano o capa, posee electrones deslocalizados que permitirán que el grafito sea buen conductor de la electricidad y del calor.

Los enlaces covalentes σ de los planos hexagonales son más fuertes con una longitud de 0,142 nm que el enlace covalente π, entre los planos, con una longitud mayor de 0,335 nm.

Las distintas capas de carbonos no se proyectan unas sobre otras, sino que están desplazadas y van alternadas, *ABABAB*, tal como se indica en la figura anterior. Ello implica que una presión externa realizada sobre el grafito haga que este material se exfolie en capas.

Puede describirse el grafito como una celda tipo prisma de base rómbica de arista de base a y de altura de prisma c.

Átomos de carbono por celda =
$= 8 \cdot 1/8 + 4 \cdot 1/4 + 2 \cdot 1/2 + 1 = 4$ C por celda

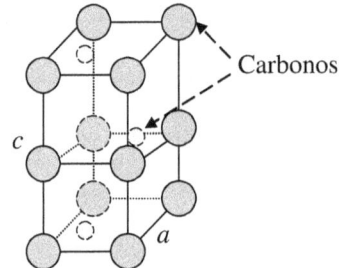

Carbonos

Los átomos de carbono de las bases se encuentran situados en un hueco triangular, tal como se observa en las figuras:

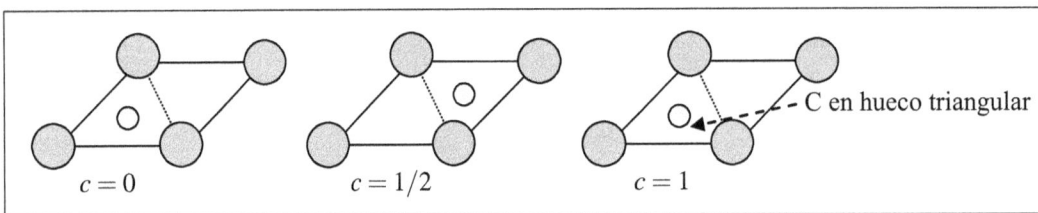

$c = 0$ $c = 1/2$ $c = 1$ C en hueco triangular

Entre las distintas aplicaciones del grafito caben destacar las siguientes:

- Es un material blando, opaco y maleable.
- Es buen conductor de la electricidad y del calor. Se emplea para la fabricación de electrodos en baterías y electrolisis industrial.
- Es un material refractario. Se emplea en ladrillos y en crisoles.
- Es un buen lubricante sólido porque las capas que lo forman pueden deslizarse fácilmente.
- Se emplea en reactores nucleares como moderador y reflector.
- Mezclado con una pasta (arcilla) sirve para la fabricación de lápices.
- Se emplea junto con otros materiales para fabricar diversas piezas de ingeniería como pistones, juntas, rodamientos, arandelas, etc.

Apéndice 4

Fórmulas para calcular las distancias entre planos paralelos ($d_{(h\,k\,l)}$) para los siete sistemas cristalinos

Sistema cúbico:	$$d_{(h\,k\,l)} = \frac{a}{\sqrt{h^2 + k^2 + l^2}}$$
Sistema hexagonal:	$$d_{(h\,k\,l)} = \left[(4/3a^2)(h^2 + k^2 + h\,k) + (l^2/c^2)\right]^{-1/2}$$
Sistema tetragonal:	$$d_{(h\,k\,l)} = (h^2/a^2 + k^2/a^2 + l^2/c^2)^{-1/2}$$
Sistema rómbico (Ortorrómbico):	$$d_{(h\,k\,l)} = (h^2/a^2 + k^2/b^2 + l^2/c^2)^{-1/2}$$
Sistema trigonal (Romboédrico):	$$d_{(h\,k'\,l)} = a\left[\frac{(h^2 + k^2 + l^2)\,\mathrm{sen}^2\,d + 2(h\,k + h\,l + k\,l)(\cos^2\alpha - \cos\alpha)}{1 + 2\cos^2\alpha - 3\cos^2\alpha}\right]^{-1/2}$$
Sistema monoclínico:	$$d_{(h\,k\,l)} = \left[\frac{(h^2/a^2) + (l^2/c^2) - (2hl/ac)\cos\beta}{\mathrm{sen}^2\,\beta} + \frac{k^2}{b^2}\right]^{-1/2}$$
Sistema triclínico:	$$d_{(h\,k\,l)} = \left[h/a\begin{vmatrix} h/1 & \cos\gamma & \cos\beta \\ k/b & 1 & \cos\alpha \\ 1/c & \cos\alpha & 1 \end{vmatrix} + k/b\begin{vmatrix} 1 & h/a & \cos\beta \\ \cos\gamma & k/b & \cos\alpha \\ \cos\beta & l/c & 1 \end{vmatrix} + l/c\begin{vmatrix} 1 & \cos\gamma & h/a \\ \cos\gamma & 1 & k/b \\ \cos\beta & \cos\alpha & 1/c \end{vmatrix} \middle/ \begin{vmatrix} 1 & \cos\gamma & \cos\beta \\ \cos\gamma & 1 & \cos\alpha \\ \cos\beta & \cos\alpha & 1 \end{vmatrix} \right]^{-1/2}$$

Problemas resueltos

Celda cristalina, parámetros de red y densidades cristalinas

☐ Problema 4.1

Una celda unitaria cristalina tiene los parámetros cristalográficos siguientes:

$$a = 0,5 \text{ nm} \qquad b = 0,6 \text{ nm} \qquad c = 0,7 \text{ nm} \qquad \alpha = 90° \qquad \beta = 120° \qquad \gamma = 90°$$

¿Qué sistema cristalino representa?

[Solución]

Como las tres aristas son distintas: $a \neq b \neq c$, y los ángulos cristalinos son: $\alpha = \gamma = 90°$ y $\beta \neq 90°$ ($\beta = 120°$) $\longrightarrow$
$\longrightarrow$ Implica que el sistema es monoclínico

☐ Problema 4.2

a) Dibujad una celda tetragonal con red de Bravais primitiva (P) y señalad el valor de sus ángulos, sus aristas y las coordenadas de los puntos reticulares que la forman.
b) Calculad para la celda la densidad reticular espacial si se sabe que la arista de la base es de 0,52 nm y la altura es de 0,83 nm.

[Solución]

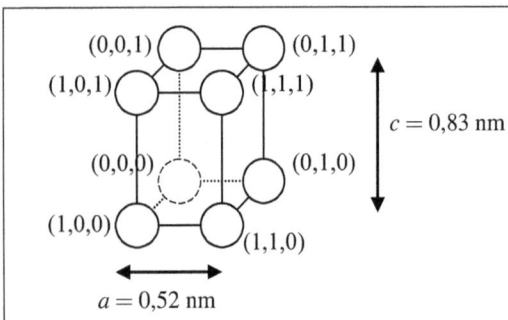

a) Celda tetragonal primitiva o *Tetr P*.

Ángulos: $\quad \alpha = \beta = \gamma = 90°$

Aristas: $\quad a = b \neq c$ (las aristas de la base son iguales)

b) Densidad reticular:

$$\rho_{\text{reticular}} = \frac{\text{pr celda}}{V_{\text{celda}}} = \frac{8 \cdot 1/8}{a^2 \cdot c} = \frac{1}{0,52^2 \cdot 0,83}$$

$$\rho_{\text{reticular}} = 4,456 \text{ pr/nm}^3$$

☐ Problema 4.3

Calculad la relación entre la arista a de una celda cúbica centrada en las caras o *Cub F* y el radio R del punto reticular considerado una esfera.

[Solución]

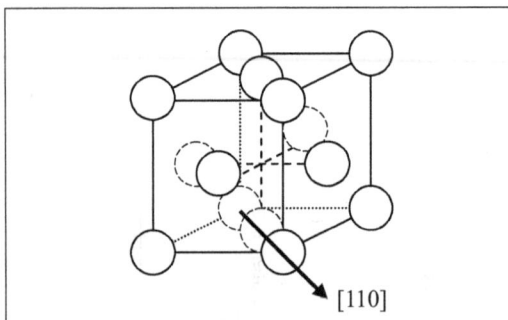

La dirección de máxima densidad en una celda cúbica F es la diagonal de una cara, $[110]$, que es donde los **pr** se tocan.

Diagonal de una cara: $a\sqrt{2}$

Número de pr en la diagonal: $1 + 2 \cdot 1/2 = 2$

$2 \text{ pr} = 4R$

$$a\sqrt{2} = 4R \quad a = 4R/\sqrt{2}$$

☐ Problema 4.4

En una celda cúbica centrada en el interior o *Cub I*:

a) Dibujad las direcciones [110], [111] y [100].

b) Dibujad los planos (101), (110) y (221).

c) Indicad las coordenadas de los puntos reticulares que son cortados por los tres planos anteriores.

[Solución]

a) Celda cúbica I: direcciones lineales

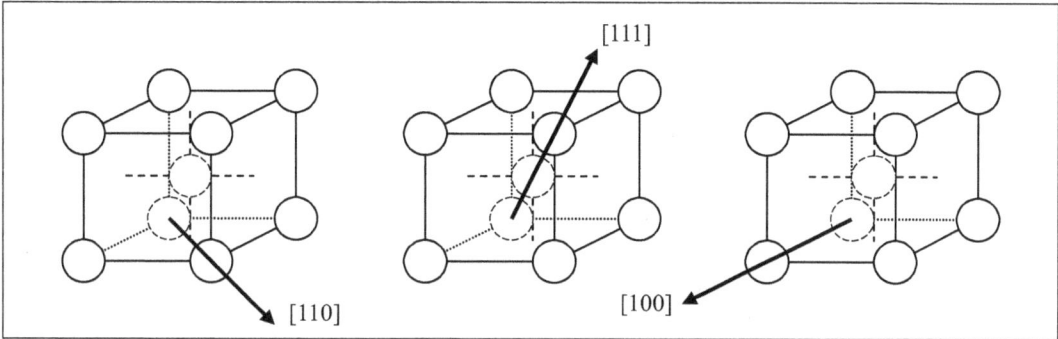

b) Celda cúbica I: planos

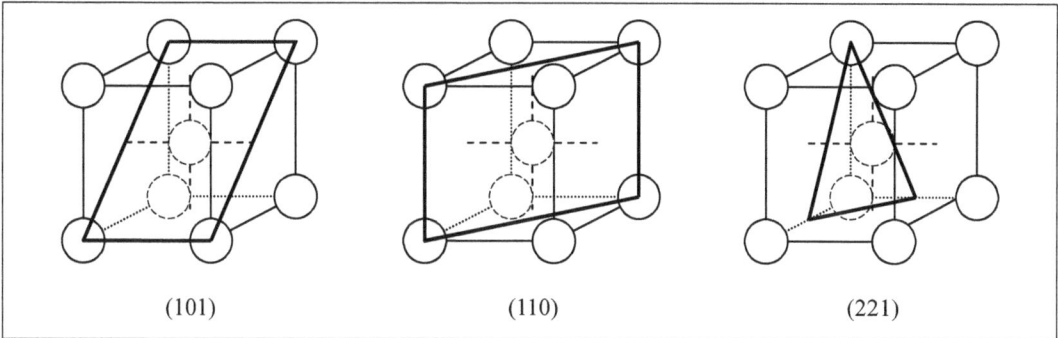

(101)   (110)   (221)

(Recordad que los índices de Miller $(h\,k\,l)$ se corresponden con los valores inversos de $(x\,y\,z)$.

c) Celda cúbica I: coordenadas de los pr cortados por los tres planos.

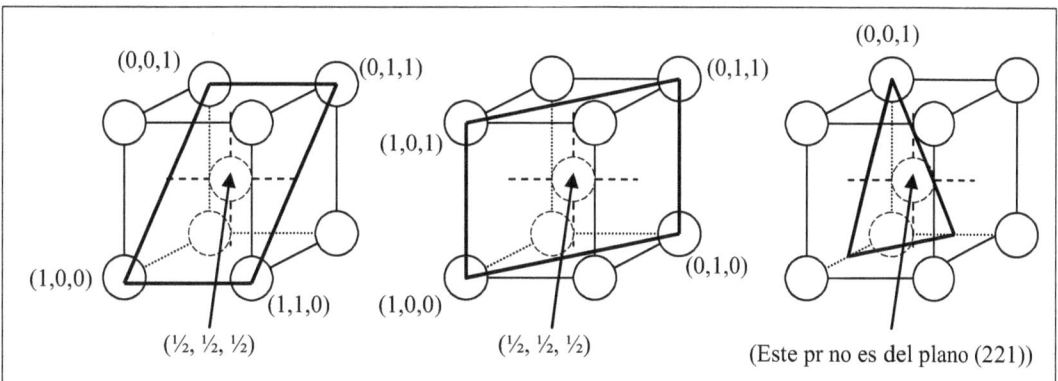

(Este pr no es del plano (221))

□ **Problema 4.5**

Para el caso del problema anterior, con una arista cuyo valor es de 0,5 nm, calculad:

a) La densidad lineal en las direcciones $[110]$, $[111]$ y $[100]$.
b) La densidad superficial de los planos (101) y (110).
c) La densidad reticular espacial de dicha celda cúbica I.

[Solución]

a) Dirección $[110]$:

Número de pr : $2 \cdot 1/2 = 1$

$a\sqrt{2}$: diagonal de la cara

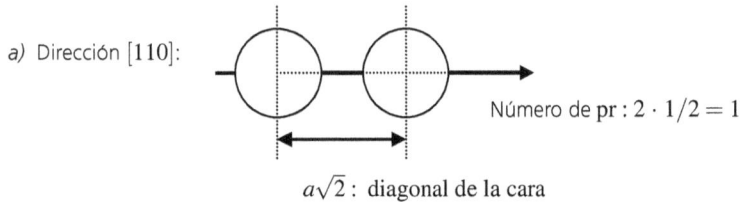

$$\rho_{[110]} = 1/(a\sqrt{2}) = 1/(0,5\sqrt{2}) = 1,414 \text{ pr/nm}$$

Dirección $[111]$:
(Máxima densidad, los pr se tocan.)

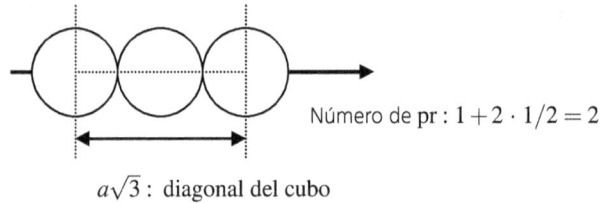

Número de pr : $1 + 2 \cdot 1/2 = 2$

$a\sqrt{3}$: diagonal del cubo

$$\rho_{[111]} = 2/(a\sqrt{3}) = 2/(0,5\sqrt{3}) = 2,309 \text{ pr/nm}$$

Dirección $[100]$:

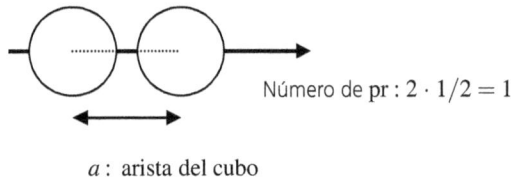

Número de pr : $2 \cdot 1/2 = 1$

a : arista del cubo

$$\rho_{[100]} = 1/a = 1/0,5 = 2 \text{ pr/nm}$$

b) Plano (101): es un plano que se corresponde con el plano diagonal del cubo.

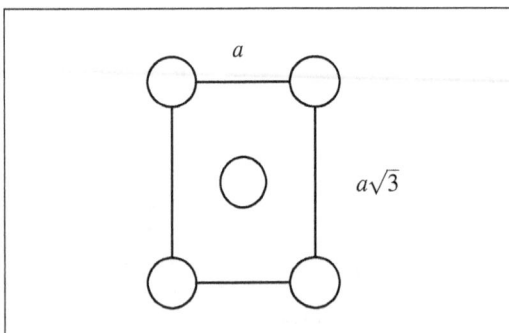

Número de pr : $4 \cdot 1/4 + 1 = 2$

$$\rho_{(101)} = 2/(a \cdot a\sqrt{3}) = 2/(0,5^2 \cdot \sqrt{3}) =$$
$$= 4,62 \text{ pr/nm}^2$$

(El plano (101) tiene la máxima densidad superficial y los pr se tocan, aunque para visualizarlo mejor se han dibujado los pr separados.)

Plano (110): es un plano que se corresponde con el plano diagonal del cubo. Su densidad superficial es la misma para todos los planos diagonales y vale $4,62 \text{ pr/nm}^2$.

c) Densidad reticular espacial:

Número de **pr** en la celda cúbica I : $8 \cdot 1/8 + 1 = 2$

$$\rho_{reticular} = 2/a^3 = 2/0,5^3 = 16 \text{ pr/nm}^3$$

■ Problema 4.6

Para una celda cristalina ortorrómbica (o rómbica) C, los valores de las aristas o de los parámetros son: $a = 0,3$ nm, $b = 0,5$ nm y $c = 0,7$ nm.

a) Indicad las coordenadas de sus puntos reticulares.

b) Calculad la densidad superficial del plano (020).

[Solución]

a)

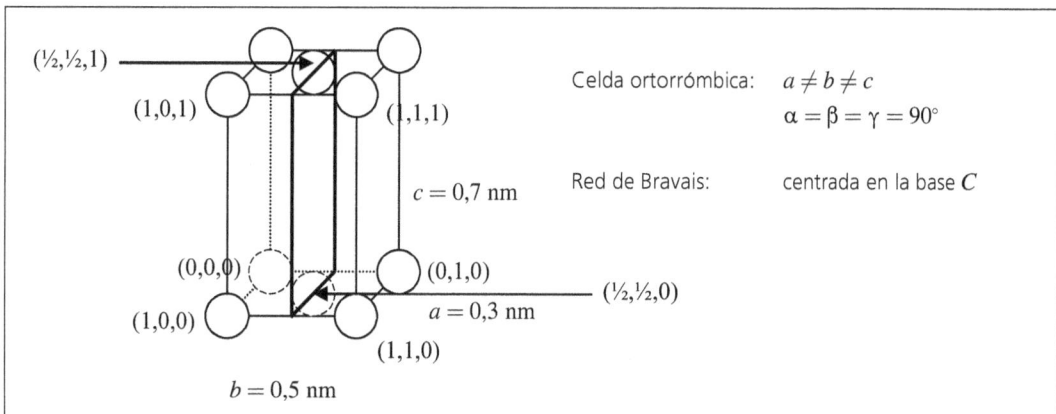

Celda ortorrómbica: $a \neq b \neq c$
$\alpha = \beta = \gamma = 90°$

Red de Bravais: centrada en la base C

b) El plano (020) es el marcado con trazo más fuerte en la celda.

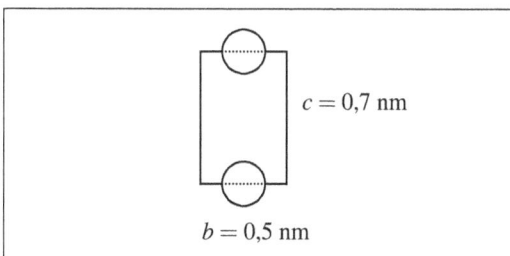

Número de **pr** : $2 \cdot 1/2 = 1$

$$\rho_{(020)} = 1/b \ c = 1/(0,5 \cdot 0,7) -$$
$$= 2,857 \text{ pr/nm}^2$$

Factor de empaquetamiento y factor de huecos

■ Problema 4.7

Una celda cristalina cúbica F está formada por átomos todos iguales de radio 0,077 nm. Los átomos, además de ocupar los puntos reticulares de la celda cúbica F, ocupan los puntos: $(^1/_4, ^1/_4, ^1/_4), (^3/_4, ^3/_4, ^1/_4),$ $(^1/_4, ^3/_4, ^3/_4)$ y $(^3/_4, ^1/_4, ^3/_4)$.

a) Dibujad la proyección de la estructura en el plano *C* (la base).

b) Calculad la longitud de enlace, el ángulo que forman dos enlaces adyacentes y la arista del cubo.

c) Determinad el factor de empaquetamiento de la estructura.

[Solución]

a) Los puntos $(^1/_4, ^1/_4, ^1/_4), (^3/_4, ^3/_4, ^1/_4), (^1/_4, ^3/_4, ^3/_4)$ y $(^3/_4, ^1/_4, ^3/_4)$ están en 4 de los 8 huecos tetraédricos que tiene la celda cúbica *F*.

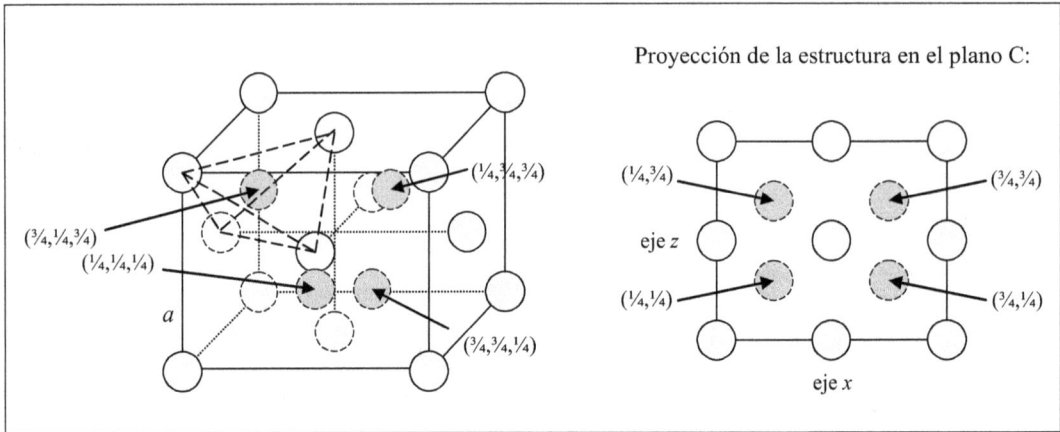

Proyección de la estructura en el plano C:

b) El ángulo que forman dos enlaces adyacentes es un *ángulo tetraédrico* de 109,5°, ya que están ocupando los huecos tetraédricos.

La longitud de enlace es la distancia internuclear. Luego: $l_{enlace} = 2R$ (R = radio del pr)

$$l_{enlace} = 2 \cdot 0,077 = 0,154 \text{ nm}$$

Los huecos tetraédricos están situados en la diagonal del cubo $(a\sqrt{3})$ y a la distancia de $1/4$ del punto reticular de la red cúbica *F*.

$$(a\sqrt{3})/4 = 2R \qquad a = (4 \cdot 2R)/\sqrt{3} = (8 \cdot 0,077)/\sqrt{3} = 0,356 \text{ nm}$$

c) Factor de empaquetamiento: $FE = V_{ocupado}/V_{celda} = (z \cdot 4/3\pi R^3)/a^3$

$$FE = (8 \cdot 4/3\pi \cdot 0,077^3)/0,356^3 = 0,339.$$

El 33,9 % de la celda está llena y el 66,11 % está vacía.

■ **Problema 4.8**

Un átomo de peso molecular 27 g · mol^{-1} cristaliza en una celda cúbica centrada en las caras o *Cub F* de arista 0,41 nm.

a) Calculad el radio del átomo.

b) Hallad las dimensiones que debería tener el átomo si cristalizase en una red hexagonal compacta *HCP*.

c) Calculad en la red hexagonal compacta (*HCP* o *HC*) su factor de empaquetamiento.

a) Dirección de máxima densidad: diagonal cara $= a\sqrt{2}$

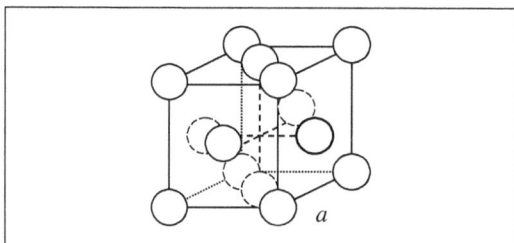

Número de pr en la diagonal : $1 + 2 \cdot 1/2 = 2$

$2\,\text{pr} = 4R \qquad a\sqrt{2} = 4R$

$R = (a\sqrt{2})/4 \qquad R = (0{,}41\sqrt{2})/4$

$R = 0{,}145\ \text{nm}$

b) La arista de la celda cúbica F es distinta a la arista de la base de una celda hexagonal compacta, HCP.

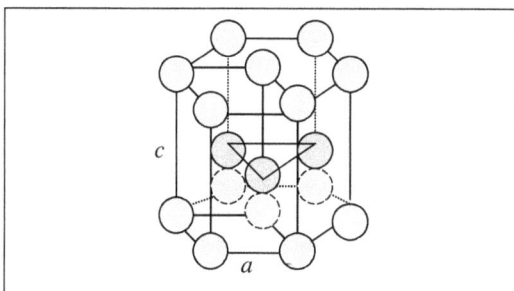

$$a_{\text{cúb}F} \neq a_{HCP}$$

$$a_{HCP} = 2R = 2 \cdot 0{,}145 = 0{,}290\ \text{nm}$$

$$c = 1{,}63a = 1{,}63 \cdot 0{,}290 = 0{,}4727\ \text{nm}$$

c) $\quad FE_{HCP} = FE_{Cub\,F}$

(Cómo hemos visto en el apartado 4.10.)

$FE_{Cub\,F} = (z \cdot 4/3\pi R^3)/a^3_{Cub\,F} = (4 \cdot 4/3\pi 0{,}145^3)/0{,}41^3 = 0{,}7407$

$FE_{HCP} = 0{,}74$

Empaquetamiento máximo para HCP y $Cub\ F$.

■ **Problema 4.9**

Una celda cúbica centrada en las caras o $Cub\ F$ de arista 0,40 nm está formada por átomos cuyo radio tiene un valor de 0,125 nm. Calculad:

a) Su factor de empaquetamiento y su factor de huecos.

b) El parámetro que debería tener esta celda para que presente un empaquetamiento máximo.

a) Número de pr en $Cub\ F = 8 \cdot 1/8 + 6 \cdot 1/2 = 4$

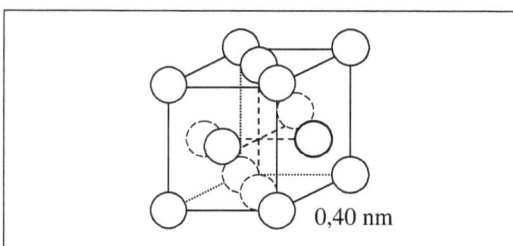

$$FE = (4 \cdot 4/3\pi R^3)/a^3$$

$$FE = (4 \cdot 4/3\pi 0{,}125^3)/0{,}40^3 =$$

$$= 0{,}511$$

$$FH = 1 - 0{,}511 = 0{,}489$$

b) Para que el empaquetamiento sea máximo, la dimensión de la arista debe ser mínima.

Para una celda *Cub F*, el empaquetamiento máximo es de 0,74. Luego:

$$0,74 = (4 \cdot 4/3\pi 0,125^3)/a^3 \text{ (mínima)}$$

$$a \text{ (mínima)} = 0,3535 \text{ nm}$$

Determinación de estructuras cristalinas por rayos X

■ Problema 4.10

La plata cristaliza en un sistema *FCC* (cúbico centrado en las caras) y tiene un radio de 0,144 nm a temperatura ambiente. Cuando una muestra de plata se coloca en una cámara de rayos X de longitud de onda de 0,071 nm, se observa que el ángulo de Bragg (θ) de los planos (111) disminuye 0,11° al calentar la plata desde la temperatura ambiente hasta los 800 °C. Si se sabe que la estructura cristalina no cambia, calculad la variación que se produce en la arista del cubo al calentar la muestra.

[Solución]

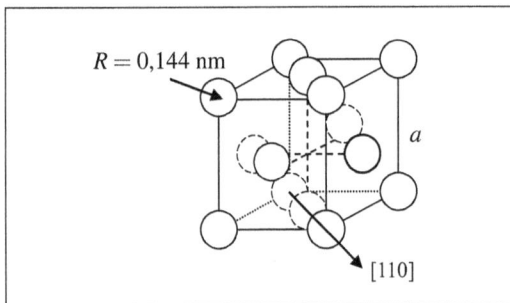

Calculamos la arista a la temperatura ambiente:

La dirección de máxima densidad [110] permite hallar la relación entre el radio R y la arista a.

$$a\sqrt{2} = 4R \quad a = 4R/\sqrt{2} = (4 \cdot 0,144)/\sqrt{2}$$

$$a = 0,4073 \text{ nm}$$

Para el sistema cúbico:

$$d_{(111)} = \frac{a}{\sqrt{h^2+k^2+l^2}} = \frac{0,4073}{\sqrt{3}} = 0,235 \text{ nm}$$

Aplicando la ley de Bragg: $\lambda = 2d \operatorname{sen}\theta$; $\quad 0,071 = 2 \cdot 0,235 \operatorname{sen}\theta$.

Se obtiene: $\theta = 8,69°$ a temperatura ambiente.

Cuando la temperatura aumenta hasta $T = 800°C$ ⇨ $\theta' = 8,69° - 0,11° = 8,58°$.

Aplicamos la ley de Bragg: $0,071 = 2 \cdot d_{800°C} \operatorname{sen} 8,58°$ ⇨ $d_{800°C} = 0,238 \text{ nm}$.

La nueva arista a 800 °C vale: $0,238 = a'/\sqrt{3}$; $\quad a'_{800°C} = 0,412 \text{ nm}$.

El aumento del valor de la arista (Δa) es: $\Delta a = 0,412 - 0,4073 = 0,0047 \text{ nm}$

■ Problema 4.11

Una muestra de molibdeno *BCC* (sistema cúbico centrado en el interior) de arista 0,315 nm se coloca en un difractómetro de rayos X y se observa un ángulo de difracción de los planos (200) de 58,618°. Indicad cuál será la distancia a la que hay que colocar la cámara de película plana para una muestra de hierro *FCC* (sistema cúbico centrado en las caras) de arista 0,363 nm para que el anillo de los planos (111) aparezca a 1 cm del centro del diagrama.

Mo (BCC) :   Ángulo de difracción: $2\theta = 58{,}618°$

                Ángulo de Bragg: $\theta = 58{,}618/2 = 29{,}309°$

Para el sistema cúbico: $d_{(200)} = \dfrac{a}{\sqrt{h^2 + k^2 + l^2}} = \dfrac{0{,}315}{\sqrt{4}} = 0{,}1575$ nm

Ley de Bragg: $\lambda = 2d\,\mathrm{sen}\,\theta$; $\lambda = 2 \cdot 0{,}1575\,\mathrm{sen}\,29{,}309 = 0{,}1542$ nm.

Fe (FCC) :   Planos (111). La λ será la misma en ambos casos, el Mo (BCC) y el Fe (FCC).

Para el sistema cúbico: $d_{(111)} = \dfrac{a}{\sqrt{h^2 + k^2 + l^2}} = \dfrac{0{,}363}{\sqrt{3}} = 0{,}209$ nm

Ley de Bragg: $\lambda = 0{,}1542 = 2 \cdot 0{,}209\,\mathrm{sen}\,\theta_{(111)}$; $\theta_{(111)} = 21{,}585°$.

Aplicando la ecuación: $\mathrm{tg}\,2\theta = \dfrac{D/2}{SFD}$ $\begin{cases} D: & \text{diámetro del anillo en la pantalla} \\ SFD: & \text{distancia de cámara o distancia entre la muestra cristalina} \\ & \text{y la pantalla} \end{cases}$

$$\mathrm{tg}(2 \cdot 21{,}585°) = (1\ \mathrm{cm})/SFD;$$

despejando el valor de la distancia de cámara: $SFD = 1/\mathrm{tg}\,43{,}17° = 1{,}066$ cm

■ Problema 4.12

De la difracción de rayos X de una muestra metálica en polvo con longitud de onda λ es igual a $0{,}154$ nm, se han obtenido los siguientes resultados: 2θ : $44{,}4°$, $81{,}8°$, $115{,}3°$, $135{,}5°$ y $177{,}7°$. Se sabe que la estructura es cúbica con un valor de arista de $0{,}289$ nm.

a) Determinad la red de Bravais que le corresponde.

b) Calculad la densidad superficial de los planos de empaquetamiento máximo y la densidad lineal de las direcciones más densas.

a) Se aplica la expresión: $\mathrm{sen}^2\,\theta = \dfrac{\lambda^2}{4a^2}(h^2 + k^2 + l^2) = A \cdot N$

$$A = \lambda^2/4a^2 = 0{,}154^2/(4 \cdot 0{,}289^2) = 0{,}071\ \text{(valor constante)}$$

$$N = \mathrm{sen}^2\,\theta/A \ \ \Rightarrow\ \ N = 2\ \text{(Se repite con los demás valores de } \mathrm{sen}^2\,\theta.)$$

2θ	$\mathrm{sen}^2\,\theta$	A	N	$(h\,k\,l)$
44,4	0,1428	0,071	2	(110)
64,5	0,2847	0,071	4	(200)
81,8	0,4287	0,071	6	(211)
115,3	0,7137	0,071	10	(310)
135,5	0,8566	0,071	12	(222)
177,7	0,9996	0,071	14	(321)

Como N es $(h^2 + k^2 + l^2)$, sabiendo el valor de N conoceremos los índices de Miller de los planos $(h\,k\,l)$.

Como $h + k + l =$ par $\Rightarrow$ La red de Bravais de la celda es BCC.

(Consulta el apartado 4.8.2.)

b) Estructura *BCC*:

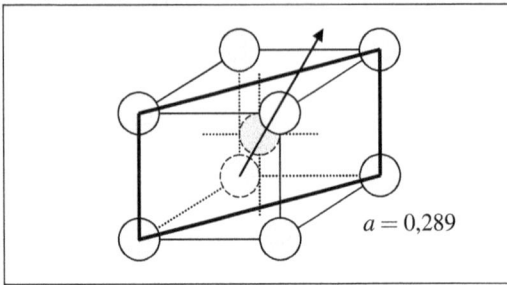

El plano de máximo empaquetamiento es el plano diagonal del cubo. Por ejemplo, el (110), señalado en la figura.

$$\text{Número pr en el plano } (110) = 4 \cdot 1/4 + 1 = 2$$
$$\text{Área plano } (110) = (a\sqrt{2}) \cdot a =$$
$$= 0{,}289^2 \sqrt{2} = a =$$
$$= 0{,}289 \text{ nm} =$$
$$= 0{,}118 \text{ nm}^2$$

$$\rho_{(110)} = 2/0{,}118 = 16{,}9 \text{ pr/nm}^2$$

La densidad lineal más alta es la de la dirección que corresponde a la diagonal del cubo $[111]$ señalada en la figura anterior.

Número de pr en $[111] = 2 \cdot 1/2 + 1 = 2$.

Longitud de la diagonal en la dirección $[111] = a\sqrt{3} = 0{,}289\sqrt{3} = 0{,}5$ nm.

$$\rho_{[111]} = 2/0{,}5 = 4 \text{ pr/nm}$$

■ Problema 4.13

Un cristal de estructura cúbica se difracta cuando se usa una radiación de rayos X de longitud de onda de 0,149 nm. Presenta las primeras seis reflexiones para los planos (100), (110), (111), (200), (210) y (211). El diámetro del anillo correspondiente a los planos (111) registrado en una pantalla fotográfica plana es de 5,15 cm cuando la longitud de cámara (*SFD*) tiene un valor de 3,25 cm.

a) Indicad el tipo de red de Bravais a la que pertenece.

b) Calculad el parámetro o arista de la red.

c) Calculad la densidad cristalina del compuesto suponiendo que su peso molecular es de 74,5 g · mol^{-1}.

[Solución]

a) Las seis reflexiones, correspondientes a los seis planos, no guardan ninguna condición: (100), (110), (111), (200), (210) y (211).

Son índices de Miller aleatorios, luego ⇨ Red de Bravais: Cúbica P

b) $\text{tg } 2\theta = (D/2)/SFD = (5{,}15/2)/3{,}25 = 0{,}792 \quad 2\theta = 38{,}39° \quad \theta = 19{,}19°$

Ley de Bragg: $\lambda = 2d_{(hkl)} \text{ sen } \theta \quad 0{,}149 = 2d_{(hkl)} \text{ sen } 19{,}19° \quad d_{(hkl)} = 0{,}227$ nm

Sistema cristalino Cúbico: $d_{(111)} = \dfrac{a}{\sqrt{h^2 + k^2 + l^2}} \quad 0{,}227 = \dfrac{a}{\sqrt{3}} \quad a = 0{,}39$ nm

c) Densidad cristalina $= \dfrac{z \cdot M/N_A}{a^3} = \dfrac{(8 \cdot 1/8 \cdot 74{,}5)/(6{,}022 \cdot 10^{23})}{0{,}39^3 \cdot (10^{-7})^3} = 2{,}09$ g/cm^3

Metales y empaquetamientos metálicos

☐ Problema 4.14

Un metal se empaqueta en una red cúbica centrada en el interior (BCC), y presenta una distancia entre planos (110) cuyo valor es de 0,13 nm. Calculad:

a) La arista del cubo.

b) El radio atómico del metal.

[Solución]

a) Sistema Cúbico BCC

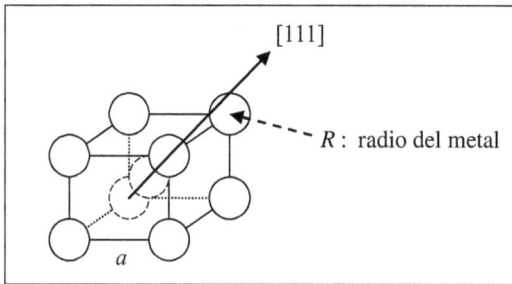

Sistema cristalino cúbico:

$$d_{(110)} = \frac{a}{\sqrt{h^2 + k^2 + l^2}}$$

$$0,13 = \frac{a}{\sqrt{2}}$$

$$a = 0,184 \text{ nm}$$

b) La dirección de máxima densidad es la diagonal de la celda ⇨ $[111]$ diagonal del cubo

$$a\sqrt{3} = 4R$$

Despejando el radio metálico: $R_{\text{metal}} = (0,184\sqrt{3})/4 = 0,079 \text{ nm}$

■ Problema 4.15

El cobre cristaliza en una estructura cúbica centrada en las caras (FCC). La difracción de rayos X de longitud de onda de 0,154 nm sobre una muestra de Cu da lugar a un anillo en la película fotográfica plana de radio 4,7 cm cuando la distancia de cámara (SFD) es de 5 cm.

a) ¿A qué conjunto de planos corresponde dicho anillo?

b) ¿Cuál es el ángulo de Bragg de los planos?

c) Calculad el radio del átomo de Cu.

[Solución]

a) Sistema Cúbico FCC

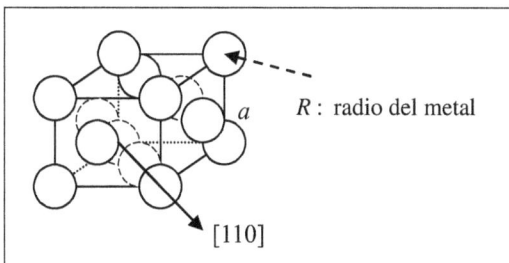

El conjunto de planos al que corresponde el primer anillo es (111), por ser la red de Bravais cúbica centrada en las caras o FCC.

b) $\mathrm{tg}\, 2\theta = 4{,}7/5 = 0{,}94 \quad 2\theta = 43{,}23 \quad \theta = 21{,}61°$

c) Ley de Bragg: $\qquad \lambda = 2d_{(111)} \,\mathrm{sen}\,\theta$

$$0{,}154 = 2d_{(111)} \,\mathrm{sen}\, 21{,}61°$$
$$d_{(111)} = 0{,}209 \text{ nm}$$

La dirección de máxima densidad en una red FCC es la diagonal de una cara y es la dirección $[110]$

$$a\sqrt{2} = 4R_{Cu} \qquad R_{Cu} = 0{,}128 \text{ nm}$$

☐ Problema 4.16

El latón es una mezcla sólida formada por cobre, Cu ($R = 0{,}128$ nm) y por cinc, Zn ($R = 0{,}140$ nm). Su estructura cristalina es cúbica, ordenada de manera que cada átomo de Cu está coordinado con ocho átomos de Zn y cada átomo de Zn está coordinado con ocho átomos de Cu.

a) Indicad la red de Bravais que adopta la aleación de $Cu - Zn$.

b) Definid las posiciones de los átomos de Cu y de Zn en la estructura.

c) Calculad el valor del parámetro de la red.

d) Calculad el factor de empaquetamiento y la densidad del latón.

[Solución]

a) El número o índice de coordinación en el latón es ocho, tal como se indica en el enunciado del problema, luego el hueco que tiene la red cristalina es cúbico (1 átomo rodeado de 8 átomos) ⟹ $NC = 8$

La red de Bravais es cúbica centrada en el interior, BCC (Con el átomo de Cu o el de Zn centrados en el interior del cubo.)

b) El Zn ocupa los vértices del cubo, y el Cu, el interior del cubo. También puede ser al revés y sería igualmente correcto.

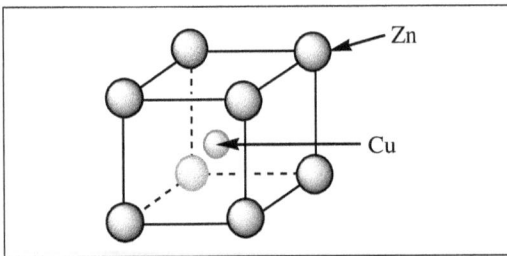

c) Para calcular el parámetro a, se busca la dirección de máxima densidad, que es la diagonal del cubo $[111]$.

$$a\sqrt{3} = 2R_{Cu} + 2R_{Zn}$$
$$a = (2 \cdot 0{,}128 + 2 \cdot 0{,}140)/\sqrt{3} = 0{,}31 \text{ nm}$$

d) $FE = \dfrac{V_{ocupado}}{V_{celda}} = \dfrac{(8 \cdot 1/8)\, V_{Zn} + 1 \cdot V_{Cu}}{a^3} = \dfrac{0{,}0115 + 0{,}0088}{0{,}31^3} = 0{,}68$

$$V_{Zn} = 4/3\,\pi\, 0{,}140^3 = 0{,}0115 \text{ nm}^3 \qquad V_{Cu} = 4/3\,\pi\, 0{,}128^3 = 0{,}0088 \text{ nm}^3$$

$$\text{Densidad (latón)} = \frac{z \cdot M/N_A}{a^3} = \frac{(1\, Zn \cdot 65{,}3 + 1\, Cu \cdot 63{,}5)/(6{,}022 \cdot 10^{23})}{0{,}31^3 \cdot (10^{-7})^3} = 7{,}18 \text{ g/cm}^3$$

Problema 4.17

Un metal de radio R igual a 0,143 nm cristaliza en una red cúbica centrada en las caras (FCC).

a) Calculad el parámetro de la red.

b) ¿Será posible introducir un átomo de carbono de radio R igual a 0,077 nm en una posición intersticial o hueco?

[Solución]

a) Red FCC

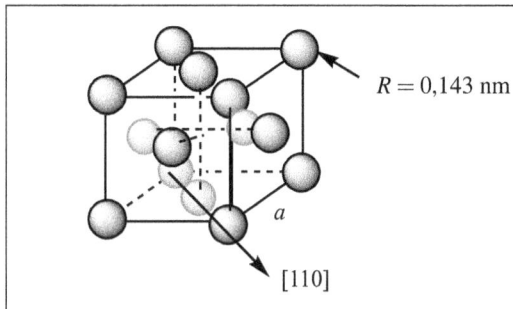

$R = 0,143$ nm

a

[110]

La dirección de máxima densidad es la diagonal de la cara, [110].

$$a\sqrt{2} = 4R$$
$$a = 4R/\sqrt{2} = (4 \cdot 0,143)/\sqrt{2} = 0,4045 \text{ nm}$$

b) Para saber si el carbono de $R = 0,077$ nm cabe en un hueco de la red FCC, se calculan los radios de los huecos octaédricos y tetraédricos de la red FCC.

Los *huecos octaédricos* se encuentran en el interior del cubo y en mitad de las aristas. El número de ellos por celda es:

$$1 + 12 \cdot 1/4 = 4$$

$$R_{\text{hueco octaédrico}} = a/2 - R_{\text{metal}} = 0,4045/2 - 0,143 = 0,059 \text{ nm}$$

$R_{\text{hueco octaédrico}} < R_{\text{(radio del carbono)}}$ $0,059 < 0,077$ ⇨   Luego el C no cabe en el hueco octaédrico

Los *huecos tetraédricos* se encuentran en el interior de la celda cúbica y son 8.

$$R_{\text{hueco tetraédrico}} = (a\sqrt{3}/4) - R_{\text{metal}} = (0,4045\sqrt{3})/4 - 0,143 = 0,032 \text{ nm}$$

$R_{\text{hueco tetraédrico}} < R_{\text{(radio del carbono)}}$ $0,032 < 0,077$ ⇨   Luego el C no cabe en el hueco tetraédrico

Cristales iónicos y covalentes

Problema 4.18

¿Cuál de los siguientes compuestos iónicos, CaO o KI, tiene el punto de fusión más alto?

[Solución]

Los iones Ca^{2+} y los iones O^{2-} tienen una carga mayor que los iones K^+ y los iones I^-. Además, el ión Ca^{2+} es de menor tamaño que el ión K^+, y el ión O^{2-} es menor que el ión I^-. Luego las fuerzas de atracción electrostática entre los iones del CaO cristalino son mayores que en el cristal de KI. Luego, el cristal de óxido de calcio CaO tiene un punto de fusión mayor que el cristal de yoduro de potasio KI.

Los valores reales son $2.590\,°C$ para el CaO y $677\,°C$ para el KI.

Problema 4.19

El CdS tiene la misma estructura que el ZnS (blenda). Los radios de los iones son de 0,084 nm para el Cd^{2+} y de 0,174 nm para el S^{-2}. Calculad:

a) La densidad de aniones y de cationes en el plano (110).

b) La densidad cristalina del CdS.

Datos: $Cd = 112,4 \, g \cdot mol^{-1}$ y $S = 32,06 \, g \cdot mol^{-1}$.

[Solución]

a) Su estructura es:

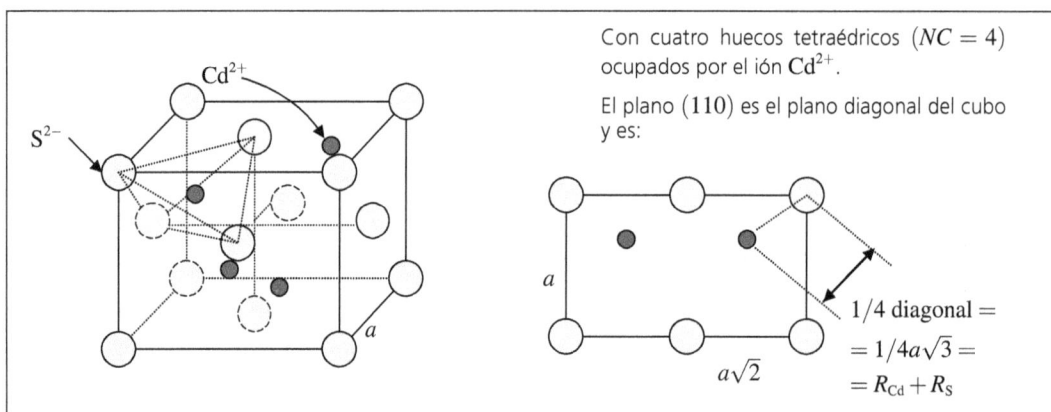

Con cuatro huecos tetraédricos ($NC = 4$) ocupados por el ión Cd^{2+}.

El plano (110) es el plano diagonal del cubo y es:

$$1/4 \text{ diagonal} = 1/4 a\sqrt{3} = R_{Cd} + R_S$$

$$\frac{a\sqrt{3}}{4} = R_{Cd} + R_S \qquad a = \frac{4(0,084 + 0,174)}{\sqrt{3}} = 0,596 \text{ nm}$$

$$\rho_{(110)} (Cd^{2+}) = 2/(a^2\sqrt{2}) = 2/(0,596^2\sqrt{2}) = 3,98 \; Cd^{2+}/nm^2$$

$$\rho_{(110)} (S^{2-}) = 2/(0,596^2\sqrt{2}) = 3,98 \; S^{2-}/nm^2$$

b) Densidad cristalina $(CdS) = \dfrac{z \cdot M_{CdS}/N_A}{a^3} = \dfrac{(4 \, CdS) \cdot (144,46)/(6,023 \cdot 10^{23})}{0,596^3 \cdot (10^{-7})^3} = 4,53 \text{ g/cm}^3$

Problema 4.20

El óxido de uranio IV cristaliza en una estructura tipo fluorita. El radio del U^{4+} es de 0,105 nm y el del O^{2-} es de 0,132 nm.

a) Calculad el parámetro o arista de la celda cristalina unidad, la densidad de aniones y la de cationes en el plano (011), así como su factor de empaquetamiento.

b) Si se prepara una disolución sólida con la composición en peso siguiente: 79,16 % de U, 11,71 % de O y 9,13 % de Ba. ¿Son los aniones o los cationes los que están en menor cantidad? Calculad el porcentaje de vacantes que se generan y el número de vacantes por celda.

Datos: $M(U) = 238 \text{ g/mol}$, $M(O) = 16 \text{ g/mol}$ y $M(Ba) = 137,3 \text{ g/mol}$

a) El óxido de uranio(IV) UO_2 tiene una estructura tipo fluorita CaF_2

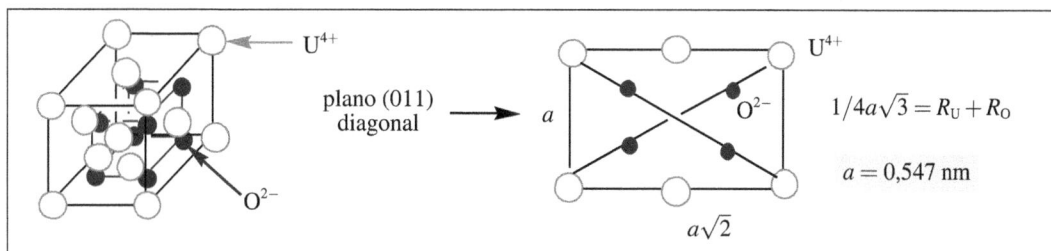

$$\rho\,(U^{4+}) = (4 \cdot 1/4 + 2 \cdot 1/2)/a^2\sqrt{2} = 4{,}73\ U^{4+}/nm^2$$
$$\rho\,(O^{2-}) = 4/a^2\sqrt{2} = 9{,}45\ O^{2-}/nm^2$$

$$FE = \frac{V_{ocupado}}{V_{celda}} = \frac{4(4/3 \cdot 3{,}14 \cdot R_U) + 8(4/3 \cdot 3{,}14 \cdot R_O)}{a^3} = 0{,}588 \quad \Rightarrow \quad 58{,}8\,\% \text{ ocupado}$$

b)   U: $79{,}16/238 = 0{,}33$ $0{,}33/0{,}066 = 5$
      O: $11{,}71/16 = 0{,}73$ $0{,}73/0{,}066 = 11$ $\left.\right\}$ Fórmula de la disolución sólida: $U_5BaO_{11} \equiv 5\ UO_2 \cdot BaO$
     Ba: $9{,}13/137{,}3 = 0{,}066$ $0{,}066/0{,}066 = 1$

Relación estequiométrica (UO_2) $\Rightarrow$ $1:2$
Relación estequiométrica (U_5BaO_{11}) $\Rightarrow$ $6:11$ debería ser $6:12$ (Luego falta un anión.)

Vacante aniónica, o lo que es lo mismo, falta un O^{2-}.

$$\% \text{ vacantes} = (1/12) \cdot 100 = 8{,}33\,\%$$

La celda de UO_2, al ser una red cúbica F respecto a los cationes U^{4+}, posee cuatro cationes en sus puntos reticulares. La disolución formada entre el disolvente UO_2 y el soluto BaO, que tiene de fórmula U_5BaO_{11}, indica que el número de cationes que posee la nueva disolución es de seis (5 iones U^{4+} y 1 ión Ba^{2+}), luego estos ocupan una celda y media. Puede escribirse:

1 vacante cada 1,5 celdas $\Rightarrow$ 0,66 vacantes/celda

■ Problema 4.21

Una disolución sólida formada por ZrO_2 y por CaO adopta la forma cúbica del ZrO_2 con un ión Ca^{2+} por cada seis iones Zr^{4+} presentes. Los cationes se disponen en los puntos reticulares de una red cúbica centrada en las caras y los aniones en los huecos tetraédricos.

a) Calculad la distancia que existe entre aniones.

b) ¿Cuántos aniones O^{2-} hay por cada 1.000 cationes?

c) ¿Qué fracción de huecos tetraédricos está ocupada?

Datos: Los radios iónicos del Zr^{4+} y del O^{2-} son: $R_{Zr} = 0{,}085$ nm, $R_O = 0{,}127$ nm.

a) Según los datos que se dan, el ZrO_2 tiene una estructura tipo fluorita (CaF_2).

La estequiometría del ZrO_2 es $1:2$, igual que la estequiometría de CaF_2.

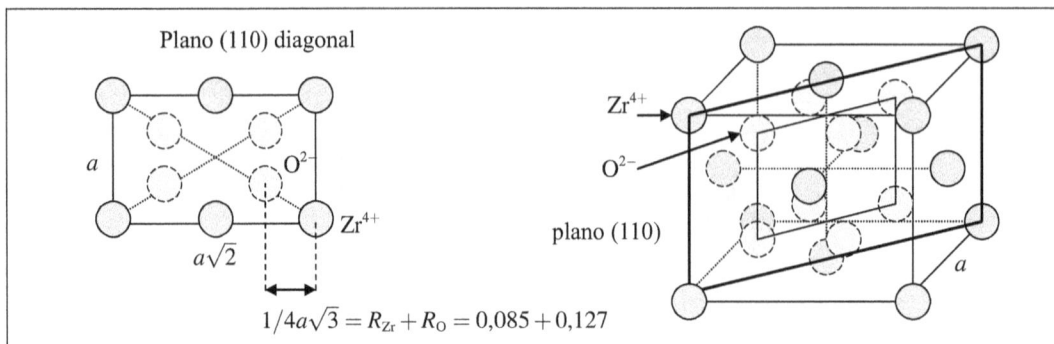

Plano (110) diagonal

$1/4 a\sqrt{3} = R_{Zr} + R_O = 0,085 + 0,127$

plano (110)

Despejando la arista,

$$a = \frac{4(0,085 + 0,127)}{\sqrt{3}} = 0,490 \text{ nm}$$

La distancia entre dos iones que se encuentran en los huecos tetraédricos es:

$$d_{O-O} = \frac{a}{2} = 0,245 \text{ nm}$$

b) La disolución sólida tiene en total siete cationes, ya que por cada seis Zr^{4+} hay un Ca^{2+}.

En 1.000 cationes formados por Zr^{4+} y por Ca^{2+}, el número de cationes Zr^{4+} que hay es:

$$1.000 \, (6 \, Zr^{4+}/7 \text{ cationes}) = 857 \, Zr^{4+}$$

Luego, el número de iones Ca^{2+} es la diferencia: $1.000 - 857 = 143 \, Ca^{2+}$.

El número total de aniones O^{2-} para los óxidos de ZrO_2 y de CaO son los siguientes:

$$\left. \begin{array}{l} ZrO_2 \quad 857 \cdot 2 = 1.714 \, O^{2-} \\ CaO \quad 143 \cdot 1 = 143 \, O^{2-} \end{array} \right\} \quad \text{Total de aniones } O^{2-} = 1.714 + 143 = 1.857 \text{ aniones } O^{2-}$$

c) En la celda de óxido de circonio(IV), ZrO_2 (tipo fluorita) hay ocho huecos tetraédricos ocupados por los aniones O^{2-} y cuatro puntos reticulares de una red centrada en las caras F, ocupados por cationes (Zr^{4+} y Ca^{2+}). Luego:

$$\frac{4 \text{ cationes}}{8 \text{ aniones}} \cdot \frac{1.857 \text{ aniones}}{1.000 \text{ cationes}} = 0,92686 \quad \Rightarrow \quad 92,86\% \text{ de los huecos tetraédricos están ocupados por } O^{2-}.$$

Problema 4.22

El silicio tiene una estructura tipo diamante con un parámetro de red de 0,543 nm. Para su utilización como material semiconductor se dopa con Al y el resultado es una disolución de sustitución que contiene 10^{21} átomos de Al por m^3 de volumen. Calculad:

a) El ángulo entre tres átomos de silicio, en esta estructura.

b) La densidad del silicio y su factor de empaquetamiento.

c) El número de celdas del Si por átomo de Al en el material dopado.

Dato: M (Si) $= 28{,}06$ g $\cdot$ mol^{-1}.

[Solución]

a) Red cúbica compacta (F) con cuatro átomos de Si en cuatro huecos tetraédricos.

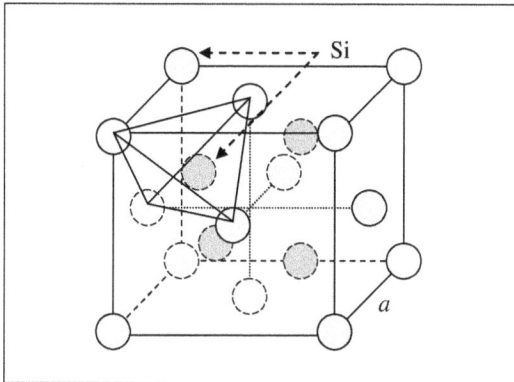

Ángulo Si $-$ Si $-$ Si $=$ ángulo tetraédrico $= 109{,}5°$

b) Densidad cristalina del Si $= \dfrac{z \cdot M/N_A}{a^3} = \dfrac{(8 \cdot 28{,}06)/(6{,}022 \cdot 10^{23})}{0{,}543 \cdot (10^{-7})^3} = 2{,}328$ g/cm^3

Considerando el plano diagonal (110) y por tanto la cuarta parte del valor de la diagonal del cubo que es donde se tocan los dos átomos de Si, se tiene:

$$(a\sqrt{3})/4 = 2R_{Si} \quad R_{Si} = 0{,}118 \text{ nm}$$

$$FE = \frac{V_{ocupado}}{V_{celda}} = \frac{8 \cdot V_{Si}}{a^3} = \frac{8 \cdot 4/3 \cdot 3{,}14 \cdot 0{,}118^3}{0{,}543^3} = 0{,}3424 \quad \Rightarrow \quad 34{,}24\,\% \text{ ocupado por Si}$$

c) $V_{celda} = a^3 = 0{,}543^3 = 0{,}160$ nm$^3 = 0{,}160 \cdot 10^{-9}$ m^3

$$\frac{10^{21} \text{ Al}}{\text{m}^3} \cdot \frac{0{,}160 \cdot 10^{-27} \text{ m}^3}{\text{celda}} = 0{,}160 \cdot 10^{-6} \text{ Al/celda}$$

$$\frac{1 \text{ átomo Al}}{0{,}160 \cdot 10^{-6} \text{ Al/celda}} = 6{,}25 \cdot 10^6 \text{ celdas}$$

☐ Problema 4.23

Buscad en la bibliografía algunas aplicaciones del grafito y, conocida su estructura, expuesta en la teoría, justificad sus propiedades.

[Solución]

a) Lápiz de grafito: si se ejerce una presión ligera sobre un trozo de grafito, las capas de grafito (C con hibridación sp^2) se deshacen y se deslizan unas sobre otras, porque el enlace entre capas es débil (C con electrón en orbital p).

b) Lubricante: tanto seco como en aceite, debido a que los planos de C unidos por fuerzas débiles pueden desplazarse unos sobre otros.

c) Electrodos de baterías y procesos industriales de electrolisis: como los electrones p están deslocalizados, se mueven a través de los planos de C hexagonales sp^2 cuando se aplica un campo eléctrico.

d) Fibras de grafito: es el grafito combinado con distintos plásticos para obtener materiales resistentes y ligeros, tales como raquetas de tenis, bicicletas, carrocerías de coches y aviones, etc.

Problemas propuestos

☐ Problema 4.1

Una celda unidad posee los siguientes parámetros cristalográficos:

$$a = 0,50 \text{ nm} \qquad b = 0,60 \text{ nm} \qquad c = 0,70 \text{ nm} \qquad \alpha = 90° \qquad \beta = 120° \qquad \gamma = 90°$$

a) ¿Cuál es su sistema cristalino?

b) Calculad la densidad superficial del plano (100).

☐ Problema 4.2

En una celda tetragonal centrada en el interior, dibujad los planos (101), (110) y (221). Indicad las coordenadas de los puntos reticulares que son cortados por los planos (101) y (221).

☐ Problema 4.3

Para una celda unidad cúbica centrada en las caras, $Cub\ F$, con un valor de arista 0,30 nm, calculad:

a) La densidad lineal en las direcciones $[001]$ y $[110]$.

b) La densidad superficial de los planos (001) y (111).

c) La densidad reticular espacial.

■ Problema 4.4

El estroncio (Sr) es un metal que cristaliza en tres formas alotrópicas a distintas temperaturas: una celda FCC de arista 0,61 nm; una celda HC de arista de la base de 0,432 nm y altura 0,706 nm, y una celda BCC de arista 0,485 nm. Sabiendo el peso atómico del Sr, que es de 87,62 g $\cdot$ mol^{-1}, calculad el radio metálico del Sr en las tres celdas.

☐ Problema 4.5

Para el caso del problema anterior, correspondiente al Sr, calculad:

a) La densidad en las direcciones de máxima densidad lineal de las tres celdas en las que cristaliza el Sr, que son FCC (cúbica centrada en las caras), HC (hexagonal compacta) y BCC (cúbica centrada en el interior).

b) La densidad cristalina del Sr en la celda BCC.

■ Problema 4.6

El metal niobio posee una estructura cúbica centrada en el interior, BCC. Si el ángulo de difracción de una radiación de rayos X, de longitud de onda λ igual a 0,166 nm, es de 75,66° para el conjunto de planos paralelos con índices de Miller (211), calculad el radio atómico del niobio.

Problema 4.7

Indicad qué red de Bravais es la que le corresponde a una estructura tetragonal centrada en las caras.

Problema 4.8

El Cu cristaliza en una estructura cúbica centrada en las caras, FCC de densidad $8,96$ g/cm^3. Si el peso atómico del Cu es de $63,55$ g $\cdot$ mol^{-1}, averiguad el radio de los huecos octaédricos de dicha estructura.

Problema 4.9

Los planos (111) de una red cúbica centrada en las caras $(Cub\ F)$ difractan los rayos X de longitud de onda λ igual a $0,10$ nm con un ángulo de $26,0°$ para un valor de n igual a la unidad. Calculad la densidad lineal en la dirección $[110]$ de dicha estructura.

Problema 4.10

Un cristal con una estructura cúbica centrada en el interior, $Cub\ I$, contiene moléculas de peso molecular igual a 72 g $\cdot$ mol^{-1}. Su celda unidad tiene una arista a igual a $0,566$ nm y su densidad cristalina es de $1,32$ g/cm^3. Calculad:

a) La distancia interplanar de los planos (110).
b) La densidad lineal de la dirección $[111]$.
c) Su factor de empaquetamiento y su factor de huecos.

Problema 4.11

El sulfuro de molibdeno, MoS_2, presenta dos formas cristalinas, una de las cuales es hexagonal. Los espaciados o distancias entre los planos (002) y entre los planos (100) para esta estructura son, respectivamente, $0,615$ nm y $0,274$ nm. Sabiendo que la densidad cristalina experimental de la estructura es de $4,80$ g/cm^3, calculad:

a) Los parámetros de la red del MoS_2 arista de la base y altura (a y c).
b) El punto reticular y el motivo de esta estructura cristalina.

Problema 4.12

Cuando se utiliza radiación de rayos X de longitud de onda λ igual a $0,154$ nm, el KCl presenta las siete primeras reflexiones con los ángulos de Bragg siguientes: $14,5°$; $20,6°$; $25,4°$; $29,6°$; $33,4°$; $37,1°$ y $44,8°$.

a) Indicad los planos responsables de las reflexiones anteriores.
b) Determinad el sistema cristalino, la red de Bravais y el parámetro de la red para el KCl.
c) Si la densidad cristalina experimental del KCl es de $4,23$ g/cm^3, determinad el punto reticular correspondiente a la red.

Problema 4.13

Un cristal de cloruro sódico, $NaCl$, presenta una densidad cristalina de $2,165$ g/cm^3. Por análisis de rayos X, se ha determinado un valor para su arista que es de $0,563$ nm para esta estructura. Calculad el porcentaje de puntos reticulares que están vacantes de iones Cl^- y de iones Na^+ en dicho cristal. (Es necesario conocer la estructura iónica cristalina del $NaCl$.)

Problema 4.14

Para una estructura metálica cúbica centrada en las caras (FCC) formada por átomos de radio 0,14 nm, el hueco situado en la posición $(1/2, 0, 0)$ será:

a) ¿Octaédrico o tetraédrico?

b) ¿Cuál será su tamaño?

Problema 4.15

Calculad los diámetros de los cinco primeros anillos del diagrama de difracción de una muestra de metal registrada sobre una película plana a una distancia de cámara (SFD) de 2 cm de longitud, con una radiación de rayos X de longitud de onda λ igual a 0,071 nm. Se sabe que la estructura del metal es BCC y que su arista vale 0,286 nm.

Problema 4.16

El diagrama de rayos X de λ igual a 0,154 nm y de longitud de cámara (SFD) de 3,32 cm de un material que cristaliza en el sistema cúbico de arista 0,607 nm, presenta, entre otras, la reflexión de los planos (330).

a) Averiguad si el ángulo de Bragg para esta reflexión es mayor o menor que para la reflexión correspondiente a los planos (220).

b) ¿Puede recogerse la reflexión de los planos (330) en una pantalla de tamaño 10×10 cm?

Problema 4.17

a) En una celda unidad cúbica, ¿qué ángulo forman las direcciones [100] y [210]?

b) En una red metálica cúbica centrada en el interior, BCC, ¿los planos (010) y (020) tienen la misma densidad? ¿Por qué?

Problema 4.18

Se dispone de una disolución sólida de fluorita, CaF_2 en la que la octava parte de los cationes Ca^{2+} han sido sustituidos por cationes Na^+. Calculad:

a) El parámetro de la red.

b) La densidad cristalina de la disolución sólida.

c) La fracción de vacantes de puntos reticulares, si los cationes Na^+ se sustituyen por cationes Ti^{4+}.

Datos: Radios: $F^- = 0,133$ nm, $Ca^{2+} = 0,099$ nm.

Masas atómicas: $F = 19$ g $\cdot$ mol^{-1}, $Ca = 40$ g $\cdot$ mol^{-1}, $Na = 23$ g $\cdot$ mol^{-1}.

Problema 4.19

El uranio presenta una estructura ortorrómbica de parámetros a igual a 0,285 nm, b igual a 0,587 nm y c igual a 0,496 nm. Su radio atómico es de 0,138 nm, y su densidad cristalina es de 19,05 g/cm^3. Calculad:

a) El tipo de red de Bravais que presenta el uranio.

b) El factor de empaquetamiento.

c) La distancia de cámara (SFD) que se debe emplear si se quiere obtener el primer anillo de difracción de rayos X usados con el uranio con un diámetro de 10 cm, si se sabe que la longitud de onda empleada es de $0,154$ nm.

Datos: M (U) $= 238$ g $\cdot$ mol^{-1}.

Distancia entre planos $(h\,k\,l)$ para la estructura ortorrómbica: $d_{(h\,k\,l)} = (h^2/a^2 + k^2/b^2 + l^2/c^2)^{-1/2}$.

□ **Problema 4.20**

Justificad, en función de su estructura, por qué el carbono que cristaliza como diamante es isotrópico (presenta las mismas propiedades en todas las direcciones), mientras que el carbono que cristaliza como grafito presenta anisotropía (las propiedades dependen de la dirección).

■ **Problema 4.21**

Una estructura hexagonal compacta (HC) está formada por átomos de radio de valor R nm.

a) Calculad los parámetros de la celda en función de R.

b) Calculad el radio de los huecos octaédricos y tetraédricos que posee.

c) Calculad la densidad de la dirección y la densidad del plano de máximo empaquetamiento.

d) Si a la estructura anterior HC se le sustituye el átomo de radio R por un átomo de masa atómica $65,4$ y de radio $0,14$ nm, calculad su densidad cristalina y su factor de empaquetamiento. ¿Variará el factor de empaquetamiento al disminuir el radio atómico. Justificad la respuesta.

Química orgánica. Composición y constitución de los compuestos orgánicos. Configuración y conformación

5.1 Introducción y objetivos

La química orgánica es la química de los compuestos de carbono.

El gran número que existe de estos compuestos y su gran complejidad se debe a las características del enlace del carbono, que puede formar enlaces hasta con cuatro átomos más. Este elemento puede unirse a otros átomos de carbono para formar largas cadenas de cientos o miles de átomos, siendo capaz de formar enlaces sencillos, dobles y triples.

Los átomos de carbono forman entre sí fuertes enlaces covalentes, dando lugar a cadenas lineales, a cadenas ramificadas y a ciclos. Existen innumerables posibilidades para las disposiciones espaciales de los átomos de carbono, lo que hace que esto sea la causa del gran número y la gran variedad de compuestos orgánicos.

Las moléculas orgánicas forman enlaces estables con átomos de carbono e hidrógeno (hidrocarburos) y sus enlaces también son estables con otros átomos con los que pueden combinarse, como oxígeno, nitrógeno, azufre, etc.

La configuración electrónica del átomo de carbono es:

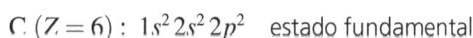

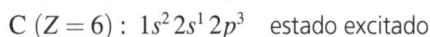

$$C\ (Z = 6):\ 1s^2\,2s^2\,2p^2 \quad \text{estado fundamental}$$
$$C\ (Z = 6):\ 1s^2\,2s^1\,2p^3 \quad \text{estado excitado}$$

Los compuestos orgánicos más simples están formados por carbono e hidrógeno y son los *hidrocarburos*. Por su estructura se clasifican en:

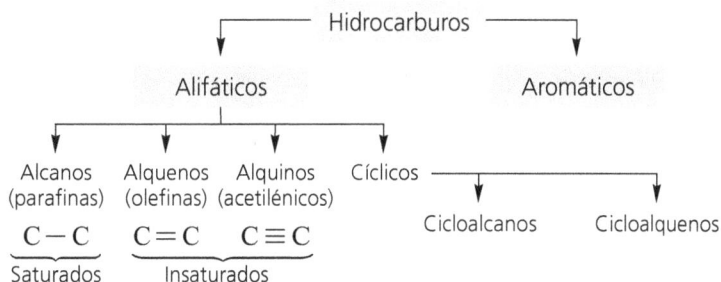

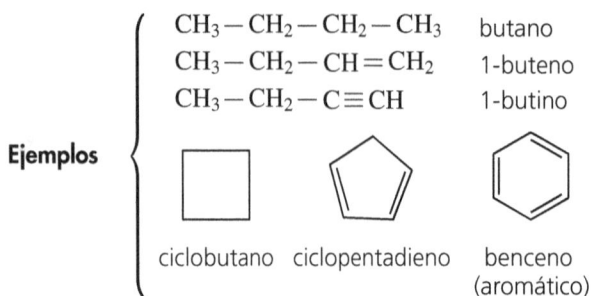

Ejemplos

$CH_3-CH_2-CH_2-CH_3$ butano
$CH_3-CH_2-CH=CH_2$ 1-buteno
$CH_3-CH_2-C\equiv CH$ 1-butino

ciclobutano   ciclopentadieno   benceno
(aromático)

5.2 Formas de enlace en el carbono. Simple, doble y triple

El enlace covalente está formado por dos electrones compartidos por igual entre los dos átomos que forman el enlace.

La hibridación del carbono en los compuestos orgánicos puede ser:

$sp^3 \longrightarrow$ geometría tetraédrica con cuatro electrones $(4\,e^-)$ formando ángulos tetraédricos de $109,5°$.

$sp^2 \longrightarrow$ geometría plana triangular con tres electrones $(3\,e^-)$ formando ángulos de $120°$.

$sp \longrightarrow$ geometría lineal con dos electrones $(2\,e^-)$ formando un ángulo de $180°$.

En las moléculas de hidrocarburos, el enlace entre dos carbonos y el enlace entre el carbono y el hidrógeno puede ser:

Enlace simple σ entre dos carbonos tetraédricos $\{(1\,e^-)\,sp^3 + (1\,e^-)\,sp^3 \longrightarrow$ enlace σ

Enlace doble, un enlace σ y un enlace π
$\begin{cases} (1\,e^-)\,sp^2 + (1\,e^-)\,sp^2 \longrightarrow \text{enlace σ} \\ (1\,e^-)\,p + (1\,e^-)\,p \longrightarrow \text{enlace π} \end{cases}$

Enlace triple, un enlace σ y dos enlaces π
$\begin{cases} (1\,e^-)\,sp + (1\,e^-)\,sp \longrightarrow \text{enlace σ} \\ (2\,e^-)\,p + (2\,e^-)\,p \longrightarrow \text{2 enlaces π} \end{cases}$

Enlace simple σ entre el carbono y el hidrógeno $\{(1\,e^-)\,sp^3 \text{ del } C + (1\,e^-)\,s \text{ del } H \longrightarrow$ enlace σ

La estructura o la geometría de cada molécula depende de la situación espacial de sus átomos, de las longitudes de sus enlaces y de los ángulos de enlace.

Ejemplo práctico 1

Representaciones de distintas moléculas con sus enlaces e hibridaciones:

a) La molécula de metano (CH_4) posee un enlace simple σ entre el carbono y cada uno de los hidrógenos.

Orbitales del C: 4 orbitales sp^3
Longitud de enlace: $0,17$ nm
Ángulos de enlace: $109,5°$

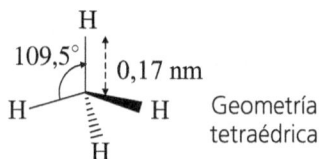

Geometría tetraédrica

b) La molécula de etano $(CH_3 - CH_3)$ posee un enlace simple σ entre los dos carbonos y también enlaces σ entre el carbono y cada uno de los hidrógenos.

Orbitales del C: 4 orbitales híbridos sp^3
Longitud de enlace $C - C$: 0,153 nm
Longitud de enlace $C - H$: 0,109 nm
Ángulos de enlace: 109,5°

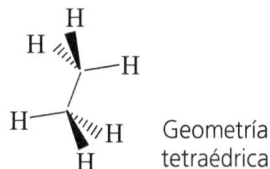

Geometría tetraédrica

c) La molécula de eteno o etileno $(CH_2 = CH_2)$ posee enlace doble entre los dos carbonos, uno de ellos es un enlace σ y el otro es un enlace π. Los enlaces entre el carbono y los hidrógenos son σ.

Orbitales del C: 3 orbitales híbridos sp^2
              y 1 orbital p
Longitud de enlace: 0,134 nm
Ángulos de enlace: 120°

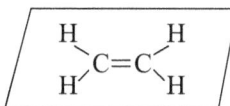

Molécula planar

d) La molécula de etino o acetileno $(HC \equiv CH)$ posee enlace triple entre los dos carbonos, uno de ellos es un enlace σ y los otros dos enlaces son enlaces π. Los enlaces entre el carbono y el hidrógeno son σ.

Orbitales del C: 2 orbitales híbridos sp
              y 2 orbitales p
Longitud de enlace: 0,121 nm
Ángulos de enlace: 180°

$$H-C\equiv C-H$$
Molécula lineal

5.2.1 Cálculo de las insaturaciones en hidrocarburos

Las fórmulas moleculares para los alcanos o parafinas, los alquenos o olefinas, los alquinos o acetilénicos y los ciclos son las siguientes:

Alcanos: C_nH_{2n+2} (enlaces simples σ entre carbonos)
Alquenos: C_nH_{2n} (un solo doble enlace entre carbonos o un solo ciclo)
Alquinos: C_nH_{2n-2} (un solo triple enlace entre carbonos o dos dobles enlaces)
                        siendo el valor del subíndice $n : 1, 2, 3, \ldots$

Dos hidrógenos menos equivalen a un doble enlace y un ciclo insatura lo mismo que un doble enlace. Teniendo en cuenta esto, el cálculo de las insaturaciones de los hidrocarburos (Ω) se realiza aplicando la expresión:

$$\text{Insaturaciones } (\Omega) = \frac{(\text{núm. de H en la molécula saturada}) - (\text{núm. de H en la molécula dada})}{2}$$

Si el compuesto orgánico posee una función con oxígeno, éste no se tiene en cuenta para el cálculo de las insaturaciones, mientras que los halógenos y los nitrógenos sí se consideran, de manera que la expresión anterior se convierte en la siguiente:

$$\text{Insaturaciones} = \frac{(\text{núm. de H de la molécula saturada}) - (\text{núm. de H} + \text{núm. de X} - \text{núm. de N de la molécula dada})}{2}$$
$$(\Omega)$$

Siendo en la expresión anterior:
$$\begin{cases} H = \text{hidrógeno} \\ X = F, Cl, Br, I \text{ (halógeno)} \\ N \text{ (nitrógeno)} \\ C_nH_{2n+2} \text{ (la fórmula molecular saturada)} \end{cases}$$

Ejemplo práctico 2

Calculad las insaturaciones de los compuestos orgánicos siguientes: C_3H_6 y C_4H_5Cl.

$C_3H_6 \longrightarrow$ Si esta molécula fuera saturada, su fórmula molecular debería ser C_3H_8.

$$\text{Insaturaciones } (\Omega) = \frac{8\text{ H (saturados)} - 6\text{ H (que tiene la molécula)}}{2} = 1$$

Como el número de insaturaciones de la molécula de C_3H_8 es 1, esa insaturación puede ser debida a *un enlace doble o bien a un ciclo*.

$C_4H_5Cl \longrightarrow$ Si esta molécula fuera saturada, su fórmula molecular debería ser C_4H_{10}.

$$\text{Insaturaciones } (\Omega) = \frac{10\text{ H (saturados)} - (5\text{ H} + 1\text{ Cl})\text{ (que tiene la molécula)}}{2} = 2$$

Como el número de insaturaciones de la molécula de C_4H_5Cl es 2, las dos insaturaciones pueden ser debidas a *un enlace triple, a dos enlaces dobles o bien a un ciclo con un enlace doble*.

5.2.2 Composición, estructura y representación de moléculas orgánicas

Para ver las distintas formas de representación que pueden tener las moléculas orgánicas, escribiremos la molécula de 2-bromobutano en cada una de ellas.

Fórmula molecular. Representa la composición y la relación de los átomos que forman la molécula.

C_4H_9Br (la molécula es saturada pues cumple con C_nH_{2n+2}) (el Br sustituye a un H)

Fórmula de esqueleto o de cadena. Representa los átomos por separado que forman la cadena de la molécula.

$$CH_3 - CHBr - CH_2 - CH_3$$

Fórmula de Lewis. Representa los átomos por separado que forman la molécula con todos sus enlaces y no enlaces, junto con los electrones de valencia.

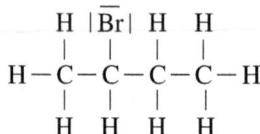

$$\begin{array}{cccc} H & |\overline{Br}| & H & H \\ | & | & | & | \\ H-C- & C- & C- & C-H \\ | & | & | & | \\ H & H & H & H \end{array}$$

Fórmula en líneas. Representa los enlaces de la cadena principal y los átomos de las funciones de la molécula.

Br
(ángulo tetraédrico de 109,5°)

Fórmula en cuñas. Representa los átomos y los grupos laterales de la cadena principal utilizando cuñas, mediante una estructura espacial de la molécula. Es una representación útil para moléculas que posean actividad óptica.

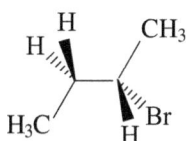

Línea: enlace en el plano del papel
Cuña en negro: enlace hacia delante del plano del papel
Cuña en líneas: enlace hacia detrás del plano del papel

Fórmula en perspectiva o caballete. Representa un solo enlace simple σ de la cadena y los enlaces que están sobre los átomos de este enlace.

Forma eclipsada

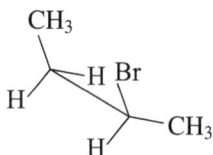

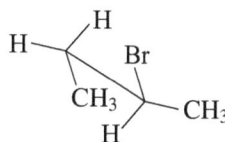

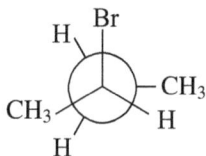

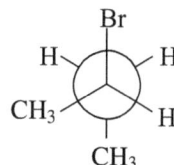

Forma alternada

Proyección de Newman. Representa la superposición de dos átomos de carbono unidos por un enlace simple σ que permite el giro de 360°. Los tres enlaces restantes están sobre los átomos de carbono.

Forma eclipsada

Forma alternada

Proyección de Fischer. Representa la fórmula plana (sobre el plano del papel) y perpendicular a la cadena de la molécula. Es una representación útil para moléculas que posean actividad óptica.

Proyección de Fischer

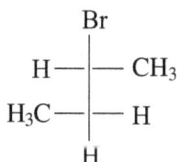

Es equivalente a la representación en cuñas siguiente ⟶

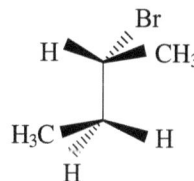

Ejemplo práctico 3

Representad la molécula de ácido láctico en todas las formas estructurales estudiadas en el apartado anterior.

$C_3H_6O_3$

Fórmula molecular

$CH_3 - CHOH - CH_3$

Fórmula de cadena

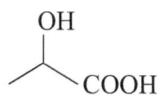

Fórmula en líneas

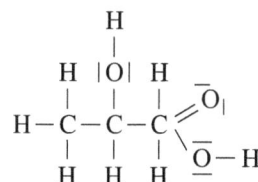

Fórmula de Lewis

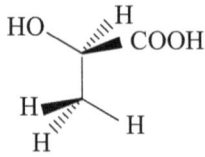

| Fórmula en cuñas | Fórmula de Fischer | Fórmula de Newman alternada |

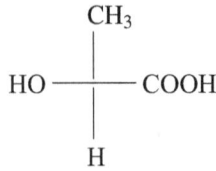

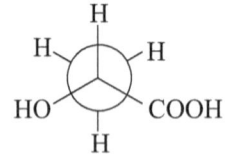

El segundo carbono del ácido láctico posee cuatro enlaces distintos, lo que le confiere actividad óptica.

5.3 Isomería. Tipos de isómeros y su clasificación

Los isómeros son compuestos que tienen la misma fórmula molecular pero diferente ordenación de los átomos en el espacio. Por ello tienen propiedades físicas y/o químicas distintas.

Los isómeros pueden clasificarse según el esquema siguiente:

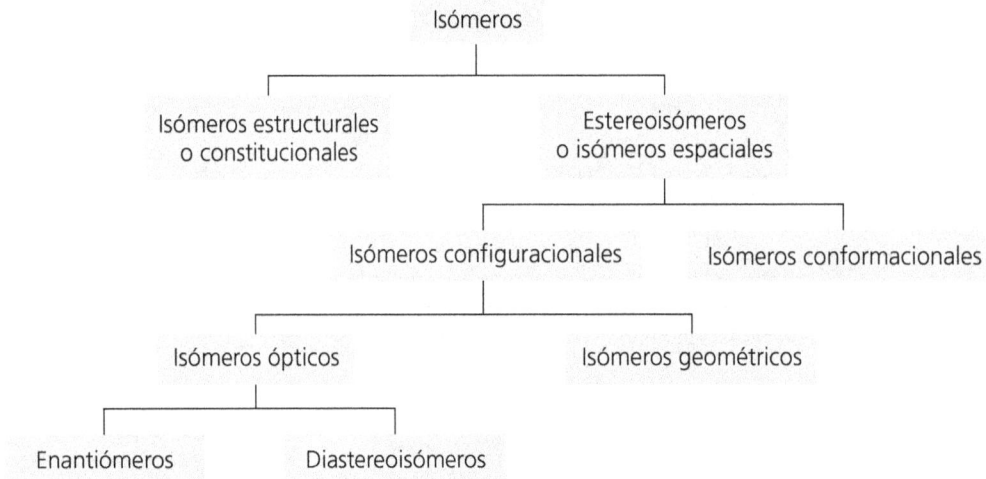

5.3.1 Isomería estructural o constitucional

Los isómeros estructurales constitucionales son moléculas que se diferencian en la estructura básica o tipo de enlace; es decir, sus átomos están unidos en un orden distinto.

Se conocen varios tipos de esta isomería dependiendo de las clases de diferencias que se dan en la estructura molecular que origina los isómeros.

Isomería estructural o constitucional
{
1) Isomería de esqueleto o de cadena
2) Isomería de posición
3) Isomería de función
4) Isomería de serie y función serie
5) Tautomería

1) **Isomería de esqueleto o de cadena:** poseen cadenas o anillos distintos.

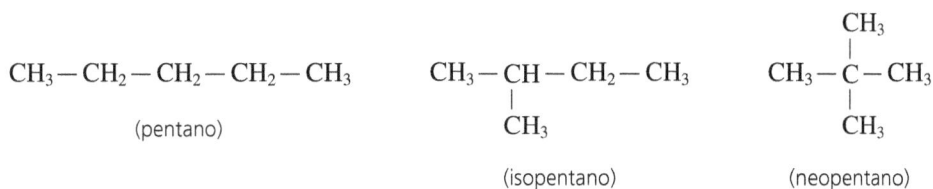

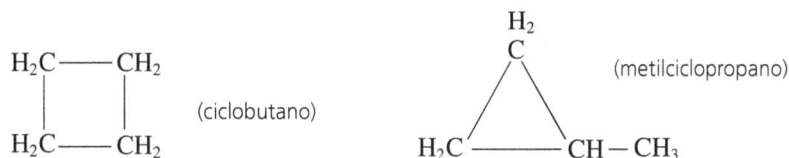

$$CH_3 - CH_2 - CH_2 - CH_2 - CH_3$$

(pentano)

$$CH_3 - CH - CH_2 - CH_3$$
$$|$$
$$CH_3$$

(isopentano)

$$CH_3 - \overset{\overset{\displaystyle CH_3}{|}}{\underset{\underset{\displaystyle CH_3}{|}}{C}} - CH_3$$

(neopentano)

$$\begin{array}{ccc} H_2C & \!\!\!\!\!\!-\!\!\!\!\!\! & CH_2 \\ | & & | \\ H_2C & \!\!\!\!\!\!-\!\!\!\!\!\! & CH_2 \end{array}$$

(ciclobutano)

$$\begin{array}{c} \overset{\displaystyle H_2}{C} \\ \diagup \quad \diagdown \\ H_2C \!\!-\!\!\!-\!\! CH - CH_3 \end{array}$$

(metilciclopropano)

2) **Isomería de posición:** cambia la posición de la función o de los sustituyentes.

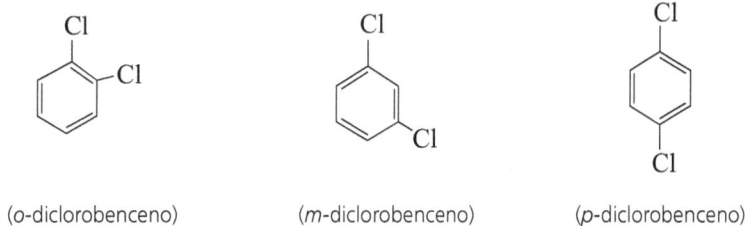

$$CH_3 - CH_2 - CH_2 - CH_2OH \quad \text{(1-butanol)}$$
$$CH_3 - CH_2 - CHOH - CH_3 \quad \text{(2-butanol)}$$

(o-diclorobenceno)   (m-diclorobenceno)   (p-diclorobenceno)

3) **Isomería de función:** poseen distintas funciones.

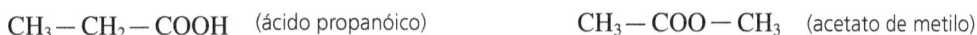

$$CH_3 - CH_2 - COOH \quad \text{(ácido propanóico)}$$
$$CH_3 - COO - CH_3 \quad \text{(acetato de metilo)}$$

4) **Isomería de serie y función serie:** poseen el mismo grado de insaturación (alquinos y dienos de igual número de carbonos) y a veces cambian la función.

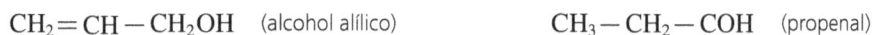

$$CH_2 = CH - CH_2OH \quad \text{(alcohol alílico)}$$
$$CH_3 - CH_2 - COH \quad \text{(propenal)}$$

5) **Tautomería:** la posición de los átomos es distinta y hay equilibrio entre las dos formas.

(acetona)
$$CH_3 - \overset{\overset{\displaystyle O}{\|}}{C} - CH_3 \quad \rightleftharpoons \quad CH_3 - \overset{\overset{\displaystyle O-H}{|}}{C} = CH_2 \quad \text{(2-propenol)}$$

forma cetónica   forma enólica

5.4 Estereoisomería o isomería espacial

Los estereoisómeros son compuestos que poseen el mismo número y tipo de enlaces, pero la forma en que los enlaces ocupan el espacio alrededor del átomo central es diferente.

Los estereoisómeros se dividen en dos clases:

a) *Isómeros configuracionales*, que son los que se pueden interconvertir por ruptura y nueva formación de enlaces, configurándose en el espacio de forma distinta a la forma inicial.

b) *Isómeros conformacionales*, que son los que se pueden interconvertir por rotación de 360° alrededor del enlace simple σ.

A su vez, los isómeros configuracionales se dividen en:

a_1) *Isómeros geométricos*, que son aquellos en los que la rotación restringida en un doble enlace o en un ciclo determina la disposición espacial de los átomos.

a_2) *Isómeros ópticos*, que se diferencian por la relación de los sustituyentes en el espacio alrededor de uno o de más átomos.

5.4.1 Isómeros geométricos. Enlaces dobles y ciclos

La isomería geométrica tiene lugar en moléculas que poseen carbonos con hibridación sp^2 situados en un plano, formando los enlaces ángulos de 120°, de manera que sus sustituyentes se sitúan a un lado (*cis* o *Z*) o a distintos lados (*trans* o *E*) del plano molecular.

Las moléculas con enlaces dobles y las moléculas cíclicas pueden tener isómeros geométricos, ya que son planares.

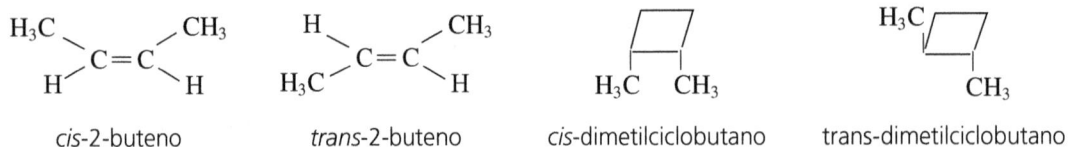

| *cis*-2-buteno | *trans*-2-buteno | *cis*-dimetilciclobutano | *trans*-dimetilciclobutano |

La nomenclatura *Z* o *E* se usa en los isómeros geométricos en que los sustituyentes o radicales del carbono no son iguales, por lo que hay que establecer prioridades entre ellos para nombrarlos.

Si los sustituyentes prioritarios están en el mismo lado de la molécula, el isómero es *Z* (*zusammen*), y si están en distinto lado, el isómero es *E* (*entgegen*).

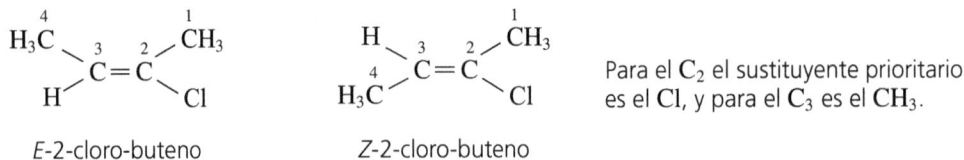

E-2-cloro-buteno   *Z*-2-cloro-buteno

Para el C_2 el sustituyente prioritario es el Cl, y para el C_3 es el CH_3.

Los criterios de prioridad de los sustituyentes en los isómeros geométricos son los siguientes:

1.° Los dos carbonos unidos al doble enlace se consideran por separado. Para cada uno de ellos se ordenan los dos átomos enlazados a él por sus números atómicos, de forma que mayor número atómico implica mayor prioridad.

(Para el 2-clorobuteno, en un carbono es prioritario el Cl frente al CH_3, $Cl > CH_3$ y en el otro carbono es prioritario el CH_3 frente al H, $CH_3 > H$.)

2.° Si coinciden los números atómicos, se pasa a establecer la prioridad del átomo siguiente del sustituyente y así sucesivamente.

Estos criterios son válidos tanto para los isómeros geométricos con enlace doble como para los isómeros geométricos cíclicos.

Ejemplo práctico 4

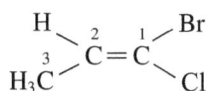

$$\underset{H_3C}{\overset{H}{>}}\underset{3}{C}\underset{}{=}\underset{1}{C}\underset{Cl}{\overset{Br}{<}}$$

E-1-bromo-1-cloro-1-propeno

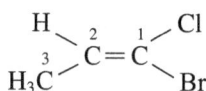

$$\underset{H_3C}{\overset{H}{>}}\underset{3}{C}\underset{}{=}\underset{1}{C}\underset{Br}{\overset{Cl}{<}}$$

Z-1-bromo-1-cloro-1-propeno

Prioridad $\begin{cases} CH_3 > H \text{ en el carbono } C_2 \\ Br > Cl \text{ en el carbono } C_1 \end{cases}$

$$\underset{Cl}{\overset{H}{>}}\underset{1}{C}\underset{}{=}\underset{2}{C}\underset{CH_3}{\overset{Br}{<}}$$

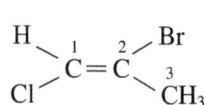

E-2-bromo-1-cloro-1-propeno

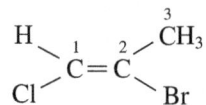

$$\underset{Cl}{\overset{H}{>}}\underset{1}{C}\underset{}{=}\underset{2}{C}\underset{Br}{\overset{CH_3}{<}}$$

Z-2-bromo-1-cloro-1-propeno

Prioridad $\begin{cases} Br > CH_3 \text{ en el carbono } C_2 \\ Cl > H \text{ en el carbono } C_1 \end{cases}$

5.4.2 Isómeros ópticos. Carbono asimétrico o quiral

En estos isómeros la conexión entre átomos es idéntica, pero los isómeros no son interconvertibles entre sí por rotación de enlaces, los átomos de los dos isómeros no se pueden superponer unos con otros y las formas de las moléculas están relacionadas entre sí por imágenes en el espejo.

La definición de moléculas isómeras ópticas es de difícil comprensión, en cambio el concepto es sencillo, si consideramos a nuestras propias manos como moléculas con isomería óptica. Las dos manos no son iguales entre sí ya que superpuestas no coinciden, pero en cambio la una es la imagen en el espejo de la otra, luego son simétricas e isómeras entre sí.

Una molécula orgánica tiene actividad óptica cuando al ser colocada en un polarímetro desvía el plano de la luz polarizada hacia la derecha (**isómero +**) o hacia la izquierda (**isómero −**). Las otras propiedades físicas y químicas de estos isómeros son iguales.

Sin hacer uso del polarímetro, puede saberse si una molécula orgánica es ópticamente activa, cuando posee al menos un carbono asimétrico que desvía la luz polarizada, aunque no se sabe si hacia la derecha o hacia la izquierda. Las moléculas que tienen imágenes especulares no superponibles reciben el nombre de *quirales*.

> Carbono asimétrico o quiral es el que tiene sus cuatro sustituyentes distintos.
> Se representa como C*.

La molécula con actividad óptica no tiene plano de asimetría, pero existe otra molécula que es su imagen en el espejo, de manera que las dos moléculas especulares no son superponibles en el espacio (no son iguales), por lo que entre sí son *isómeros ópticos* o *enantiómeros*.

El ácido 2-cloropropanoico tiene el carbono 2 asimétrico o quiral; luego, la molécula posee actividad óptica.

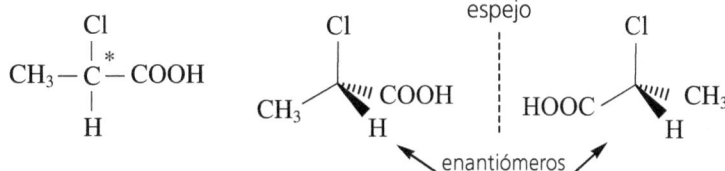

Los dos enantiómeros del ácido 2-cloropropanoico en las mismas condiciones dan rotaciones ópticas iguales, pero de distinto signo.

Todos los enantiómeros tienen propiedades físicas y químicas iguales, a excepción del poder rotatorio, que es opuesto, es decir, un enantiómero gira el plano de la luz polarizada hacia la derecha y el otro enantiómero gira el plano de la luz polarizada hacia la izquierda.

5.4.2.1 Configuración absoluta. Proyección de Fischer

Para una molécula ópticamente activa con un carbono asimétrico o quiral (C^*) y con dos enantiómeros, la representación de su *configuración absoluta* consiste en designar la ordenación de los cuatro sustituyentes distintos del carbono C^* para sus dos enantiómeros. De forma que estableciendo las prioridades de los sustituyentes, si estos se ordenan hacia la derecha o *rectus* (según las agujas del reloj), el enantiómero es *R*, y si el orden de prioridad de los sustituyentes es al revés, hacia la izquierda o *sinister*, el enantiómero es *S*.

Los enantiómeros *R* o *S* no tienen por qué coincidir con la propiedad dextrógira o levógira, ni con $(+)$ ni con $(-)$ del compuesto ópticamente activo.

Para ordenar según la nomenclatura *R* o *S* los cuatro átomos enlazados al carbono asimétrico C^*, se deben seguir las siguientes reglas:

1.º Se sitúa la molécula de manera que el átomo de menor número atómico quede en la parte más alejada respecto al observador.

2.º Los tres átomos restantes unidos al C^* se ordenan de mayor prioridad a menor prioridad. Si ese orden sigue las agujas del reloj, el isómero óptico o el enantiómero es el *R*, y si es en contra de las agujas del reloj, el enantiómero es el *S*.

3.º Las reglas para determinar las prioridades de los sustituyentes del carbono asimétrico o quiral son:

a) Es prioritario el sustituyente cuyo átomo unido al carbono asimétrico o quiral (C^*) tiene mayor número o peso atómico.

b) Si dos sustituyentes tienen átomos iguales unidos al C^*, se sigue la prioridad del siguiente átomo, y así sucesivamente.

Ejemplo práctico 5

Representad las proyecciones de Fischer para el ácido 2-cloropropanoico.

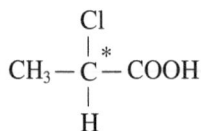

$$CH_3 - \overset{\overset{\displaystyle Cl}{|}}{\underset{\underset{\displaystyle H}{|}}{C}} \overset{*}{-} COOH$$

El carbono 2 es un centro quiral con sus cuatro enlaces distintos.

(ácido 2-cloropropanoico)

Para no tener que dibujar el carbono en el centro de un tetraedro regular en el espacio, Fischer propuso una representación más sencilla, que es una proyección plana del carbono asimétrico o quiral (C^*) y que nos permite dibujar la configuración espacial de la molécula.

Cl
|
H_3C —|— COOH
|
H

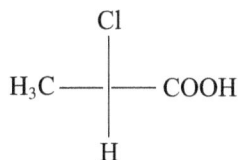

Proyección de Fischer

Según Fischer, la ordenación de los sustituyentes alrededor del carbono asimétrico, C^*, no es aleatoria, sino que se ajusta en el espacio según la disposición siguiente:

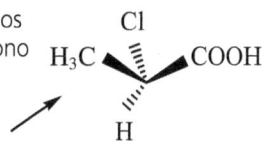

En esta última disposición espacial pueden observarse las características siguientes:

1. El carbono asimétrico (C^*) está situado en el plano del papel (nunca se le señala como C).
2. Los enlaces verticales están detrás del plano (en cuñas con líneas).
3. Los enlaces horizontales están delante del plano (en cuñas en negrita).
4. De los cuatro sustituyentes del C^*, el hidrógeno de menor número y peso atómico está detrás del plano (enlaces verticales en cuñas con líneas).
5. Los otros tres sustituyentes del C^*, se ordenan por prioridades, dando el enantiómero R o el enantiómero S, según el orden elegido aleatoriamente.

La prioridad de los cuatro sustituyentes para el carbono asimétrico o quiral (C^*) del ácido 2-cloropropanoico es la siguiente:

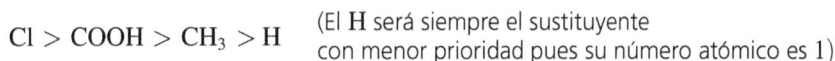

$$Cl > COOH > CH_3 > H$$

(El H será siempre el sustituyente con menor prioridad pues su número atómico es 1)

Entre el sustituyente metilo (CH_3) y el sustituyente carboxilo ($COOH$), es prioritario el carboxilo ($COOH$), pues en éste el carbono está unido a oxígeno, con mayor número atómico que el hidrógeno al que está unido el carbono del metilo (CH_3).

Para el ácido 2-cloropropanoico, las proyecciones de Fischer para los cuatro sustituyentes distintos que posee el carbono 2 y que le confieren actividad óptica son:

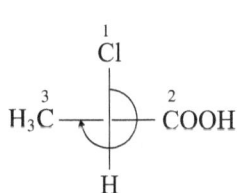

Enantiómero R

espejo

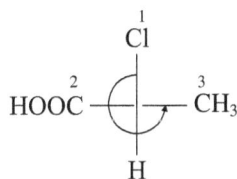

Enantiómero S

R y S son isómeros ópticos con valores de polaridad iguales pero de signo contrario.

Ejemplo práctico 6

Representad los enantiómeros de la molécula orgánica 2,3-dihidroxipropanal (gliceraldehído), mediante proyecciones de Fischer.

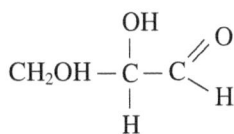

(gliceraldehido)

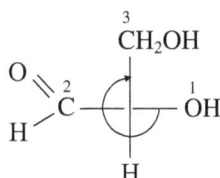

Enantiómero R
(R-gliceraldehido)

espejo

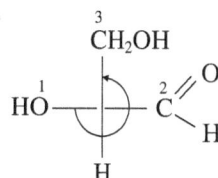

Enantiómero S
(S-gliceraldehido)

5.4.2.2 Isómeros ópticos con dos carbonos asimétricos

Existen moléculas ópticamente activas con más de un carbono asimétrico. En las moléculas con dos centros quirales o dos carbonos asimétricos ($2\ C^*$) se pueden dar dos casos:

1. Que los dos carbonos asimétricos C^* tengan algún sustituyente diferente; en este caso, la molécula es asimétrica.
2. Que los dos carbonos asimétricos C^* tengan los mismos sustituyentes; en este caso, la molécula es simétrica.

1. Molécula asimétrica con dos carbonos asimétricos o quirales ($2\ C^*$)

Esta molécula tiene cuatro isómeros ópticos o estereoisómeros, que son (R, R), (S, S), (R, S) y (S, R).

Como ejemplo de molécula asimétrica, se representan las proyecciones de Fischer para el compuesto 2-hidroxi-3-clorobutano.

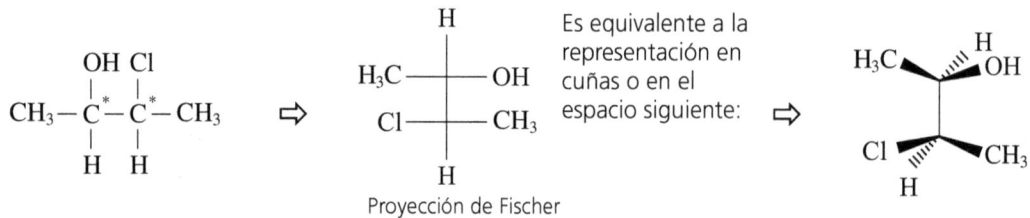

Es equivalente a la representación en cuñas o en el espacio siguiente:

Proyección de Fischer

Para esta proyección pueden observarse las características siguientes:

1. Los dos carbonos asimétricos (C^*) están unidos por un enlace (línea) en el plano del papel.
2. Los dos carbonos asimétricos (C^*) están situados en el plano del papel (no se señalan).
3. Los enlaces verticales están detrás del plano (en cuñas con líneas).
4. Los enlaces horizontales están delante del plano (en cuñas en negrita).
5. De los cuatro sustituyentes de cada carbono asimétrico (C^*), el hidrógeno de número y peso atómico menor está detrás del plano (enlaces verticales).
6. Los otros tres sustituyentes de cada carbono asimétrico (C^*) se ordenan por prioridades, dando los cuatro estereoisómeros ($R\ R$), ($S\ S$), ($R\ S$) y ($S\ R$).

Prioridad de los sustituyentes del carbono asimétrico (C^*) número 2 que es el que contiene el grupo hidroxi (OH):

$$OH > CHCl - CH_3 > CH_3 > H$$

Prioridad de los sustituyentes del carbono asimétrico (C^*) número 3 que es el que contiene el grupo halógeno (Cl):

$$Cl > CHOH - CH_3 > CH_3 > H$$

Aplicando estas prioridades a la molécula se obtienen los isómeros ópticos:

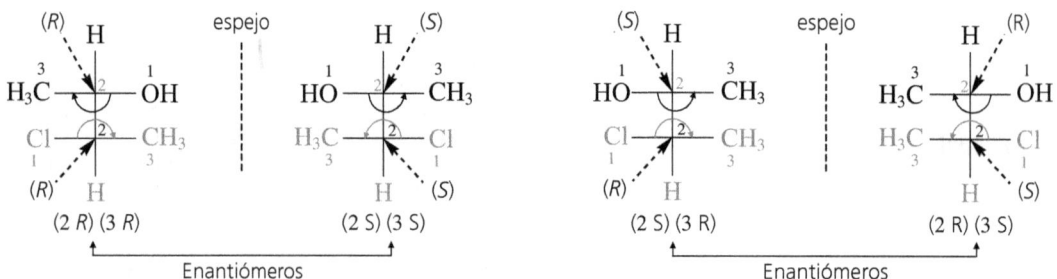

Se observa que el isómero óptico (2R, 3R) es la imagen en el espejo del (2S, 3S); luego, entre sí son enantiómeros; mientras que el isómero óptico (2S, 3R) es la imagen en el espejo del (2R, 3S); luego, entre sí son enantiómeros.

Si en una molécula orgánica el número de carbonos asimétricos o centros quirales (C^*) aumenta, el número de isómeros en el espacio o estereoisómeros aumenta según la expresión siguiente:

$$E = 2^n$$

E: número total de estereoisómeros

n: número de carbonos asimétricos (C^*)

La molécula anterior de 2-hidroxi-3-clorobutano tiene cuatro isómeros ópticos, que se relacionan entre sí según el esquema siguiente:

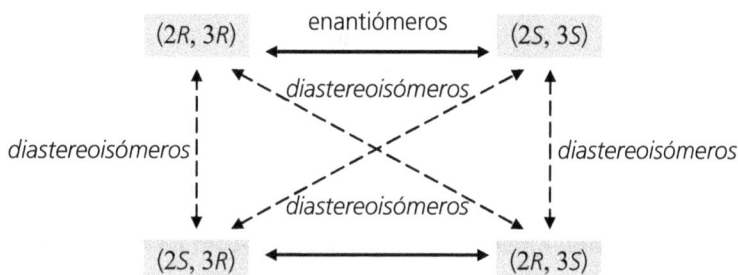

Puede observarse en el esquema que los estereoisómeros o isómeros en el espacio integran los enantiómeros, que son las imágenes especulares el uno del otro, y los diasteroisómeros, que no son entre sí imágenes en el espejo.

Estereoisómeros = Enantiómeros + Diastereoisómeros

2. Molécula simétrica con dos carbonos asimétricos o quirales $(2\ C^*)$

Esta molécula al tener dos carbonos asimétricos tendrá cuatro isómeros ópticos o estereoisómeros que serán: (R, R), (S, S), (R, S) y (S, R).

Para comprobarlo tomaremos como ejemplo una molécula simétrica como es el 2,3-diclorobutano, y realizaremos sus proyecciones de Fischer para obtener todos sus estereoisómeros.

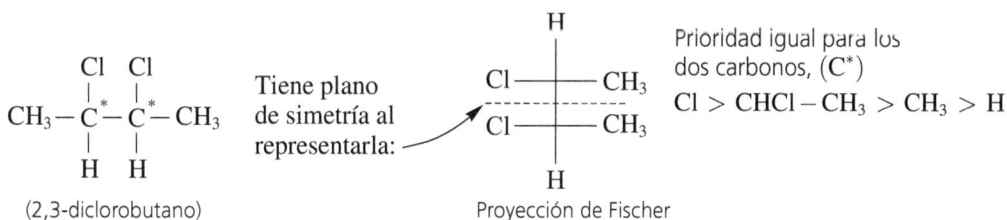

(2,3-diclorobutano)

Tiene plano de simetría al representarla:

Proyección de Fischer

Prioridad igual para los dos carbonos, (C^*)

$Cl > CHCl - CH_3 > CH_3 > H$

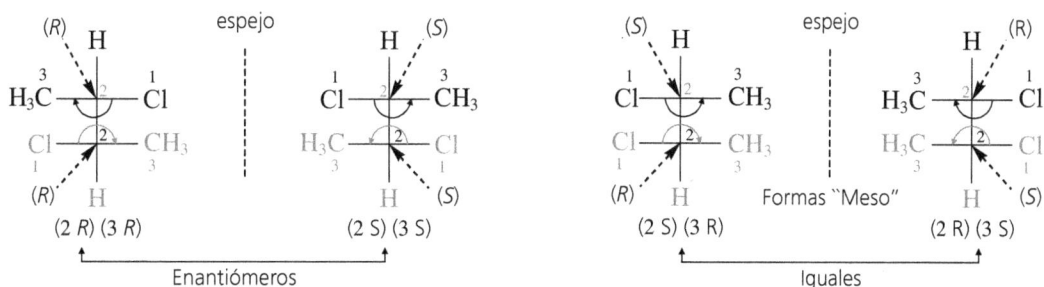

(2 R) (3 R)   (2 S) (3 S)   (2 S) (3 R)   (2 R) (3 S)

Enantiómeros   Formas "Meso"   Iguales

De los cuatro estereoisómeros de la molécula de 2,3-diclorobutano, dos de ellos son enantiómeros entre sí, el (2R, 3R) y el (2S, 3S), mientras que los otros dos isómeros, el (2S, 3R) y el (2R, 3S), son el mismo compuesto y por tanto no son enantiómeros entre sí.

El isómero óptico (2S, 3R)-diclorobutano y el isómero óptico (2R, 3S)-diclorobutano son iguales, porque un giro de $180°$ alrededor del eje entre el carbono 2 y el carbono 3 ($C_2 - C_3$) hace que la molécula se repita, es decir, son superponibles. Esa propiedad de igualdad se da en las moléculas que tienen un plano de simetría (línea en puntos); luego, la molécula no tiene poder rotatorio y no es ópticamente activa. Ambas moléculas iguales reciben el nombre de formas *meso*.

Si bien las moléculas con plano de simetría como las formas *meso* no son ópticamente activas, las moléculas que forman mezclas racémicas tampoco lo son, pero por distinta razón.

Una *mezcla racémica* está formada por cantidades iguales de dos moléculas que son enantiómeras entre sí y por tanto ópticamente activas por separado. Pero una de ellas posee una polaridad medida en el polarímetro de un ángulo α positivo ($+\alpha$) y la otra la medida de su ángulo de rotación en el polarímetro es también α pero negativo ($-\alpha$), luego se compensan y no giran el plano de polarización de la luz que señalará cero. Para que esto ocurra hay que remarcar que la masa de un enantiómero debe ser igual a la masa del otro enantiómero para que se forme la *mezcla racémica*.

5.5 Isomería conformacional. Molécula de etano y molécula de butano

Las conformaciones son formas moleculares que se obtienen al girar $360°$ el enlace entre dos átomos de carbono, $C - C$, y que forma el enlace simple σ.

Las moléculas con isometría conformacional se representan en perspectiva o en proyección de Newman porque permiten visualizar mejor el giro del enlace σ sobre un eje.

1. Molécula de etano:

$$CH_3 - CH_3 \quad \text{Giro de } 360° \text{ entre el } C_1 \text{ y el } C_2$$

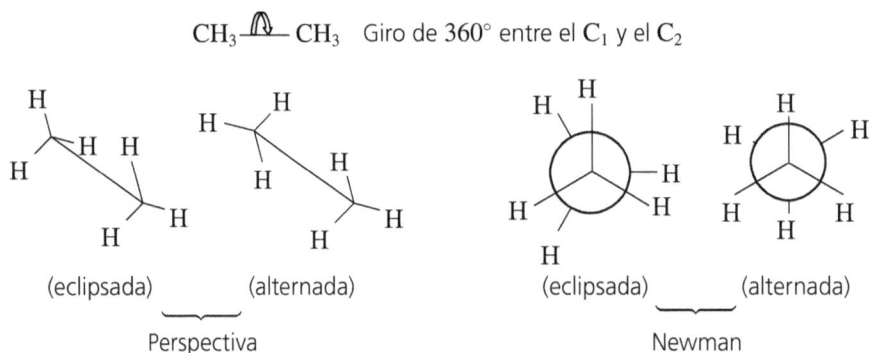

(eclipsada)   (alternada)   (eclipsada)   (alternada)

Perspectiva   Newman

El enlace σ entre $C - C$ tiene giro libre. Las conformaciones no tienen todas la misma estabilidad, ni la misma energía. La molécula en la forma alternada es más estable, pues entre los hidrógenos, que están más alejados entre sí, hay menos repulsiones que en la forma eclipsada.

Para pasar de la forma alternada a la eclipsada la molécula de etano debe recibir energía, en este caso $3 \text{ kcal} \cdot \text{mol}^{-1}$. La conformación preferida por el etano es la forma alternada, pues posee menor energía y es la más estable.

Si se representa en ordenadas la variación de energía que tiene la molécula de etano frente a las conformaciones que se obtienen de él, al dar un giro completo ($360°$) del enlace simple σ entre los dos carbonos ($C - C$) que están en un mismo eje, se obtiene la gráfica siguiente:

Energía de la molécula

← formas eclipsadas

← formas alternadas

Giro libre

0° 60° 120° 180° 240° 300° 360°

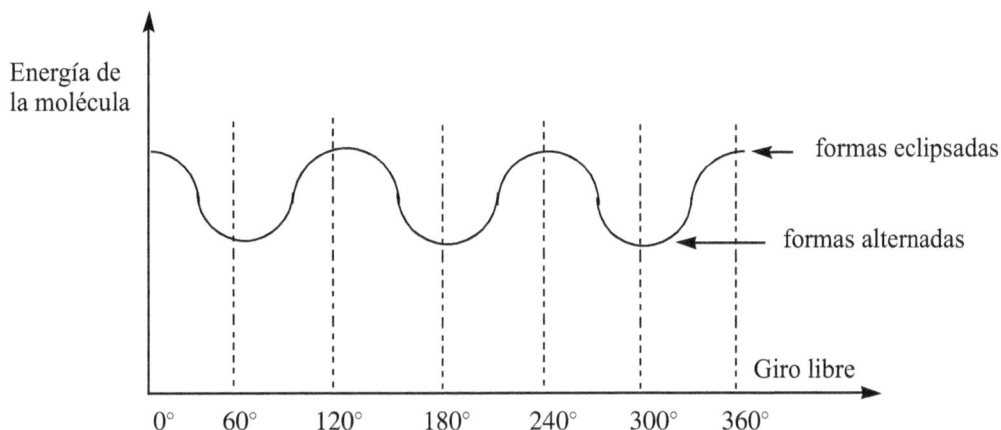

2. Molécula de butano:

$$CH_3 - CH_2 - CH_2 - CH_3 \quad \text{(Giro de 360° entre el } C_2 \text{ y el } C_3)$$

Ese giro permite observar según las proyecciones de Newman las siguientes conformaciones:

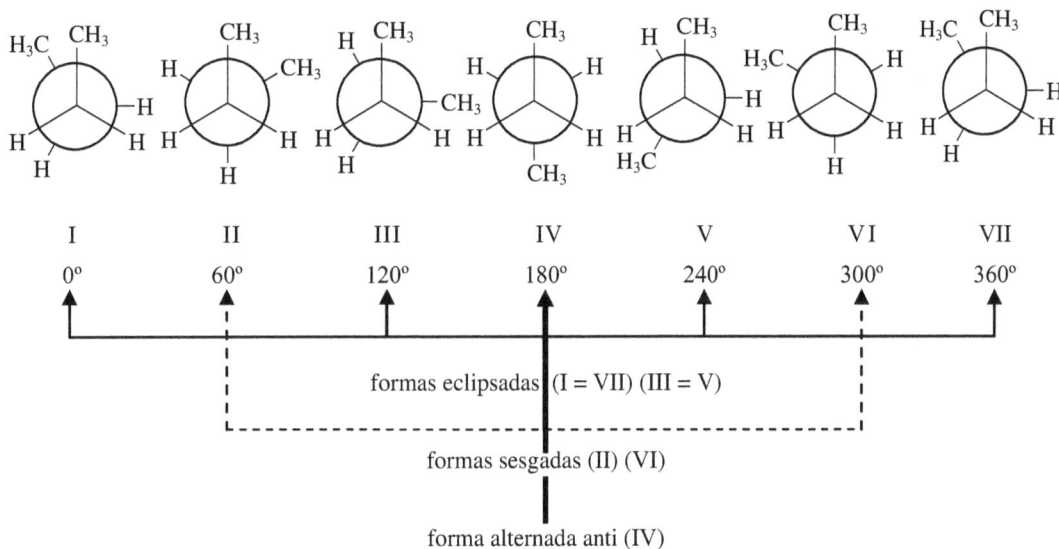

I	II	III	IV	V	VI	VII
0°	60°	120°	180°	240°	300°	360°

formas eclipsadas (I = VII) (III = V)

formas sesgadas (II) (VI)

forma alternada anti (IV)

Las moléculas eclipsadas son las menos estables y de contenido energético mayor. La forma más estable es la alternada *anti* y es la que posee menor energía. Las formas sesgadas también llamadas *gauche* son intermedias energéticamente y en estabilidad respecto a las otras.

Si se representa la variación de energía del butano frente a las conformaciones obtenidas al dar un giro completo del enlace entre el carbono 2 y el carbono 3 $(C_2 - C_3)$, se obtiene la gráfica siguiente:

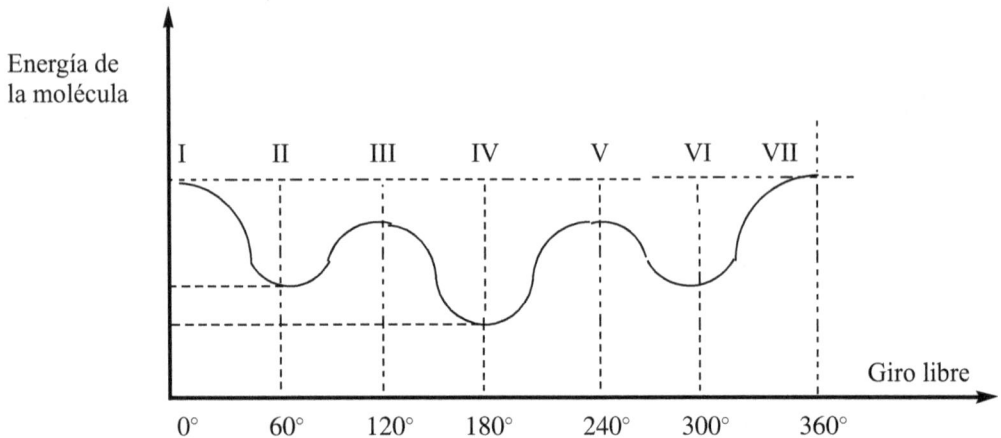

La estabilidad molecular es inversamente proporcional a la energía; luego, la estabilidad de las conformaciones de la molécula del butano es mayor cuanto menor energía poseen.

Orden de estabilidad: IV > II (= VI) > III (= V) > I (= VII)

Contenido energético: I (= VII) > III (= V) > II (= VI) > IV

5.5.1 Molécula de ciclohexano y molécula de dimetilciclohexano

1. Molécula de ciclohexano (C_6H_{12})

La molécula de ciclohexano está formada por un anillo saturado con enlaces simples de seis carbonos con hibridación sp^3 y con estructura tetraédrica. El ángulo de estos orbitales del carbono está distorsionado respecto al ángulo de los enlaces del metano, que es de $109,5°$. Esto se debe a que los seis carbonos están formando un ciclo que distorsiona al ángulo tetraédrico.

Esta distorsión introduce un factor de tensión angular con un aumento de energía y una disminución de estabilidad, que disminuye a medida que aumenta la distorsión angular. Por ejemplo, en el ciclopropano, la distorsión angular es máxima.

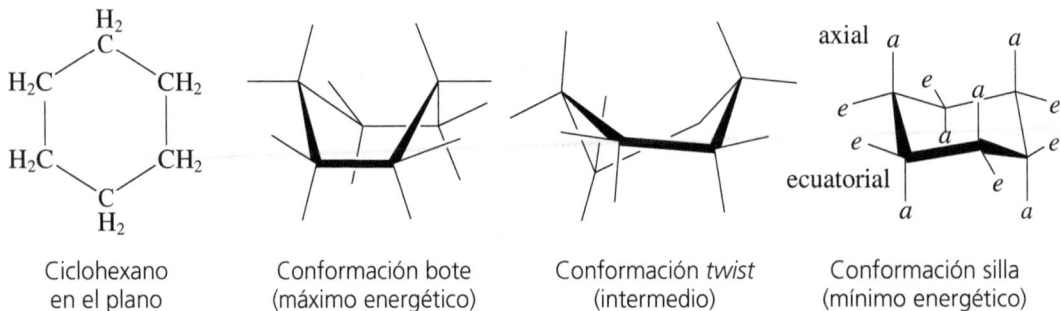

Ciclohexano en el plano

Conformación bote (máximo energético)

Conformación *twist* (intermedio)

Conformación silla (mínimo energético)

La conformación de silla está en un mínimo energético, es la más estable, no posee tensión angular ni tensión torsional. Constituye más del $99,9\%$ de la mezcla dinámica de los tres conformómeros a la temperatura de $25\,°C$.

Las formas del ciclohexano no se pueden separar a temperatura ambiente porque se interconvierten entre sí, ya que la barrera energética que hay que superar es de $10\,\text{kcal}\cdot\text{mol}^{-1}$, energía que se obtiene de los choques cinéticos.

2. Molécula de 1,4-dimetilciclohexano: H_3C —⟨ ⟩— CH_3

La molécula de 1,4-dimetilciclohexano posee isómeros geométricos, *cis* y *trans*. El isómero *trans* 1,4-dimetil ciclohexano tiene dos conformaciones, ecuatorial-ecuatorial $(e-e)$ y axial-axial $(a-a)$, no convertibles entre sí por giro de $360°$. De entre ellas, la más estable o de menor energía y por ello la predominante, es la ecuatorial-ecuatorial $(e-e)$.

Conformaciones del isómero *trans:*

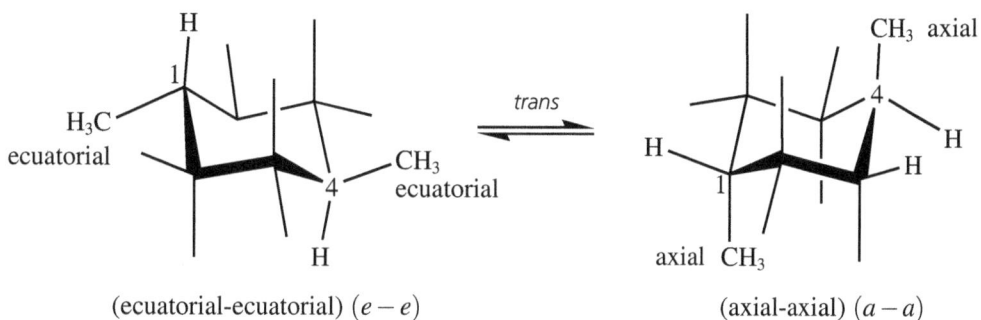

(ecuatorial-ecuatorial) $(e-e)$ (axial-axial) $(a-a)$

Cuando el isómero es el *cis* 1,4-dimetil ciclohexano las conformaciones de la molécula son ecuatorial-axial $(e-a)$ y axial-ecuatorial $(a-e)$ que se reconvierten entre sí por giro de $360°$.

Conformaciones del isómero *cis:*

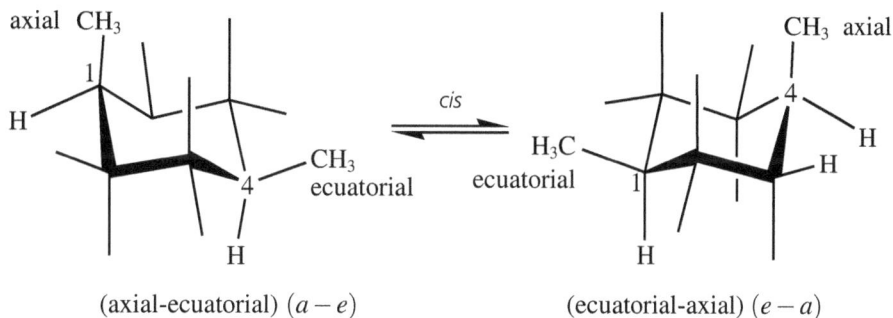

(axial-ecuatorial) $(a-e)$ (ecuatorial-axial) $(e-a)$

Las conformaciones $(e-e)$ y $(a-a)$ no pueden aislarse ni separarse entre sí, como tampoco pueden hacerlo las conformaciones $(a-e)$ y $(e-a)$ pero las moléculas *cis* y *trans* sí pueden separarse, porque son distintas.

Problemas resueltos

Determinación de estructuras

☐ Problema 5.1

Teniendo en cuenta las distintas formas de representar los compuestos, escribid la fórmula molecular de las moléculas siguientes y nombradlas:

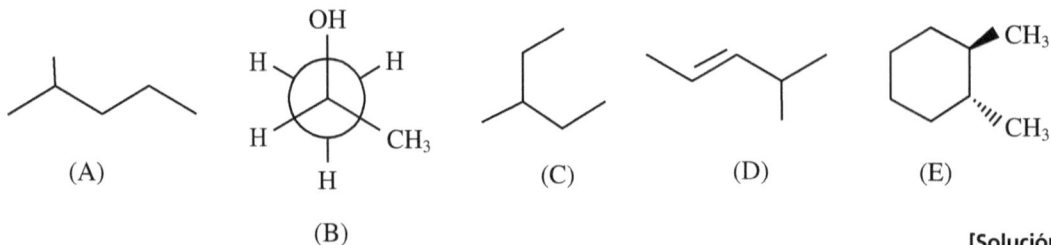

(A) (B) (C) (D) (E)

[Solución]

(A): C_6H_{14} $\longrightarrow$ 2-metilpentano

(B): C_3H_8O $\longrightarrow$ 2-propanol (forma alternada)

(C): C_6H_{14} $\longrightarrow$ 3-metilpentano

(D): C_6H_{12} $\longrightarrow$ E-4-metil-2-penteno

(E): C_8H_{16} $\longrightarrow$ trans-1,2-dimetilciclohexano

☐ Problema 5.2

Teniendo en cuenta las distintas formas de representar los compuestos, escribid la fórmula molecular de las moléculas siguientes y nombradlas:

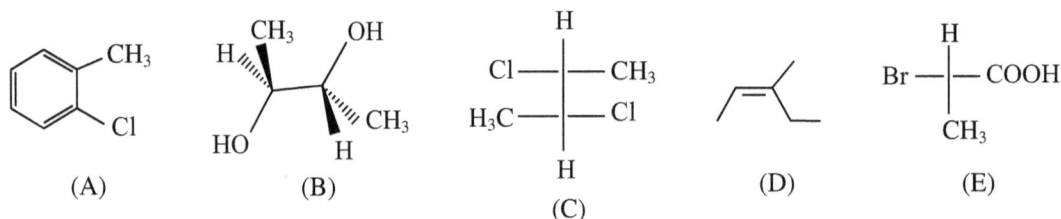

(A) (B) (C) (D) (E)

[Solución]

(A): C_7H_7Cl $\longrightarrow$ o-clorotolueno

(B): $C_4H_{10}O_2$ $\longrightarrow$ 2,3-butanodiol (forma alternada)

(C): $C_4H_8Cl_2$ $\longrightarrow$ (2R, 3R)-diclorobutano

(D): C_6H_{12} $\longrightarrow$ Z-3-metil-2-penteno

(E): $C_3H_5BrO_2$ $\longrightarrow$ ácido (R)-2-bromopropanoico

☐ Problema 5.3

Calculad la composición elemental en tanto por ciento en peso para las fórmulas de los compuestos siguientes: C_3H_6O, C_8H_9NO y $C_{15}H_9ClO_2$.

Las masas atómicas son: $H = 1$; $C = 12$; $O = 16$; $N = 14$; $Cl = 35,5$

[Solución]

Se calculan los pesos moleculares $(g \cdot mol^{-1})$ de las moléculas que resultan ser los siguientes:

$$C_3H_6O = 58, \quad C_8H_9NO = 135, \quad C_{15}H_9ClO_2 = 256,5$$

$$C_3H_6O \begin{cases} C: & (3 \cdot 12/58) \cdot 100 = \textbf{62,069 \% C} \\ H: & (6 \cdot 1/58) \cdot 100 = \textbf{10,345 \% H} \\ O: & (1 \cdot 16/58) \cdot 100 = \textbf{27,586 \% O} \end{cases} \text{Total:100 \%}$$

Para el oxígeno: $(100 - 62,069 - 10,345 = 27,586 \text{ \%})$

$$C_8H_9NO \begin{cases} C: & (8 \cdot 12/135) \cdot 100 = \textbf{71,1 \% C} \\ H: & (9 \cdot 1/135) \cdot 100 = \textbf{6,7 \% H} \\ N: & (1 \cdot 14/135) \cdot 100 = \textbf{10,4 \% N} \\ O: & 100 - 71,1 - 6,7 - 10,4 = \textbf{11,8 \% O} \end{cases} \text{Total:100 \%}$$

$$C_{15}H_9ClO_2 \begin{cases} C: & (15 \cdot 12/256,59) \cdot 100 = \textbf{70,15 \% C} \\ H: & (9 \cdot 1/256,59) \cdot 100 = \textbf{3,51 \% H} \\ Cl: & (1 \cdot 35,5/256,59) = \textbf{13,84 \% Cl} \\ O: & 100 - 70,15 - 3,51 - 13,84 = \textbf{12,5 \% O} \end{cases} \text{Total:100 \%}$$

☐ Problema 5.4

Encontrad la fórmula molecular para los compuestos cuyos análisis elementales y pesos moleculares (M) son los siguientes:

a) 41,38 % C; 5,17 % H; 55,17 % O   ($M = 118 \text{ g} \cdot \text{mol}^{-1}$)

b) 56,02 % C; 3,9 % H; 27,63 % Cl; 12,45 % O   ($M = 128,5 \text{ g} \cdot \text{mol}^{-1}$)

c) 40 % C; 6,67 % H; 53,33 % O   ($M = 60 \text{ g} \cdot \text{mol}^{-1}$)

Las masas atómicas son: $H = 1$; $C = 12$; $O = 16$; $Cl = 35,5$

[Solución]

a) $\begin{array}{ll} C: & (41,38/12) = 3,448 \\ H: & (5,17/1) = 5,17 \\ O: & (55,17/16) = 3,448 \end{array}$ Se divide por el valor menor para tener un valor de subíndice $\begin{cases} 3,448/3,448 = 1 \text{ C} \\ 5,17/3,448 = 1,499 \approx 1,5 \text{ H} \\ 3,448/3,448 = 1 \text{ O} \end{cases}$

Fórmula: $C_1H_{1,5}O_1$; como los subíndices deben ser números enteros se multiplica por 2 y la fórmula será $C_2H_3O_2$.

Peso fórmula: $(2 \cdot 12 + 3 \cdot 1 + 2 \cdot 16) = 59$

Como el peso molecular es 118, la fórmula molecular es el doble que la fórmula hallada, ya que $118/59 = 2$.

Luego la *fórmula molecular* es: $C_4H_6O_4$

b) $\begin{array}{ll} C: & (56,02/12) = 4,668 \\ H: & (3,9/1) = 3,9 \\ Cl: & (27,63/35,5) = 0,778 \\ O: & (12,45/16) = 0,778 \end{array}$ Se divide por el número menor para obtener los subíndices $\begin{cases} 4,668/0,778 = 6 \text{ C} \\ 3,9/0,778 = 5 \text{ H} \\ 0,778/0,778 = 1 \text{ Cl} \\ 0,778/0,778 = 1 \text{ O} \end{cases}$

Fórmula: C_6H_5ClO

Peso fórmula: $(6 \cdot 12 + 5 \cdot 1 + 1 \cdot 35,5 + 1 \cdot 16) = 128,5$

El peso molecular coincide con el peso de la fórmula hallada.

Luego la *fórmula molecular* es: C_6H_5ClO

c)

$$\left.\begin{array}{l} \text{C}: \quad (40/12) = 3,33 \\ \text{H}: \quad (6,67/1) = 6,67 \\ \text{O}: \quad (53,33/16) = 3,33 \end{array}\right\} \begin{array}{l} \text{Se divide por el número} \\ \text{menor para obtener} \\ \text{los subíndices} \end{array} \left\{\begin{array}{l} 3,33/3,33 = 1 \text{ C} \\ 6,67/3,33 = 2 \text{ H} \\ 3,33/3,33 = 1 \text{ O} \end{array}\right.$$

Fórmula: $C_1H_2O_1$

Peso fórmula: $(1 \cdot 12 + 2 \cdot 1 + 1 \cdot 16) = 30$

Como el peso molecular es 60, la fórmula molecular es el doble que la fórmula hallada, ya que $60/30 = 2$.

Luego la *fórmula molecular* es: $C_2H_4O_2$

☐ Problema 5.5

Para los tres compuestos del problema anterior, averiguad el número de insaturaciones de cada uno de ellos y escribid una estructura para cada uno que sea coherente con los datos aportados.

[Solución]

Calculamos el número de insaturaciones a partir de la fórmula del apartado 5.2.1:

$$\text{Insaturaciones } (\Omega) = \frac{(\text{núm. de H de la molécula saturada}) - (\text{núm. de H} + \text{núm. de X} - \text{núm. de N}) \text{ de la molécula dada}}{2}$$

Fórmula de la molécula saturada: C_nH_{2n+2}

X: Halógeno (F, Cl, Br, I)   N: Nitrógeno

a) $C_4H_6O_4$ Si este compuesto fuera saturado (sin tener en cuenta a los oxígenos), su fórmula como hidrocarburo sería C_4H_{10}.

Número de insaturaciones $(\Omega) = (10 \text{ H} - 6 \text{ H})/2 = 2$

Puede ser un triple enlace o dos dobles enlaces o un doble enlace y un ciclo, ya que un ciclo insatura lo mismo que un doble enlace. Una fórmula para el compuesto puede ser:

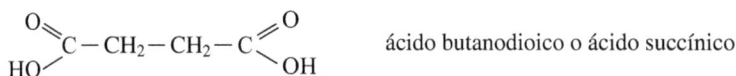 ácido butanodioico o ácido succínico

b) C_6H_5ClO Si este compuesto fuera saturado (sin tener en cuenta al oxígeno), su fórmula como hidrocarburo sería $C_6H_{14}Cl$

Número de insaturaciones $(\Omega) = (14 \text{ H} - 5 \text{ H} - 1 \text{ Cl})/2 = 4$

Pueden ser cuatro dobles enlaces, dos triples enlaces, un ciclo y tres dobles enlaces, etc. Una fórmula para el compuesto puede ser la siguiente:

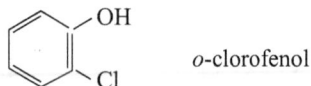 *o*-clorofenol

c) $C_2H_4O_2$ Si este compuesto fuera saturado (sin tener en cuenta a los oxígenos), sería C_2H_6.

Número de insaturaciones $(\Omega) = (6 \text{ H} - 4 \text{ H})/2 = 1$

Puede ser un doble enlace entre dos carbonos o entre el carbono y el oxígeno.

Una fórmula para el compuesto puede ser la siguiente:

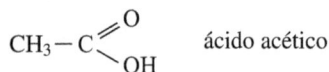 ácido acético

☐ Problema 5.6

Para las fórmulas moleculares siguientes: C_6H_{12}, C_3H_8O y $C_2H_6N_2$:

a) Averiguad el número de insaturaciones en cada una de ellas.

b) Señalad una fórmula constitucional compatible con la fórmula molecular y nombradla.

c) Indicad los grupos funcionales en cada molécula orgánica propuesta.

[Solución]

a) C_6H_{12} Si esta molécula fuera saturada, su fórmula sería C_6H_{14}.

Número de insaturaciones $(\Omega) = (14\text{ H} - 12\text{ H})/2 = 1$

C_3H_8O Si este compuesto fuera saturado (sin tener en cuenta al oxígeno), su fórmula como hidrocarburo sería C_3H_8.

Número de insaturaciones $(\Omega) = (8\text{ H} - 8\text{ H})/2 = 0$

$C_2H_6N_2$ Si esta molécula fuera saturada, su fórmula como hidrocarburo sería: $C_2H_8N_2$ (cada nitrógeno resta un hidrógeno).

Número de insaturaciones $(\Omega) = (8\text{ H} - 6\text{ H})/2 = 1$

b) C_6H_{12} ciclohexano
                 Una insaturación

C_3H_8O El O puede ser de alcohol o de éter. $CH_3 — CH_2 — CH_2OH$ 1-propanol
                                                         Sin insaturaciones

$C_2H_6N_2$ El N puede ser de amina. $H_2N — CH = CH — NH_2$ 1,2-etendiamina
                                                        Una insaturación

c) Los grupos funcionales de los compuestos representados son:

C_6H_{12} hidrocarburo cíclico

C_3H_8O $CH_3 — CH_2 — CH_2OH$ alcohol primario $(— OH)$

$C_2H_6N_2$ $H_2N — CH = CH — NH_2$ 2 aminas primarias $(— NH_2)$

Isomería estructural. Estereoisomería. Conformaciones moleculares

☐ Problema 5.7

Representad la conformación alternada de la proyección de Newman de los compuestos siguientes en los que se indica el giro del enlace simple σ en cada caso.

a) Ácido 3-hidroxipropanoico (giro de $360°$ entre los carbonos $C_2 - C_3$).

b) 1-bromobutano (giro de $360°$ entre los carbonos $C_2 - C_3$).

a)

$$HOCH_2 \underline{\Lambda} CH_2 - C \underset{OH}{\overset{O}{\diagup}}$$

ácido 3-hidroxipropanoico

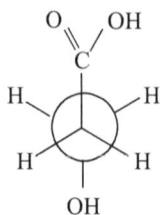

Proyección de Newman
conformación alternada

b)

$$BrCH_2 - CH_2 \underline{\Lambda} CH_2 - CH_3$$

1-bromobutano

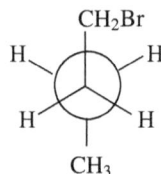

Proyección de Newman
conformación alternada

□ Problema 5.8

Para la molécula de 2,3-dihidroxibutano representad su fórmula:

a) molecular;
b) en cuñas;
c) en líneas;
d) en perspectiva;
e) en proyección de Newman eclipsada (en el giro de 360° entre los carbonos $C_2 - C_3$);
f) en proyección de Fischer.

a) Fórmula molecular: $C_4H_{10}O_2$

b) Fórmula en cuñas:

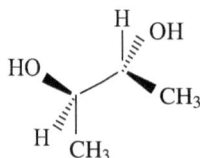

c) Fórmula en líneas:

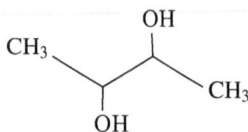

d) Fórmula en perspectiva:

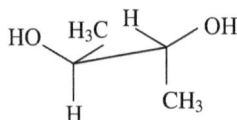

e) Proyección de Newman:

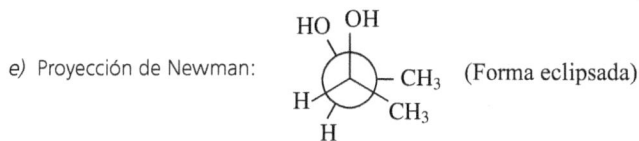 (Forma eclipsada)

f) Proyección de Fischer:

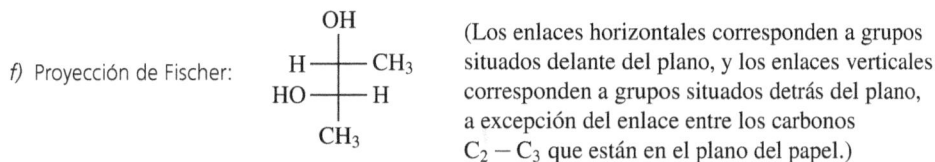

(Los enlaces horizontales corresponden a grupos situados delante del plano, y los enlaces verticales corresponden a grupos situados detrás del plano, a excepción del enlace entre los carbonos $C_2 - C_3$ que están en el plano del papel.)

☐ Problema 5.9

a) Representad en cuñas el metanol y el 1,1-dimetilciclobutano.

b) Representad en perspectiva el 1,2-dicloroetano, de manera que su estabilidad sea máxima, y el glicol (1,2-etanodiol), de modo que su estabilidad sea mínima.

[Solución]

a) En cuñas:

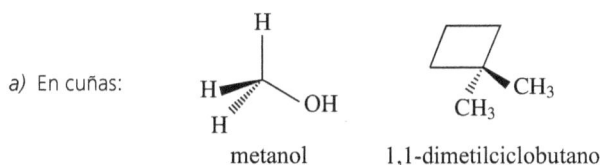

metanol   1,1-dimetilciclobutano

b) En perspectiva:

1,2-dicloroetano
(Máxima estabilidad,
impedimento estérico menor)

Etilenglicol
(Mínima estabilidad,
impedimento estérico mayor)

◼ Problema 5.10

Dado el compuesto acílico de fórmula molecular C_4H_7Cl, averiguad:

a) ¿Cuántos isómeros constitucionales se deducen de su fórmula?

b) ¿Cuántos presentan isomería geométrica?

c) ¿Cuántos presentan isomería óptica?

Nombrad y dibujad todos sus isómeros, indicando la configuración de los isómeros con doble enlace y los isómeros ópticamente activos indicando para ellos las proyecciones de Fischer.

[Solución]

a) C_4H_7Cl Si esta molécula fuera saturada, su fórmula sería C_4H_{10}.

Número de insaturaciones $(\Omega) = (10\,H - 7\,H - 1\,Cl)/2 = 1$ (un doble enlace)

Los isómeros constitucionales que se ajustan a la fórmula molecular C_4H_7Cl y que tienen un doble enlace son ocho, cuyas fórmulas desarrolladas son las siguientes:

$$CH_2 = CH - CH_2 - CH_2Cl \qquad \text{4-cloro-1-buteno}$$

$$CH_2 = CH - CHCl - CH_3 \qquad \text{3-cloro-1-buteno}$$

$$CH_2 = CCl - CH_2 - CH_3 \qquad \text{2-cloro-1-buteno}$$

$$CHCl = CH - CH_2 - CH_3 \qquad \text{1-cloro-1-buteno}$$

$$CH_3 - CH = CH - CH_2Cl \qquad \text{1-cloro-2-buteno}$$

$$CH_3 - CH = CCl - CH_3 \qquad \text{2-cloro-2-buteno}$$

$$Cl - CH = \underset{\underset{CH_3}{|}}{C} - CH_3 \qquad \text{2-metil-1-cloro-1-propeno}$$

$$CH_2 = \underset{\underset{CH_3}{|}}{C} - CH_2Cl \qquad \text{2-metil-3-cloro-1-propeno}$$

b) Los compuestos que presentan isomería geométrica son los que poseen un doble enlace interno, y tienen dos radicales o sustituyentes distintos en los carbonos que forman el doble enlace. Son los siguientes:

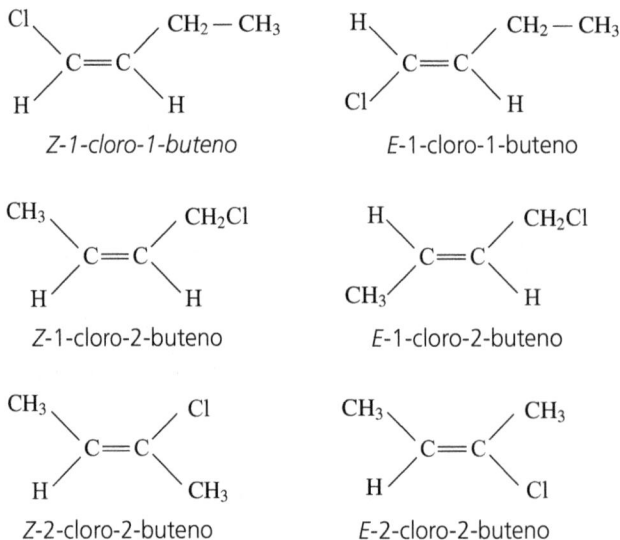

Z-1-cloro-1-buteno　　　　*E-1-cloro-1-buteno*

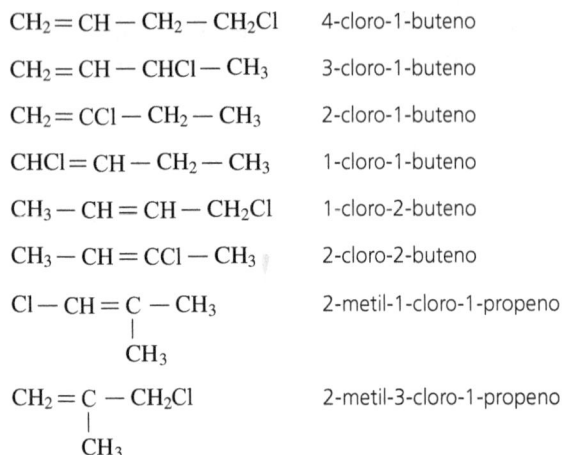

Z-1-cloro-2-buteno　　　　*E-1-cloro-2-buteno*

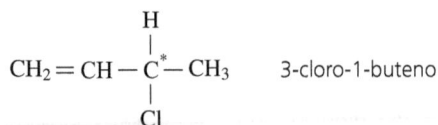

Z-2-cloro-2-buteno　　　　*E-2-cloro-2-buteno*

c) Las moléculas que presentan isomería óptica son las que poseen un centro quiral o carbono asimétrico, C^*:

$$CH_2 = CH - \overset{\overset{H}{|}}{\underset{\underset{Cl}{|}}{C^*}} - CH_3 \qquad \text{3-cloro-1-buteno}$$

Proyección de Fischer:

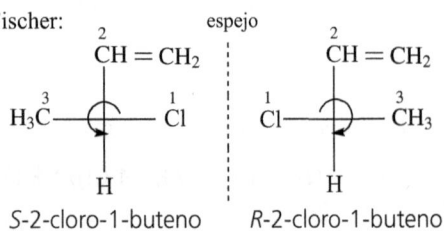

S-2-cloro-1-buteno　　*R-2-cloro-1-buteno*

Enantiómeros

Problema 5.11

El ácido 3-cloro-2-butenoico se obtiene por deshidratación en medio ácido o mediante la acción del calor del ácido 3-cloro-2-hidroxibutanoico.

a) Escribid la reacción correspondiente.

b) Escribid y nombrad los estereoisómeros del ácido 3-cloro-2-butenoico.

c) ¿Cuántos estereoisómeros del ácido hidratado hay? ¿Cuántos son ópticamente activos?

[Solución]

a)

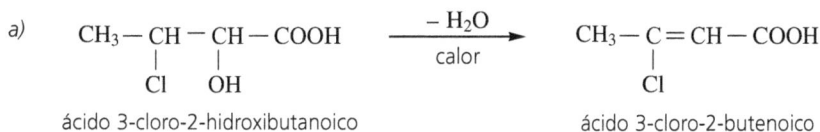

ácido 3-cloro-2-hidroxibutanoico   ácido 3-cloro-2-butenoico

b)

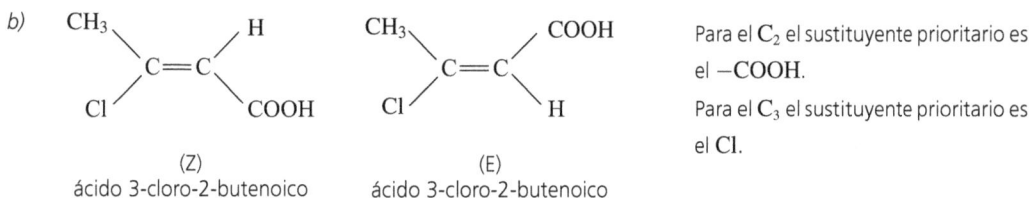

(Z)   (E)
ácido 3-cloro-2-butenoico   ácido 3-cloro-2-butenoico

Para el C_2 el sustituyente prioritario es el $-COOH$.

Para el C_3 el sustituyente prioritario es el Cl.

c) El ácido hidratado es el ácido 3-cloro-2-hidroxibutanoico, que tiene dos carbonos asimétricos:

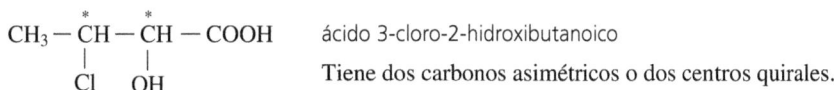

ácido 3-cloro-2-hidroxibutanoico

Tiene dos carbonos asimétricos o dos centros quirales.

Número de estereoisómeros: $2^2 = 4$ Los cuatro estereoisómeros son ópticamente activos.

Problema 5.12

Para el ácido 3-cloro 2 hidroxibutanoico descrito en el problema anterior, representad:

a) En cuñas y mediante la proyección de Fischer el estereoisómero (2S, 3S).

b) En perspectiva y por proyecciones de Newman, las conformaciones del estereoisómero (2S, 3S) respecto al giro de $360°$ del enlace entre los carbonos 2 y 3 ($C_2 - C_3$).

[Solución]

a)

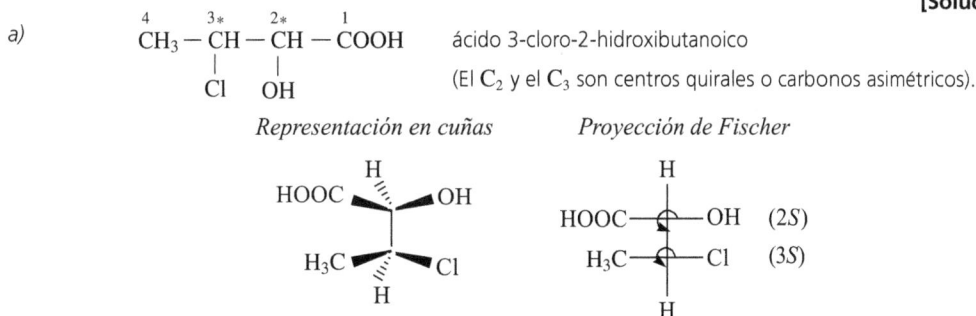

ácido 3-cloro-2-hidroxibutanoico

(El C_2 y el C_3 son centros quirales o carbonos asimétricos).

Representación en cuñas   *Proyección de Fischer*

b)   *Representación en cuñas*   *En perspectiva*   *Proyección de Newman*

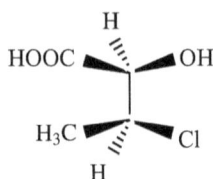 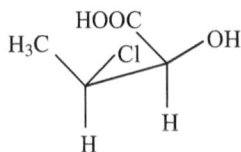 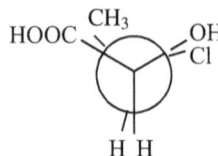

Las tres representaciones anteriores equivalen a la forma eclipsada del ácido 3-cloro-2-hidroxibutanoico.

Conformaciones de Newman (giro de 360° sobre el eje del enlace entre los carbonos 2 y 3: C_2 y C_3

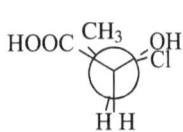 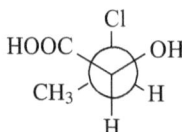 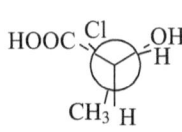 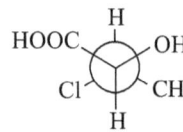

    0° eclipsada   60° eclipsada   120° eclipsada   180° eclipsada

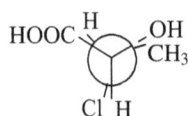 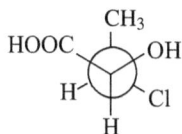 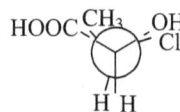

     240° eclipsada   300° eclipsada   360° eclipsada

■ Problema 5.13

Un compuesto orgánico no cíclico posee la composición centesimal siguiente: 60% de C, 8% de H y 32% de O. Su masa molecular es de $100 \text{ g} \cdot \text{mol}^{-1}$, y se sabe que 1,0 g de dicho compuesto orgánico se neutraliza con 0,40 g de hidróxido sódico, NaOH.

a) Averiguad la fórmula molecular del compuesto, el número de insaturaciones que posee y el grupo funcional que contiene.
b) Escribid y nombrad todos sus isómeros estructurales y representad sus isómeros geométricos.
c) Representad el diagrama de energía resultante de la rotación entre los carbonos C_4 y C_5 en el isómero en que dichos carbonos presentan la hibridación sp^3.

Los pesos atómicos son: Na = 23; C = 12; O = 16; H = 1.

[Solución]

a) $\left. \begin{array}{l} \text{C}: \ (60/12) = 5 \\ \text{H}: \ (8/1) = 8 \\ \text{O}: \ (32/16) = 2 \end{array} \right\}$ Se divide por el número menor para obtener los subíndices $\left. \begin{array}{l} 5/2 = 2,5 \\ 8/2 = 4 \\ 2/2 = 1 \end{array} \right\}$

Fórmula: $C_{2,5}H_4O_1$; como los subíndices deben ser números enteros, se multiplica por dos y la fórmula correcta será: $C_5H_8O_2$

Peso fórmula: $(5 \cdot 12 + 8 \cdot 1 + 2 \cdot 16) = 100$

Como el peso molecular es $100 \text{ g} \cdot \text{mol}^{-1}$, es igual que el peso de la fórmula empírica hallada, luego la *fórmula molecular* del compuesto es $C_5H_8O_2$.

Número de insaturaciones $(\Omega) = (12\,H - 8\,H)/2 = 2$ Dos dobles enlaces

Según el enunciado del problema, el compuesto orgánico se neutraliza con $NaOH$, esto implica que su molécula posee uno o más grupos ácidos. La fórmula molecular obtenida $C_5H_8O_2$ indica que es un solo grupo $-COOH$, puesto que sólo posee dos oxígenos.

Para asegurar este dato, se calcula el número de moles de la molécula con carácter ácido y el número de moles de la base $NaOH$ que deben ser los mismos, lo que implicaría que solo tiene la molécula un H^+ ácido.

Cálculo de la neutralización del ácido $C_5H_8O_2$ con $NaOH$:

$$(1,0\text{ g C}_5\text{H}_8\text{O}_2)/(100\text{ g}\cdot\text{mol}^{-1}) = 0,01\text{ mol de C}_5\text{H}_8\text{O}_2 \quad (M_{\text{C}_5\text{H}_8\text{O}_2} = 100\text{ g}\cdot\text{mol}^{-1})$$
$$(0,4\text{ g NaOH})/(40\text{ g}\cdot\text{mol}^{-1}) = 0,01\text{ mol de NaOH} \quad (M_{\text{NaOH}} = 40\text{ g}\cdot\text{mol}^{-1})$$

Luego la molécula $C_5H_8O_2$ solo tiene un grupo ácido $COOH$. De las dos insaturaciones obtenidas, una de ellas corresponde a un doble enlace entre carbonos $(C = C)$ y la otra corresponde al grupo carbonilo $(C = O)$ de la función ácido.

b) Isómeros estructurales no cíclicos con un doble enlace y un grupo ácido:

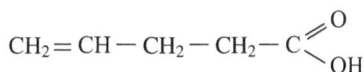

$$CH_2 = CH - CH_2 - CH_2 - C\underset{OH}{\overset{O}{\lessgtr}}$$

(I) ácido 4-pentenoico

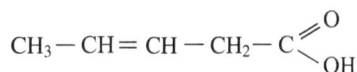

$$CH_3 - CH = CH - CH_2 - C\underset{OH}{\overset{O}{\lessgtr}}$$

(II) ácido 3-pentenoico

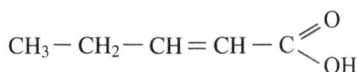

$$CH_3 - CH_2 - CH = CH - C\underset{OH}{\overset{O}{\lessgtr}}$$

(III) ácido 2-pentenoico

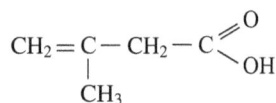

$$CH_2 = C - CH_2 - C\underset{OH}{\overset{O}{\lessgtr}}$$
$$\quad\ \ \ |$$
$$\quad\ \ CH_3$$

(IV) ácido 3-metil-3-butenoico

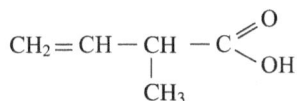

$$CH_2 = CH - CH - C\underset{OH}{\overset{O}{\lessgtr}}$$
$$\qquad\qquad\ \ |$$
$$\qquad\qquad CH_3$$

(V) ácido 2-metil-3-butenoico

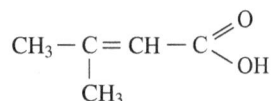

$$CH_3 - C = CH - C\underset{OH}{\overset{O}{\lessgtr}}$$
$$\qquad\ |$$
$$\qquad CH_3$$

(VI) ácido 3-metil-2-butenoico

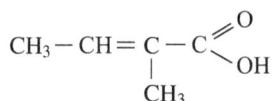

$$CH_3 - CH = C - C\underset{OH}{\overset{O}{\lessgtr}}$$
$$\qquad\qquad\ |$$
$$\qquad\qquad CH_3$$

(VII) ácido 2-metil-2-butenoico

Los isómeros geométricos son: (II), (III) y (VII).
Los demás no poseen isomería geométrica.

Representación de los isómeros geométricos:

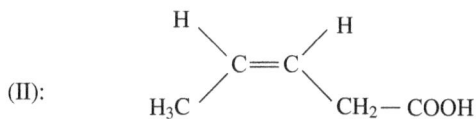

(II):

ácido (Z) 3-pentenoico

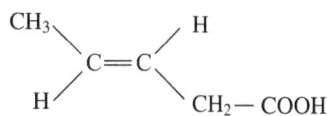

ácido (E) 3-pentenoico

(III):

$$H \diagdown \diagup H$$
C=C with HOOC and CH₂—CH₃

H₃C — C=C — H / HOOC ...

(III):

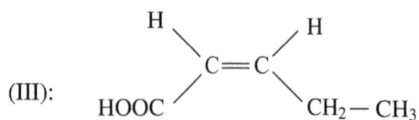

```
   H           H
    \         /
     C ═══ C
    /         \
 HOOC        CH₂— CH₃
```
ácido (Z) 2-pentenoico

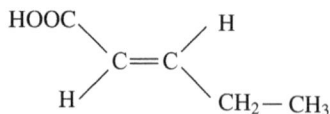

```
 HOOC          H
    \         /
     C ═══ C
    /         \
   H         CH₂— CH₃
```
ácido (E) 2-pentenoico

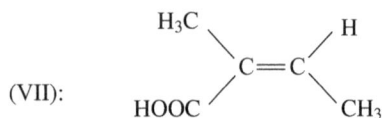

(VII):

```
  H₃C          H
    \         /
     C ═══ C
    /         \
 HOOC        CH₃
```
ácido (Z) 2-metil-2-butenoico

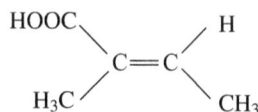

```
 HOOC          H
    \         /
     C ═══ C
    /         \
  H₃C        CH₃
```
ácido (E) 2-metil-2-butenoico

Prioridad: $COOH > CH_3$

c) De los isómeros geométricos anteriores que posee hibridación sp^3 en el carbono cuatro (C_4) y el carbono cinco (C_5) es el ácido 2-pentenoico:

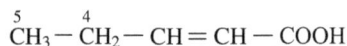

$$\overset{5}{C}H_3 - \overset{4}{C}H_2 - CH = CH - COOH$$

El enlace entre el C_4 y el C_5 es un enlace σ que permite el giro de 360° y que da lugar a conformaciones moleculares que poseen distinta energía entre sí.

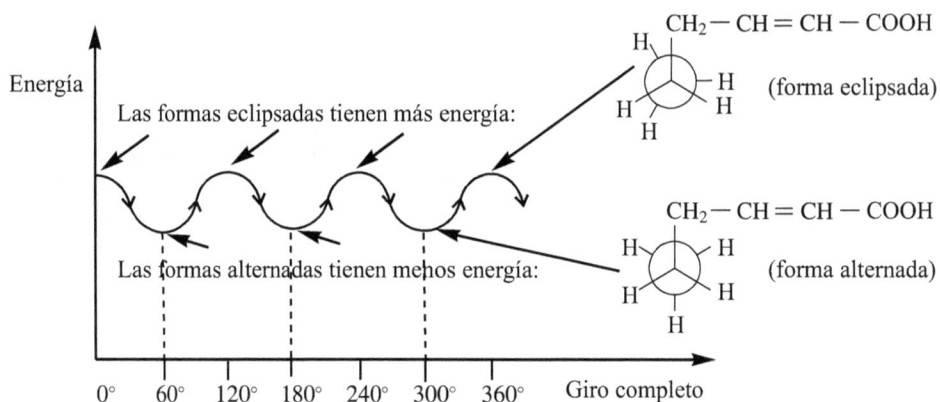

Energía

Las formas eclipsadas tienen más energía:

$CH_2 - CH = CH - COOH$ (forma eclipsada)

Las formas alternadas tienen menos energía:

$CH_2 - CH = CH - COOH$ (forma alternada)

0°   60°   120°   180°   240°   300°   360°   Giro completo

Se observa en el diagrama que se repiten en el giro dos únicas formas. Una eclipsada que posee más energía y menos estabilidad y otra forma alternada que posee menos energía y mayor estabilidad.

Problema 5.14

Representad el compuesto cíclico de fórmula molecular $C_3H_6O_2$, sabiendo que los dos oxígenos que contiene su molécula corresponden a dos funciones alcohol.

a) Señalad los carbonos asimétricos que posea la molécula, representad su configuración según las proyecciones de Fischer y nombradlos.

b) De todos los isómeros conseguidos, señalad los que son ópticamente activos y los que son formas meso.

a) Isómeros del $C_3H_6O_2$ cíclicos:

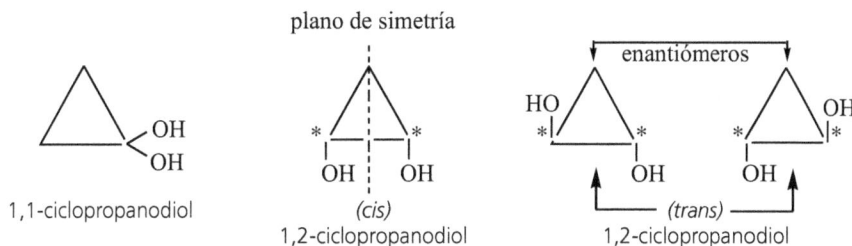

plano de simetría

enantiómeros

1,1-ciclopropanodiol

(cis)
1,2-ciclopropanodiol

(trans)
1,2-ciclopropanodiol

b) No es ópticamente activo el 1,1-ciclopropanodiol, porque tiene dos enlaces OH iguales unidos a un mismo carbono.

No es ópticamente activo el (cis)-1,2-ciclopropanodiol, porque posee un plano de simetría, luego es una forma *meso*.

Son isómeros ópticamente activos los dos isómeros geométricos (trans)-1,2-ciclopropanodiol. Sus proyecciones de Fischer dan dos enantiómeros (S) (S) y (R) (R) que se representan como:

enantiómeros

(trans)-1,2-diclorociclopropano

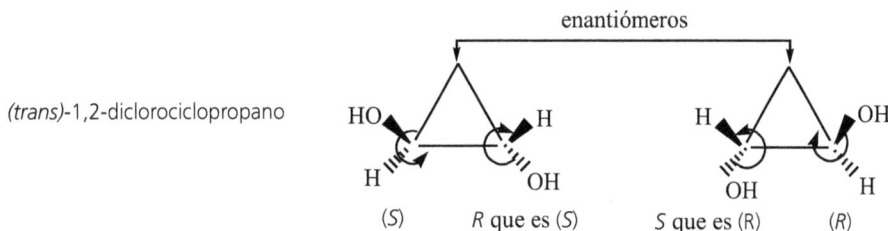

(S)   R que es (S)   S que es (R)   (R)

En la determinación de la configuración de Fischer el hidrógeno que es el radical sustituyente con menor valor de número atómico debe estar detrás del plano del ciclo (en líneas), si no es así, la configuración que le corresponde es la contraria. Si sale R su proyección es S y si sale S su proyección es R.

Los enantiómeros (R) (S) y (S) (R) de la forma *meso* son compuestos idénticos, superpuestos coinciden, pues girando la molécula $180°$ se superponen.

■ Problema 5.15

Para el compuesto de fórmula molecular $C_4H_8O_2$:

a) Representad todos los isómeros constitucionales o estructurales que tengan a la vez un grupo carbonilo $(C = O)$ y un grupo alcohol (OH).
b) Señalad los que poseen actividad óptica y determinad la configuración de los enantiómeros que corresponden a uno de ellos.
c) Mediante proyecciones de Newman, representad para la 4-hidroxi-2-butanona, las conformaciones más representativas respecto al enlace entre los dos carbonos próximos sp^3/sp^3, e indicad las conformaciones más estables y las de mayor energía.

[Solución]

a) El compuesto $C_4H_8O_2$ tiene una insaturación, que es la correspondiente al grupo carbonilo, $C = O$. Luego el compuesto de partida puede poseer un grupo aldehído $(-COH)$ o un grupo cetona $(-CO-)$, además del grupo alcohol (OH) que señala el enunciado. También puede poseer un grupo ácido $(-COOH)$.

El número de isómeros con función alcohol y a la vez con función aldehído son los cinco siguientes:

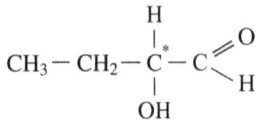 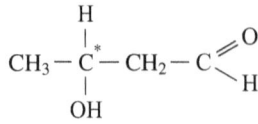 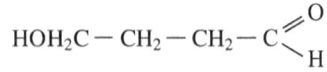

  2-hidroxibutanal   3-hidroxibutanal   4-hidroxibutanal

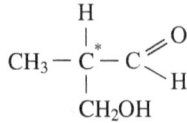   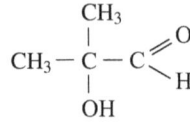

   2-metil-3-hidroxipropanal   2-metil-2-hidroxipropanal

El número de isómeros con función ácido son dos y el número de isómeros con función alcohol y a la vez con función cetona son tres.

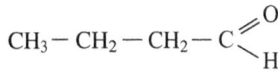   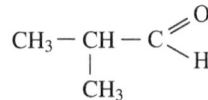

          ácido butanoico   ácido 2-metilpropanoico

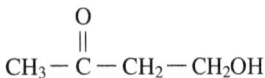   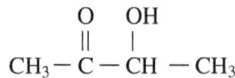   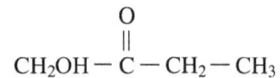

  4-hidroxi-2-butanona   3-hidroxi-2-butanona   1-hidroxi-2-butanona

b) Los tres compuestos con un carbono asimétrico C* tienen actividad óptica (con asterisco), y son: el 2-hidroxibutanal, el 3-hidroxibutanal y el 2-metil-3-hidroxipropanal.

Los isómeros ópticos o enantiómeros del 2-hidroxibutanal son:

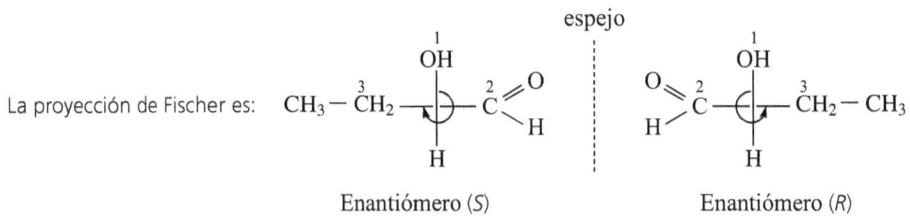

c) La estructura plana de la molécula 4-hidroxi-2-butanona permite el giro de 360° entre los carbonos tres y cuatro que son los que estando próximos poseen la hibridación sp^3.

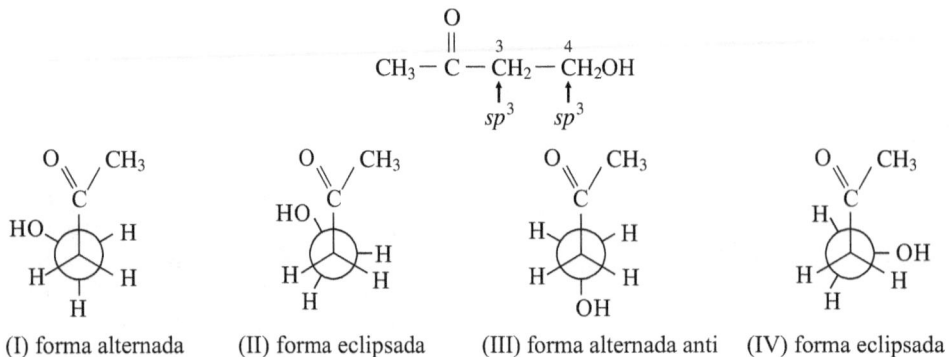

Las moléculas con conformaciones más estables son: la alternada anti (III) y la alternada (I).

Las moléculas con conformaciones de mayor energía o menos estables son: las formas eclipsadas (II) y (IV).

■ Problema 5.16

a) Escribid todos los isómeros cuya fórmula molecular es C_5H_8O y que poseen una función aldehído.

b) Emparejad los compuestos acíclicos que posean isomería geométrica, determinad su configuración y nombradlos.

c) Indicad los compuestos acíclicos que posean actividad óptica, representad las proyecciones de Fischer para uno de ellos y nombradlo.

[Solución]

a) Isómeros acíclicos de fórmula molecular C_5H_8O con función aldehído:

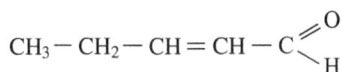

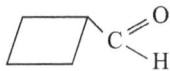

$$CH_3 - CH_2 - CH = CH - C\overset{\nearrow O}{\underset{\searrow H}{}} \qquad CH_3 - CH = \underset{\underset{CH_3}{|}}{C} - C\overset{\nearrow O}{\underset{\searrow H}{}} \qquad CH_3 - CH = CH - CH_2 - C\overset{\nearrow O}{\underset{\searrow H}{}}$$

(I) 2-pentenal   (II) 2-metil-2-butenal   (III) 3-pentenal

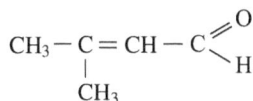

$$CH_3 - \underset{\underset{CH_3}{|}}{C} = CH - C\overset{\nearrow O}{\underset{\searrow H}{}} \qquad CH_2 = CH - CH_2 - CH_2 - C\overset{\nearrow O}{\underset{\searrow H}{}} \qquad CH_2 = \underset{\underset{CH_3}{|}}{C} - CH_2 - C\overset{\nearrow O}{\underset{\searrow H}{}}$$

(IV) 3-metil-2-butenal   (V) 4-pentenal   (VI) 3-metil-3-butenal

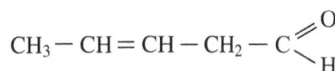

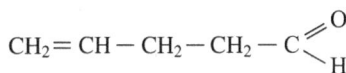

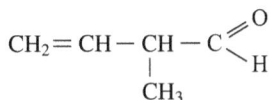

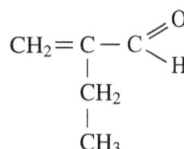

$$CH_2 = CH - \underset{\underset{CH_3}{|}}{CH} - C\overset{\nearrow O}{\underset{\searrow H}{}} \qquad CH_2 = \underset{\underset{\underset{CH_3}{|}}{CH_2}}{\overset{|}{C}} - C\overset{\nearrow O}{\underset{\searrow H}{}}$$

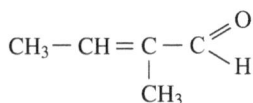

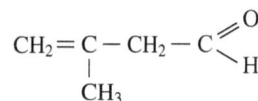

(VII) 2-metil-3-butenal   (VIII) 2-etil-2-propenal

Isómeros cíclicos de fórmula molecular C_5H_8O con función aldehído:

(IX) formilciclobutano   (X) 1-formil-1-metilciclopropano   (XI) 1-formil-2-metil-ciclopropano

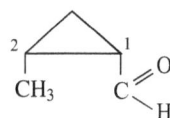

El compuesto (XI) es el isómero geométrico *cis* del 1-formil-2-metilciclopropano, que tiene su isómero geométrico *trans*, como se ve a continuación:

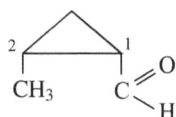

Isómeros geométricos

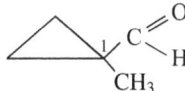

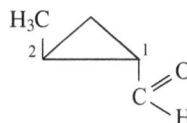

(XI) *cis*-1-formil-2-metil-ciclopropano   (XII) *trans*-1-formil-2-metil-ciclopropano

El isómero *cis* y el isómero *trans* poseen isómeros ópticos, pues tienen dos carbonos asimétricos o dos centros quirales, que son los carbonos C_1 y C_2.

(H delante del plano)

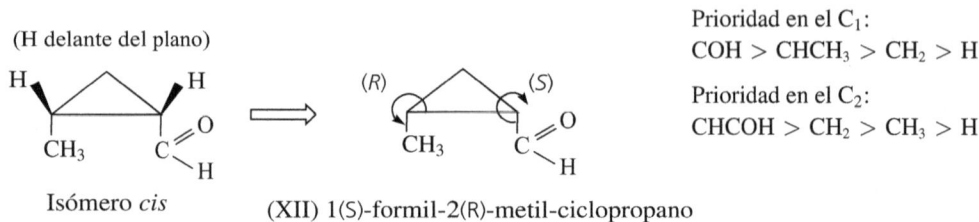

Prioridad en el C_1:
COH > CHCH$_3$ > CH$_2$ > H

Prioridad en el C_2:
CHCOH > CH$_2$ > CH$_3$ > H

Isómero *cis*   (XII) 1(S)-formil-2(R)-metil-ciclopropano

Los dos hidrógenos de los carbonos C_1 y C_2, con mínima prioridad, están delante del plano; luego, la proyección de Fischer, *R* o *S*, cambia y el resultado obtenido es el inverso.

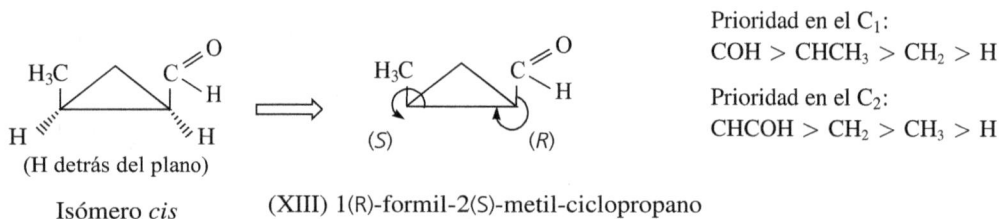

Prioridad en el C_1:
COH > CHCH$_3$ > CH$_2$ > H

Prioridad en el C_2:
CHCOH > CH$_2$ > CH$_3$ > H

(H detrás del plano)

Isómero *cis*   (XIII) 1(R)-formil-2(S)-metil-ciclopropano

Los hidrógenos de los carbonos C_1 y C_2, que tienen mínima prioridad, están detrás del plano; luego, el resultado de la proyección de Fischer, *R* o *S*, es el correcto.

(H delante del plano)

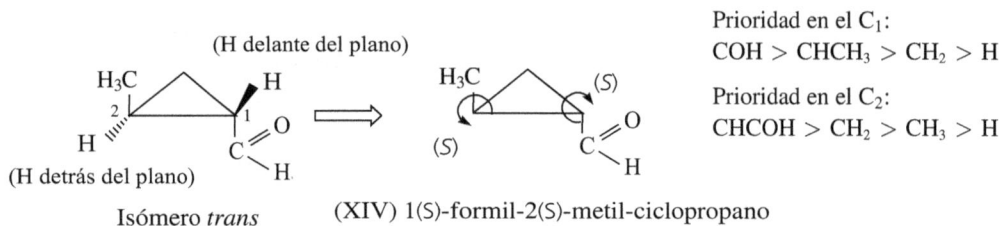

Prioridad en el C_1:
COH > CHCH$_3$ > CH$_2$ > H

Prioridad en el C_2:
CHCOH > CH$_2$ > CH$_3$ > H

(H detrás del plano)

Isómero *trans*   (XIV) 1(S)-formil-2(S)-metil-ciclopropano

El hidrógeno del carbono C_1 está delante del plano; luego, el resultado *R* de la proyección de Fischer es *S*, el inverso. El hidrógeno del carbono C_2 está detrás del plano; luego, el resultado *S* de la proyección de Fischer es *S*, el correcto.

(H delante del plano)

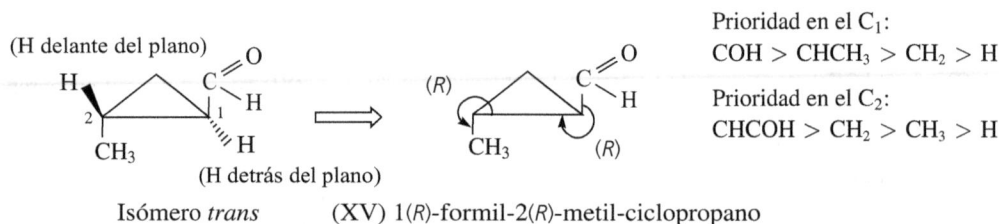

Prioridad en el C_1:
COH > CHCH$_3$ > CH$_2$ > H

Prioridad en el C_2:
CHCOH > CH$_2$ > CH$_3$ > H

(H detrás del plano)

Isómero *trans*   (XV) 1(R)-formil-2(R)-metil-ciclopropano

El hidrógeno del carbono C_1 está detrás del plano; luego, el resultado *R* de la proyección de Fischer es *R*, el correcto. El hidrógeno del carbono C_2 está delante del plano; luego, el resultado *S* de la proyección de Fischer es *R*, el inverso.

b) Los compuestos acíclicos con isomería geométrica son los numerados como: (I), (II) y (III)

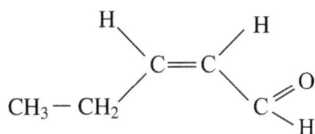

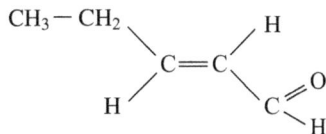

Prioridades: COH > H
CH₃ – CH₂ > H

(Z)-2-pentenal

(E)-2-pentenal

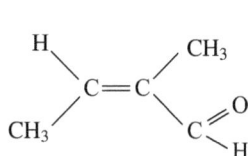

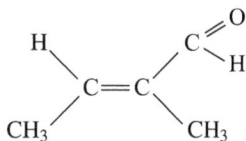

Prioridades: COH > CH₃
CH₃ > H

(Z)-2-metil-2-butenal

(E)-2-metil-2-butenal

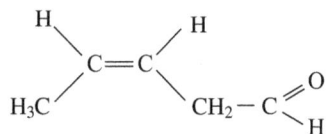

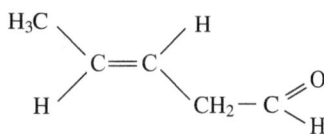

Prioridades: CH₂ – COH > H
CH₃ > H

(Z)-3-pentenal

(E)-3-pentenal

c) El compuesto acíclico que posee actividad óptica es el (VII). Tiene un centro quiral o carbono asimétrico, que es el carbono C_2.

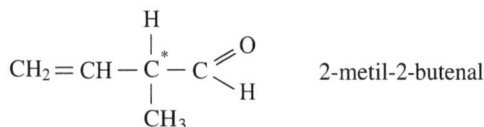

2-metil-2-butenal

Enantiómeros obtenidos en las proyecciones de Fischer:

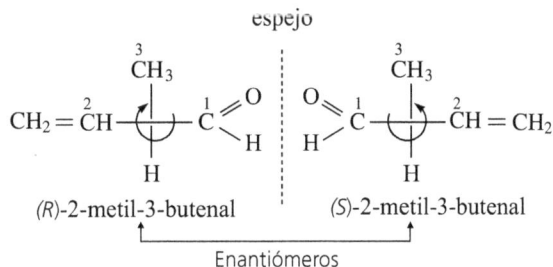

(R)-2-metil-3-butenal   (S)-2-metil-3-butenal

Enantiómeros

Problema 5.17

Para el compuesto 1,3-diclorociclohexano:

a) Representad los equilibrios conformacionales de los isómeros geométricos *cis* y *trans*.
b) Indicad los enlaces axiales y ecuatoriales del isómero más estable.

a) Los isómeros geométricos para el compuesto cíclico dado son:

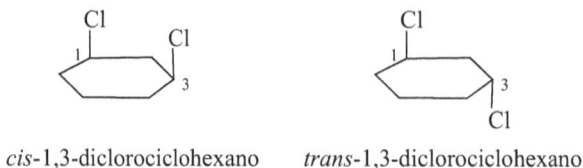

cis-1,3-diclorociclohexano   *trans*-1,3-diclorociclohexano

El 1,3-diclorociclohexano representado en cuñas, nos permite ver mejor los enlaces axiales y ecuatoriales, tal como se ve a continuación:

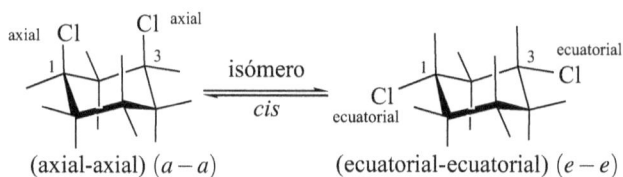

(axial-axial) $(a-a)$ (ecuatorial-ecuatorial) $(e-e)$

Ambas formas se reconvierten entre sí por giro.

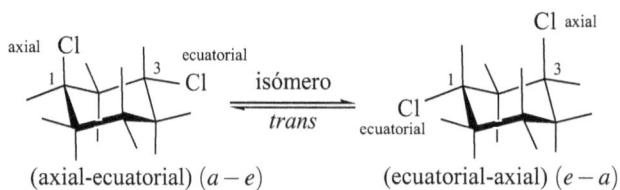

(axial-ecuatorial) $(a-e)$ (ecuatorial-axial) $(e-a)$

Ambas formas se reconvierten entre sí por giro.

b) El isómero más estable del 1,3-diclorociclohexano es la forma *cis* en las posiciones ecuatorial-ecuatorial para los dos cloros, porque los dos sustituyentes Cl están muy alejados entre sí y no existen interacciones entre ellos.

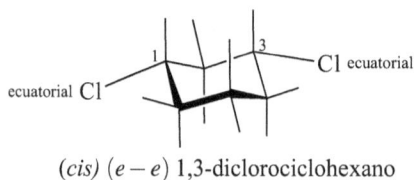

(*cis*) $(e-e)$ 1,3-diclorociclohexano

Tiene gran estabilidad

Problemas propuestos

☐ Problema 5.1

Calculad la composición elemental en porcentaje para las fórmulas de los compuestos siguientes:

a) $C_8H_{16}O_2$;
b) C_4H_5N;
c) $C_4H_4O_2Cl$;
d) $C_4H_6O_4$;
e) $C_2H_6O_2$

Problema 5.2

Determinad el número de insaturaciones que contienen los compuestos siguientes:

a) C_4H_6;
b) C_6H_5Cl;
c) CH_5N;
d) $C_7H_8O_2$;
e) CCl_2F_2;
f) $C_5H_{10}N_2$

Problema 5.3

Escribid la fórmula desarrollada plana para los compuestos siguientes:

a) C_6H_6;
b) $C_4H_{10}O$;
c) $C_7H_8O_2$;
d) C_5H_7NO;
e) $C_2H_4Cl_2$;
f) $C_4H_{10}O$

Problema 5.4

Hallad la fórmula molecular, el número de insaturaciones y una estructura coherente para cada uno de los compuestos siguientes:

a) C : 92,31 %; H : 7,69 %. El peso molecular es de $104 \ g \cdot mol^{-1}$.

b) C : 60,6 %; H : 9,1 %; O : 16,2 %; N : 14,1 %. El peso molecular es de $99 \ g \cdot mol^{-1}$.

Problema 5.5

Escribid todas las estructuras planas desarrolladas para los compuestos de fórmula molecular C_4H_6O, que tienen una función aldehído y un doble enlace entre dos carbonos.

Problema 5.6

Representad el ácido 2-hidroxipropanoico (ácido láctico) según distintas fórmulas como las que se piden a continuación:

a) Fórmula molecular y fórmula en cadena o esqueleto.
b) Fórmula de Lewis y fórmula en líneas.
c) Fórmula en cuñas y fórmula en perspectiva.
d) Fórmula de Newman y fórmula de Fischer.

Problema 5.7

Para las siguientes parejas de moléculas, indicad las que entre sí poseen isomería y las que no. Justificad en cada caso la respuesta.

a) $CH_3-CH_2-CH_2-CH_2-CH_3$ y $CH_3-CH=CH-CH_2-CH_3$

b) $CH_3-CHCl-CH_2-CH_2-CH_3$ y $CH_3-CH_2-CH_2-CH_2-CH_2Cl$

c)

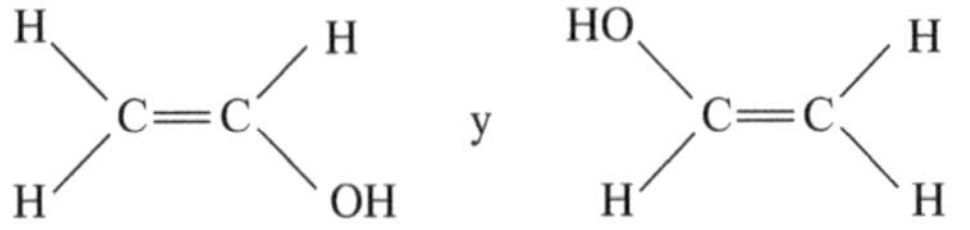

d)

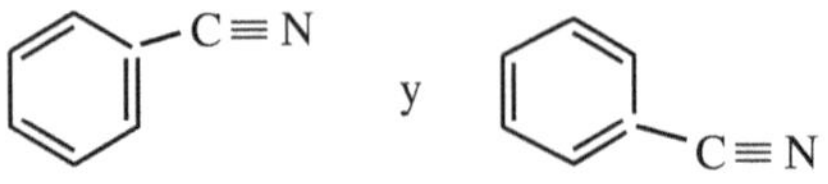

e)

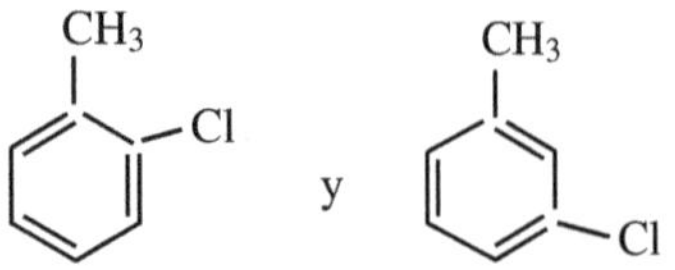

f) $CH_3-CH_2-CHOH-CH_2-CH_3$ y $CH_3-CH_2-O-CH_2-CH_2-CH_3$

g) $CH_3-CO-CH_3$ y $CH_3-COH=CH_2$

■ Problema 5.8

Un compuesto cuya fórmula molecular es C_4H_7Cl contiene un doble enlace entre dos de sus carbonos.

a) ¿Cuántos isómeros constitucionales se deducen de esta fórmula?
b) ¿Cuántos de ellos presentan isomería geométrica?
c) ¿Cuántos de ellos presentan isomería óptica?
d) Dibujad cada isómero indicando la configuración geométrica del doble enlace y la del carbono asimétrico o quiral mediante proyección de Fischer.

■ Problema 5.9

Indicad el isómero más estable de las siguientes parejas de isómeros geométricos:

a) *Cis* o *trans*-1,2-dimetilciclohexano.
b) *Cis* o *trans*-1,3-dimetilciclohexano.
c) *Cis* o *trans*-1,4-dimetilciclohexano.

■ Problema 5.10

Escribid las estructuras de todos los pentanoles de fórmula molecular $C_5H_{12}O$. Señalad los que son ópticamente activos y dibujad sus proyecciones de Fischer asignando la configuración *R-S* del carbono asimétrico.

☐ Problema 5.11

Representad los isómeros no cíclicos de fórmula molecular C_6H_{12} e indicad la configuración geométrica *Z-E* del doble enlace y la configuración óptica *R-S* del carbono asimétrico.

Problema 5.12

Dibujad todos los isómeros posibles del alcano que posee menor peso molecular y que contiene un carbono asimétrico o quiral. Especificad las configuraciones ópticas de los enantiómeros R y S si es necesario.

Problema 5.13

Un compuesto acíclico tiene un peso molecular de $86,05$ g/mol y una composición elemental de $69,78\%$ de carbono, $11,62\%$ de hidrógeno y $18,59\%$ de oxígeno.

a) Formulad y nombrad todos los isómeros carbonílicos $(C = O)$ posibles de este compuesto.
b) Sólo uno de estos isómeros presenta actividad óptica. Dibujad las proyecciones de Fischer de sus dos enantiómeros y asignad para cada uno de ellos sus configuraciones respectivas.

Problema 5.14

Dibujad las proyecciones en perspectiva o caballete y las proyecciones de Newman para las formas eclipsadas del etano y del 1-cloro-2-bromoetano, y también para la forma sesgada del n-butano.

Problema 5.15

Un éter de fórmula molecular $C_5H_{12}O$ presenta actividad óptica. Indicad de qué sustancia se trata y formulad todos sus isómeros de cadena o esqueleto. Dibujad las proyecciones de Fischer de sus dos enantiómeros y determinad sus configuraciones R y S.

Problema 5.16

Dadas las moléculas cíclicas con dos carbonos asimétricos o quirales siguientes:

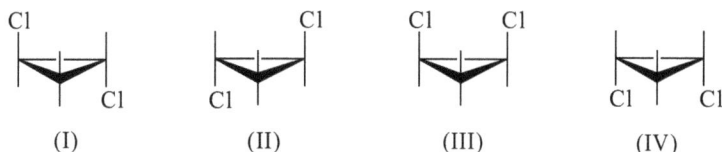

(I)   (II)   (III)   (IV)

a) Nombradlas y señalad las que poseen actividad óptica, justificando la respuesta.
b) Indicad qué tipo de isómeros son entre sí.
c) Representad las configuraciones de Fischer para los dos centros quirales que poseen cada una de ellas.

Problema 5.17

Indicad la configuración de las parejas de isómeros unidos por una flecha tipo $\longleftrightarrow$ y nombradlos:

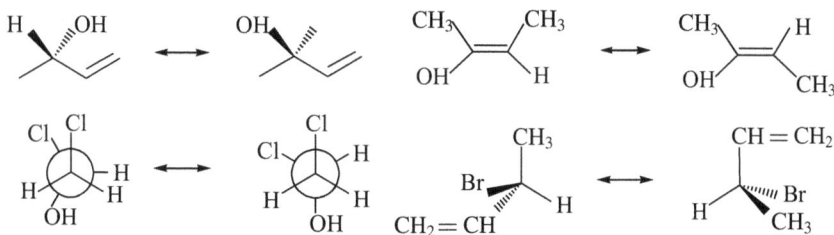

Problema 5.18

Para el compuesto 1,2-dimetilciclohexano:

a) Dibujad los equilibrios conformacionales de los isómeros *cis* y *trans*.
b) Indicad los enlaces axiales y ecuatoriales del isómero más estable y de menor energía.
c) De los dos isómeros *cis* y *trans* ¿cuál es quiral y por qué?
d) Dibujad las configuraciones R y S de sus centros quirales.

Problema 5.19

Dado el compuesto diénico con dos dobles enlaces no contiguos de fórmula molecular C_6H_{10}, escribid todas las estructuras de sus estereoisómeros geométricos y nombradlos.

Problema 5.20

Para el compuesto 4-cloro-2-penteno:

a) Representad todos sus estereoisómeros geométricos y ópticos.
b) Nombradlos e indicad el tipo de estereoisomería que poseen.
c) Representad las conformaciones que se obtienen al realizar un giro de 360° alrededor del enlace σ existente entre el carbono cuatro, C_4 y el carbono cinco, C_5.

Problema 5.21

Representad las conformaciones y el diagrama de energía que se obtiene en la rotación de 360° alrededor del enlace simple σ entre el carbono dos, C_2 y el carbono tres C_3 de la molécula 3-metilbuteno.

Problema 5.22

Un compuesto no cíclico posee la composición centesimal siguiente: $C : 73,15\%$; $H : 7,37\%$; $O : 19,49\%$. Su peso molecular es $82 \text{ g} \cdot \text{mol}^{-1}$.

a) Determinad la fórmula molecular del compuesto y el número de insaturaciones que posee.
b) Dibujad los isómeros que contienen en su molécula aldehídos, considerando que cuando hay dos dobles enlaces, estos no pueden estar unidos al mismo carbono.
c) Uno de los isómeros anteriores obtenidos puede resolverse en dos isómeros geométricos, señalad cuáles son dichos isómeros y representad sus configuraciones.
d) Otro de estos isómeros anteriores obtenidos posee un carbono asimétrico o quiral. Dibujad los dos enantiómeros del compuesto y sus configuraciones de Fischer.

Compuestos orgánicos. Series homólogas y propiedades físicas

6

6.1 Introducción y objetivos

Los conceptos relativos a los enlaces entre dos carbonos y entre carbono e hidrógeno de los hidrocarburos, vistos en el capítulo anterior, se aplican también a las moléculas orgánicas que contienen otros átomos como oxígeno, nitrógeno, azufre o halógenos, entre otros.

Estos átomos distintos del átomo de carbono, que es el componente principal junto con el hidrógeno de los compuestos orgánicos, los distinguimos del carbono llamándolos *heteroátomos*.

La reactividad química de los compuestos orgánicos que poseen diferentes *heteroátomos* es muy distinta a la de los compuestos análogos que no los tienen. Luego, la parte de la molécula orgánica que contiene un *heteroátomo* constituye un grupo funcional.

Se puede definir el grupo funcional como la parte de la molécula donde se producen la mayoría de las reacciones químicas y donde se determinan las propiedades del compuesto, tanto las químicas como las físicas.

El comportamiento ácido o básico del compuesto orgánico es debido al grupo funcional que pueda poseer la molécula.

En este capítulo observaremos que la presencia en las moléculas orgánicas de ciertos elementos del segundo y tercer periodo de la tabla periódica, les confieren propiedades características, tanto físicas como químicas.

Analizaremos también algunas de las peculiaridades y propiedades de las familias de compuestos orgánicos que contienen nitrógeno, oxígeno o un halógeno.

El conocimiento de los efectos electrónicos de las moléculas orgánicas, relacionados esencialmente con la polaridad, el efecto inductivo y la resonancia, permitirá definir y averiguar ciertas propiedades físicas de dichas moléculas, tales como la solubilidad, los cambios de estado, el punto de fusión, el punto de ebullición, etc.

También se estudiará el concepto de aromaticidad aplicado principalmente al benceno y a sus derivados que reciben el nombre de *arenos*.

6.2 Grupos funcionales. Familias de compuestos orgánicos

En los compuestos orgánicos suele haber otros elementos además del carbono y del hidrógeno. Estos elementos se encuentran en agrupaciones diferenciadas de uno o varios átomos. Cada una de estas agrupaciones, denominadas grupos funcionales o funciones, aporta propiedades características comunes a los compuestos que la tienen.

La química orgánica puede estudiarse convenientemente considerando las propiedades asociadas a los grupos funcionales específicos de las moléculas.

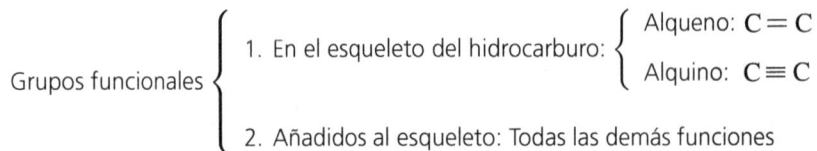

$$\text{Grupos funcionales} \begin{cases} \text{1. En el esqueleto del hidrocarburo:} \begin{cases} \text{Alqueno: } C=C \\ \text{Alquino: } C\equiv C \end{cases} \\ \\ \text{2. Añadidos al esqueleto: Todas las demás funciones} \end{cases}$$

Los grupos funcionales o familias con propiedades específicas que están unidos a la cadena principal o esqueleto del hidrocarburo son las que se estudian a continuación.

6.2.1 Funciones halógenadas $(-F, -Cl, -Br \text{ y } -I)$

Los compuestos halogenados se forman cuando un hidrógeno del hidrocarburo es sustituido por F, Cl, Br o I. Son moléculas con enlace polar entre el carbono y el halógeno, ya que el halógeno es más electronegativo que el carbono.

Ejemplos de compuestos halogenados

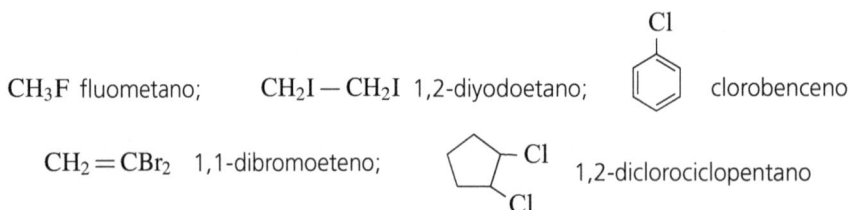

CH_3F fluometano; $CH_2I - CH_2I$ 1,2-diyodoetano;   clorobenceno

$CH_2 = CBr_2$ 1,1-dibromoeteno;   1,2-diclorociclopentano

6.2.2 Funciones que contienen oxígeno

Muchas moléculas orgánicas contiene oxígeno, tales como: alcoholes, éteres, cetonas, aldehidos, ácidos, esteres, amidas, anhídridos, etc.

El oxígeno, en las distintas moléculas orgánicas, puede tener hibridación sp^3, caso de alcoholes, fenoles y éteres, y también puede tener hibridación sp^2, caso de las funciones que poseen grupo carbonilo, como son: aldehídos, cetonas, ácidos, ésteres, amidas, anhídridos, etc.

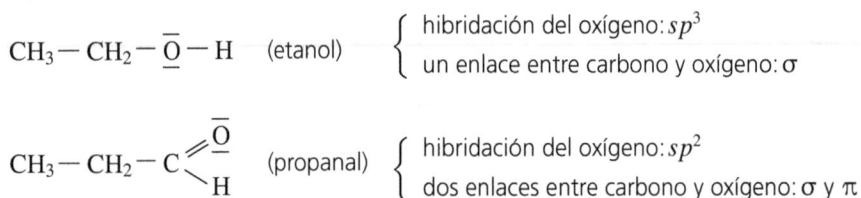

$CH_3 - CH_2 - \overline{\underline{O}} - H$ (etanol) $\begin{cases} \text{hibridación del oxígeno: } sp^3 \\ \text{un enlace entre carbono y oxígeno: } \sigma \end{cases}$

$CH_3 - CH_2 - C \begin{smallmatrix} \nearrow \overline{\underline{O}} \\ \searrow H \end{smallmatrix}$ (propanal) $\begin{cases} \text{hibridación del oxígeno: } sp^2 \\ \text{dos enlaces entre carbono y oxígeno: } \sigma \text{ y } \pi \end{cases}$

El primer tipo de enlace, simple σ, da lugar a la formación de alcoholes (OH) y de éteres $(-O-)$, y el segundo tipo de enlace, doble σ y π, da lugar a compuestos que contienen el grupo carbonilo $(C=O)$, como son los aldehídos, las cetonas y otras moléculas orgánicas.

a) *Función hidroxilo (alcoholes y fenoles): — OH*

Los alcoholes son moléculas orgánicas en las que un hidrógeno del hidrocarburo es sustituido por un grupo hidroxilo (OH).

Estos compuestos se pueden comparar con la molécula de agua, ya que poseen la misma estructura angular, con dos pares de electrones no enlazantes en el oxígeno y formando un ángulo inferior al ángulo tetraédrico (en el agua, $104{,}5°$).

$$H \overset{\overset{\displaystyle \bar{O}}{}}{\diagdown} H \qquad \text{Molécula polar,} \qquad\qquad R \overset{\overset{\displaystyle \bar{O}}{}}{\diagdown} H \qquad \text{Molécula polar,}$$

Molécula polar, que puede formar enlaces por puentes de hidrógeno.

agua

Molécula polar, que puede formar un enlace por puente de hidrógeno.

alcohol

solubles entre sí

Los alcoholes son *primarios* cuando la función alcohol (OH) se encuentra en el extremo de la molécula, son *secundarios* cuando el carbono que contiene la función OH está unido mediante dos enlaces a dos átomos de carbono, es decir, el alcohol está en medio de la molécula de hidrocarburo, y son *terciarios* cuando el carbono que posee la función alcohol tiene tres enlaces que le unen a otros tres átomos de carbono.

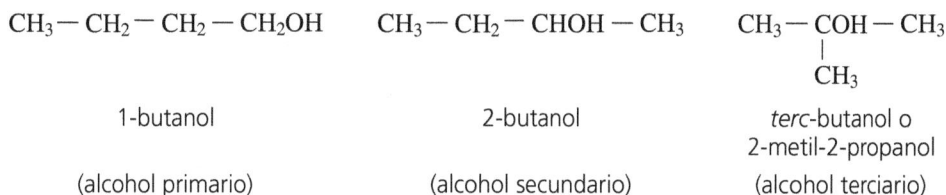

$$CH_3 - CH_2 - CH_2 - CH_2OH \qquad CH_3 - CH_2 - CHOH - CH_3 \qquad CH_3 - \underset{\underset{\textstyle CH_3}{|}}{COH} - CH_3$$

1-butanol

2-butanol

terc-butanol o 2-metil-2-propanol

(alcohol primario)

(alcohol secundario)

(alcohol terciario)

Los fenoles son moléculas orgánicas en las que un hidrógeno del benceno es sustituido por un grupo hidroxilo (OH). Son compuestos que tienen carácter ácido, puesto que su base conjugada, el ión fenolato, tiene gran estabilidad, debido a las formas resonantes que posee. Esta explicación se amplía en el apartado 6.6.3.

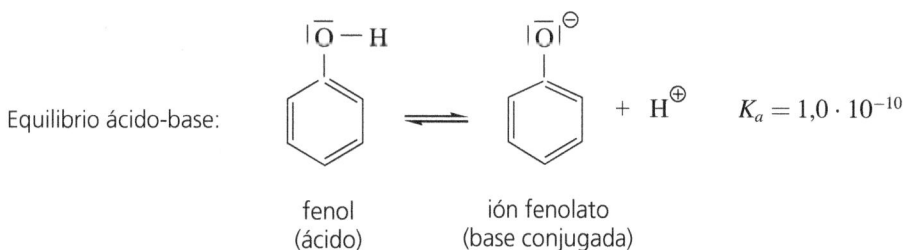

Equilibrio ácido-base:

$$\text{fenol (ácido)} \; \rightleftharpoons \; \text{ión fenolato (base conjugada)} \; + \; H^{\oplus} \qquad K_a = 1{,}0 \cdot 10^{-10}$$

fenol
(ácido)

ión fenolato
(base conjugada)

Ejemplos de alcoholes y fenoles

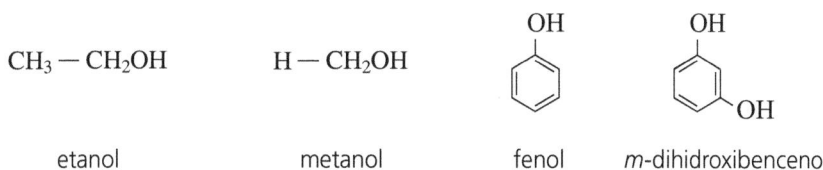

$$CH_3 - CH_2OH \qquad\qquad H - CH_2OH$$

etanol

metanol

fenol

m-dihidroxibenceno

$$CH_2OH-CHOH-CH_2OH \qquad CH_3-\underset{\underset{CH_3}{|}}{CH}-CHOH-CH_3 \qquad CH_3-\underset{\underset{CH_3}{|}}{COH}-CH_2OH$$

propanotriol (glicerol)   3-metil-2-butanol   2-metil-1,2-dihidroxibutano

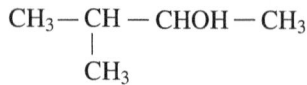

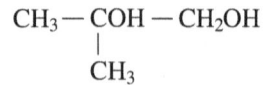

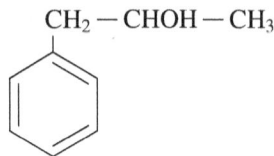

$$CH_2-CHOH-CH_3$$

3-fenil-2-propanol

b) *Función éter:* $-\overline{O}-R$

Los éteres se pueden comparar con una molécula de agua en la que los dos hidrógenos unidos al oxígeno han sido sustituidos por dos radicales hidrocarbonados. Por ello poseen su misma estructura angular, con dos pares de electrones no enlazantes en el oxígeno y con un ángulo inferior al ángulo tetraédrico (en el agua, $104,5°$).

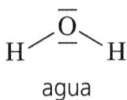

$$H\overset{\overline{O}}{\diagup\diagdown}H$$
agua

Molécula polar, que puede formar enlaces por puentes de hidrógeno.

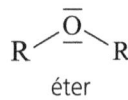

$$R\overset{\overline{O}}{\diagup\diagdown}R$$
éter

Molécula menos polar, que no puede formar enlaces por puentes de hidrógeno.

Ejemplos de éteres

$$CH_3-CH_2-\overline{O}-CH_3 \qquad\qquad \overline{O}-CH_3 \qquad\qquad CH_3-\underset{\underset{CH_3}{|}}{CH}-\overline{O}-CH_2-CH_3$$

etil metil éter   metoxibenceno   etil isopropil éter

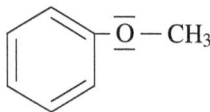

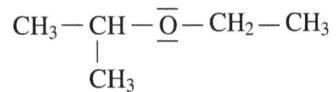

c) *Función carbonilo (aldehído y cetona):* $C=O$

Los átomos de oxígeno participan en enlaces dobles unidos al carbono en los aldehídos y en las cetonas. Estos compuestos se preparan en general por oxidación de los alcoholes y pérdida de una molécula de hidrógeno (H_2).

La oxidación de un alcohol primario da lugar a un aldehído y la oxidación de un alcohol secundario da lugar a una cetona. Un alcohol terciario no se oxida.

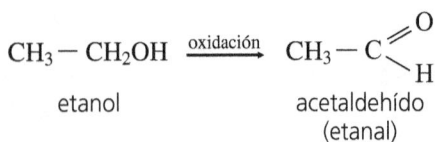

$$CH_3-CH_2OH \xrightarrow{\text{oxidación}} CH_3-C\overset{\displaystyle O}{\underset{\displaystyle H}{\diagup\diagdown}} \qquad CH_3-CHOH-CH_3 \xrightarrow{\text{oxidación}} CH_3-\overset{\overset{\displaystyle O}{\parallel}}{C}-CH_3$$

etanol   acetaldehído   2-propanol   acetona
                (etanal)   (propanona)

Ejemplos de compuestos con grupo carbonilo

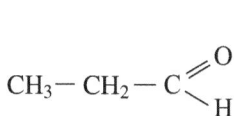

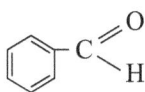

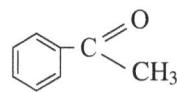

propanal   benzaldehído   butanona   fenil metil cetona

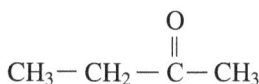

d) Función carboxilo (ácido): $— COOH$

La sustitución del hidrógeno de la función aldehído por un grupo $— OH$ da lugar a una clase de compuestos que se conocen como ácidos carboxílicos.

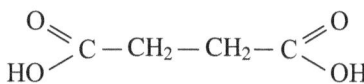

El átomo de carbono de la función ácido tiene hibridación sp^2 (doble enlace entre el C y el O), un enlace σ y otro enlace π con el oxígeno para formar el grupo carbonilo ($C = O$), por lo que su estructura es plana trigonal.

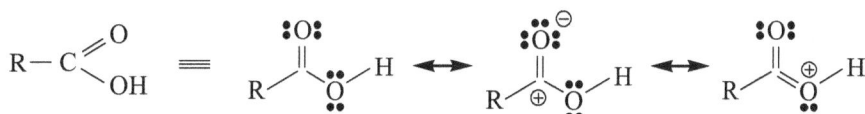

Ejemplos de ácidos

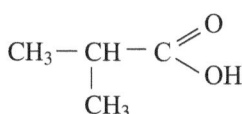

ácido isobutanoico   ácido benzoico   ácido butanodioico   ácido fórmico

$$COOH — CHOH — CHOH — COOH$$

ácido 2,3-dihidroxibutanodioico
(ácido tartárico)

$$CH_3 — CHCl — COOH$$

ácido 2-cloropropanoico

$$COOH — COOH$$

ácido etanodioico
(ácido oxálico)

e) Función anhídrido de ácido: $— CO — O — OC —$

Los anhídridos son compuestos que se obtienen por pérdida de una molécula de agua entre dos compuestos que contienen funciones ácido o bien en un único compuesto que contiene dos funciones ácido. La hidratación del anhídrido da los ácidos de partida, que pueden ser iguales o distintos.

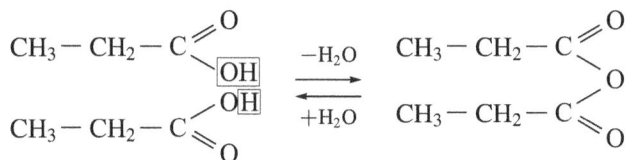

Los anhídridos se hidratan con facilidad dando los ácidos de partida.

dos moléculas de ácido propanoico   anhídrido propanoico

Ejemplos de anhídridos

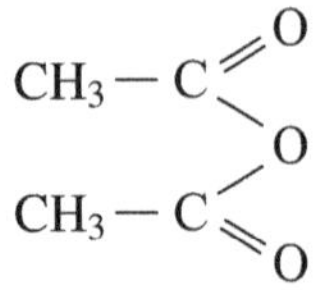

anhídrido acético

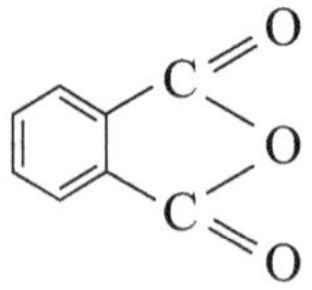

anhídrido *o*-bencenodioico (anhídrido ftálico)

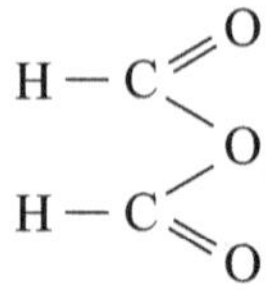

anhídrido metanoico (anhídrido fórmico)

f) Función haluro de ácido: — CO — X

En los haluros de ácido, el grupo — X sustituye al grupo hidroxilo (— OH) de los ácidos. Generalmente, el halógeno X es un átomo de cloro. Tienen carácter ácido y se obtienen según la reacción siguiente:

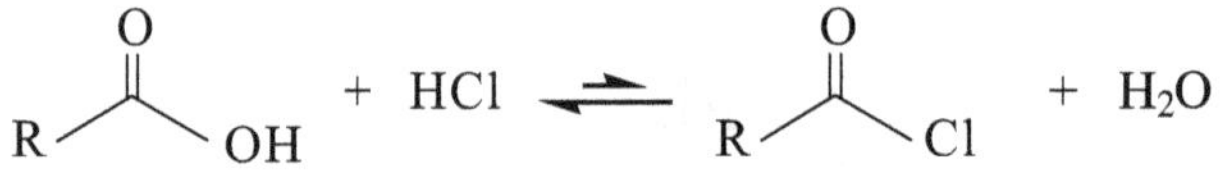

ácido carboxílico — cloruro de ácido

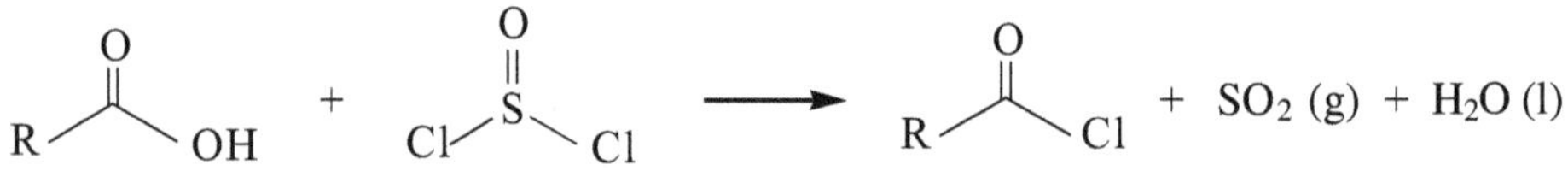

ácido carboxílico — cloruro de sulfurilo — cloruro de ácido

La segunda reacción es exotérmica y la primera es endotérmica. Entre sí son reacciones acopladas para la formación de cloruros de ácido.

Ejemplos de haluros de ácido

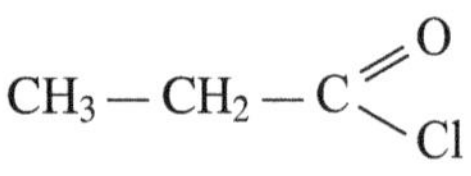

cloruro de propanoílo

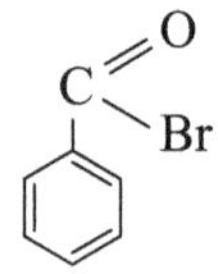

bromuro de benzoílo

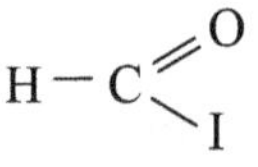

yoduro de formilo

g) Función éster: — COO — R

Los ésteres se obtienen por reacción de un ácido con un alcohol mediante pérdida de una molécula de agua en medio ácido.

A su vez, los ésteres, por adición de una molécula de agua, dan lugar al ácido y al alcohol de partida.

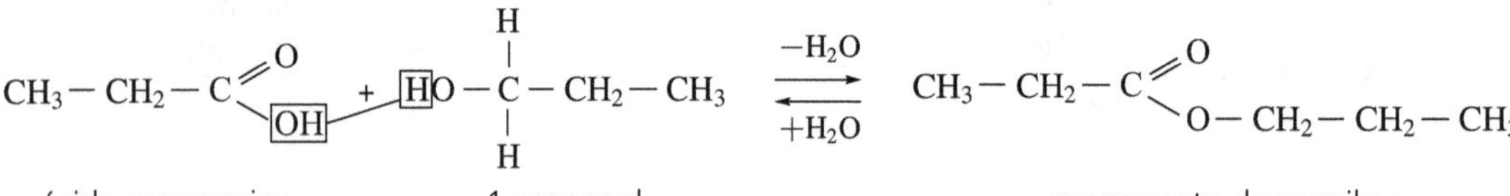

ácido propanoico — 1-propanol — propanoato de propilo

Ejemplos de ésteres

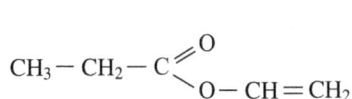

$$CH_3-CH_2-C\underset{O-CH=CH_2}{\overset{O}{\diagup}}$$

propanoato de vinilo

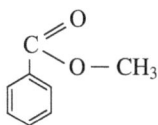

benzoato de metilo

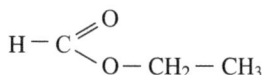

formiato de etilo

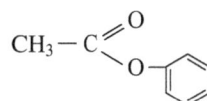

acetato de fenilo

6.2.3 Funciones que contienen nitrógeno

a) *Función amina:* $-NH_2$ (primaria); $-NH-$ (secundaria); $-\overset{|}{N}-$ (terciaria)

Las aminas son compuestos orgánicos derivados del amoníaco (NH_3).

Cuando un hidrógeno de la molécula de amoníaco es sustituído por un radical hidrocarbonado, se forma una amina primaria $(R-NH_2)$. Cuando son dos los hidrógenos del amoníaco sustituídos por dos radicales hidrocarbonados, se forma la amina secundaria $(R-NH-R')$ y cuando son los tres hidrógenos los que se sustituyen por radicales, se forma la amina terciaria $\left(R-\underset{R'}{\overset{|}{N}}-R''\right)$.

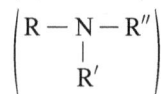

El enlace entre el carbono y el hidrógeno en las aminas es polar hacia el nitrógeno por ser éste más electronegativo que el carbono.

Las aminas primarias y las secundarias pueden formar enlaces intermoleculares por puentes de hidrógeno. Las aminas terciarias no pueden formar enlaces por puentes de hidrógeno puesto que no poseen ningún hidrógeno unido al nitrógeno

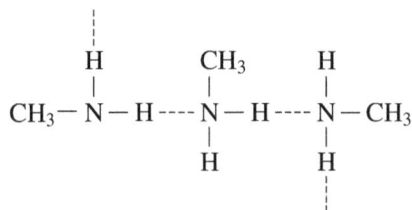

Enlaces por puentes de hidrógeno, señalados por puntos, entre el nitrógeno de una molécula y el hidrógeno de otra molécula.

Los puntos de ebullición de las aminas más altos que los de los compuestos no polares de igual peso molecular, pero sus valores son inferiores a los de los alcoholes y a los de los ácidos carboxílicos.

Las aminas tienen carácter básico como lo tiene el amoníaco, debido al par de electrones no enlazantes que posee el nitrógeno de la función. Por ello pueden reaccionar con los ácidos para por deshidratación obtener amidas.

Ejemplos de aminas

$$CH_3-CH_2-NH_2 \qquad CH_3-NH-CH_2-CH_3 \qquad CH_3-\underset{CH_3}{\overset{|}{N}}-CH_3$$

etilamina
(primaria)

etilmetilamina
(secundaria)

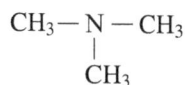

trimetilamina
(terciaria)

anilina o aminobenceno
(primaria)

b) *Función nitro:* $-NO_2$

Las nitraciones de compuestos orgánicos se realizan con ácido nítrico (HNO_3), que genera el ión nitronio (NO_2^+) por tratamiento con ácido sulfúrico (H_2SO_4). Este ión es un electrófilo (reactivo electropositivo) muy activo que ataca al hidrocarburo aromático, o no aromático, para formar un enlace sencillo σ con el carbono.

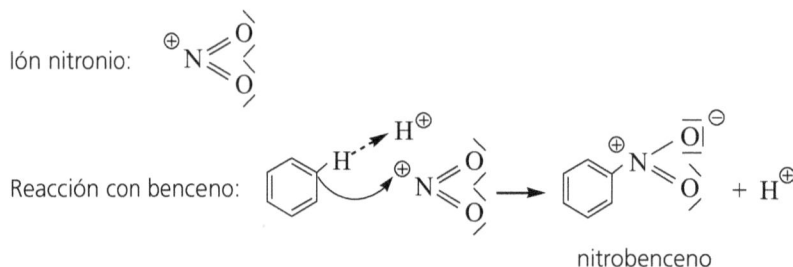

Ión nitronio:

Reacción con benceno:

nitrobenceno

El hidrógeno unido al benceno se protoniza en forma de $H^{\oplus}$ y el carbono bencénico queda en forma de $C^{\ominus}$, que es donde se le une el grupo nitro por el nitrógeno electropositivo, obteniéndose el nitrobenceno y liberándose el protón $H^{\oplus}$.

La función nitro, en el nitrobenceno, atrae a los electrones π de los tres dobles enlaces del núcleo bencénico, debido a la carga positiva que posee el nitrógeno en el grupo $^{\oplus}NO_2$. Por ello se dice que el grupo nitro es desactivante respecto al benceno cuando está unido a él, lo que implica un efecto inductivo negativo para el núcleo bencénico y positivo para el grupo nitro.

Ejemplos de compuestos que contienen la función nitro

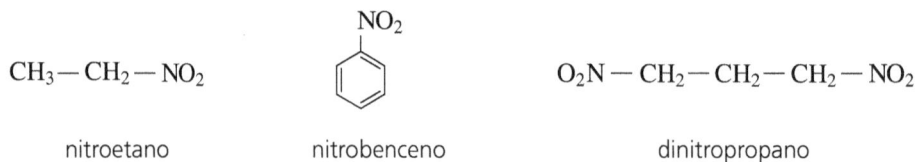

$$CH_3-CH_2-NO_2$$

$$O_2N-CH_2-CH_2-CH_2-NO_2$$

nitroetano nitrobenceno dinitropropano

c) *Función nitrilo o función cianuro:* $-C\equiv N$

Las moléculas orgánicas que contienen la función $-C\equiv N$ son compuestos derivados del cianuro de hidrógeno ($H-C\equiv N$) en los que el hidrógeno es sustituido por un radical hidrocarbonado R. Por ello pueden también nombrarse como cianuros de alquilo.

Se obtienen mediante la reacción de sustitución del halógeno de un hidrocarburo por el grupo $C\equiv N$ de un ión cianuro:

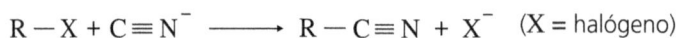

$$R-X + C\equiv N^- \longrightarrow R-C\equiv N + X^- \quad (X = \text{halógeno})$$

Debido a que el ácido cianhídrico, HCN, es un ácido muy débil, su base conjugada que es el ión cianuro, CN^-, es una base fuerte que permitirá el desplazamiento del halógeno de la molécula por el grupo nitrilo o cianuro.

Ejemplos de compuestos que contienen la función nitrilo o cianuro

$$CH_3-CH_2-CH_2-CH_2-C\equiv N$$

 $-C\equiv N$

$$N\equiv C-CH_2-CH_2-C\equiv N$$

pentanonitrilo
(cianuro de butilo)

bencenonitrilo
(cianuro de fenilo)

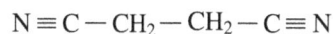

butanodinitrilo

d) Función amida: $-CO-N-$

Las amidas se obtienen por reacción de un ácido con una amina con pérdida de una molécula de agua. Para ello es necesario que la amina tenga hidrógenos unidos al nitrógeno, para poder formar agua con el **OH** de la función ácido. Luego, las aminas terciarias no dan amidas, porque no tienen átomos de hidrógeno unidos al nitrógeno.

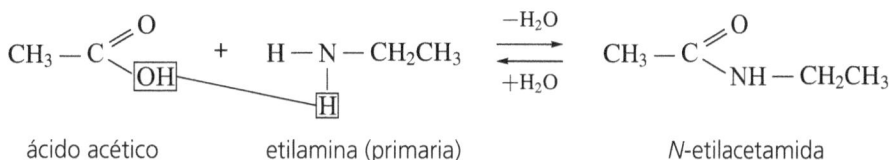

ácido acético   etilamina (primaria)   *N*-etilacetamida

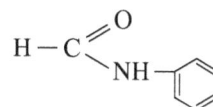

Las amidas pueden reaccionar con agua y se obtienen los reactivos de partida, es decir, el ácido y la amina correspondiente.

Ejemplos de amidas

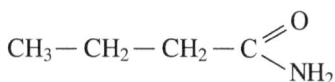

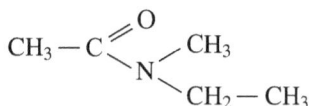

butanamida   *N*,*N'*-etilmetilacetamida   *N*-fenilformamida

6.2.4 Funciones que contienen azufre

El oxígeno y el azufre son dos elementos que se encuentran en el mismo grupo de la tabla periódica y por ello poseen propiedades semejantes porque constan de seis electrones de valencia.

Si el oxígeno forma orbitales híbridos por la combinación de orbitales atómicos $2s^2\,2p^4$, el azufre los forma por la combinación de orbitales atómicos $3s^2\,3p^4$. Estos orbitales híbridos participan en la formación de enlaces covalentes.

Las funciones con azufre son: tiol, tioéter, éster de tiol, ácido sulfónico y sus derivados, entre otras.

Tiol: es una función en la que el azufre está unido a un átomo de carbono y a un átomo de hidrógeno.

Tioéter: es una función en la que el azufre está unido a dos átomos de carbono alquílicos o arílicos.

Éster de tiol o tioléster: es una función en la que el azufre está unido al carbono de un grupo carbonilo y al carbono de un radical alquilo o arilo.

$$CH_3 \overset{\overline{S}}{\diagup} \diagdown H \qquad CH_3 \overset{\overline{S}}{\diagup} \diagdown CH_3 \qquad CH_3 \overset{\overset{\diagup O\diagdown}{\parallel}}{\diagup} \overset{C}{\underset{\overline{S}}{\diagdown}} \diagdown CH_3$$

Un tiol metílico   Un tioéter dimetílico   Un tioéster dimetílico

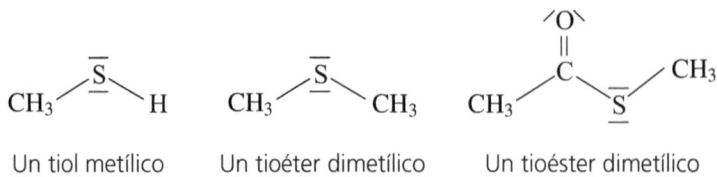

Ácido sulfónico: es una función ($-SO_3H$) que se forma por la capacidad del azufre para constituir una capa de valencia que puede no ajustarse a la regla del octeto, pues el azufre pertenece al tercer periodo de la tabla periódica.

Los ácidos sulfónicos pueden formar ésteres y amidas, como análogamente hacen los ácidos carboxílicos.

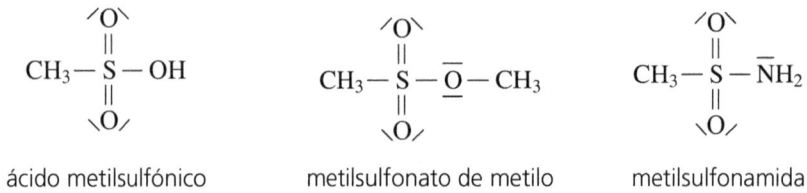

$$CH_3 - \overset{\overset{\diagup O\diagdown}{\parallel}}{\underset{\underset{\diagdown O\diagup}{\parallel}}{S}} - OH \qquad CH_3 - \overset{\overset{\diagup O\diagdown}{\parallel}}{\underset{\underset{\diagdown O\diagup}{\parallel}}{S}} - \overline{O} - CH_3 \qquad CH_3 - \overset{\overset{\diagup O\diagdown}{\parallel}}{\underset{\underset{\diagdown O\diagup}{\parallel}}{S}} - \overline{N}H_2$$

ácido metilsulfónico   metilsulfonato de metilo   metilsulfonamida

La metilsulfonamida pertenece al grupo de los compuestos llamados sulfonamidas, que son sustancias con gran poder antibacteriano que también reciben el nombre de *sulfas*.

Ejemplos de ácidos sulfónicos y de sus derivados

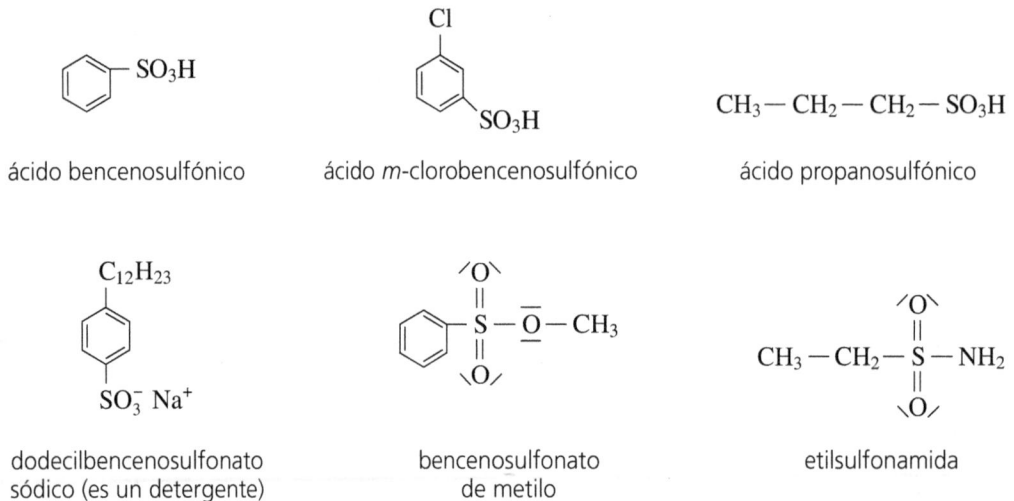

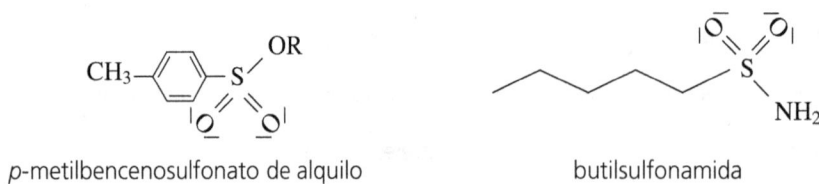

ácido bencenosulfónico

ácido *m*-clorobencenosulfónico

$$CH_3 - CH_2 - CH_2 - SO_3H$$

ácido propanosulfónico

dodecilbencenosulfonato sódico (es un detergente)

bencenosulfonato de metilo

$$CH_3 - CH_2 - \overset{\overset{\diagup O\diagdown}{\parallel}}{\underset{\underset{\diagdown O\diagup}{\parallel}}{S}} - NH_2$$

etilsulfonamida

p-metilbencenosulfonato de alquilo

butilsulfonamida

☐ Ejemplo práctico 1

Nomenclatura de compuestos orgánicos con distintas funciones orgánicas

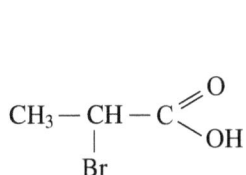

$$CH_3 - CH - C \overset{\displaystyle O}{\underset{\displaystyle OH}{<}}$$
$$| \\ Br$$

ácido 2-bromopropanoico

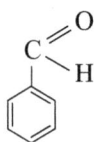

benzaldehído

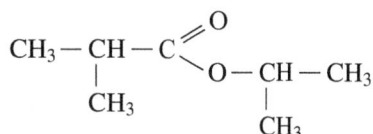

$$CH_3 - CH - C \overset{\displaystyle O}{\underset{\displaystyle O - CH - CH_3}{<}}$$
$$\quad\quad | \quad\quad\quad\quad\quad | \\ \quad\quad CH_3 \quad\quad\quad\quad CH_3$$

isobutanoato de isopropilo

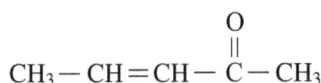

$$CH_3 - CH = CH - \overset{\displaystyle O}{\overset{\|}{C}} - CH_3$$

3-penten-2-ona

$$Cl - CH_2 - \overset{\displaystyle NH_2}{\overset{|}{CH}} - CH_2 - CH_3$$

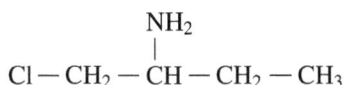

1-cloro-2-aminobutano

hidroxiciclopentano

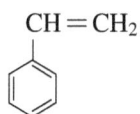

vinilbenceno
(estireno)

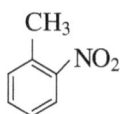

o-nitrometilbenceno
(*o*-nitrotolueno)

1,2-dihidroxiciclohexano

$$CH_3 - C \overset{\displaystyle O}{\underset{\displaystyle Cl}{<}}$$

cloruro de acetilo

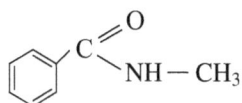

N-metilbenzoamida

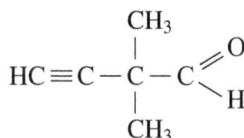

$$HC \equiv C - \overset{\displaystyle CH_3}{\underset{\displaystyle CH_3}{\overset{|}{\underset{|}{C}}}} - C \overset{\displaystyle O}{\underset{\displaystyle H}{<}}$$

2,2-dimetil-3-butinal

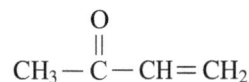

$$CH_3 - \overset{\displaystyle O}{\overset{\|}{C}} - CH = CH_2$$

metil vinil cetona

$$CH_2 = CH - CH = CH_2$$

1,3-butadieno

clorociclopropano

$$H_2N - CH_2 - CH_2 - NH_2$$

etandiamina

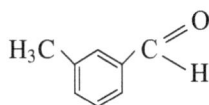

m-metilbenzaldehído

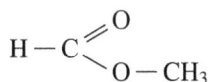

$$H - C \overset{\displaystyle O}{\underset{\displaystyle O - CH_3}{<}}$$

metanoato de metilo
(formiato de metilo)

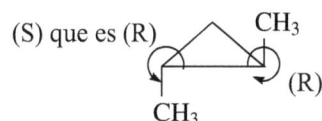

(S) que es (R)   (R)

trans-(1R, 2R)-
dimetilciclopropano

6.3 Aromaticidad. El benceno

Las moléculas aromáticas tienen estructuras cíclicas insaturadas entre los carbonos que forman el anillo pues estos poseen hibridación sp^2. Muchos compuestos aromáticos se basan en la molécula de benceno.

Formas resonantes de la molécula de benceno:

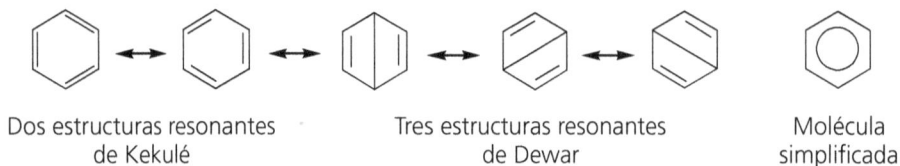

Dos estructuras resonantes de Kekulé   Tres estructuras resonantes de Dewar   Molécula simplificada

Características de los hidrocarburos aromáticos

1. Son moléculas planas con hibridación sp^2 para el carbono y cíclicas.
2. Poseen dobles enlaces conjugados, que son enlaces sencillos alternados con dobles enlaces. Las nubes de electrones π asociados con los dobles enlaces cumplen con la regla de Hückel que dice:

$$\text{Número de electrones } \pi = 4n + 2 \quad \text{siendo el valor } n = 0, 1, 2, 3, \ldots$$

☐ **Ejemplo práctico 2**

La siguientes moléculas cíclicas no son aromáticas porque no cumplen con la regla de Hückel ya que el valor n ha resultado ser distinto a $0, 1, 2, 3 \ldots$

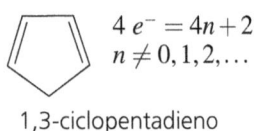

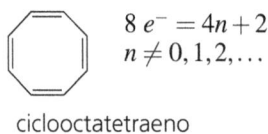

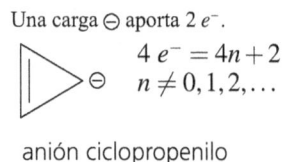

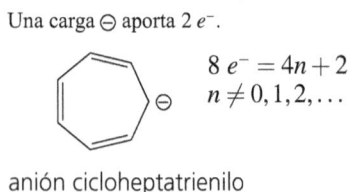

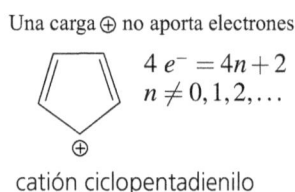

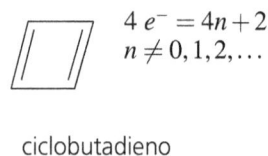

$4\,e^- = 4n + 2$
$n \neq 0, 1, 2, \ldots$

1,3-ciclopentadieno

$8\,e^- = 4n + 2$
$n \neq 0, 1, 2, \ldots$

ciclooctatetraeno

Una carga $\ominus$ aporta $2\,e^-$.

$4\,e^- = 4n + 2$
$n \neq 0, 1, 2, \ldots$

anión ciclopropenilo

Una carga $\ominus$ aporta $2\,e^-$.

$8\,e^- = 4n + 2$
$n \neq 0, 1, 2, \ldots$

anión cicloheptatrienilo

Una carga $\oplus$ no aporta electrones

$4\,e^- = 4n + 2$
$n \neq 0, 1, 2, \ldots$

catión ciclopentadienilo

$4\,e^- = 4n + 2$
$n \neq 0, 1, 2, \ldots$

ciclobutadieno

Cada doble enlace en el ciclo aporta dos electrones π. Una carga negativa en un carbono del ciclo aporta dos electrones y una carga positiva en un carbono del ciclo no aporta ningún electrón, la suma total de electrones debe ajustarse a la regla de Hückel.

Los átomos de hidrógeno en el ciclo bencénico pueden ser sustituidos por átomos distintos a él, como halógenos, radicales hidrocarbonados, nitrógeno, azufre, etc. Para nombrar los compuestos resultantes se numeran los carbonos del anillo con los radicales en el orden de las agujas del reloj (siempre con la menor numeración posible) y también se usan los términos *orto*, *meta* y *para* (o-, m-, p-) para nombrar a los bencenos disustituidos.

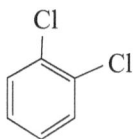

o-diclorobenceno
(1,2-diclorobenceno)

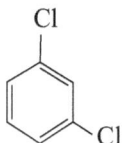

m-diclorobenceno
(1,3-diclorobenceno)

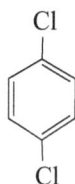

p-diclorobenceno
(1,4-diclorobenceno)

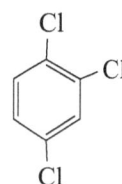

1,2,4-triclorobenceno

tolueno
(metilbenceno)

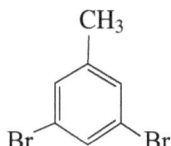

3,5-dibromotolueno

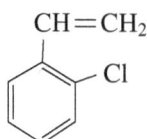

o-clorovinilbenceno

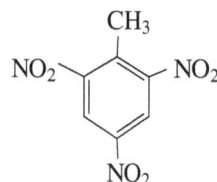

2,4,6-trinitotolueno (TNT)

6.4 Efectos electrónicos moleculares. Polaridad. Efecto inductivo. Resonancia

La *distribución de los electrones de valencia* en las moléculas orgánicas provoca que posean enlaces de distintos tipos y distribución electrónica regular o irregular, lo que influye en las propiedades físicas y químicas del compuesto, como también en las alteraciones que rigen las reacciones orgánicas.

La polaridad de un enlace se da cuando los átomos que lo forman poseen distinta electronegatividad. La polaridad de la molécula dependerá de los momentos dipolares de enlace y de la geometría molecular.

Por ejemplo el cloruro de metilo (CH_3Cl) posee un momento dipolar de enlace entre el carbono y el cloro, dirigido hacia el cloro que es el más electronegativo, luego la molécula de CH_3Cl, que posee geometría tetraédrica, tendrá el mismo momento dipolar que el enlace carbono-cloro, puesto que los otros tres enlaces entre el carbono y el hidrógeno, no poseen polaridad.

El Cl es más electronegativo que el C.

El enlace $C—H$ no es polar.

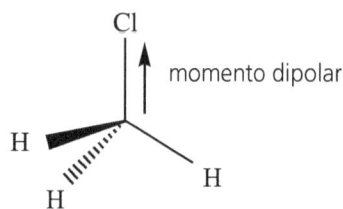

momento dipolar

molécula polar de CH_3Cl

El efecto inductivo (I) es la transmisión de la polaridad de un enlace a lo largo de la molécula y a través de sus enlace covalentes.

Este efecto actúa por desplazamiento electrónico y se debilita al aumentar la distancia al grupo polar. Puede ser negativo ($-I$) o positivo ($+I$) según la polaridad que adquiere el sustituyente considerado.

☐ Ejemplo práctico 3

Efecto inductivo en la molécula de etanoamina y en el fluoruro de propilo.

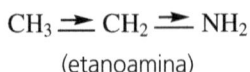

$$CH_3 \rightleftharpoons CH_2 \rightleftharpoons NH_2$$
(etanoamina)

El nitrógeno es más electronegativo que el carbono; luego, hay un efecto inductivo de los electrones de los enlaces hacia el nitrógeno.

Efecto $-I$ para el radical etilo.
Efecto $+I$ para el radical amina.

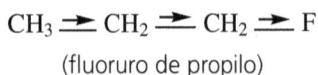

$$CH_3 \rightleftharpoons CH_2 \rightleftharpoons CH_2 \rightleftharpoons F$$
(fluoruro de propilo)

El flúor es más electronegativo que el carbono; luego, hay un efecto inductivo de los electrones de los enlaces hacia el flúor.

Efecto $-I$ para el radical propilo.
Efecto $+I$ para el radical flúor.

La *resonancia o el efecto resonancia* tiene lugar en una molécula cuando puede representarse por varias estructuras que se diferencian entre sí por la ordenación de sus electrones. La molécula es un híbrido de resonancia de todas sus estructuras y no se puede representar por ninguna de ellas, sino por todas ellas a la vez. Cada una de las estructuras resonantes del compuesto contribuye al híbrido de resonancia.

El híbrido de resonancia es más estable que cualquiera de las otras estructuras contribuyentes. La estabilidad molecular aumenta con el número de formas resonantes que posea la molécula, y esa estabilidad se denomina *energía de resonancia*.

■ Ejemplo práctico 4: Resonancia en la molécula 2-metil-1,3-butadieno

Esta molécula posee dos dobles enlaces conjugados o alternados con un enlace sencillo, por lo que existen en ella electrones deslocalizados que pueden desplazarse y por ello tiene tres formas resonantes.

Los movimientos electrónicos de los electrones π del doble enlace alternado en la molécula son:

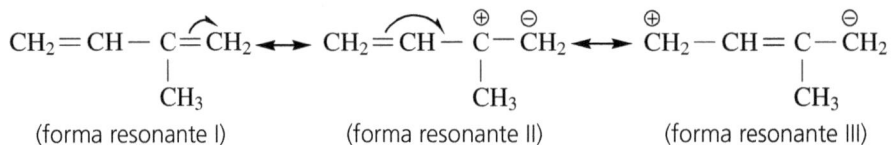

$$CH_2=CH-C\overset{\frown}{=}CH_2 \longleftrightarrow CH_2\overset{\frown}{=}CH-\overset{\oplus}{C}-\overset{\ominus}{CH_2} \longleftrightarrow \overset{\oplus}{CH_2}-CH=C-\overset{\ominus}{CH_2}$$
$$\;\;\;\;\;\;\;\;\;\;\;| \;| \;\;\;\;\;\;\;\;\;\;\;\;\;\;\;\;\;\;|$$
$$\;\;\;\;\;\;\;\;\;CH_3 \;\;\;\;\;\;\;\;\;\;\;\;\;\;\;\;\;\;CH_3 \;\;\;\;\;\;\;\;\;\;\;\;\;\;\;\;CH_3$$
(forma resonante I) (forma resonante II) (forma resonante III)

Se observan tres formas resonantes que coexisten todas ellas a la vez dando estabilidad a la molécula de 2-metil-1,3-butadieno.

La forma resonante I es la más estable porque es la que tiene mayor número de enlaces covalentes.

De las otras dos formas resonantes, la que tiene mayor separación de cargas electrostáticas de signo contrario, es la más estable.

Luego, el orden de estabilidad de las formas resonantes de la molécula de 2-metil-1,3-butadieno es el siguiente: I > II > III

No sólo en moléculas con dobles enlaces alternados, como la anterior, puede darse el fenómeno de la resonancia, sino que también existirán formas resonantes en aquellas moléculas que debido a sus componentes y a su estructura permitan el movimiento electrónico.

Otros casos de resonancia tienen lugar cuando en la molécula orgánica se encuentran:

1. Átomos con electrones no enlazantes junto a un doble enlace.

$$\overline{N}H_2 - C = C - \quad \longleftrightarrow \quad \overset{\oplus}{N}H_2 = C - \overset{\ominus}{C} -$$

2. Un orbital vacante (con carga positiva) junto a un doble enlace.

$$-\overset{\oplus}{C} - C = C - \quad \longleftrightarrow \quad - C = C - \overset{\oplus}{C} -$$

3. Un orbital vacante (con carga positiva) junto a dos electrones sin compartir.

$$|\underline{C}l - \overset{\oplus}{C} - CH_3 \quad \longleftrightarrow \quad |\underline{C}l = C - CH_3$$

4. Un átomo con un radical libre (un e^- impar) junto a un doble enlace.

$$\overset{\bullet}{C}H_2 - CH = CH_2 \quad \longleftrightarrow \quad CH_2 = CH - \overset{\bullet}{C}H_2$$

6.5 Propiedades físicas de los compuestos orgánicos. Cambios de estado. Solubilidad ▬▬▬

La estructura que posee una molécula determina las propiedades que pueda tener, por lo que el tipo de los *enlaces entre átomos* que forman la molécula (iónico, covalente, etc.) y los electrones no enlazantes que posean los átomos que la constituyen, darán lugar a las *propiedades químicas* características del compuesto, definirán su estabilidad y su capacidad para reaccionar.

El carácter ácido y básico son propiedades químicas de los compuestos.

Las propiedades físicas moleculares están determinan por el tipo de los *enlaces intermoleculares que hay*, es decir por las fuerzas que unen las moléculas.

- Fuerzas dipolo-dipolo
- Fuerzas por puentes de hidrógeno
- Fuerzas de Van der Waals

Las propiedades físicas de un compuesto indican su:

1. Estado (gaseoso, líquido o sólido).
2. Punto de fusión o punto de ebullición (ya sea un sólido o un líquido).
3. Solubilidad en un disolvente determinado, por ejemplo el agua.
4. Polaridad, densidad, viscosidad, índice de difracción, etc.

Propiedades físicas de algunos compuestos

– Los alquenos ($C = C$) de dos a cinco carbonos son gases, de cinco carbonos a diecisiete carbonos son líquidos y de diecisiete carbonos en adelante son sólidos a $25\,°C$. Luego se deduce que el estado físico varía con el peso molecular.

– Para los alcoholes $(R-OH)$, el punto de fusión (P_f) y el punto de ebullición (P_{eb}) aumentan con el peso molecular, y la solubilidad en agua disminuye al aumentar el peso molecular. Los alcoholes son polares y pueden formar enlaces por puentes de hidrógeno; por tanto, son solubles en agua.

– Los éteres $(R-O-R)$ son polares, pero no tienen hidrógeno unido al oxígeno de la función éter que puedan formar puentes de hidrógeno; luego los puntos de fusión (P_f) y los puntos de ebullición (P_{eb}) de los éteres son menores que los de los alcoholes.

– El punto de ebullición (P_{eb}) de las aminas $(R-\overset{|}{N}-)$ con igual peso molecular varía según sean aminas primarias, aminas secundarias o aminas terciarias, de forma que sus puntos de ebullición disminuyen según:

$$\text{aminas primarias} > \text{aminas secundarias} > \text{aminas terciarias}$$

Este comportamiento se debe a los puentes de hidrógeno (entre nitrógeno e hidrógeno que poseen. Las aminas primarias tienen dos puentes de hidrógeno $(-NH_2)$; las aminas secundarias $(-NH-)$ tienen un puente de hidrógeno, y las aminas terciarias no poseen puentes de hidrógeno.

□ **Ejemplo práctico 5**

Ordenad de menor a mayor punto de ebullición, el grupo de compuestos orgánicos siguientes: acetona, 1-propanol, ácido propanoico y *n-butano*. Justificad la respuesta.

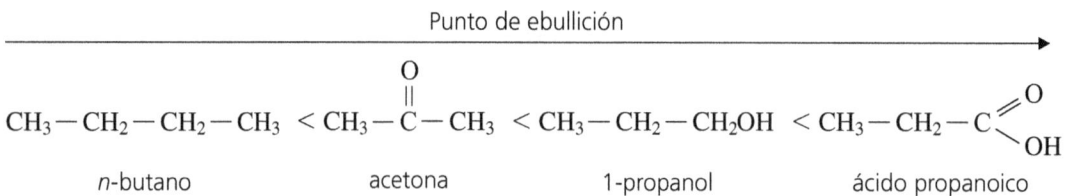

Punto de ebullición
$$\longrightarrow$$

$$CH_3-CH_2-CH_2-CH_3 \ < \ CH_3-\overset{\overset{\displaystyle O}{||}}{C}-CH_3 \ < \ CH_3-CH_2-CH_2OH \ < \ CH_3-CH_2-C\overset{\displaystyle O}{\underset{\displaystyle OH}{\diagdown}}$$

$$\quad\quad\quad n\text{-butano} \quad\quad\quad\quad\quad\quad \text{acetona} \quad\quad\quad\quad\quad\quad \text{1-propanol} \quad\quad\quad\quad \text{ácido propanoico}$$

Justificación:

El punto de ebullición es tanto mayor, cuanto mayor son las atracciones moleculares de las fuerzas dipolo-dipolo, de las fuerzas por puentes de hidrógeno y de las fuerzas de atracción por masas moleculares.

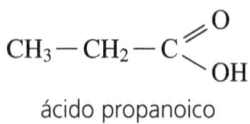

$$CH_3-CH_2-C\overset{\displaystyle O}{\underset{\displaystyle OH}{\diagdown}}$$
ácido propanoico

Tiene polaridad por el grupo carbonilo $(C=O)$, es ácido y puede formar enlace por puente de hidrógeno por el grupo OH.
Peso molecular = 74 g $\cdot$ mol^{-1}

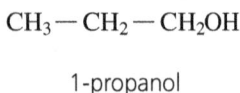

$$CH_3-CH_2-CH_2OH$$
1-propanol

Tiene polaridad, puede formar enlace por puente de hidrógeno debido al grupo OH.
Peso molecular = 60 g $\cdot$ mol^{-1}

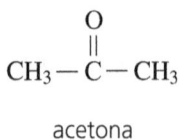

$$CH_3-\overset{\overset{\displaystyle O}{||}}{C}-CH_3$$
acetona

Tiene polaridad por el grupo carbonilo $(C=O)$ y no tiene grupo OH; luego no puede formar enlace por puente de hidrógeno.
Peso molecular = 58 g $\cdot$ mol^{-1}

$$CH_3 — CH_2 — CH_2 — CH_3$$

No tiene polaridad, ni grupo OH; luego no puede formar enlace por puente de hidrógeno.

n-butano

Peso molecular $= 58$ g $\cdot$ mol^{-1}

6.6 Comportamiento ácido-base de moléculas orgánicas

Según la teoría de Lewis, una base es un compuesto que tiene la capacidad de ceder electrones, mientras que un ácido es un compuesto que tiene la capacidad de tomar electrones.

El amoníaco (NH_3) tiene carácter básico, pues puede ceder los dos electrones no enlazantes que tiene el nitrógeno. El trifluoruro de boro (BF_3) tiene carácter ácido, pues puede tomar los electrones cedidos por una base.

Entre los compuestos orgánicos que poseen carácter ácido están, los ácidos carboxílicos ($—COOH$), los haluros de ácido ($—CO—X—$) y los fenoles ($C_6H_5—OH$).

Entre los compuestos orgánicos que poseen carácter básico están las aminas ($—NH_2$), pues pueden ceder los electrones no enlazantes del nitrógeno.

En los equilibrios ácido-base, cuanto mayor es la constante de acidez de un ácido (K_a), mayores son su acidez y su capacidad de disociación en sus iones.

Si en un equilibrio ácido-base se da el valor del $pK_a(-\log K_a)$, cuanto mayor es este valor, menor es su acidez y su capacidad de disociación también es menor.

Para un ácido carboxílico cualquiera, se tiene:

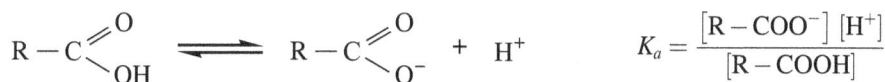

$$K_a = \frac{[R-COO^-]\,[H^+]}{[R-COOH]}$$

6.6.1 Ácidos carboxílicos

La acidez de un ácido carboxílico del tipo $R—COOH$ se debe en parte al efecto electronegativo del grupo carbonilo $—C=O$, que posee el ácido, pero sobretodo a la estabilidad que tiene el anión carboxilato, $—COO^-$, debida a la resonancia de las estructuras equivalentes siguientes:

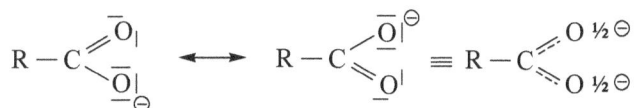

Los sustituyentes en los carbonos $2,3,4\ldots$ próximos al grupo carboxílico ácido influyen en su acidez, aumentándola o disminuyéndola, dependiendo del tipo de sustituyentes que sean.

a) Los sustituyentes que atraen electrones (átomos electronegativos, como los halógenos) aumentan la acidez.

(más ácido)   (menos ácido)

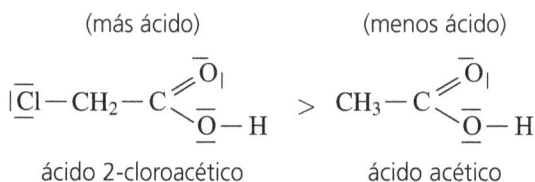

ácido 2-cloroacético   ácido acético

El Cl, por ser más electronegativo que el carbono, atrae los electrones de los enlaces y el de la base conjugada $Cl—CH_2—COO^-$, lo que provoca que el H^+(ácido) se elimine más fácilmente; por tanto, es más ácido el ácido 2-cloroacético.

b) Los sustituyentes donadores de electrones, como la cadena alquílica hidrocarbonada, disminuyen la acidez.

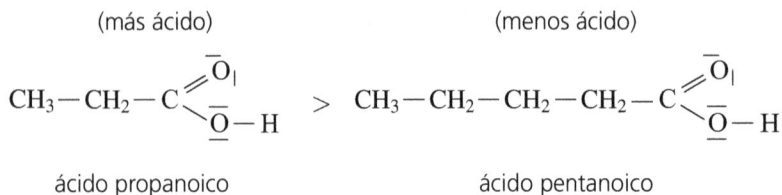

(más ácido)   (menos ácido)

$$CH_3-CH_2-C{\overset{\displaystyle =\overline{\overline{O}}_|}{\underset{\displaystyle \overline{\overline{O}}-H}{}}} \quad > \quad CH_3-CH_2-CH_2-CH_2-C{\overset{\displaystyle =\overline{\overline{O}}_|}{\underset{\displaystyle \overline{\overline{O}}-H}{}}}$$

ácido propanoico   ácido pentanoico

El efecto inductivo de atracción de electrones en los enlaces carbono-carbono hacia el grupo carboxilato ($-COO^-$) es mayor cuantos más carbonos hay; luego el H^+(ácido) se elimina peor; por tanto, es menos ácido el ácido pentanoico que el ácido propanoico.

Concretando, puede decirse que el ácido fórmico o metanoico tiene más acidez que el ácido acético o etanoico y que los ácidos con mayor número de carbonos son tanto más débiles cuantos mas carbonos posee su molécula.

c) La ramificación de la cadena del ácido, especialmente en el carbono dos, disminuye la acidez por el efecto dador de electrones hacia el grupo carboxilato ($-COO^-$) y por el impedimento estérico.

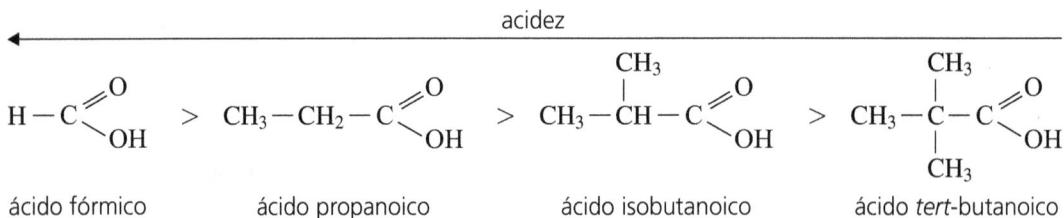

$$\xleftarrow{\hspace{4cm} \text{acidez} \hspace{4cm}}$$

$$H-C{\overset{\displaystyle O}{\underset{\displaystyle OH}{}}} \quad > \quad CH_3-CH_2-C{\overset{\displaystyle O}{\underset{\displaystyle OH}{}}} \quad > \quad CH_3-\overset{\displaystyle CH_3}{\underset{\displaystyle |}{CH}}-C{\overset{\displaystyle O}{\underset{\displaystyle OH}{}}} \quad > \quad CH_3-\overset{\displaystyle CH_3}{\underset{\displaystyle \underset{\displaystyle CH_3}{|}}{\overset{\displaystyle |}{C}}}-C{\overset{\displaystyle O}{\underset{\displaystyle OH}{}}}$$

ácido fórmico   ácido propanoico   ácido isobutanoico   ácido *tert*-butanoico

d) Los ácidos aromáticos (bencénicos) poseen efecto de resonancia y estabilizan su base conjugada. Por ello son más ácidos que los alifáticos.

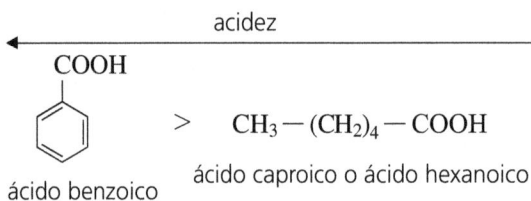

$$\xleftarrow{\hspace{4cm} \text{acidez} \hspace{4cm}}$$

ácido benzoico (C$_6$H$_5$COOH) $>$ $CH_3-(CH_2)_4-COOH$

ácido benzoico   ácido caproico o ácido hexanoico

e) En los ácidos aromáticos (bencénicos) los sustituyentes actúan por efectos inductivos o de atracción de electrones hacia el núcleo bencénico ($+I$) o en contra del núcleo bencénico ($-I$) y también por efectos de resonancia.

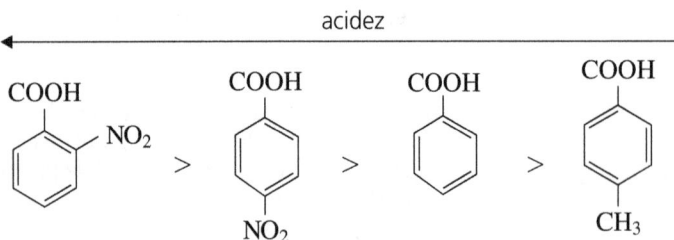

$$\xleftarrow{\hspace{5cm} \text{acidez} \hspace{5cm}}$$

(COOH, NO$_2$) $>$ (COOH, NO$_2$ para) $>$ (COOH) $>$ (COOH, CH$_3$ para)

El radical metilo ($-CH_3$) es dador de electrones al benceno (I^+) y el grupo nitro ($-NO_2$) toma electrones del núcleo bencénico (I^-).

6.6.2 Cloruros de ácido o acilo

Son compuestos que se forman cuando el grupo hidoxi (— OH) de un ácido carboxílico se sustituye por un halógeno formándose el grupo acilo.

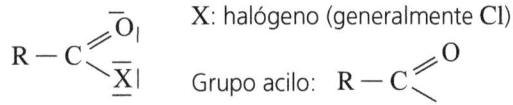

$$R - C \diagup^{\overline{O}|}_{\overline{X}|} \qquad X: \text{halógeno (generalmente Cl)}$$

$$\text{Grupo acilo:} \quad R - C \diagup^{O}$$

Tienen carácter *más ácido* que los propios ácidos carboxílicos, pues las estructuras resonantes que poseen los estabilizan aumentando su acidez.

$$R - C \diagup^{\overline{O}|}_{\overline{Cl}|} \quad \longleftrightarrow \quad R - C \diagup^{\overline{O}|^{\ominus}}_{\overline{Cl}|_{\oplus}}$$

Puesto que los cloruros de ácido carboxílico son los más reactivos y menos estables de los derivados de ácido carboxílico, se convierten con facilidad en cualquiera de los otros derivados.

Puede observarse esta reactividad en el esquema siguiente:

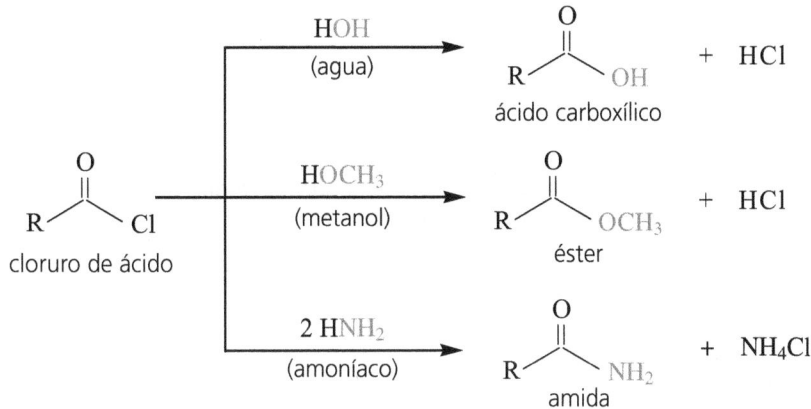

6.6.3 Carácter ácido de los fenoles

Los fenoles son compuestos orgánicos aromáticos (bencénicos) con mayor carácter ácido que los alcoholes de cadena lineal, y éstos a su vez son menos ácidos que el agua.

Los fenoles tienen valores de la constante de acidez K_a del orden de 10^{-10}, por lo que son marcadamente menos ácidos que los ácidos carboxílicos, que tienen valores de la constante de acidez K_a del orden de 10^{-5}.

$$K_a = 1{,}0 \cdot 10^{-10}$$

fenol
(ácido)

ión fenolato
(base conjugada)

El fenol tiene carácter ácido debido a la estabilización por resonancia del ión fenolato con los electrones π de los tres dobles enlaces del núcleo bencénico.

Resonancia del ión fenolato:

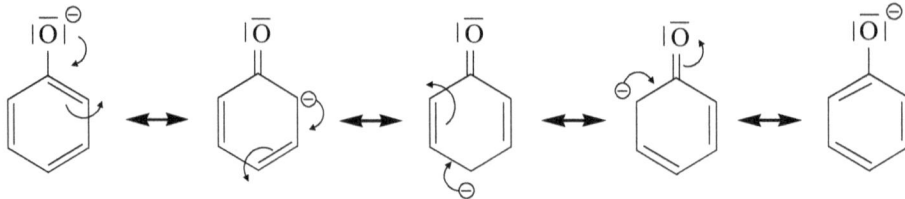

Los grupos que sustituyen al hidrógeno unido a cualquiera de sus seis carbonos en el benceno del fenol actúan como en los ácidos carboxílicos aromáticos, por efectos inductivos positivos para el benceno $(+I)$ o negativos para él $(-I)$ y también por efectos de resonancia.

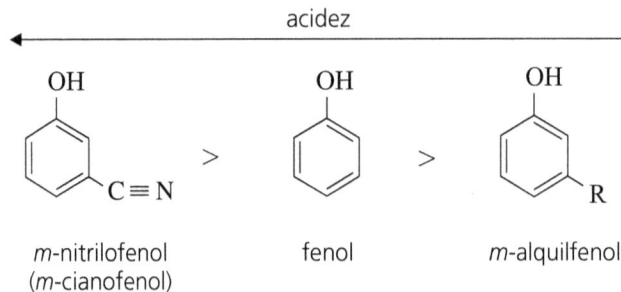

acidez

m-nitrilofenol   fenol   m-alquilfenol
(m-cianofenol)

El grupo nitrilo $(-C\equiv N)$ atrae los electrones del benceno, debido a que la hibridación del carbono en el grupo $-C\equiv N$ es sp (triple enlace), mientras que en el carbono del benceno es sp^2 (doble enlace). El radical hidrocarbonado R cede sus electrones hacia el benceno, debido a que la hibridación del carbono en el grupo alquilo es sp^3 (enlace simple), mientras que en el carbono del benceno es sp^2 (doble enlace).

La *electronegatividad cambia en función de la hibridación que posee el carbono en los compuestos orgánicos y sigue el orden siguiente:*

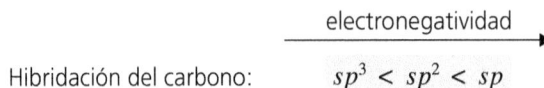

electronegatividad

Hibridación del carbono: $sp^3 < sp^2 < sp$

La electronegatividad es mayor en la hibridación con mayor porcentaje de orbital p sobre el total del orbital hibridado.

En el m-nitrilofenol, el grupo $-C\equiv N$ desactiva el núcleo bencénico y posee efecto inductivo negativo $(-I)$; en el m-alquilfenol el grupo $-R$ es activante del núcleo bencénico y posee efecto inductivo positivo $(+I)$, mientras que en el fenol, que no posee sustituyentes, no existen efectos inductivos.

Por consiguiente, en el m-nitrilofenol desactiva el núcleo bencénico hacia el grupo $-C\equiv N$; luego la carga negativa del m-nitrilofenolato se desestabiliza, lo que implica una mejor protonización; por tanto, la acidez aumenta.

En el m-alquilfenol, el radical R activa el núcleo bencénico; luego la carga negativa del m-alquilfenolato se estabiliza, lo que implica una peor protonización; por tanto, la acidez disminuye.

6.6.4 Carácter básico de las aminas

Las aminas se caracterizan por tener un par de electrones no enlazantes en el nitrógeno que pueden ceder, lo que les confiere carácter básico. El nitrógeno es menos electronegativo que el oxígeno y retiene con menos fuerza el par de electrones, por lo que las aminas son más básicas que el agua y que los alcoholes. Reaccionan con los ácidos, como el amoníaco, dando sales de amonio sustituido.

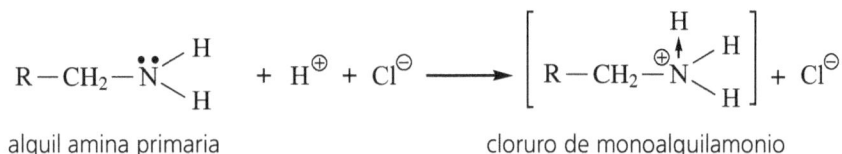

$$R-CH_2-\overset{..}{N}\overset{H}{\underset{H}{<}} \quad + \quad H^{\oplus} \; + \; Cl^{\ominus} \longrightarrow \left[R-CH_2-\overset{\oplus}{N}\overset{\overset{H}{\uparrow}}{\underset{H}{<}}_H \right] + \; Cl^{\ominus}$$

<table>
<tr><td>alquil amina primaria</td><td>cloruro de monoalquilamonio</td></tr>
</table>

Las aminas alifáticas primarias son bases más fuertes que el amoníaco (NH_3) porque poseen un grupo alquilo y por ello un efecto inductivo positivo ($+I$) hacia el nitrógeno. Las secundarias son aún más fuertes que las primarias a causa de los dos efectos inductivos ($+I$) de los dos grupos alquilo que poseen.

El comportamiento de las aminas terciarias no es el esperado, pues son menos básicas que las secundarias. Esto se debe al impedimento estérico para fijar el ión H^+ y al impedimento de solvatación del trialquilamonio formado.

La basicidad en las aminas alifáticas aumenta en el sentido de la flecha, tal como se observa en el caso siguiente:

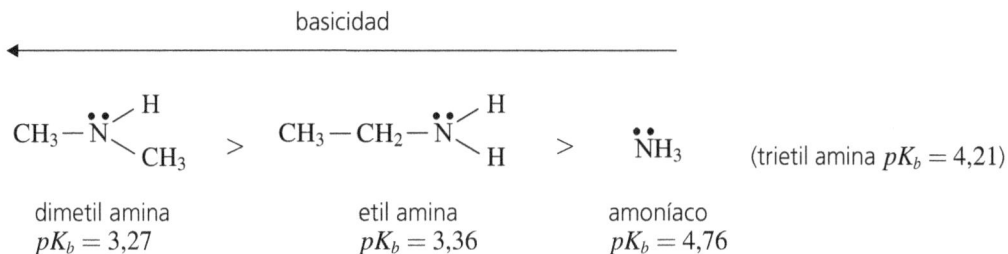

basicidad

$\overset{\longleftarrow}{\rule{8cm}{0.4pt}}$

$$CH_3-\overset{..}{N}\overset{H}{\underset{CH_3}{<}} \quad > \quad CH_3-CH_2-\overset{..}{N}\overset{H}{\underset{H}{<}} \quad > \quad \overset{..}{N}H_3 \qquad (\text{trietil amina } pK_b = 4,21)$$

dimetil amina	etil amina	amoníaco
$pK_b = 3,27$	$pK_b = 3,36$	$pK_b = 4,76$

Las aminas aromáticas por la resonancia que poseen hacia el núcleo bencénico que desestabiliza al par de electrones no enlazante del nitrógeno del grupo amino, hace que sean menos básicas que las alifáticas y también menos básicas que el amoníaco.

Las formas resonantes de la anilina (fenilamina) son:

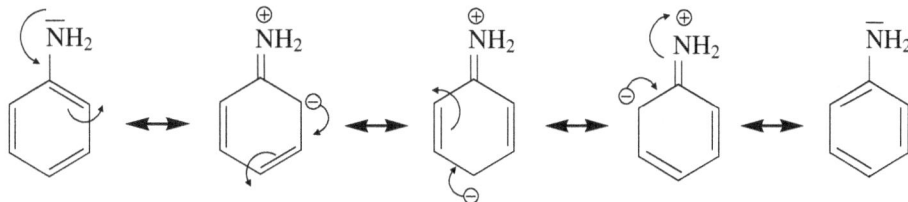

El par de electrones no enlazantes que posee el nitrógeno en las aminas aromáticas participa en la resonancia del anillo bencénico quedando retenido, como el grupo amina es un dador de electrones ($+I$) al benceno, esto lleva consigo una desestabilización del par de electrones no enlazantes y por tanto una disminución de su basicidad.

La basicidad de las aminas aromáticas es menor que el de las alifáticas, y para los compuestos del siguiente ejemplo, la basicidad aumenta en el sentido de la flecha.

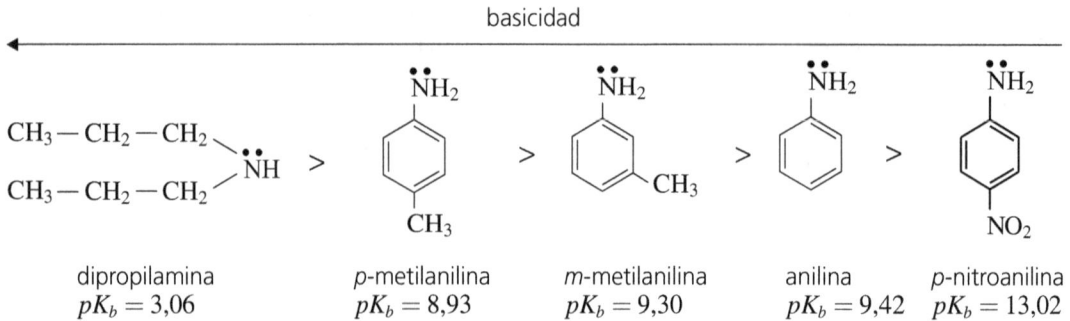

basicidad

dipropilamina	p-metilanilina	m-metilanilina	anilina	p-nitroanilina
$pK_b = 3{,}06$	$pK_b = 8{,}93$	$pK_b = 9{,}30$	$pK_b = 9{,}42$	$pK_b = 13{,}02$

Ejemplo práctico 6

Ordenar de menor a mayor carácter básico el grupo de moléculas orgánicas siguientes: anilina (fenilamina), metiletilamina, propilamina y p-nitrofenilamina. Justificad la respuesta.

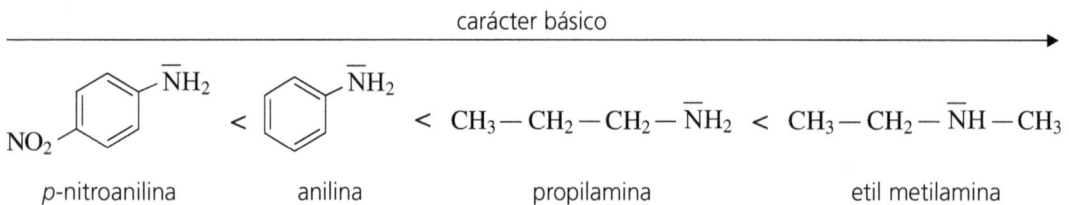

carácter básico

Justificación:

La estabilización del par de electrones no enlazantes que tiene el nitrógeno en la función amina (NH_2) favorece el carácter básico de la molécula.

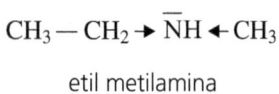

$$CH_3 - CH_2 \rightarrow \overline{N}H \leftarrow CH_3$$

etil metilamina

El nitrógeno es más electronegativo que los dos carbonos vecinos de los radicales metilo CH_3 y etilo $CH_3 - CH_2$; luego los electrones de los enlaces con el carbono son atraídos hacia el nitrógeno, estabilizando el par de electrones no enlazantes que le dan basicidad.

Las dos flechas indican el efecto inductivo hacia el nitrógeno.

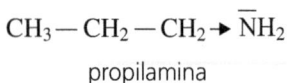

$$CH_3 - CH_2 - CH_2 \rightarrow \overline{N}H_2$$

propilamina

El nitrógeno es más electronegativo que el carbono; luego los electrones del enlace con el carbono son atraídos hacia el nitrógeno, estabilizando el par de electrones no enlazantes que le dan la basicidad.

La flecha indica el efecto inductivo hacia el nitrógeno.

En las aminas aromáticas, la basicidad es menor que en las alifáticas, debido a la resonancia del par de electrones no enlazantes del nitrógeno con el grupo bencénico, que desestabiliza los electrones no enlazantes del nitrógeno que son los que le dan la basicidad.

La p-nitroanilina es la molécula que tiene menor carácter básico, porque el grupo nitro (NO_2) atrae los electrones π de los dobles enlaces del núcleo bencénico y, por lo tanto, desactiva por resonancia los electrones no enlazantes del nitrógeno del grupo amino (NH_2).

Problemas resueltos ■■

Series homólogas de compuestos orgánicos

□ **Problema 6.1**

Escribid las fórmulas y señalad las funciones orgánicas de las moléculas siguientes: difenilamina, trimetilamina, ácido metilsulfónico, ácido 2-butenoico, ácido oxálico, propanal, benzaldehído, *m*-clorotolueno, acetileno e isopropanol.

[Solución]

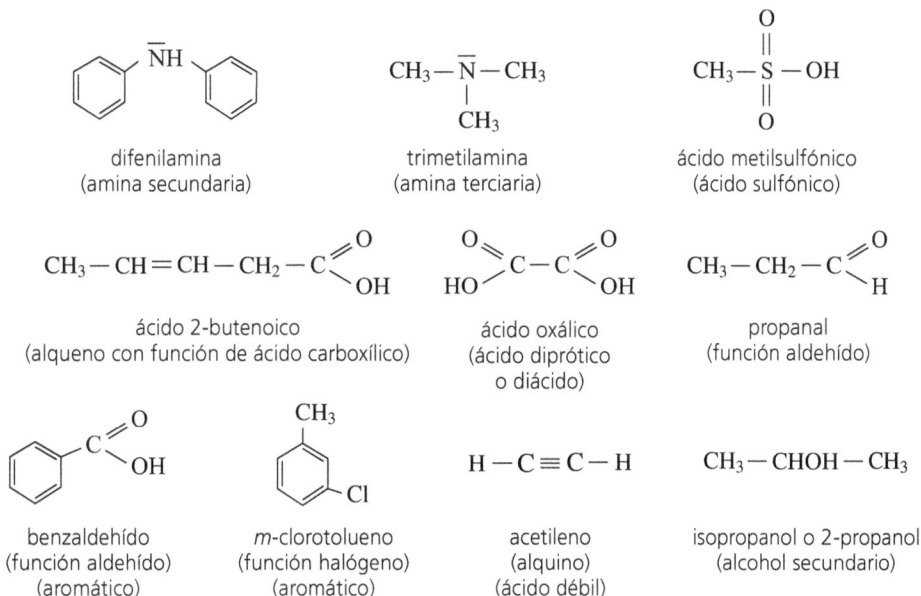

difenilamina
(amina secundaria)

trimetilamina
(amina terciaria)

ácido metilsulfónico
(ácido sulfónico)

ácido 2-butenoico
(alqueno con función de ácido carboxílico)

ácido oxálico
(ácido diprótico
o diácido)

propanal
(función aldehído)

benzaldehído
(función aldehído)
(aromático)

m-clorotolueno
(función halógeno)
(aromático)

acetileno
(alquino)
(ácido débil)

isopropanol o 2-propanol
(alcohol secundario)

□ **Problema 6.2**

Escribid las fórmulas y señalad las funciones orgánicas de las moléculas siguientes: 1,3-butadieno, fenilacetileno, 3-fenilpropanol, *N*-isopropilacetamida, anhídrido acético, cloruro de formilo y acetona.

[Solución]

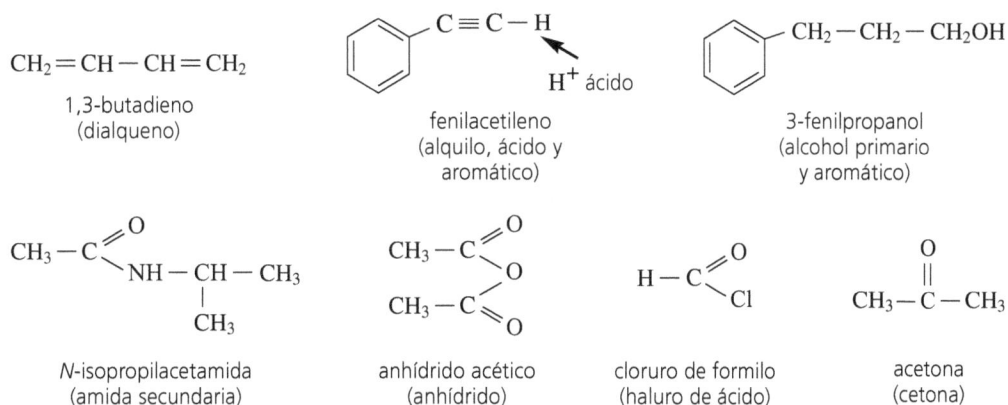

1,3-butadieno
(dialqueno)

fenilacetileno
(alquilo, ácido y
aromático)

3-fenilpropanol
(alcohol primario
y aromático)

N-isopropilacetamida
(amida secundaria)

anhídrido acético
(anhídrido)

cloruro de formilo
(haluro de ácido)

acetona
(cetona)

Aromaticidad de compuestos orgánicos. Polaridad. Resonancia

☐ **Problema 6.3**

Justificad la aromaticidad, si la tuvieran, de los compuestos siguientes: metilbenceno (tolueno), ciclopentadieno, anión ciclopentadienilo, catión ciclopropenilo y ciclooctatetraeno.

[Solución]

Regla de Hückel: Número de electrones $\pi = 4n + 2$ siendo el valor $n = 0, 1, 2, \ldots$

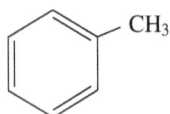

tolueno

$$6\,e^- = 4n + 2 \implies n = 1 \implies \text{Aromático}$$

ciclopentadieno

$$4\,e^- = 4n + 2 \implies n \neq 0, 1, 2, \ldots \implies \text{No aromático}$$

anión ciclopentadienilo

$$6\,e^- = 4n + 2 \ (2\,e^- \text{ son de la carga negativa}) \implies n = 1 \implies \text{Aromático}$$

catión ciclopropenilo

$$2\,e^- = 4n + 2 \ (\text{carga positiva, no aporta } e^-) \implies n = 0 \implies \text{Aromático}$$

ciclooctatetraeno

$$8\,e^- = 4n + 2 \implies n \neq 0, 1, 2, \ldots \implies \text{No aromático}$$

■ **Problema 6.4**

Averiguad si el pirrol es un compuesto aromático o no, y representad sus formas resonantes indicando y justificando cual de todas ellas posee mayor estabilidad.

La fórmula del pirrol es:

El pirrol es un ciclo; la hibridación de sus cuatro carbonos es sp^2 (planar). Comprobaremos si cumple la regla de Hückel.

$$4\,e^- \ \pi = 4n+2 \implies n \neq 0,1,2,3,\ldots \implies \text{No aromático}$$

Formas resonantes del pirrol:

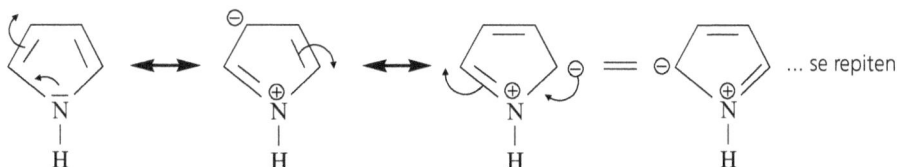

forma más estable

La primera forma del pirrol es la más estable porque es la que conserva para el nitrógeno su par de electrones no enlazantes.

Problema 6.5

Ordenad de menor a mayor polaridad los compuestos siguientes: benceno, tolueno, ciclohexano, o-diclorobenceno y p-diclorobenceno. Justificad la respuesta.

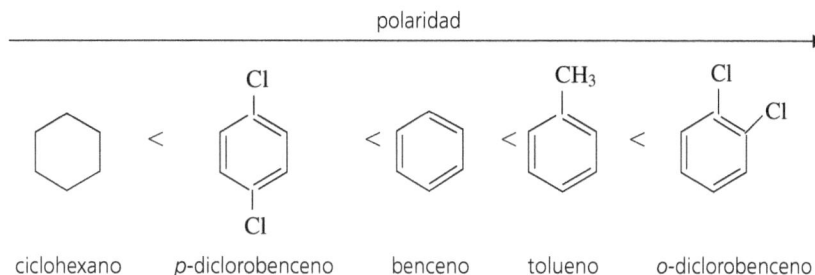

polaridad

ciclohexano < p-diclorobenceno < benceno < tolueno < o-diclorobenceno

Justificación:

- El benceno es nucleófilo (tiene carga negativa deslocalizada) debido a los tres pares de electrones π que posee formando sus tres dobles enlaces.

- El ciclohexano no es nucleófilo por no tener los dobles enlaces con electrones π.

- El cloro es electronegativo y atrae los electrones del enlace con el que se une al benceno. En el p-diclorobenceno, esas electronegatividades se anulan por ser opuestas, y en el o-diclorobenceno, la resultante es la bisectriz del ángulo que forman los enlaces de los dos cloros.

- El grupo metilo ($-CH_3$) en el tolueno es dador de electrones al núcleo bencénico, porque la hibridación de su carbono es sp^3, mientras que la del carbono bencénico es sp^2 (tal y como se describe en el apartado 6.6.3) y por tanto hay una polaridad positiva hacia el benceno.

Problema 6.6

Justificad el carácter ácido del fenol mediante las estructuras resonantes que posee la molécula.

fenol
(ácido)

ión fenolato
(base conjugada)

$$K_a = 1{,}0 \cdot 10^{-10}$$

[Solución]

Resonancia del ión fenolato:

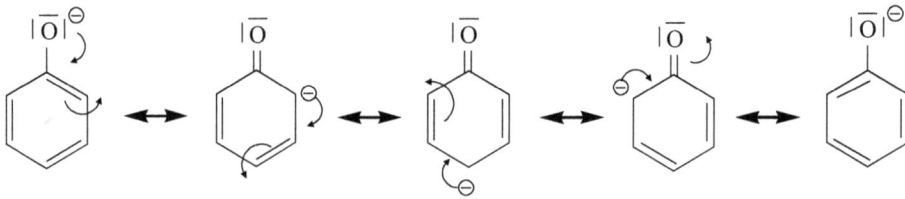

La resonancia del ión fenolato facilita la protonización del ión H^+ o la acidez del fenol.

Problema 6.7

Justificad el menor carácter básico de la anilina o fenilamina respecto a las aminas alifáticas (no aromáticas) mediante las estructuras resonantes que posee la molécula.

[Solución]

Resonancia de la anilina (fenilamina):

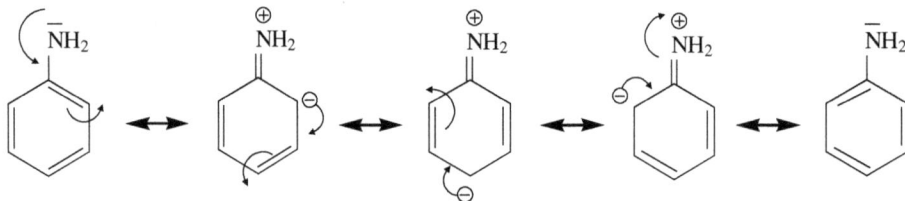

La resonancia de la anilina hacia el benceno desestabiliza el par de electrones no enlazantes que tiene el nitrógeno de la función NH_2 y que son los responsables del carácter básico de las aminas; luego provoca que estos compuestos sean menos básicos que las aminas alifáticas, que no permiten el fenómeno de la resonancia.

Problema 6.8

Escribid las formas resonantes de los compuestos siguientes:

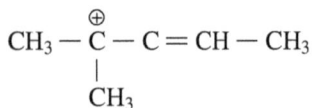

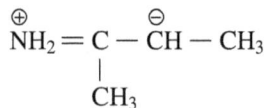

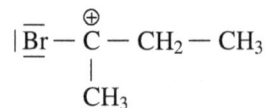

$$CH_3 - \overset{\oplus}{C} - C = CH - CH_3$$
$$| $$
$$CH_3$$

$$\overset{\oplus}{NH_2} = C - \overset{\ominus}{CH} - CH_3$$
$$|$$
$$CH_3$$

$$|\overline{Br} - \overset{\oplus}{C} - CH_2 - CH_3$$
$$|$$
$$CH_3$$

$$CH_3 - \overset{\oplus}{\underset{\underset{CH_3}{|}}{C}} \overset{\frown}{-} CH = CH - CH_3 \longleftrightarrow CH_3 - \underset{\underset{CH_3}{|}}{C} = CH - \overset{\oplus}{CH} - CH_3$$

$$\overset{\oplus}{NH_2} = \underset{\underset{CH_3}{|}}{C} \overset{\ominus}{-} CH - CH_3 \longleftrightarrow \overline{N}H_2 - \underset{\underset{CH_3}{|}}{C} = CH - CH_3$$

$$|\underline{\overline{Br}} - \overset{\oplus}{\underset{\underset{CH_3}{|}}{C}} - CH_2 - CH_3 \longleftrightarrow |\underline{Br} = \underset{\underset{CH_3}{|}}{C} - CH_2 - CH_3$$

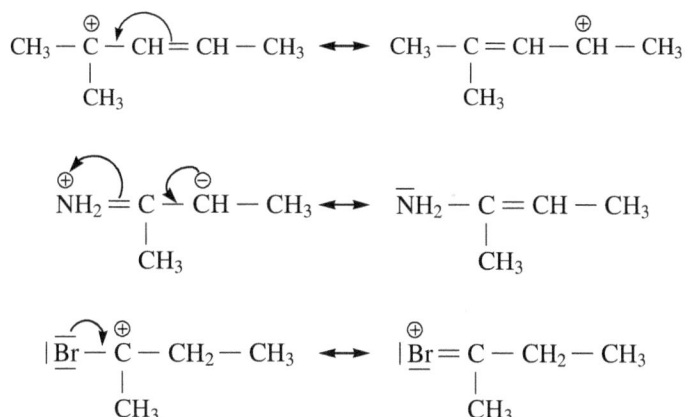

Propiedades físicas de compuestos orgánicos. Cambios de estado. Solubilidad

☐ Problema 6.9

Ordenad por sus puntos de ebullición los compuestos siguientes: *n*-octano, isobutano, *n*-butano, 2,2,4-trimetilpentano, 2,3-diclorobutano y 2,2-diyodobutano. Justificad la respuesta.

Punto de ebullición →

$$CH_3 - \underset{\underset{CH_3}{|}}{CH} - CH_3 \quad < \quad CH_3 - CH_2 - CH_2 - CH_3 \quad < \quad CH_3 - \underset{\underset{CH_3}{|}}{\overset{\overset{CH_3}{|}}{C}} - CH_2 - \underset{\underset{CH_3}{|}}{CH} - CH_3 \quad <$$

isobutano   *n*-butano   2,2,4-trimetilpentano

$$< \quad CH_3 - (CH_2)_6 - CH_3 \quad < \quad CH_3 - \underset{\underset{Cl}{|}}{CH} - \underset{\underset{Cl}{|}}{CH} - CH_3 \quad < \quad CH_3 - \underset{\underset{I}{|}}{CH} - \underset{\underset{I}{|}}{CH} - CH_3$$

n-octano   2,3-diclorobutano   2,3-diyodobutano

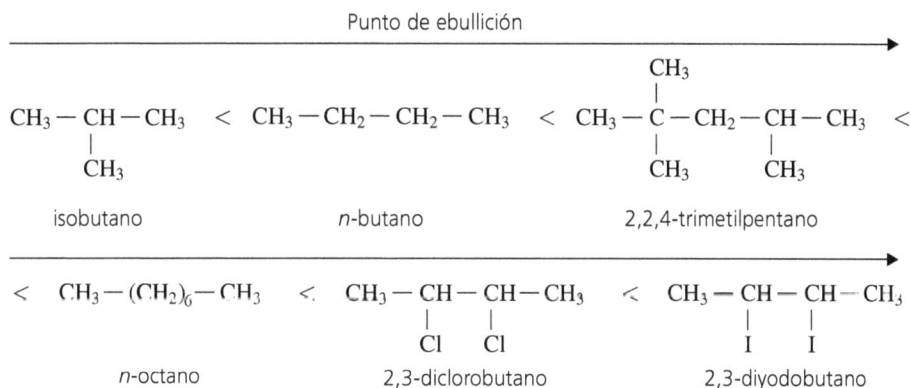

Justificación:

– El punto de ebullición es una propiedad física de los compuestos orgánicos que aumenta cuando:

1. Aumenta la polaridad molecular debido a las fuerzas dipolo-dipolo que poseen.
2. Aumentan las fuerzas de atracción por puents de hidrógeno. Los enlaces por puentes de hidrógeno se dan principalmente entre hidrógeno y oxígeno, hidrógeno y nitrógeno y también entre hidrógeno y flúor.
3. Aumenta el peso molecular del compuesto, ya que a mayor masa, mayor atracción molecular.

– Las moléculas de hidrocarburos ramificadas poseen menor punto de ebullición que los hidrocarburos cuya cadena es lineal aunque tengan igual peso molecular. Esto se debe a que los carbonos con ramificaciones (carbonos terciarios) son menos estables.

Problema 6.10

Ordenad según su solubilidad en agua los compuestos siguientes: ciclobutanol, 1-propanol, 1-decanol y difenil éter. Justificad la respuesta.

[Solución]

Los compuestos orgánicos son tanto más solubles en agua cuanto más se parece su molécula a la molécula de agua.

Solubilidad en agua

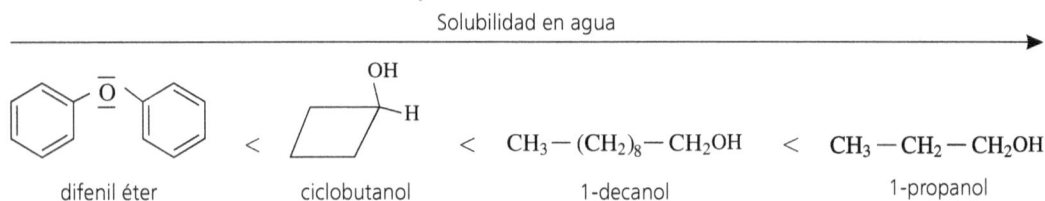

difenil éter $<$ ciclobutanol $<$ $CH_3-(CH_2)_8-CH_2OH$ 1-decanol $<$ $CH_3-CH_2-CH_2OH$ 1-propanol

Justificación:

– Los alcoholes son solubles en agua, porque poseen enlaces por puentes de hidrógeno en la función alcohol, OH, como tiene el agua.

– Los alcoholes son moléculas polares, debido a que los enlaces entre el oxígeno y el hidrógeno y entre el oxígeno y el carbono tienen electrones que son atraídos hacia el oxígeno, que es más electronegativo que el carbono y el hidrógeno a los que está unido. Como puede verse a continuación:

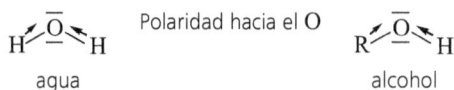

Polaridad hacia el O

agua   alcohol

– Los éteres no tienen enlaces por puentes de hidrógeno ya que el oxígeno de la función éter no está unido a ningún hidrógeno.

Problema 6.11

a) Ordenad según su solubilidad en agua los compuestos siguientes: benzoato de metilo, 2-butanona, ácido oxálico o etanodioico y ácido benzoico. Justificad la respuesta.
b) Ordenad según su punto de ebullición los compuestos siguientes: dimetil éter, diisobutil éter, etanol y propanotriol. Justificad la respuesta.

[Solución]

a) Los compuestos orgánicos son tanto más solubles en agua cuanto más se parece su molécula a la molécula de agua

Solubilidad en agua

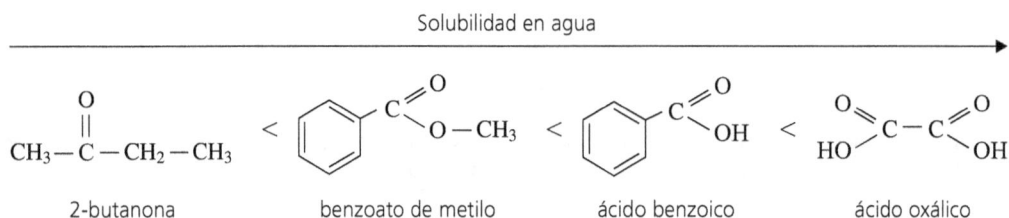

2-butanona $<$ benzoato de metilo $<$ ácido benzoico $<$ ácido oxálico

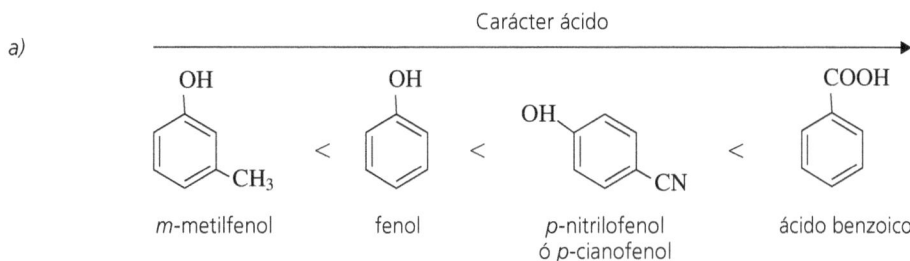

Justificación:

– La función ácido (— COOH) es muy soluble en agua, pues su polaridad es alta por el grupo carbonilo (— C = O) y puede formar enlaces por puentes de hidrógeno debido al grupo hidroxilo (— OH) que posee. El ácido oxálico, que tiene dos grupos ácidos, es el de mayor solubilidad.

– En el grupo éster (— COO—) del benzoato de metilo existe polaridad por el grupo carbonilo (— C = O), pero no puede tener enlaces por puentes de hidrógeno porque no posee grupo hidroxilo (— OH). A pesar de ello, se disuelve en agua mejor que la 2-butanona, que aunque también tiene grupo C = O tiene un oxígeno menos; luego es menos polar.

– Además la molécula de benzoato de metilo, al disolverse en agua da lugar a ácido benzoico y a metanol.

b) Los puntos de ebullición de los compuestos orgánicos aumentan al aumentar las fuerzas de atracción dipolo-dipolo, al aumentar los enlaces por puentes de hidrógeno y al aumentar el peso molecular.

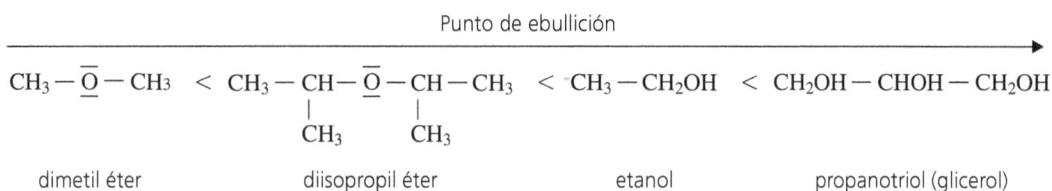

Punto de ebullición

$$CH_3 - \overline{O} - CH_3 \quad < \quad CH_3 - \underset{\underset{CH_3}{|}}{CH} - \overline{O} - \underset{\underset{CH_3}{|}}{CH} - CH_3 \quad < \quad CH_3 - CH_2OH \quad < \quad CH_2OH - CHOH - CH_2OH$$

dimetil éter   diisopropil éter   etanol   propanotriol (glicerol)

Justificación:

– Tanto los alcoholes como los éteres son polares, pero los alcoholes tienen además enlaces — OH; luego pueden formar enlaces por puentes de hidrógeno, lo que implica puntos de ebullición mayores. Cuantos más grupos — OH tienen los alcoholes, mayor es su punto de ebullición.

– Entre el dimetil éter y el diisopropil éter, el que tiene mayor punto de ebullición es este último por tener mayor peso molecular; luego mayores serán las fuerzas de atracción entre las masas de sus moléculas.

Comportamiento ácido-base de las moléculas orgánicas

■ **Problema 6.12**

a) Ordenad de menor a mayor el carácter ácido de los compuestos siguientes: ácido benzoico, p-nitrilofenol o p-cianofenol, m-metilfenol y fenol. Justificad la respuesta.

b) Ordenad de menor a mayor el carácter básico de los compuestos siguientes: difenilamina, etilamina, dimetilamina y o-metilanilina. Justificad la respuesta.

[Solución]

a)

Carácter ácido

m-metilfenol   <   fenol   <   p-nitrilofenol ó p-cianofenol   <   ácido benzoico

Justificación:

– Todos los ácidos carboxílicos son más ácidos que los fenoles; luego el ácido benzoico es el más ácido.

– Los grupos desactivantes del núcleo bencénico como el nitrilo o ciano (— CN) favorecen la protonización del ión H^+ en el grupo OH del fenol; luego son moléculas **más** ácidas que el fenol.

– Los grupos activantes del núcleo bencénico como el metilo ($— CH_3$) dificultan la protonización del ión H^+ en el grupo OH del fenol; luego son moléculas **menos** ácidas que el fenol.

b)

Carácter básico →

difenilamina $<$ o-metilanilina $<$ etilamina $CH_3 — CH_2 — \overline{N}H_2$ $<$ dimetilamina $CH_3 — \overline{N}H — CH_3$

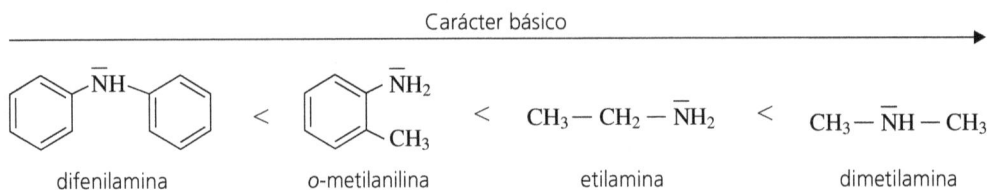

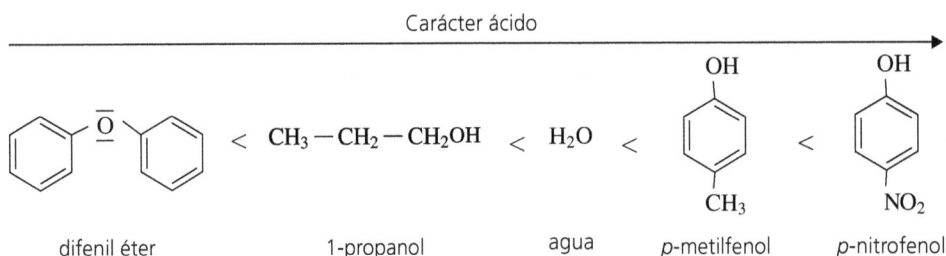

Justificación:

– El carácter básico de las aminas es tanto mayor cuanto más estabilidad tiene el par de electrones no enlazantes del nitrógeno.
– En las aminas aromáticas la resonancia que tiene el par de electrones no enlazantes del nitrógeno con el benceno provoca que la estabilidad de dicho par de electrones del nitrógeno disminuya; luego son menos básicas estas aminas aromáticas que las alifáticas, porque no tienen resonancia.
– La difenilamina tiene dos bencenos y dos resonancias hacia ellos, y por ello es la molécula menos básica.
– Las aminas alifáticas son más básicas que las aromáticas. La amina secundaria es la que tiene mayor basicidad, porque los enlaces de los dos carbonos unidos al nitrógeno ejercen un efecto inductivo hacia él, ya que es más electronegativo; luego se estabiliza el par de electrones no enlazantes del nitrógeno.

Problema 6.13

Ordenad de menor a mayor el carácter ácido de los compuestos siguientes: 1-propanol, p-nitrofenol, p-metilfenol, difenil éter y agua. Justificad la respuesta.

[Solución]

Carácter ácido →

difenil éter $<$ 1-propanol $CH_3 — CH_2 — CH_2OH$ $<$ agua H_2O $<$ p-metilfenol $<$ p-nitrofenol

Justificación:

– Los éteres no tienen carácter ácido. Los alcoholes pueden perder el ión H^+ unido al grupo hidroxilo ($— OH$), lo que les confiere la acidez, siendo los alcoholes lineales menos ácidos que el agua.
– Los fenoles son los compuestos más ácidos, debido a la resonancia del oxígeno del fenolato con el núcleo bencénico, que permite la protonización del ión H^+ del grupo alcohol ($— OH$).

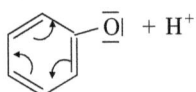

$\overline{O}|$ $+ H^+$ (Resonancia que favorece la acidez.)

Los grupos que activan el núcleo bencénico, como el metilo (CH_3), favorecen la estabilidad del anión O^-, mientras que los grupos desactivantes del núcleo bencénico desestabilizan el anión O^- y favorecen la acidez.

Problema 6.14

a) Ordenad de menor a mayor el carácter ácido de los compuestos siguientes: ácido propanoico, ácido 2-cloropropanoico, ácido 3-cloropropanoico y ácido 2,2-dicloropropanoico. Justificad la respuesta.

b) Ordenad de menor a mayor el carácter básico de los compuestos siguientes: difenilamina, amoníaco, etilamina, dimetilamina y anilina o fenilamina. Justificad la respuesta.

[Solución]

a)

Carácter ácido

$$CH_3 - CH_2 - COOH \quad < \quad CH_3 - \underset{|}{\overset{Cl}{CH}} - COOH \quad < \quad \underset{|}{\overset{Cl}{CH_2}} - CH_2 - COOH \quad < \quad CH_3 - \underset{|}{\overset{Cl}{\underset{Cl}{C}}} - COOH$$

ácido propanico   ácido 2-cloropropanoico   ácido 3-cloropropanoico   ácido 2,2-dicloropropanoico

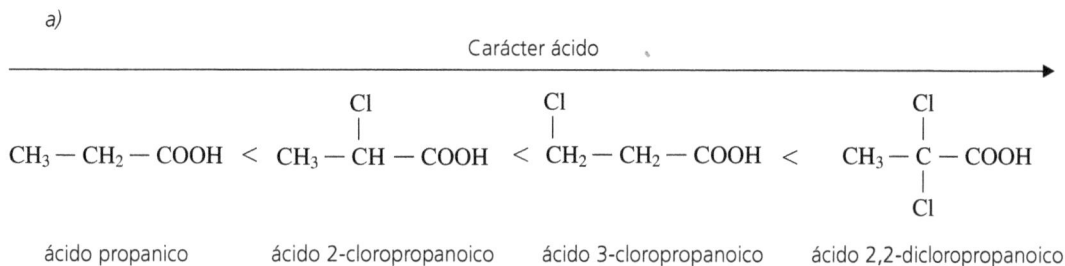

Justificación:

– El carácter ácido aumenta al desestabilizarse la base conjugada del ácido, es decir, cuando se desestabiliza el grupo carboxilato ($-COO^-$); luego el cloro, que es electronegativo, atrae los electrones de dicho grupo y provoca que aumente la acidez, porque la protonización del ión H^+ es mejor.

– Cuantos más cloros electronegativos existan en la molécula del ácido, más ácido es, y cuanto más cerca esté el cloro del grupo carboxilato, su acción sobre él es mayor y más ácido es el compuesto.

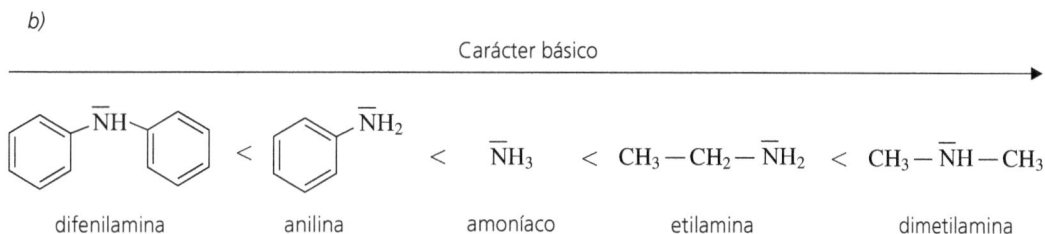

b)

Carácter básico

difenilamina   anilina   amoníaco   etilamina   dimetilamina

Justificación:

– El carácter básico se debe al par de electrones no enlazantes del nitrógeno, que se estabilizan cuando el nitrógeno está unido a radicales alquilo de hidrocarburos. Esto se debe a que los electrones de esos enlaces son atraídos por el nitrógeno, que es más electronegativo que el carbono.

– En consecuencia, la amina secundaria es más básica que la amina primaria, y ésta más básica que el amoníaco.

– Con las aminas aromáticas derivadas del benceno ocurre que la basicidad disminuye, porque los electrones no enlazantes del nitrógeno poseen resonancia con los electrones π del grupo bencénico; luego la estabilidad de los electrones no enlazantes del nitrógeno disminuye.

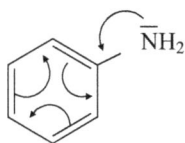

Resonancia hacia el benceno que no favorece la basicidad en las aminas aromáticas.

anilina o fenilamina

Problema 6.15

Señalad el compuesto más ácido en cada una de las parejas de moléculas siguientes: ácido benzoico/fenol, acetileno (etino)/eteno y p-nitrilofenol/o-metoxifenol. Justificad la respuesta.

[Solución]

Acidez →

OH ... fenol < ácido benzoico

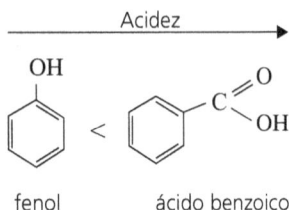

En el ácido benzoico, el ión H^+ está menos unido al oxígeno con carga negativa del carbocatión, que se forma por la polaridad del grupo carbonilo ($C = O$), que favorece la acidez.

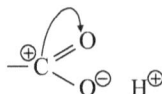

El fenol es ácido por la resonancia que posee el ión fenolato con el benceno, pero posee menor acidez que los ácidos carboxílicos.

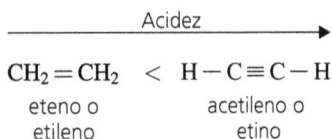

Acidez →

$CH_2 = CH_2$ < $H - C \equiv C - H$

eteno o etileno ... acetileno o etino

El acetileno es ácido, porque el carbono unido al triple enlace tiene hibridación sp, lo que implica más acidez que el carbono del eteno con doble enlace, que tiene hibridación sp^2.

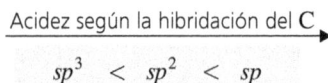

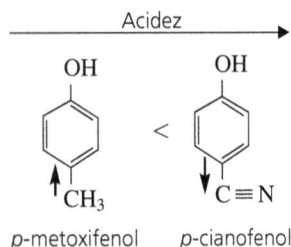

Acidez según la hibridación del C →

$$sp^3 < sp^2 < sp$$

Acidez →

OH ... CH_3 ... p-metoxifenol < OH ... $C \equiv N$ ... p-cianofenol

El grupo nitrilo o ciano ($- C \equiv N$) es desactivante del benceno, por tener su carbono hibridación sp y el carbono del benceno hibridación sp^2; esto provoca que la acidez del fenol aumente, porque el ión H^+ se protoniza mejor.

El grupo metilo ($- CH_3$) es activante del benceno, por tener hibridación sp^3 y el carbono del beceno hibridación sp^2; esto provoca que la acidez del fenol disminuya, porque el ión H^+ se protoniza peor.

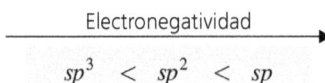

Electronegatividad →

$$sp^3 < sp^2 < sp$$

Problema 6.16

Señalad el compuesto más básico en cada una de las parejas de moléculas siguientes: amoníaco/metilamina, fenilamina o anilina/difenilamina y acetamida/etilamina. Justificad la respuesta.

[Solución]

El nitrógeno en el amoníaco y en las aminas puede ceder el par de electrones no enlazantes que posee; luego actúa en dichas moléculas como una base de Lewis.

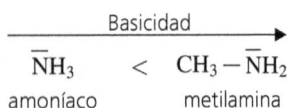

Basicidad →

$\overline{N}H_3$ < $CH_3 - \overline{N}H_2$

amoníaco ... metilamina

Las moléculas orgánicas con función amina ($-\overline{N}-$), son tanto más básicas, cuanto mayor estabilidad tengan los dos electrones no enlazantes del nitrógeno.

El enlace entre el carbono y el nitrógeno de la metilamina tiene efecto inductivo de sus dos electrones hacia el nitrógeno, lo que lo estabiliza; luego es una molécula más básica que el amoníaco, que no posee ese efecto.

Basicidad →

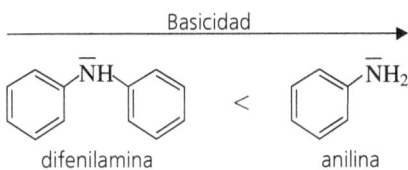

difenilamina < anilina

Las aminas aromáticas son menos básicas que las alifáticas. Esto se debe a la resonancia del par de electrones del nitrógeno hacia el benceno.

La difenilamina posee dos grupos bencénicos; luego la deslocalización por resonancia de los electrones del nitrógeno es mayor en ella que en la anilina. Por tanto, la anilina es más básica.

Basicidad →

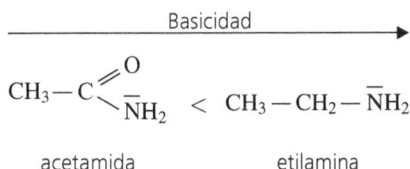

acetamida < etilamina

Las amidas poseen menos basicidad que las aminas, porque aunque tienen también un par de electrones no enlazantes en el nitrógeno, éste está desestabilizado por estar junto a un grupo carbonilo polar $(C = O)$.

Problemas propuestos

☐ Problema 6.1

Escribid las fórmulas de las moléculas siguientes y señalad las funciones orgánicas que contienen: metilacetileno, 3-penteno, 1,3-butanodiol, ácido 2-cloropropanoico, 2-hidroxipropanal, benzaldehído, trimetilamina, *N,N*-dimetilformamida, 2,4-pentanodiona, *o*-metilfenol, anhídrido propanoico y tolueno.

◼ Problema 6.2

Justificad el carácter ácido de la molécula del *o*-metilfenol por la resonancia que posee con el núcleo bencénico.

☐ Problema 6.3

Justificad la aromaticidad, si la tuvieran, de los compuestos orgánicos siguientes: ciclobutadieno, ciclopentano, metilciclohexeno, ciclooctatrieno, anión ciclopropeno, catión ciclopropenilo, 1-hidroxicicloheptatrieno, 1,2,3-trimetilbenceno y 1,2-diclorohexeno.

☐ Problema 6.4

Justificad la aromaticidad, si la tuvieran, de los compuestos orgánicos siguientes:

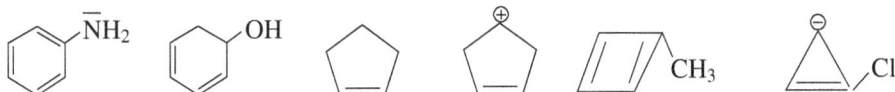

◼ Problema 6.5

Ordenad de menor a mayor polaridad los compuestos orgánicos siguientes: tetracloruro de carbono, agua, metanol, 2,4-dimetil-3-butanol y dimetil éter. Justificad la respuesta.

☐ Problema 6.6

Ordenad según su solubilidad en agua los compuestos orgánicos siguientes: trifenilmetanol, 2,4-octanodiol, 1-octanol y 1,2,3-propanotriol. Justificad la respuesta.

Problema 6.7

Ordenad según su solubilidad en agua los compuestos orgánicos siguientes: ácido pentanodioico, ácido pentanoico, 1-pentanol, dipropil éter, ácido benzoico, 3-hexanona. Justificad la respuesta.

Problema 6.8

Ordenad según su punto de ebullición los compuestos orgánicos siguientes: 2-octanol, dimetil éter, metanol, 1,2-butanodiol y diisobutil éter. Justificad la respuesta.

Problema 6.9

Ordenad de menor a mayor los puntos de ebullición de los grupos de compuestos orgánicos siguientes:

a) Acetonitrilo o cianuro de metilo, hexilamina, 2,3-diaminohexano, anilina o fenilamina y dibencilamina. Justificad la respuesta.
b) n-Octano, n-butano, etano, 2,3-diclorobutano, 2,2-diyodobutano, metano, 2,3-dimetilbutano y ciclohexano. Justificad la respuesta.

Problema 6.10

Ordenad de menor a mayor carácter ácido los compuestos orgánicos siguientes: ácido o-metoxibenzoico, ácido o-clorobenzoico, fenol, o-metilfenol y o-nitrilofenol. Justificad la respuesta.

Problema 6.11

Ordenad de menor a mayor carácter ácido los compuestos siguientes: acido 2-propanoico, ácido 2-metilbutanoico, ácido tricloroacético, ácido cloroacético, ácido propanoico, ácido 3-metilpentanoico y ácido pentanoico. Justificad la respuesta.

Problema 6.12

Ordenad de menor a mayor carácter ácido los compuestos siguientes y justificad la respuesta.

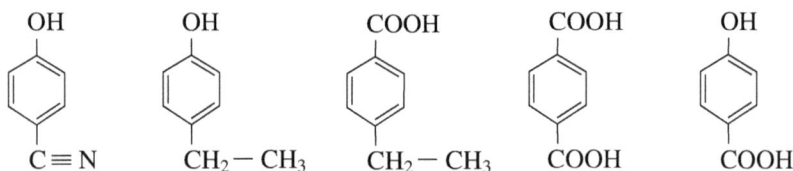

Problema 6.13

Justificad la acidez del etino o acetileno $(H-C\equiv C-H)$ por la hibridación de sus carbonos y comparad su carácter ácido con el eteno y con el etano. ¿Por qué existen el acetiluro de sodio y el carburo de calcio?

Problema 6.14

Ordenad de menor a mayor carácter ácido los compuestos orgánicos siguientes y justificad la respuesta.

$$H-C\equiv C-H \qquad H-C\equiv C-CH_2-CH_3 \qquad CH_3-C\equiv C-CH_2-CH_3$$

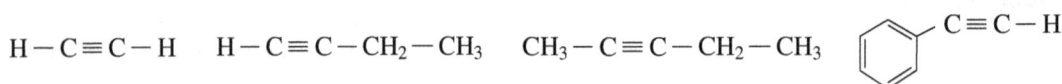

Problema 6.15

Justificad razonadamente porqué el *p*-nitrofenol es más ácido que el *m*-nitrofenol, y el *p*-metilfenol es menos ácido que el *m*-metilfenol.

Problema 6.16

Ordenad de menor a mayor carácter básico los compuestos orgánicos siguientes: etilmetilamina, amoníaco, *n*-propilamina, trietilamina, anilina o fenilamina, *m*-nitroanilina, *m*-metoxianilina y metilanilina. Justificad la respuesta.

Problema 6.17

Justificad el carácter básico de la molécula de *o*-aminotolueno por la resonancia que posee el par de electrones no enlazantes de nitrógeno con el núcleo bencénico. Comparad esa molécula con la molécula no aromática de la 1-hexilamina. Justificad la basicidad de ambas.

Problema 6.18

Justificad razonadamente por qué la molécula de *p*-nitroanilina es menos básica que la molécula de *m*-nitroanilina y la molécula de *p*-metilanilina es más básica que la molécula de *m*-metilanilina.

Problema 6.19

Ordenad según su carácter básico y también según su punto de ebullición los compuestos orgánicos siguientes: *p*-metilanilina, trifenilamina, etilamina, isopropilmetilamina, *p*-aminobenzaldehído. Justificad la respuesta.

Problema 6.20

Ordenad según su carácter básico y también según su punto de ebullición los compuestos orgánicos siguientes: *p*-metilanilina, *o*-metilanilina, anilina, fenilmetilamina y 1,2-diaminohexano. Justificad la respuesta.

Problema 6.21

Ordenad de menor a mayor carácter básico los compuestos orgánicos siguientes y justificad la respuesta.

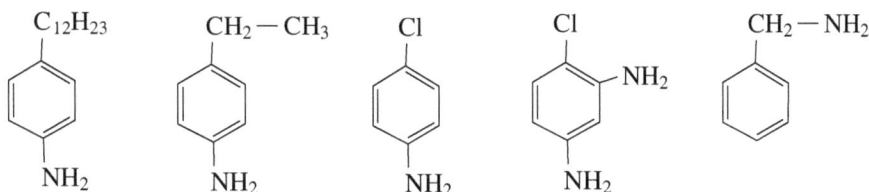

Problema 6.22

Ordenad de menor a mayor carácter básico los compuestos orgánicos siguientes y justificad la respuesta.

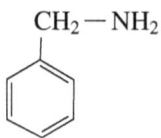

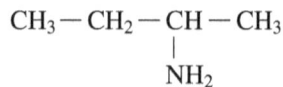

$$CH_2-NH_2$$

$$NH_2$$

$$CH_3-CH_2-CH_2-NH-CH_3$$

$$CH_3-CH_2-CH-CH_3$$
$$\qquad\qquad\quad\ \ |$$
$$\qquad\qquad\quad NH_2$$

Problema 6.23

Escribid las formas resonantes, si las tuvieran, de los compuestos orgánicos siguientes:

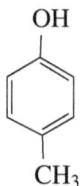

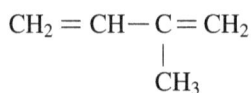

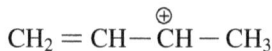

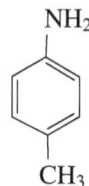

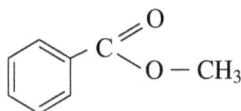

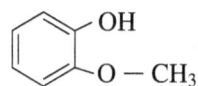

$$OH$$

$$CH_3$$

$$CH_2=CH-C=CH_2$$
$$\qquad\qquad\ \ |$$
$$\qquad\qquad CH_3$$

$$CH_2=CH-\overset{\oplus}{CH}-CH_3$$

$$NH_2$$

$$CH_3$$

Problema 6.24

a) Escribid las formas resonantes, si las tuvieran, de los compuestos orgánicos siguientes:

$$\begin{array}{c} O \\ || \\ CH_3-C-CH=CH_2 \end{array}$$

b) Ordenad las anteriores moléculas según sus puntos de ebullición y justificad la respuesta.

Reacciones orgánicas. Clasificación y mecanismos

7.1 Introducción y objetivos

Como el número de compuestos orgánicos es muy elevado, y como cada uno de ellos puede reaccionar con distintos reactivos de diferentes maneras, es lógico pensar que también el número de reacciones orgánicas que pueden producirse es muy elevado. Por ello es necesaria una sistemática eficaz para poder conocer y estudiar racionalmente dichas reacciones.

Las reacciones orgánicas, como todas las demás, se rigen por las leyes de la termodinámica química (constantes de equilibrio, variaciones de entalpía y de energía libre, etc.) y por las leyes de la cinética (velocidades de reacción, energías de activación, catálisis, etc.).

Resulta muy útil saber que la mayoría de las reacciones orgánicas se pueden clasificar en un cierto número de tipos relativamente pequeño y que las reacciones específicas que encontraremos en la química orgánica están incluidas dentro de uno de ellos.

En este tema se aprenderá a agrupar las reacciones químicas de acuerdo con su tipo y a describir cómo se verifican las reacciones representativas.

La secuencia específica de ruptura y formación de enlaces a medida que un reactivo se convierte en producto se conoce como *mecanismo de reacción*.

La comprensión completa de una reacción química exige seguir el flujo de electrones en cada etapa conforme éstos se desplazan hacia los orbitales enlazantes o no enlazantes. Se usarán flechas para indicar el movimiento de los electrones en cada etapa y de esta manera describiremos los mecanismos de reacción.

Muchas reacciones orgánicas tienen un equilibrio muy desplazado hacia la formación de productos, y en este caso se usa una flecha unidireccional en lugar de las dos flechas del equilibrio (bidireccional).

$$\text{Unidireccional:} \qquad CH_4\,(g) + Cl_2\,(g) \longrightarrow CH_3Cl\,(g) + HCl\,(g)$$

$$\text{Bidireccional:} \qquad CH_3-COO-CH_3 + H_2O \rightleftharpoons CH_3-COOH + HOCH_3$$

Los aspectos electrónicos y los energéticos son muy importantes en las reacciones orgánicas. Luego en este tema se estudiará la energía de la reacción y su energía de activación, de modo que se podrá averiguar la probabilidad de que una reacción transcurra en un sentido o en otro, hacia los productos o hacia los reactivos.

7.2 Clasificación de las reacciones orgánicas

Cuando dos moléculas reaccionan entre sí, se rompen enlaces entre átomos y se forman otros nuevos y distintos, y se consigue una disposición molecular con mayor estabilidad y con menor energía.

Las reacciones orgánicas consideradas según sus resultados visibles, es decir según los compuestos que reaccionan (reactivos) y según los productos obtenidos (sin tener en cuenta los mecanismos de la reacción), se pueden clasificar en siete tipos principales, que son: adición, eliminación, sustitución, condensación, transposición y oxidación-reducción.

1. Reacciones de adición

En una reacción de adición dos moléculas de reactivo se combinan para formar un producto que contiene los átomos de ambos reactivos.

Ejemplos

Hidratación de un alqueno:
(Catalizador: H^+)

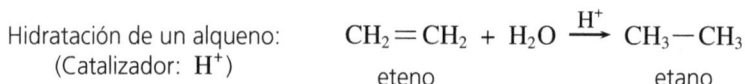

eteno — etano

Hidrogenación de un alqueno:
(Catalizador: Pt)

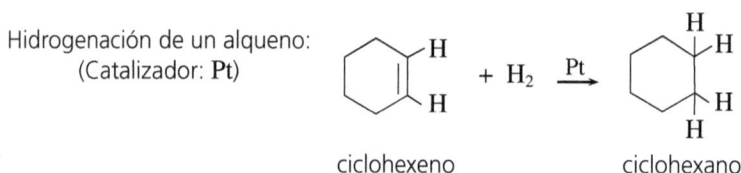

ciclohexeno — ciclohexano

Ciertas reacciones de adición requieren el uso de catalizadores. Un catalizador es una sustancia que participa en la reacción química, acelerando la velocidad, pero que se recupera cuando la reacción química termina con la obtención de los productos deseados.

Después de la reacción, el catalizador queda en libertad para participar en otro ciclo de reacción.

2. Reacciones de eliminación

En una reacción de eliminación, una sola molécula compleja se disocia en dos moléculas más sencillas, con la formación simultánea de un enlace múltiple en una de ellas.

La molécula del reactivo, mayor, contiene todos los átomos presentes en las dos moléculas de los productos. La reacción de eliminación es la inversa de la reacción de adición.

Ejemplos

Deshidratación de un alcohol:
(Catalizador: H^+)

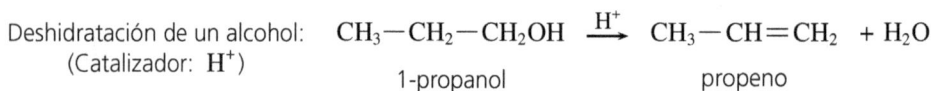

1-propanol — propeno

Eliminación de HCl:

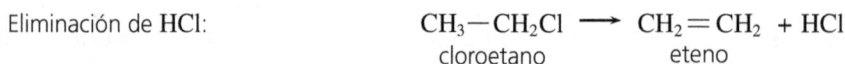

cloroetano — eteno

Deshidrogenación:

$$\langle\!\!\bigcirc\!\!\rangle\!-CH_2\!-CH_3 \longrightarrow \langle\!\!\bigcirc\!\!\rangle\!-CH\!=\!CH_2 + H_2$$

etilbenceno   vinilbenceno o estireno

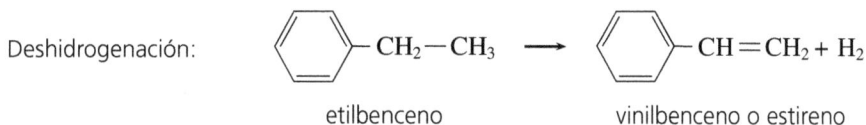

3. Reacciones de sustitución

En una reacción de sustitución o de desplazamiento, un átomo o un grupo de átomos de una molécula es sustituido por otro átomo o grupo de átomos.

Ejemplos

Sustitución del OH por Cl: $CH_3\!-\!CH_2OH + HCl \longrightarrow CH_3\!-\!CH_2Cl + H_2O$

etanol   cloruro de etilo

Sustitución de H por Br:

$$\bigcirc\!\!\overset{H}{\underset{H}{\big\langle}} + Br_2 \xrightarrow{\text{luz}} \bigcirc\!\!\overset{H}{\underset{Br}{\big\langle}} + HBr$$

ciclohexano   bromuro de hexilo

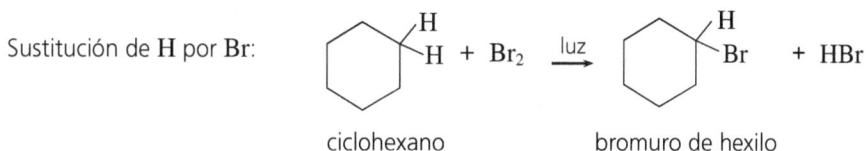

4. Reacciones de condensación

En las reacciones de condensación se elimina una molécula pequeña, que generalmente es agua, debido a la interacción de dos moléculas de complejidad media para formar un producto más complejo.

Ejemplos

Formación de un éster:
(Catalizador: H^+)

$$CH_3\!-\!C\!\!\overset{O}{\underset{OH}{\big\langle}} + HOCH_3 \xrightarrow{H^+} CH_3\!-\!C\!\!\overset{O}{\underset{O-CH_3}{\big\langle}} + H_2O$$

ácido acético   metanol   acetato de metilo

Condensación aldólica:
(Catalizador: H^+)

$$CH_3\!-\!C\!\!\overset{O}{\underset{H}{\big\langle}} + \underset{\underset{H}{|}}{CH_2}\!-\!C\!\!\overset{O}{\underset{H}{\big\langle}} \xrightarrow{H^+} CH_3\!-\!\underset{\underset{H}{|}}{C}\!=\!CH\!-\!C\!\!\overset{O}{\underset{H}{\big\langle}} + H_2O$$

etanal   etanal   2-butenal

Formación de una amida:
(Catalizador: H^+)

$$H\!-\!C\!\!\overset{O}{\underset{OH}{\big\langle}} + \underset{\underset{H}{|}}{H\!-\!N\!-\!CH_3} \xrightarrow{H^+} H\!-\!C\!\!\overset{O}{\underset{NH-CH_3}{\big\langle}} + H_2O$$

ácido metanoico   metilamina   N-metilmetanoato de metilo

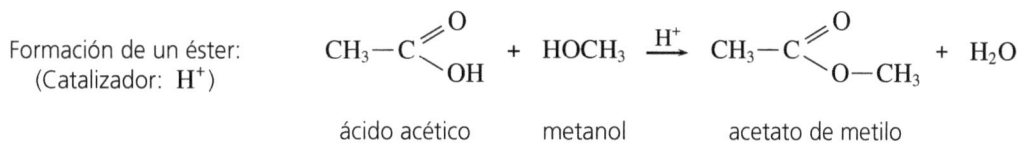

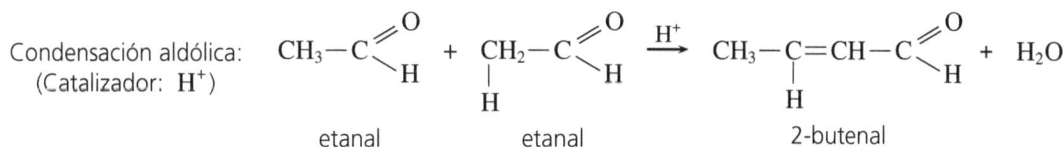

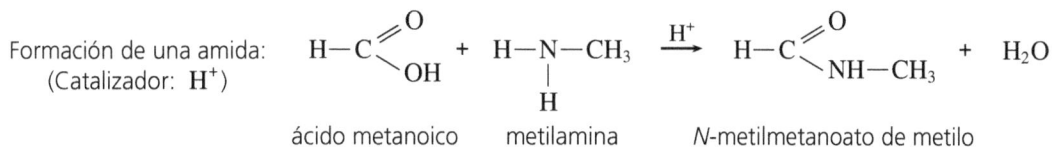

5. Reacciones de transposición

En las reacciones de transposición se reordenan los átomos de una molécula para formar otra molécula de estructura diferente pero con los mismos elementos.

Las reacciones de transposición se realizan en varias etapas y son, en general, reacciones complejas.

Ejemplos

Tautomería:

$$CH_2=C\underset{H}{\overset{OH}{<}} \quad \rightleftarrows \quad CH_3-C\underset{H}{\overset{O}{\lessgtr}}$$

etenol
(forma enólica)

etanal
(forma cetónica)

Transposición en equilibrio
(desplazamiento hacia
la forma cetónica)

Tranposición de Beckman:

$$CH_3-C\underset{H}{\overset{N-OH}{\lessgtr}} \quad \longrightarrow \quad CH_3-C\underset{O}{\overset{NH_2}{\lessgtr}}$$

etanaloxima

acetamida o etanamida

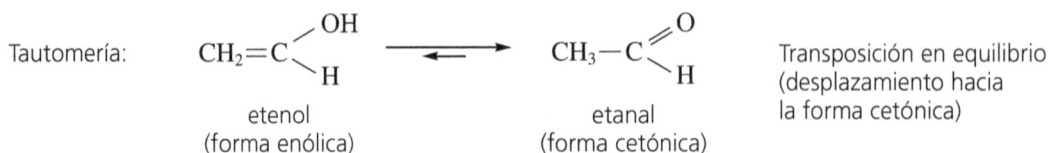

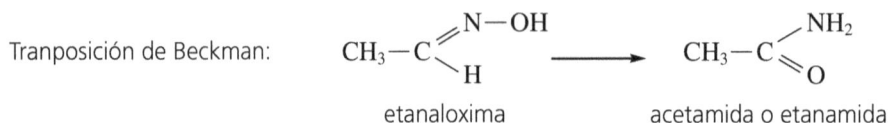

6. Reacciones de isomerización

En las reacciones de isomerización se interconvierten especies que tienen la misma fórmula molecular pero diferente estructura.

En estas reacciones, las fórmulas moleculares del reactivo y del producto son siempre iguales, mientras que en las reacciones de transposición las fórmulas moleculares pueden ser iguales o diferentes.

Ejemplos

Isomerización geométrica:

$$\underset{H}{\overset{H_3C}{>}}C=C\underset{H}{\overset{CH_3}{<}} \quad \rightleftharpoons \quad \underset{H_3C}{\overset{H}{>}}C=C\underset{H}{\overset{CH_3}{<}}$$

cis-2-buteno

trans-2-buteno

Isomerización de posición:

$$\underset{H_3C}{\overset{H}{>}}C=C\underset{H}{\overset{CH_3}{<}} \quad \rightleftharpoons \quad H_2C\overset{H}{\underset{\underset{H}{|}}{>}}C-C\underset{H}{\overset{CH_3}{<}}$$

trans-2-buteno

1-buteno

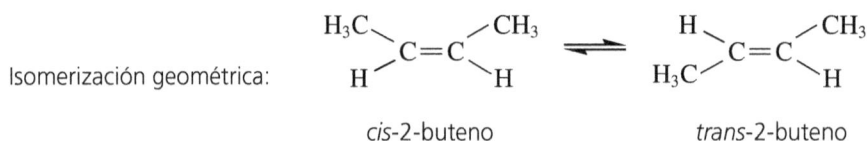

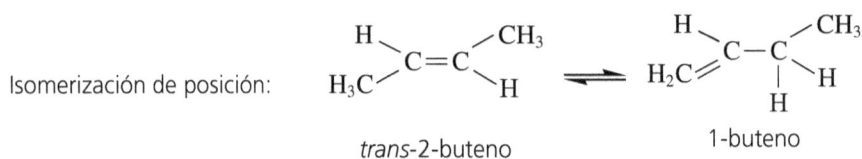

7. Reacciones de oxidación-reducción

En las reacciones de oxidación-reducción se produce un cambio formal neto en el nivel de oxidación de uno o más átomos de carbono de una molécula.

Estas reacciones se suelen clasificar también como reacciones de adición (cuando se adiciona hidrógeno a un doble enlace), reacciones sustitución (cuando cambia el número de heteroátomos en un carbono) o reacciones de eliminación (cuando se eliminan los hidrógenos de dos carbonos adyacentes).

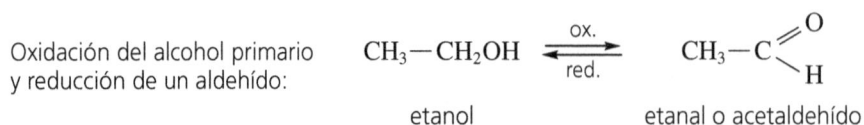

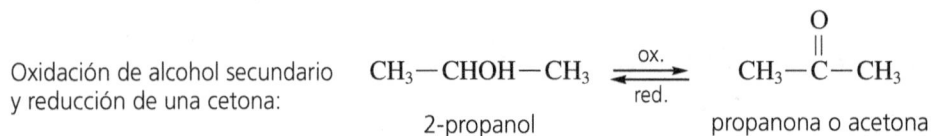

Oxidación del alcohol primario
y reducción de un aldehído:

$$CH_3-CH_2OH \underset{red.}{\overset{ox.}{\rightleftarrows}} CH_3-C\underset{H}{\overset{O}{\lessgtr}}$$

etanol

etanal o acetaldehído

Oxidación de alcohol secundario
y reducción de una cetona:

$$CH_3-CHOH-CH_3 \underset{red.}{\overset{ox.}{\rightleftarrows}} CH_3-\overset{\overset{O}{\|}}{C}-CH_3$$

2-propanol

propanona o acetona

Un aldehído puede seguir oxidándose para producir un ácido, mientras que la cetona no se oxida más, pues el carbono del grupo carbonilo $(C=O)$ de la cetona ya posee la máxima oxidación.

Algunos agentes oxidantes y reductores usados en química orgánica son:

Oxidantes: MnO_4^-, CrO_4^{2-}, $Cr_2O_7^{2-}$, Cu^{2+}, O_3, aire, etc.

Reductores: H_2/Pt (hidrogenación catalítica con Pt), $NaBH_4$, $LiAlH_4$, etc.

7.3 Mecanismos de reacción

La ecuación con que representamos a una reacción química, solo indica para los reactivos y los productos su estado inicial y final, pero no informa sobre el estado intermedio del proceso.

Una molécula se transforma en otra mediante una serie de secuencias o de estados de transición que suponen cambios en la distribución electrónica molecular, con ruptura de enlaces covalentes y formación de otros nuevos, con variaciones de energía y con la aparición de estructuras moleculares activadas y transitorias.

La secuencia total de estos pasos o etapas recibe el nombre de *mecanismo* de la reacción orgánica.

La etapa más lenta de la reacción, que es la que necesita más energía para que tenga lugar, es la que condiciona la velocidad total de la reacción, y recibe el nombre de etapa determinante o limitante de la velocidad.

Influir en esa etapa más lenta del mecanismo de la reacción es clave para el rendimiento del proceso. La ayuda externa en ese punto puede realizarse mediante el uso de catalizadores, de disolventes, de fuentes energéticas, etc.

7.4 Aspectos energéticos de las reacciones

Una reacción química tiene mayor probabilidad de efectuarse cuanto menor sea la energía de los productos obtenidos en la reacción comparada con la energía de los reactivos.

Lo más frecuente es que los reactivos tengan que recibir energía para que la reacción se realice, aunque la reacción total corresponda a una liberación neta de energía.

Por el estudio de la termodinámica, se sabe que las reacciones químicas se producen cuando existe una variación de energía libre negativa, $\Delta G < 0$. Sin embargo, para que cada molécula reaccione, debe recibir una energía inicial que se llama energía de activación (E_a).

Ejemplo de reacción reversible sencilla que transcurre en una sola etapa

1. Para una reacción exotérmica:

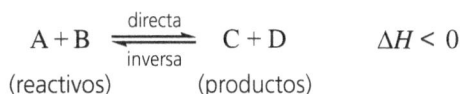

$$A+B \underset{\text{inversa}}{\overset{\text{directa}}{\rightleftarrows}} C+D \qquad \Delta H < 0$$

(reactivos)   (productos)

El perfil de reacción de la energía potencial (E_p) frente al avance de la reacción exotérmica se representa según la gráfica siguiente:

$$E_a \text{ (directa)} + \Delta H \text{ (directa)} = E_a \text{ (inversa)}$$

E_p (energía potencial)

Estado de transición

E_a (directa)

E_a (inversa)

A + B
(Reactivos)

ΔH

C + D
(Productos)

La E_p de los reactivos es mayor que la E_p de los productos.

0

Avance de la reacción

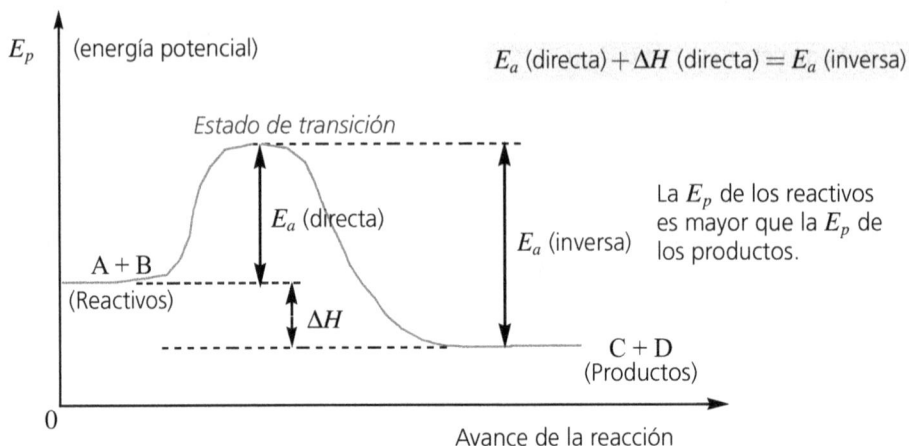

En la gráfica anterior, se observa que existe un máximo de E_p durante la colisión efectiva de los reactivos, que no corresponde ni a ellos ni a los productos de la reacción, sino a alguna combinación muy inestable que recibe el nombre de *complejo activado* y que existe en el momento del *estado de transición*.

2. Para una reacción endotérmica:

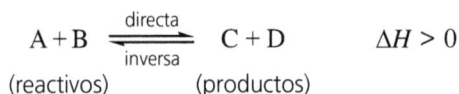

$$A + B \underset{\text{inversa}}{\overset{\text{directa}}{\rightleftharpoons}} C + D \qquad \Delta H > 0$$

(reactivos)   (productos)

El perfil de reacción de la energía potencial frente al avance de la reacción endotérmica se representa según la gráfica siguiente:

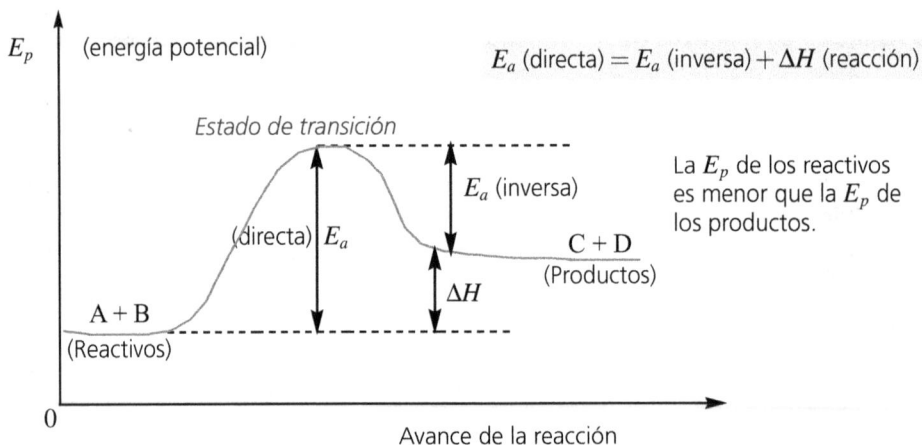

$$E_a \text{ (directa)} = E_a \text{ (inversa)} + \Delta H \text{ (reacción)}$$

E_p (energía potencial)

Estado de transición

E_a (inversa)

(directa) E_a

C + D
(Productos)

ΔH

A + B
(Reactivos)

La E_p de los reactivos es menor que la E_p de los productos.

0

Avance de la reacción

Ejemplo de reacción más compleja, irreversible y exotérmica que transcurre en dos etapas

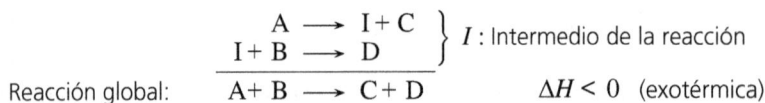

$$\left. \begin{array}{c} A \longrightarrow I + C \\ I + B \longrightarrow D \end{array} \right\} \quad I : \text{Intermedio de la reacción}$$

Reacción global: $\overline{A + B \longrightarrow C + D}$ $\Delta H < 0$ (exotérmica)

Entre los reactivos y los productos existen uno o más intermedios reactivos o especies que se encuentran en un pozo de energía potencial y que por tanto existen en el tiempo real. A diferencia de un estado de transición, un intermedio debe superar cierta barrera de energía, por pequeña que sea, antes de continuar la trayectoria de reacción y avanzar hacia el producto o volver al reactivo inicial. La duración del intermedio es mensurable, puede tener una vida muy breve y existe en un mínimo de energía.

Estos intermedios pueden ser moléculas, pero es más frecuente que sean, carbocationes (C^+), carboaniones (C^-) o radicales libres $(C^\bullet)$.

La reacción que transcurre en dos etapas tiene dos estados de transición y dos energías de activación diferentes, que corresponden a cada una de las etapas. Entre los dos estados de transición se forma un producto intermedio (I), que no se encuentra entre los productos obtenidos de la reacción.

El perfil de reacción de la energía potencial frente al avance de la reacción exotérmica se representa según la gráfica siguiente:

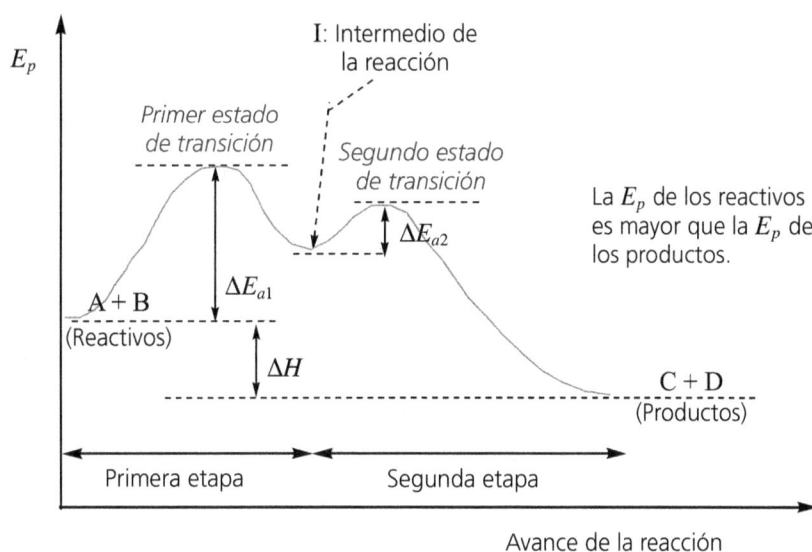

Con base a esta gráfica se puede seguir el cambio de energía conforme la reacción avanza. En este caso, existe un intermedio I, de mayor energía que los reactivos y los productos. Puesto que la reacción se lleva a cabo en dos etapas, se puede descomponer la reacción global en dos reacciones más sencillas, una primera etapa endotérmica para $A \longrightarrow I + C$ y una segunda etapa exotérmica para $I + B \longrightarrow D$.

La etapa más lenta de la reacción, que es la determinante de la velocidad, es la que posee una energía de activación mayor.

En la gráfica se observa que la energía de activación 1 es mayor que la energía de activación 2: $\Delta E_{a1} > \Delta E_{a2}$. Luego la primera etapa de la reacción es la más lenta.

☐ Ejemplo práctico 1

En medio básico, el bromuro de *tert*-butilo se convierte en *tert*-butanol. La reacción es exotérmica y transcurre en dos etapas.

$$\text{Primera etapa:} \quad \underset{\substack{\text{reacción lenta}}}{} \quad CH_3-\underset{\underset{CH_3}{|}}{\overset{\overset{CH_3}{|}}{C}}-Br \xrightarrow{\text{ionización}} CH_3-\underset{\underset{CH_3}{|}}{\overset{\overset{CH_3}{|}}{C^+}} + Br^-$$

bromuro de *tert*-butilo   I: intermedio

$$\text{Segunda etapa:} \quad \underset{\substack{\text{reacción rápida}}}{} \quad CH_3-\underset{\underset{CH_3}{|}}{\overset{\overset{CH_3}{|}}{C^+}} + OH^- \longrightarrow CH_3-\underset{\underset{CH_3}{|}}{\overset{\overset{CH_3}{|}}{C}}-OH$$

I: intermedio   *tert*-butanol

$$\text{Reacción global:} \quad CH_3-\underset{\underset{CH_3}{|}}{\overset{\overset{CH_3}{|}}{C}}-Br + OH^- \longrightarrow CH_3-\underset{\underset{CH_3}{|}}{\overset{\overset{CH_3}{|}}{C}}-OH + Br^-$$

bromuro de *tert*-butilo   *tert*-butanol

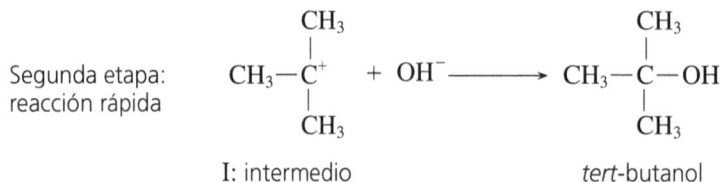

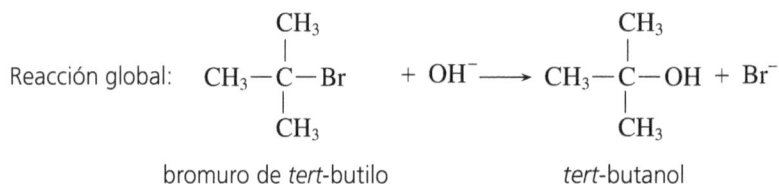

El perfil de energía potencial de esta reacción es semejante al de la gráfica representada anteriormente.

7.5 Reacciones homolíticas

Todas las reacciones químicas implican la ruptura o formación de enlaces o ambas cosas a la vez.

La ruptura homolítica u homólisis de un enlace produce el reparto simétrico de los dos electrones, un electrón para cada átomo que forma el enlace covalente, y se obtienen especies neutras llamadas *radicales libres*.

$$A \overset{\frown}{-} B \longrightarrow \underset{\text{radicales libres}}{A^\bullet + B^\bullet} \qquad \Delta H° : \text{ energía de disociación de enlace entre A y B: } A-B$$

Un centro radical o radical libre ya existente ($R^\bullet$) puede favorecer la ruptura homolítica del enlace.

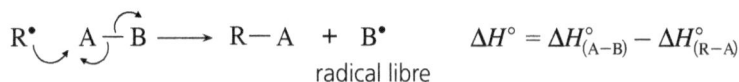

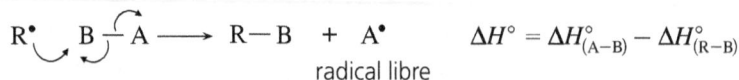

$$R^\bullet \overset{\frown}{\underset{\smile}{A}} \overset{\frown}{-} B \longrightarrow R-A + \underset{\text{radical libre}}{B^\bullet} \qquad \Delta H° = \Delta H°_{(A-B)} - \Delta H°_{(R-A)}$$

$$R^\bullet \overset{\frown}{\underset{\smile}{B}} \overset{\frown}{-} A \longrightarrow R-B + \underset{\text{radical libre}}{A^\bullet} \qquad \Delta H° = \Delta H°_{(A-B)} - \Delta H°_{(R-B)}$$

Estas reacciones se producen en enlaces covalentes poco o nada polarizados, como los que se encuentran en los hidrocarburos saturados.

La ruptura homolítica tiene lugar por la acción de la luz o radiación ultravioleta ($h\nu$) y también por la intervención de peróxidos orgánicos ($R-O-O-R'$), que son en ambos casos los iniciadores de las reacciones radicalarias.

Las reacciones por radicales libres se suelen producir en fase gaseosa, son reacciones muy rápidas o *reacciones en cadena* y producen generalmente el radical más estable de los que pueden obtenerse. La estabilidad radicalaria es mayor en los radicales de carbonos terciarios, seguida de los radicales de carbonos secundarios y, por último, de los radicales de carbonos primarios.

$$\xrightarrow{\quad\text{estabilidad radicalaria}\quad}$$

$$R-CH_2^{\bullet} \quad < \quad R-\underset{|}{\overset{R_1}{C}H^{\bullet}} \quad < \quad R-\underset{\underset{R_2}{|}}{\overset{R_1}{\underset{|}{C^{\bullet}}}}$$

radical 1.^{rio} radical 2.^{rio} radical 3.^{rio}

7.6 Reacciones heterolíticas

La ruptura heterolítica o heterólisis de un enlace produce el reparto no simétrico de los dos electrones del enlace, obteniéndose un ión positivo y uno negativo. El par de electrones del enlace permanece en el átomo más electronegativo, que se convierte en ión negativo o anión.

$$A \overset{\frown}{-} B \longrightarrow A^{\oplus} + B^{\ominus}$$
$$\text{catión} \quad \text{anión}$$

Las rupturas heterolíticas ocurren más fácilmente en enlaces σ polares, tienen lugar a temperatura ambiente, generalmente en fase líquida, y suelen estar catalizadas por ácidos o por bases.

Todas las reacciones polares contienen la dualidad electrófila-nucleófila, es decir, dadora-aceptadora de electrones. En reacciones de este tipo, hay necesariamente un electrófilo (E^+) y un nucleófilo (Nuc^-).

1. Adición electrófila

Reacción de un electrófilo (E^+) con un enlace σ polar de la molécula $A - B$.

$$^{\oplus}A \overset{\frown}{-} B^{\ominus} E^+ \longrightarrow A^{\oplus} + B-E$$
$$\text{electrófilo}$$

La reacción implica el movimiento simultáneo del par de electrones del enlace hacia el electrófilo.

Adición de ácido clorhídrico al ciclohexeno:

ciclohexeno

clorociclohexano

El ión H^+ del ácido clorhídrico, HCl actúa como reactivo electrófilo.

En la primera etapa de la reacción, los electrones π del doble enlace del ciclohexeno se ceden al electrófilo para formar un nuevo enlace σ entre el carbono y el hidrógeno, se forma un carbocatión que es el intermedio de la reacción y un ión cloruro en el HCl. En la segunda etapa de la reacción, el ión Cl⁻ se une al carbocatión y se forma un enlace σ entre el carbono y el cloro.

La etapa más lenta de la reacción es la primera y es por ello la determinante de su velocidad. Los factores que estabilizan al catión intermedio y al ión cloruro estabilizan también al estado de transición.

2. Sustitución nucleófila

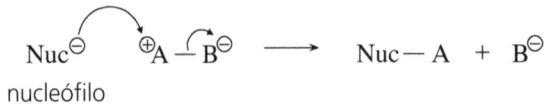

Nuc⊖   ⊕A —B⊖   ⟶   Nuc — A + B⊖

nucleófilo

Al acercarse el grupo atacante Nuc⊖ se polariza el enlace AB y se rompe.

El Nuc⊖ se une al catión A⊕ al mismo tiempo que se rompe el enlace A—B.

a) Hidrólisis del bromuro de *tert*-butilo para formar el *tert*-butanol:

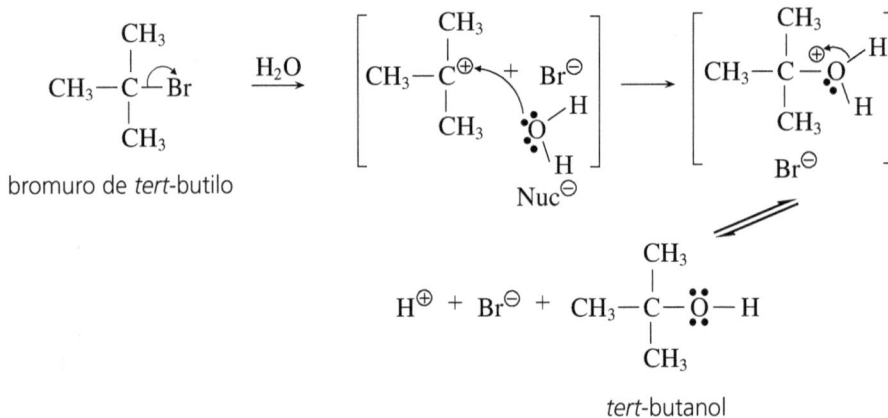

bromuro de *tert*-butilo

tert-butanol

En la primera etapa de la reacción, se obtiene un carbocatión por ruptura del enlace. Este es el paso determinante de la velocidad (el más lento).

La captura del catión por el agua es la segunda etapa, más rápida porque solo es necesario que se formen enlaces.

La reacción anterior se describe como una reacción de sustitución nucleófila $S_N 1$, en que la terminología S_N indica la reacción global (nucleófila) y 1 se refiere a la molecularidad (unimolecular) del paso determinante de la velocidad, que consiste en la ruptura de enlaces en el substrato y en dicha ruptura no interviene el nucleófilo.

b) Reacción de un ión bromuro con el yoduro de metilo:

yoduro de metilo   estado de transición   bromuro de metilo

En esta reacción de desplazamiento nucleófilo, el ión bromuro que se aproxima (el nucleófilo) forma un enlace con el carbono a medida que se rompe el enlace carbono-yodo del yoduro de metilo inicial. La formación y ruptura de enlaces es simultánea y no se forman compuestos intermedios.

Se pasa por un estado de transición de la reacción que carece de estabilidad intrínseca y que por ello no se puede aislar.

La reacción anterior se describe como una reacción de sustitución nucleófila S_N2, en que la terminología S_N indica la reacción global (nucleófila) y 2 se refiere a la molecularidad (bimolecular).

En el estado de transición del paso determinante de la velocidad participan dos reactivos, el compuesto inicial (yoduro de metilo) y el nucleófilo (el ión bromuro). Luego esta reacción es una sustitución nucleófila bimolecular.

7.6.1 Reactivos de carácter electrófilo y nucleófilo

Un reactivo electrófilo, E^+, puede ser cualquier tipo de molécula deficiente en electrones (ácidos de Lewis).

Los electrófilos son compuestos con cargas positivas que no poseen la estructura de gas noble o bien son compuestos portadores de un orbital vacío de baja energía.

Algunos ejemplos de reactivos electrófilos ($\overset{\oplus}{E}$) son: $\overset{\oplus}{C}R_3$, $\overset{\oplus}{H}$, $\overset{\oplus}{N}O_2$, $\overset{\oplus}{C}l$.

Los cationes del tipo Na^+, K^+, Li^+ no son electrófilos, pues poseen la estructura de gases nobles como Ne, Ar y He, respectivamente.

Un reactivo nucleófilo (Nuc^-), es el que posee una densidad electrónica elevada.

Existen dos métodos para comparar el carácter nucleófilo de dos especies.

a) Un anión es más reactivo como nucleófilo que la especie neutra correspondiente. Así, el OH^- es más nucleófilo que el H_2O.

b) Entre especies con la misma carga, un átomo menos electronegativo con un par de electrones no enlazantes es más nucleófilo que uno más electronegativo. Así el I^- es más nucleófilo que el F^-, porque el yodo es menos electronegativo que el flúor; el OH^- es más nucleófilo que el F^-, porque el oxígeno es menos electronegativo que el flúor, y el NH_3 es más nucleófilo que el H_2O, porque el nitrógeno es menos electronegativo que el oxígeno. Este análisis solo es válido para comparar especies del mismo grupo o del mismo periodo.

La reactividad relativa de algunos reactivos nucleófilos es:

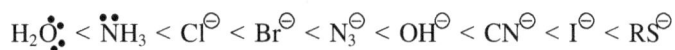

$$H_2\overset{..}{\underset{..}{O}} < \overset{..}{N}H_3 < Cl^{\ominus} < Br^{\ominus} < N_3^{\ominus} < OH^{\ominus} < CN^{\ominus} < I^{\ominus} < RS^{\ominus}$$

La naturaleza del grupo saliente también afecta a la velocidad de las reacciones nucleófilas S_N2, siendo los mejores grupos los que poseen enlaces débiles con el carbono y los que pueden soportar con facilidad una carga negativa. El cloro, el bromo y el yodo son buenos grupos salientes.

7.7 Disolventes para reacciones orgánicas

El disolvente que participa en una reacción orgánica es importante, porque disuelve los reactivos para que puedan reaccionar unos con otros. Luego, en parte, su elección está gobernada por la solubilidad de dichos reactivos.

El disolvente puede influir en la trayectoria de una reacción o mecanismo y, aunque en la mayor parte de las reacciones no se consume, desempeña funciones importantes, como el control de la temperatura del proceso.

Los reactivos iónicos tales como KCN, $NaOH$ y NaN_3 necesitan que el disolvente interactúe con los iones en disolución, es decir, necesitan que los *solvate*.

Los disolventes próticos (con H^+), como el agua y los alcoholes, son buenos disolventes de sales (especies iónicas), ya que forman puentes de hidrógeno con el oxígeno y poseen pares de electrones no enlazantes en el oxígeno que interactúan con los cationes.

En algunos casos, el disolvente es también un reactivo de la reacción, como en la hidrólisis del bromuro de *tert*-butilo para formar *tert*-butanol. Esos procesos reciben el nombre de reacciones de *solvólisis*.

Los disolventes próticos (con H^+) facilitan las reacciones nucleófilas S_N1, porque estabilizan la carga negativa del grupo saliente, y los disolventes apróticos (sin H^+) favorecen las reacciones nucleófilas S_N2, porque no es necesario estabilizar la carga negativa del grupo saliente.

Tanto los disolventes próticos como los apróticos pueden ser más o menos polares. A continuación se expone una tabla con algunos disolventes en la que se indica su polaridad creciente y sus puntos de ebullición.

a) Disolventes próticos

Polaridad creciente →

	CH_3-CH_2OH	CH_3OH	H_2O
	etanol	metanol	agua
P. ebullición:	78 °C	65 °C	100 °C

b) Disolventes apróticos

Polaridad creciente →

	tolueno	cloruro de metileno	dietil éter	THF (tetrahidrofurano)	dioxano
P. ebullición:	111 °C	40 °C	35 °C	66 °C	101 °C

Polaridad creciente →

	acetona	DMSO (dimetilsulfóxido)	DMF (dimetilformamida)
P. ebullición:	56 °C	189 °C	153 °C

7.8 Reacciones de adición a enlaces múltiples

Los enlaces múltiples en los compuestos orgánicos pueden darse entre átomos de carbono-carbono, de carbono-oxígeno y de carbono-nitrógeno, entre otros, por lo que las reacciones de adición son distintas en función del tipo de enlace múltiple que tenga el compuesto.

Para un hidrocarburo con un doble enlace entre carbonos, se adiciona un electrófilo a un átomo de carbono del enlace múltiple y un nucleófilo al otro átomo de carbono.

7.8.1 Adición a alquenos

Como ya se ha visto anteriormente en el tema 12, las características de los alquenos, que afectarán a sus reacciones, son las siguientes:

Fórmula de los alquenos: C_nH_{2n}.

Hibridación de los carbonos que poseen el doble enlace: sp^2.

Estructura plana, con ángulos de enlace de aproximadamente $120°$.

El enlace π del doble enlace es más reactivo que el σ, pues sus electrones poseen más movilidad, lo que permite el ataque de reactivos electrófilos tales como: H^+, R^+, Cl^+, etc.

El doble enlace es el centro de las propiedades químicas de los alquenos y permite distintas reacciones como las de adición, las de oxidación, las de polimerización, etc.

1. Adición de halógenos (X_2: Cl_2, Br_2)

$\overset{\oplus}{Br}$ es el reactivo electrófilo.

2. Adición de halogenuros de hidrógeno (HX: HCl, HBr, HI)

$\overset{\oplus}{H}$ es el reactivo electrófilo.

propeno   2-cloropropano

Mecanismo de la reacción:

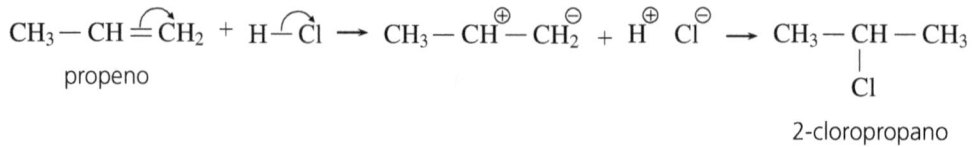

$$CH_3-CH \overset{\frown}{=} CH_2 \; + \; H\overset{\frown}{-}Cl \; \longrightarrow \; CH_3-CH^{\oplus}-CH_2^{\ominus} \; + \; H^{\oplus} \; Cl^{\ominus} \; \longrightarrow \; CH_3-\underset{|}{CH}-CH_3$$

$$\hspace{11cm} Cl$$

propeno

2-cloropropano

El 2-cloropropano es el único compuesto que se obtiene en la reacción entre el propeno y el cloruro de hidrógeno. Nunca se obtiene el 1-cloropropano (CH_3-CH_2Cl)

Esto se explica por la *regla de Markovnikov*, que dice: *"La adición de un halogenuro de hidrógeno a un doble enlace asimétrico se realiza de forma que el hidrógeno se une al carbono del doble enlace que más hidrógenos tenga".*

Cuando el doble enlace es *simétrico*, es decir, cada carbono del doble enlace posee el mismo número de hidrógenos, no se cumple la regla de Markovnikov. Se obtienen simultáneamente dos compuestos, según el reactivo electrófilo se adicione a un carbono o al otro del doble enlace.

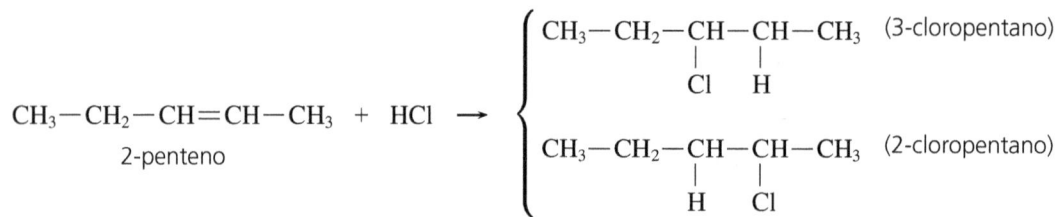

$$CH_3-CH_2-CH=CH-CH_3 \; + \; HCl \; \longrightarrow \; \begin{cases} CH_3-CH_2-\underset{|}{CH}-\underset{|}{CH}-CH_3 \quad \text{(3-cloropentano)} \\ \hspace{2.8cm} Cl \quad\;\; H \\[4pt] CH_3-CH_2-\underset{|}{CH}-\underset{|}{CH}-CH_3 \quad \text{(2-cloropentano)} \\ \hspace{2.8cm} H \quad\;\; Cl \end{cases}$$

2-penteno

3. Adición catalítica de hidrógeno

Los metales de transición como el paladio y el platino catalizan la adición de hidrógeno molecular (H_2 (g)) al doble enlace de los alquenos.

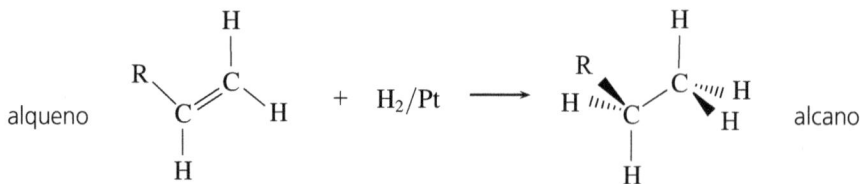

alqueno   + H_2/Pt   alcano

El mecanismo de este tipo de reacciones no se conoce a la perfección. Es de suponer que un metal como el platino absorbe hidrógeno molecular en un proceso en el cual el enlace $H-H$ se rompe y se reemplaza después por dos nuevos enlaces $Pt-H$.

La energía que se libera en la formación de estos enlaces se compensa con la energía que se necesita para romper el enlace de la molécula de hidrógeno.

Los metales de transición como el Pt y el Pd poseen capas electrónicas de valencia incompletas, de modo que la adición o sustracción de un electrón no altera la energía de forma excesiva. Posteriormente interaccionan los electrones π del doble enlace con el Pt ligado a un hidrógeno.

Los átomos de H unidos al Pt se mueven con facilidad de un átomo a otro en la superficie metálica.

La etapa siguiente es la migración de un átomo de H al Pt ya unido a la molécula.

Al final se rompen los enlaces Pt—H y los enlaces Pt — C y se forman los enlaces C—H.

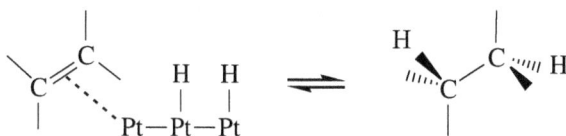

(Proceso en varias etapas)

4. Adición de agua. Hidratación

El agua se adiciona al doble enlace en presencia de ácidos fuertes que actúan de catalizadores, y se obtiene el alcohol correspondiente.

El ácido sulfúrico es un buen catalizador de estas reacciones, porque cuando se disuelve en agua se disocia:

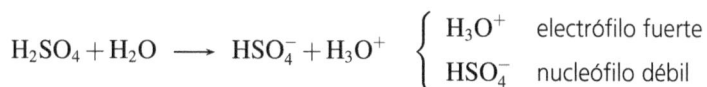

$$H_2SO_4 + H_2O \longrightarrow HSO_4^- + H_3O^+ \quad \begin{cases} H_3O^+ & \text{electrófilo fuerte} \\ HSO_4^- & \text{nucleófilo débil} \end{cases}$$

El reactivo electrófilo es el ión hidronio, H_3O^+, que actúa como ácido al transferir un protón al alqueno.

Ejemplo de hidratación del 2-metilpropeno

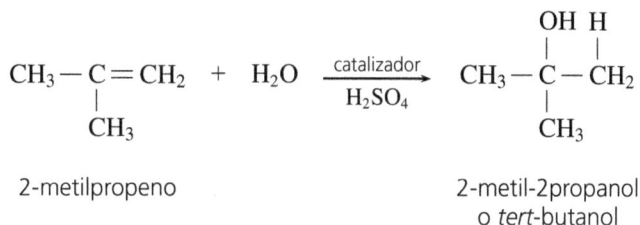

2-metilpropeno

2-metil-2propanol
o *tert*-butanol

En esta reacción también se cumple la regla de Markovnikov, pues el hidrógeno del agua (H^+) va a parar al carbono que tiene más hidrógenos.

Mecanismo de la reacción:

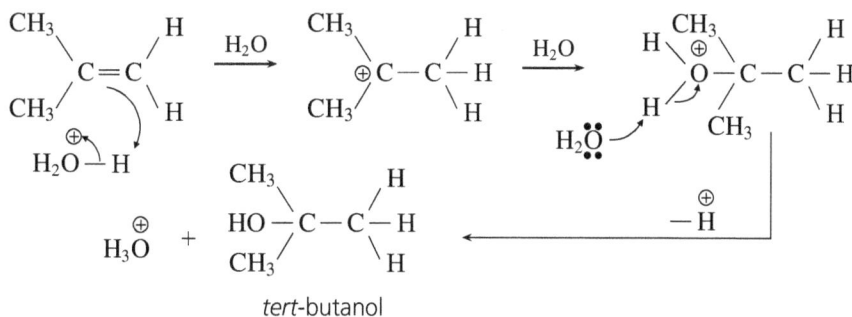

tert-butanol

5. Formación de halohidrinas

La adición de cloro Cl_2 y de bromo Br_2 en presencia de agua al doble enlace de los alquenos puede dar compuestos que contienen halógeno (Cl o Br) y un grupo hidroxilo (OH) en átomos de carbono vecinos.

$$CH_3-CH=CH_2 \xrightarrow{\text{Cl}_2,\text{H}_2\text{O}} CH_3-\underset{\underset{\displaystyle OH}{|}}{CH}-\underset{\underset{\displaystyle Cl}{|}}{CH_2} \quad \text{propilenclorhidrina}$$

propeno

1-cloro-2-propanol

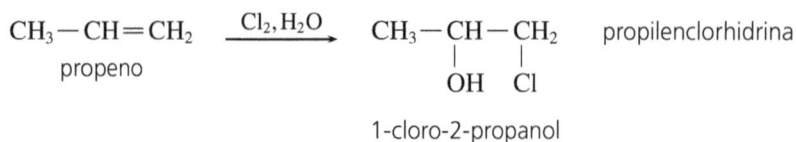

Mecanismo de la reacción:

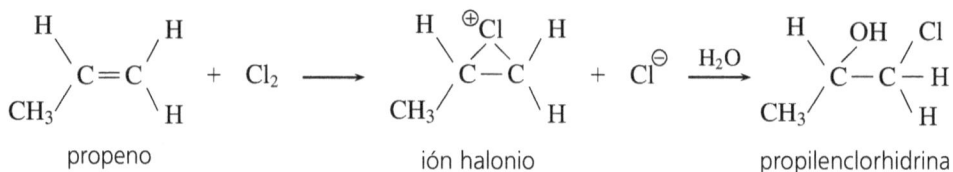

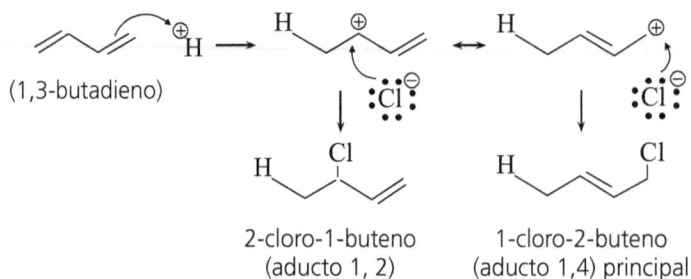

propeno   ión halonio   propilenclorhidrina

El ión Cl^+ actúa de electrófilo y se adiciona al carbono del doble enlace que tiene más hidrógenos, de acuerdo con la regla de Markovnikov. El ión OH^- es el nucleófilo que se adiciona al otro carbono del doble enlace.

6. Adición a dienos conjugados

Los compuestos orgánicos que tienen dos dobles enlaces se llaman *dienos*. La reactividad de los dienos varía según la posición relativa de los dobles enlaces, que pueden ser conjugados, aislados y acumulados.

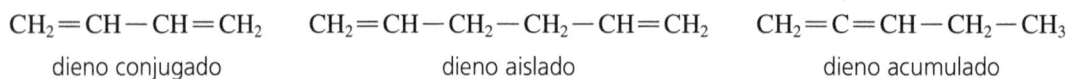

$$CH_2=CH-CH=CH_2 \qquad CH_2=CH-CH_2-CH_2-CH=CH_2 \qquad CH_2=C=CH-CH_2-CH_3$$

dieno conjugado   dieno aislado   dieno acumulado

Los dienos conjugados pueden describirse como híbridos de resonancia, y ello los estabiliza.

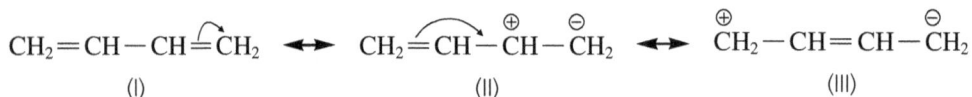

$$CH_2=CH-CH\overset{\frown}{=}CH_2 \longleftrightarrow CH_2\overset{\frown}{=}CH-\overset{\oplus}{CH}-\overset{\ominus}{CH_2} \longleftrightarrow \overset{\oplus}{CH_2}-CH=CH-\overset{\ominus}{CH_2}$$

(I)   (II)   (III)

La estructura resonante (III) es más estable que la (II).

Adición de cloruro de hidrógeno, HCl a un dieno conjugado como el 1,3-butadieno:

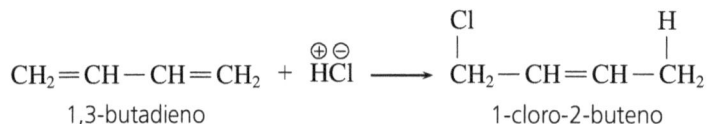

$$CH_2=CH-CH=CH_2 + \overset{\oplus\ominus}{HCl} \longrightarrow \underset{\underset{\displaystyle Cl}{|}}{CH_2}-CH=CH-\underset{\underset{\displaystyle H}{|}}{CH_2}$$

1,3-butadieno   1-cloro-2-buteno

Mecanismo de la reacción:

(1,3-butadieno)

2-cloro-1-buteno   1-cloro-2-buteno
(aducto 1, 2)   (aducto 1,4) principal

En estos procesos también se sigue la regla de Markovnikov.

7.8.2 Adición al doble enlace del grupo carbonilo

El grupo carbonilo ($-C=O$) lo poseen compuestos orgánicos tales como: aldehídos, cetonas, ácidos, ésteres, anhídridos y amidas, entre otros.

En el grupo carbonilo, el enlace π del doble enlace entre carbono y oxígeno está polarizado, a causa de la mayor electronegatividad del oxígeno. Esta polarización se puede ver como resultado de dos estructuras de resonancia, una de ellas con enlace π y enlace σ, y la otra con solo un enlace σ.

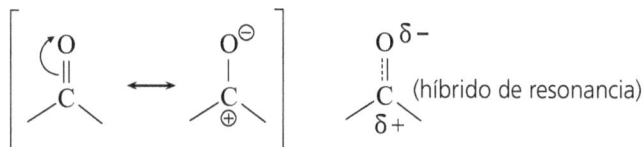

La polarización del grupo carbonilo aumenta el carácter electrófilo de su átomo de carbono. La adición de un nucleófilo a un grupo carbonilo da lugar a un producto intermedio con carga negativa en el átomo de oxígeno.

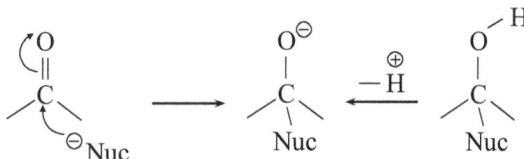

En presencia de un reactivo electrófilo, como es un ión H^+ o un ión metálico Me^+, la polarización del grupo carbonilo aumenta.

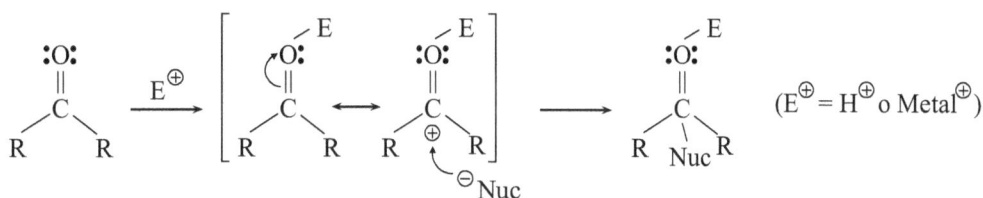

Puede observarse que cuando se produce la adición, el nucleófilo queda unido al carbono y el electrófilo se enlaza al oxígeno.

1. Adición de hidrógeno (reducción)

a) Los aldehídos y las cetonas pueden reducirse dando alcoholes cuando un hidruro metálico complejo como el hidruro de aluminio y litio ($LiAlH_4$) o el borohidruro de sodio ($NaBH_4$) entrega el equivalente ión nucleófilo H^- al enlace $C=O$.

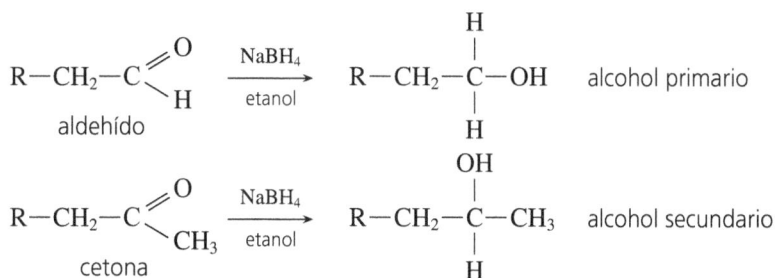

El reductor $NaBH_4$ permite el uso de disolventes próticos como los alcoholes, porque el reactivo se ioniza dando los iones Na^+ y BH_4^-.

El reductor $LiAlH_4$ es mucho más reactivo que el $NaBH_4$ y se usa con disolventes apróticos como el tetrahidrofurano (THF) u otros éteres.

b) El grupo carbonilo de una cetona y de un aldehído se convierte en grupo metileno por reducción en condiciones neutras (hidrogenación catalítica), en condiciones ácidas (reducción de Clemmensen) o en condiciones básicas (reducción de Wolff-Kishner).

H_2/Pd
Hidrogenación catalítica

$Zn(Hg), HCl$
Reducción de Clemmensen

$H_2NNH_2, NaOH$
Reducción de Wolff-Kishner

alquil-fenilcetona

alquilbenceno

c) Reducción de derivados de ácidos carboxílicos con $LiAlH_4$

El reactivo reductor $LiAlH_4$ entrega al grupo $C = O$ el ión nucleófilo H^-.

c1) Reducción de halogenuros de ácido

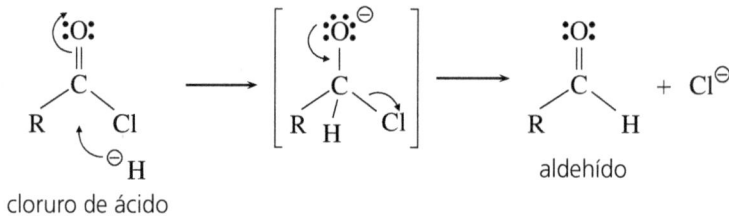

cloruro de ácido

aldehído

$+ Cl^{\ominus}$

c2) Reducción de ésteres

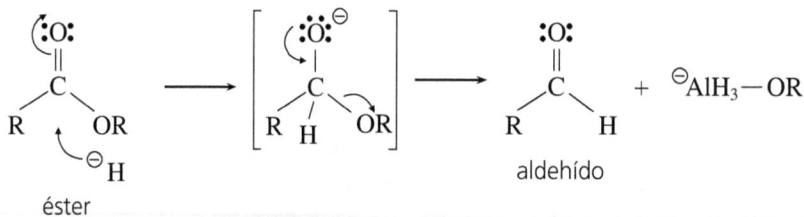

éster

aldehído

$+ {}^{\ominus}AlH_3 - OR$

El aldehído que se obtiene en esta etapa es más reactivo hacia el hidruro que el éster. Luego el $LiAlH_4$ lo reduce rápidamente dando un alcohol primario.

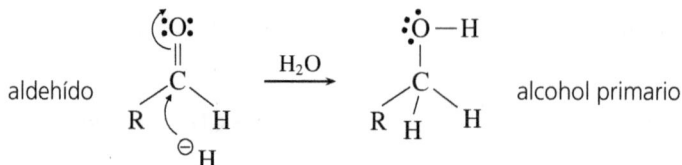

aldehído

H_2O

alcohol primario

c3) Reducción de amidas

La reducción de amidas con $LiAlH_4$ se realiza de la misma manera que la reducción de un éster, pero en este caso se obtiene una amina.

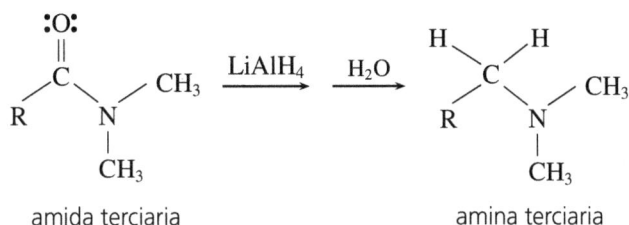

amida terciaria   amina terciaria

Se obtiene una amina primaria, secundaria o terciaria según sea la amida de partida de la reacción de reducción.

Orden de reactividad de los compuestos carbonílicos $(C = O)$ hacia los reactivos nucleófilos (Nuc^-):

Reactividad creciente

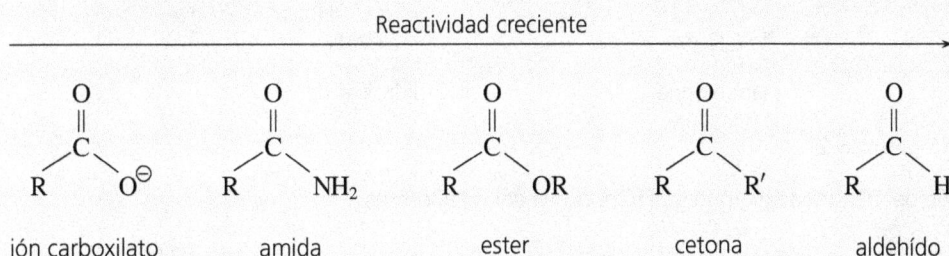

| ión carboxilato | amida | ester | cetona | aldehído |

2. Adición de agua o formación de hidratos

La hidratación del grupo carbonilo puede estar catalizada por base (OH^-).

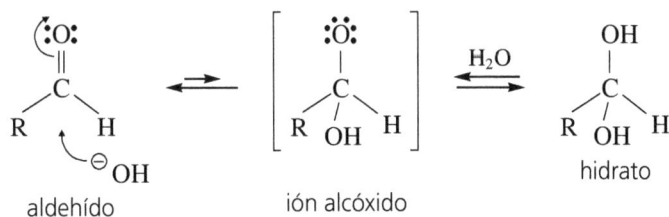

aldehído   ión alcóxido   hidrato

La hidratación del grupo carbonilo puede estar catalizada por ácido (H^+).

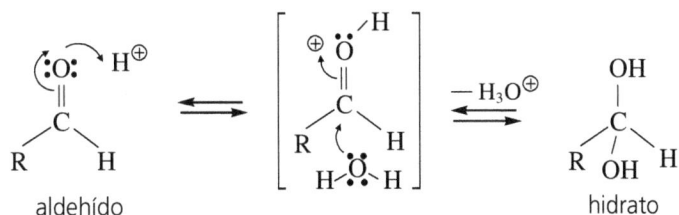

aldehído   hidrato

3. Adición de cianuro de hidrógeno (HCN)

El cianuro de hidrógeno HCN, de estructura $H—C\equiv N$, se disocia en disolución acuosa dando los iones H^+ y CN^-. El ión cianuro, CN^-, es un nucleófilo que se adiciona al grupo carbonilo de los aldehídos y cetonas para dar las *cianohidrinas*.

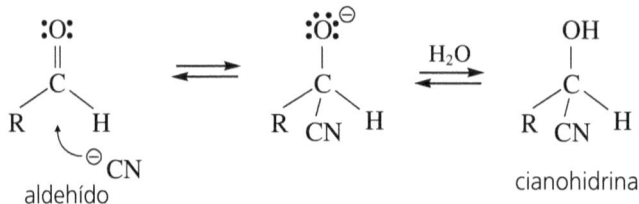

aldehído   cianohidrina

Las cianohidrinas son nitrilos o cianuros y, como tales, se hidrolizan en medio ácido y dan los hidroxiácidos correspondientes.

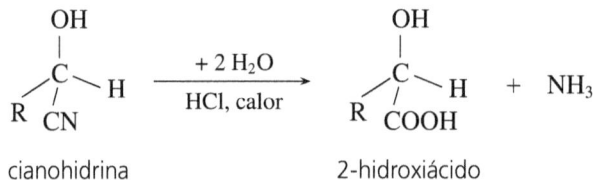

cianohidrina   2-hidroxiácido

☐ **Ejemplo práctico 2**

Reacción del cianuro de hidrógeno, HCN con la etil metil cetona:

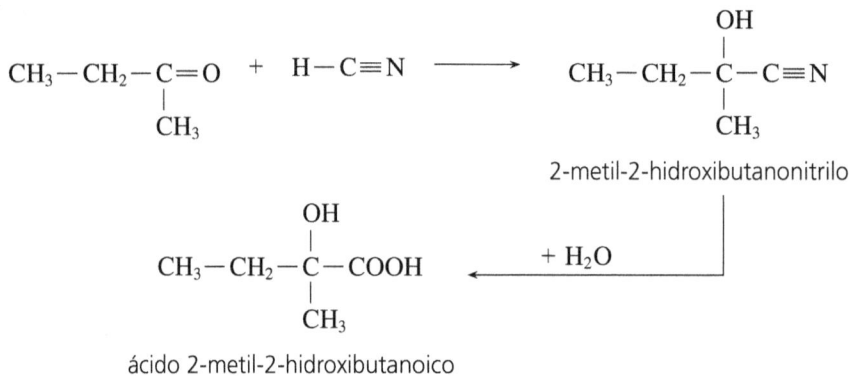

$$CH_3—CH_2—\underset{\underset{CH_3}{|}}{C}=O \quad + \quad H—C\equiv N \quad \longrightarrow \quad CH_3—CH_2—\underset{\underset{CH_3}{|}}{\overset{\overset{OH}{|}}{C}}—C\equiv N$$

2-metil-2-hidroxibutanonitrilo

$$CH_3—CH_2—\underset{\underset{CH_3}{|}}{\overset{\overset{OH}{|}}{C}}—COOH \quad \xleftarrow{\quad +\ H_2O \quad}$$

ácido 2-metil-2-hidroxibutanoico

7.8.3 Adición al triple enlace

Como ya se ha visto anteriormente en el tema 5, las características de los alquinos, que afectarán a sus reacciones, son las siguientes:

Fórmula de los alquinos: C_nH_{2n-2}.

Hibridación de los carbonos que poseen el triple enlace: *sp*.

Estructura lineal, $—H—C\equiv C—H—$, con ángulos de enlace de 180°.

De los tres enlaces entre carbonos, uno es σ y los otros dos son π.

Como ocurre en los alquenos, también en los alquinos los dos enlaces π son más reactivos que el enlace σ, pues sus electrones poseen más movilidad, lo que permite el ataque de reactivos electrófilos como los iones H^+, R^+, etc.

El triple enlace es el centro de las propiedades químicas de los alquinos y permite distintas reacciones, como las de adición, las de oxidación, etc.

Las reacciones de adición, como hidrogenación, halogenación, hidratación e hidrohalogenación, son idénticas a las que tienen lugar con el doble enlace.

1. Adición de halógenos $(X_2: Cl_2, Br_2)$

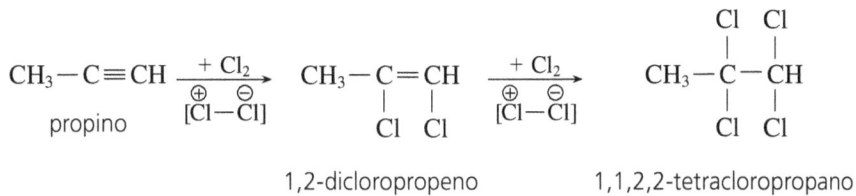

$$CH_3-C\equiv CH \xrightarrow[[\overset{\oplus}{Cl}-\overset{\ominus}{Cl}]]{+\ Cl_2} CH_3-C=CH \xrightarrow[[\overset{\oplus}{Cl}-\overset{\ominus}{Cl}]]{+\ Cl_2} CH_3-\underset{Cl}{\overset{Cl}{C}}-\underset{Cl}{\overset{Cl}{CH}}$$

propino

1,2-dicloropropeno   1,1,2,2-tetracloropropano

El ión $\overset{\oplus}{Cl}$ del Cl_2 es el reactivo electrófilo de esta reacción de cloración.

2. Adición de halogenuros de hidrógeno $(HX: HCl, HBr, HI)$

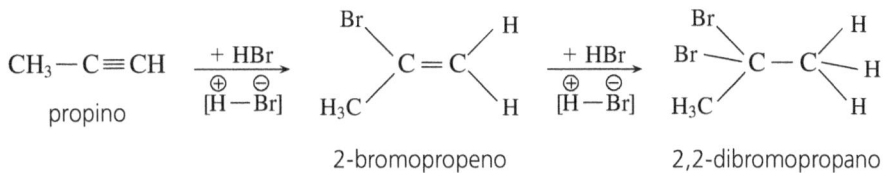

$$CH_3-C\equiv CH \xrightarrow[[\overset{\oplus}{H}-\overset{\ominus}{Br}]]{+\ HBr} \underset{H_3C}{\overset{Br}{>}}C=C\overset{H}{<}_H \xrightarrow[[\overset{\oplus}{H}-\overset{\ominus}{Br}]]{+\ HBr} \underset{H_3C}{\overset{Br}{>}}C-C\overset{H}{<}_H$$

propino

2-bromopropeno   2,2-dibromopropano

El ión $\overset{\oplus}{H}$ del HBr es el reactivo electrófilo de esta reacción de bromación.

Mecanismo de la reacción:

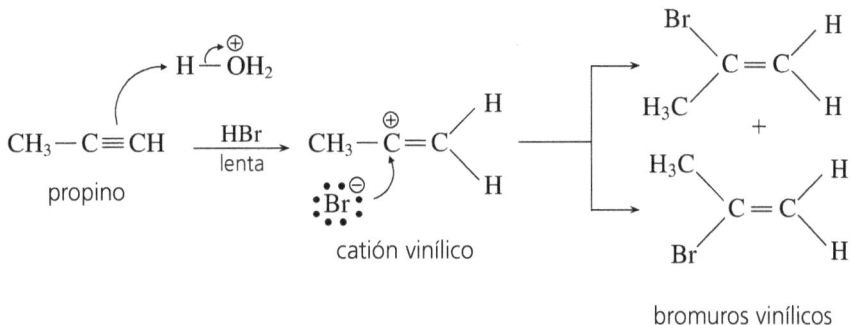

$$CH_3-C\equiv CH \xrightarrow[lenta]{HBr} CH_3-\overset{\oplus}{C}=C\overset{H}{<}_H$$

$$H\overset{\curvearrowleft}{-}\overset{\oplus}{OH_2}$$

$$\underset{\cdot\cdot\overset{\ominus}{Br}\cdot\cdot}{}$$

catión vinílico

$$\underset{H_3C}{\overset{Br}{>}}C=C\overset{H}{<}_H$$

+

$$\underset{Br}{\overset{H_3C}{>}}C=C\overset{H}{<}_H$$

bromuros vinílicos

Los bromuros vinílicos, al reaccionar posteriormente con el ión hidronio (H_3O^+) y con el ión bromuro (Br^-) dan dos productos, uno de ellos en mayor cantidad (principal); que, en este caso, es el compuesto 2,2-dibromopropano.

bromuros vinílicos

Principal (top pathway leads to):

2,2-dibromopropano
Producto mayoritario

Secundario (bottom pathway leads to):

1,2-dibromopropano

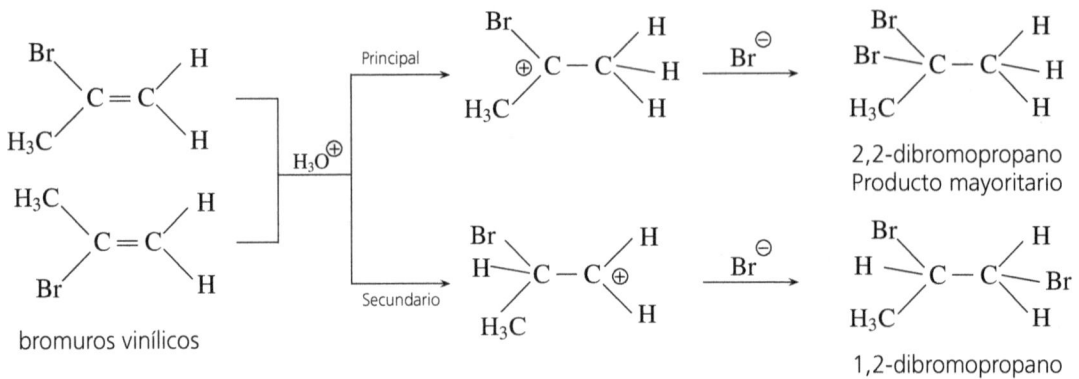

El 2,2-dibromopropano es el producto que se obtiene en mayor proporción debido a la estabilización por resonancia del carbocatión con el bromo.

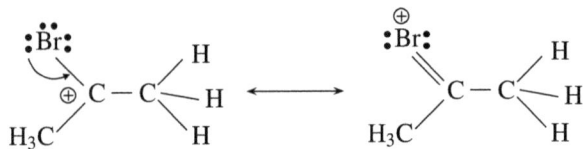

Como en todas las adiciones electrofílicas, se forma el catión más estable, que es el que dicta la reactividad posterior. Luego se sigue la regla de Markovnikov.

3. Adición catalítica de hidrógeno

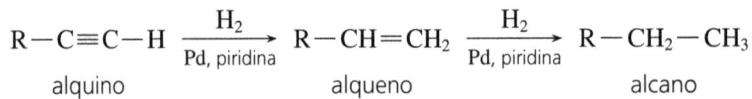

$$R-C\equiv C-H \xrightarrow[\text{Pd, piridina}]{H_2} R-CH=CH_2 \xrightarrow[\text{Pd, piridina}]{H_2} R-CH_2-CH_3$$

alquino → alqueno → alcano

Los dos enlaces π del alquino son más débiles, a causa de la repulsión entre electrones, que el enlace π del alqueno. Luego la velocidad de hidrogenación catalítica de un alquino es mayor que la del alqueno resultante.

4. Adición de agua. Hidratación

Al igual que en los alquenos, los alquinos pueden hidratarse. Se consigue la adición de agua al triple enlace mediante una adición electrofílica, por reacción de una sal de mercurio, como es el acetato de mercurio(II), en disolución acuosa ácida.

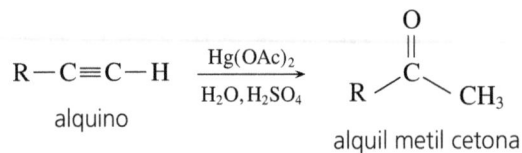

$$R-C\equiv C-H \xrightarrow[\text{H}_2\text{O, H}_2\text{SO}_4]{\text{Hg(OAc)}_2} R-\overset{\overset{\displaystyle O}{\|}}{C}-CH_3$$

alquino → alquil metil cetona

Mecanismo de la reacción:

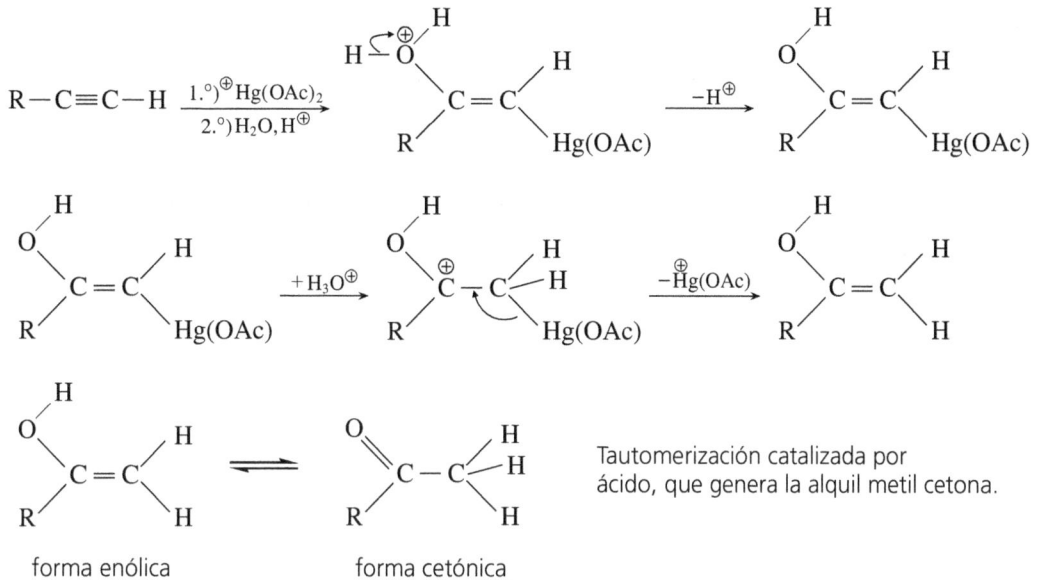

$$R-C\equiv C-H \xrightarrow[2.°)H_2O,H^\oplus]{1.°)^\oplus Hg(OAc)_2}$$

Tautomerización catalizada por ácido, que genera la alquil metil cetona.

forma enólica   forma cetónica

7.8.3.1. Carácter ácido del hidrógeno acetilénico

El carbono con triple enlace se comporta de forma más electronegativa (hibridación sp) que el de doble enlace (hibridación sp^2) y que el de enlace simple (hibridación sp^3). Luego un hidrógeno unido a un carbono con triple enlace posee carácter de ácido débil. El acetileno, $HC\equiv CH$, tiene un pK_a de 25.

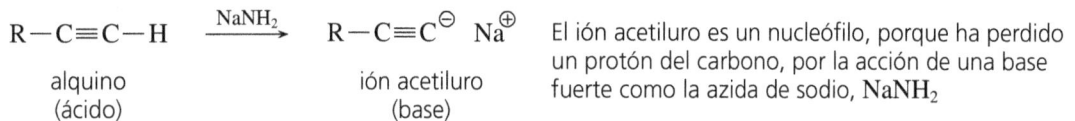

$$R-C\equiv C-H \xrightarrow{NaNH_2} R-C\equiv C^\ominus \; Na^\oplus$$

alquino   ión acetiluro
(ácido)   (base)

El ión acetiluro es un nucleófilo, porque ha perdido un protón del carbono, por la acción de una base fuerte como la azida de sodio, $NaNH_2$

Estos compuestos pueden dar sales alcalinas y alcalinotérreas tales como:

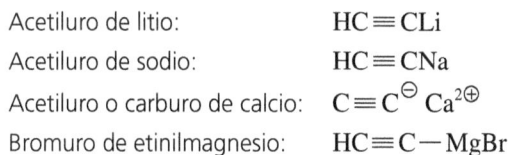

Acetiluro de litio:	$HC\equiv CLi$
Acetiluro de sodio:	$HC\equiv CNa$
Acetiluro o carburo de calcio:	$C\equiv C^\ominus \; Ca^{2\oplus}$
Bromuro de etinilmagnesio:	$HC\equiv C-MgBr$

Son reactivos valiosos. Por ejemplo, del carburo de calcio se obtiene acetileno (gas del alumbrado).

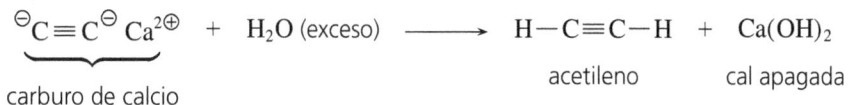

$$\underbrace{^\ominus C\equiv C^\ominus \; Ca^{2\oplus}}_{\text{carburo de calcio}} + H_2O\text{ (exceso)} \longrightarrow \underset{\text{acetileno}}{H-C\equiv C-H} + \underset{\text{cal apagada}}{Ca(OH)_2}$$

Los alquinos que no poseen hidrógeno unido a un triple enlace no tienen carácter ácido. El acetileno (dos hidrógenos protonizables) y los alquinos con triple enlace terminal (un hidrógeno protonizable) tienen carácter ácido, mientras que los alquinos con triple enlace interno no poseen acidez.

7.8.4 Adición al triple enlace en los nitrilos o cianuros

Los nitrilos son compuestos orgánicos derivados del cianuro de hidrógeno.

El cianuro de hidrógeno, $H-C\equiv N$, posee una estructura semejante a la de un alquino, pues tiene un átomo de carbono con hibridación sp con un hidrógeno ácido. Su acidez es mayor que la del acetileno, ya que su pK_a es 9, mientras que los alquinos tienen un pK_a de 25.

El cianuro de hidrógeno es muy tóxico, es gaseoso a temperatura ambiente y soluble en agua. Por ello, se usan sus sales, cianuro de sodio o cianuro de potasio que, aunque tóxicas, son más estables, son sólidas y no son volátiles.

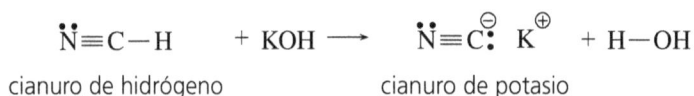

$$\overset{..}{N}\equiv C-H \quad + KOH \longrightarrow \quad \overset{..}{N}\equiv \overset{\ominus}{\underset{..}{C}} \; K^{\oplus} \quad + H-OH$$

$$\text{cianuro de hidrógeno} \qquad\qquad \text{cianuro de potasio}$$

La fórmula de los nitrilos o cianuros es, $R-C\equiv N$, siendo R un radical hidrocarbonado.

De los tres enlaces entre carbono y nitrógeno, uno es un enlace σ y los otros dos son enlaces π.

Los nitrilos se obtienen, como ya se ha visto en el apartado 7.8.2, por reacción del cianuro de hidrógeno con un compuesto que en su molécula posea un grupo carbonilo.

También se pueden obtener por reacción de los halogenuros de alquilo $(R-X)$ con el ión cianuro (CN^-), utilizando un disolvente que solubilice a ambos reactivos.

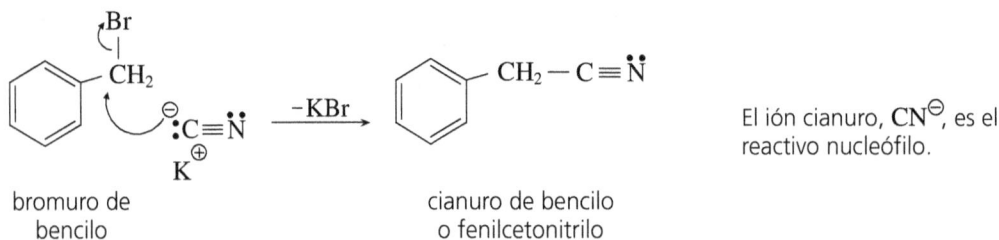

bromuro de bencilo

cianuro de bencilo o fenilcetonitrilo

El ión cianuro, $CN^\ominus$, es el reactivo nucleófilo.

1. Hidrólisis de los nitrilos

La hidrólisis de los nitrilos con agua catalizada por ácido da lugar a ácidos carboxílicos y a amoníaco.

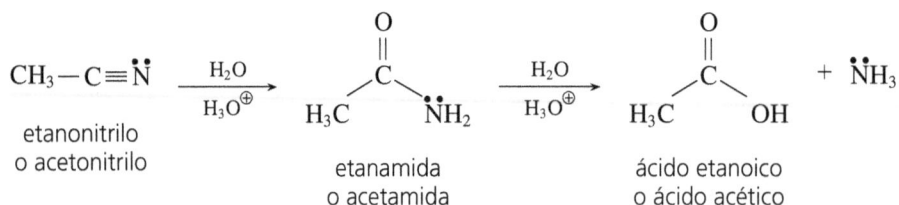

etanonitrilo o acetonitrilo

etanamida o acetamida

ácido etanoico o ácido acético

2. Adición de hidrógeno

Los nitrilos se reducen a aminas primarias por la acción del hidrógeno en presencia de un catalizador metálico como puede ser el platino.

$$R-CH_2-C\equiv N \xrightarrow[\text{H}_3\text{O}^\oplus]{\text{H}_2/\text{Pt}} R-CH_2-CH_2-\overset{\oplus}{\overset{}{N}}H_3 \xrightarrow{\text{Na}_2\text{CO}_3} R-CH_2-CH_2-\overset{\cdot\cdot}{N}H_2$$

alquilnitrilo   sal de alquilamonio   amina primaria

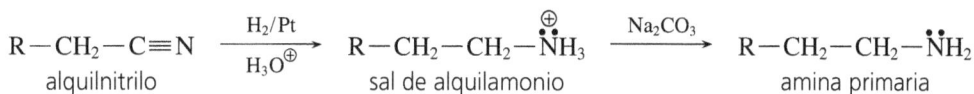

7.9 Reacciones de eliminación

En una reacción de eliminación, una sola molécula compleja se divide en dos productos más sencillos. Luego la molécula reactiva contiene todos los átomos presentes en las dos moléculas que se obtienen como producto.

Como ejemplo característico de reacciones de eliminación se consideran la reacción intramolecular, que tiene lugar en una misma molécula, y la reacción intermolecular, que tiene lugar entre dos moléculas.

1. Deshidratación de alcoholes para dar alquenos

Los alcoholes pierden agua en medio ácido para dar alquenos.

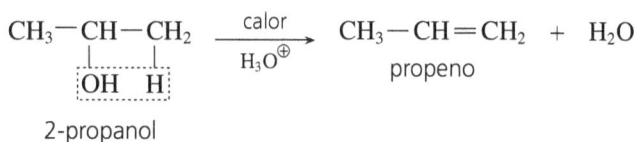

$$CH_3-CH-CH_2 \xrightarrow[\text{H}_3\text{O}^\oplus]{\text{calor}} CH_3-CH=CH_2 \ + \ H_2O$$

|........| propeno
OH   H

2-propanol

La reacción de eliminación de agua es mejor en los alcoholes terciarios que en los secundarios, y en estos, mejor que en los primarios. Esto se debe a que el carbocatión (C^+) que se forma en la reacción de deshidratación es más estable en los alcoholes terciarios.

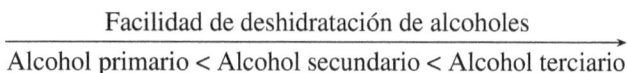

<u>Facilidad de deshidratación de alcoholes</u> →
Alcohol primario < Alcohol secundario < Alcohol terciario

Cuando el grupo hidroxilo (OH) de los alcoholes se encuentra en el interior de la molécula, pueden obtenerse dos alquenos, de los que uno es el mayoritario.

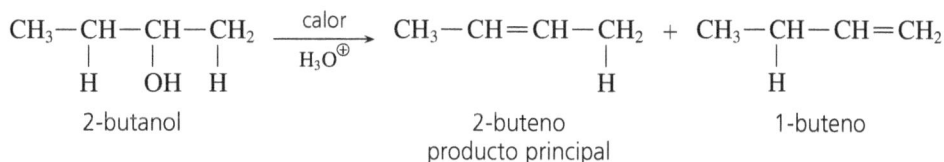

$$CH_3-CH-CH-CH_2 \xrightarrow[\text{H}_3\text{O}^\oplus]{\text{calor}} CH_3-CH=CH-CH_2 \ + \ CH_3-CH-CH=CH_2$$

H   OH   H   H   H

2-butanol   2-buteno   1-buteno
producto principal

El producto principal es el 2-buteno, que se obtiene en forma de una mezcla de isómeros geométricos, según el mecanismo siguiente:

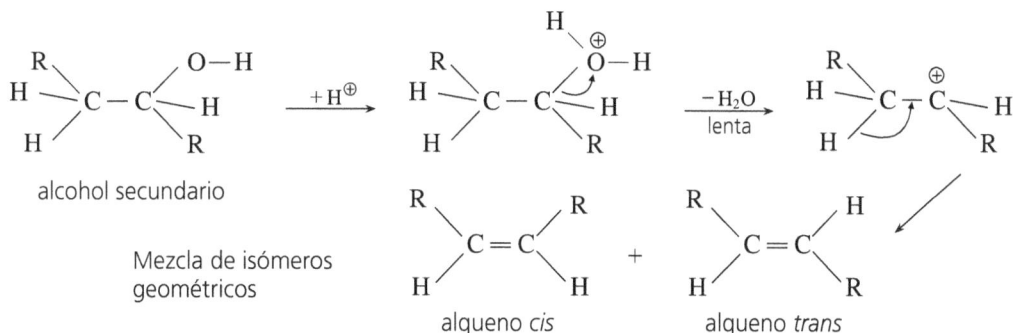

alcohol secundario

Mezcla de isómeros geométricos   alqueno cis   alqueno trans

2. Deshidratación de alcoholes para dar éteres

Dos moles de un alcohol pueden eliminar un mol de agua mediante el calor y en presencia de ácido, para obtener un éter.

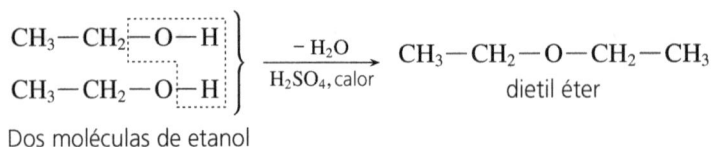

$$\left.\begin{array}{l} CH_3-CH_2-O-H \\ CH_3-CH_2-O-H \end{array}\right\} \xrightarrow[H_2SO_4, calor]{-H_2O} CH_3-CH_2-O-CH_2-CH_3$$

Dos moléculas de etanol   dietil éter

Esta deshidratación se utiliza en la obtención de éteres simétricos.

3. Deshidrobromación o pérdida de HBr

La pérdida de un mol de bromuro de hidrógeno, (HBr) en presencia de etanoato de sodio (NaOEt) da lugar a un alqueno, a etanol y a bromuro de sodio.

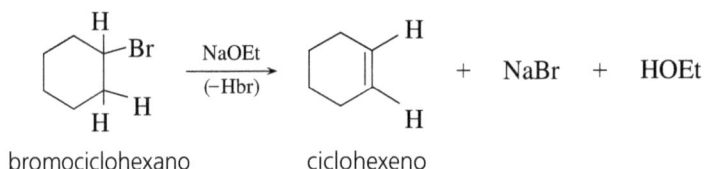

bromociclohexano   ciclohexeno

4. Eliminación de halógenos (X_2)

Dos halógenos situados en dos carbonos vecinos de una molécula orgánica y en presencia de un metal activo como puede ser el **Zn** dan un alqueno y el halogenuro del metal, en este caso halogenuro de cinc.

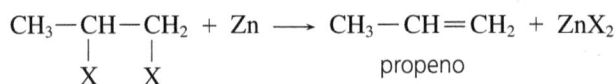

$$\begin{array}{c} CH_3-CH-CH_2 + Zn \longrightarrow CH_3-CH=CH_2 + ZnX_2 \\ \quad\quad\;\; | \quad\;\; | \\ \quad\quad\;\; X \quad\; X \quad\quad\quad\quad\quad\quad propeno \end{array}$$

Mecanismo de la reacción:

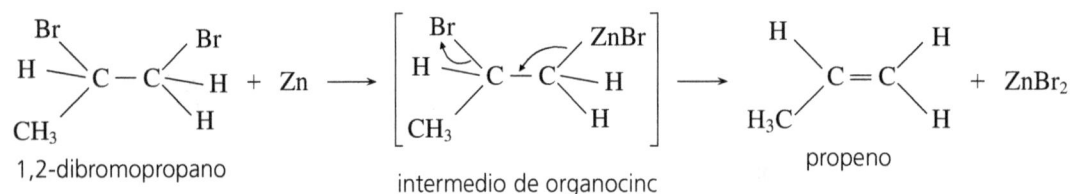

1,2-dibromopropano   intermedio de organocinc   propeno

5. Deshidrohalogenación de halogenuros de alquilo

La deshidrohalogenación implica la eliminación de halogenuro de hidrógeno **HX** de una molécula orgánica halogenada. Esta reacción se realiza en presencia de una disolución alcohólica concentrada y caliente de una base fuerte como es el **KOH**.

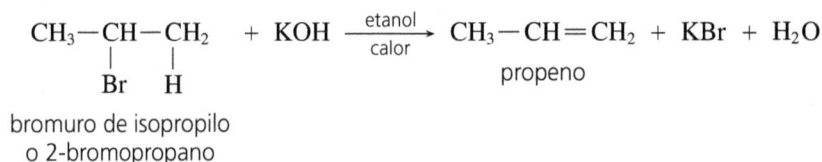

$$\begin{array}{c} CH_3-CH-CH_2 + KOH \xrightarrow[calor]{etanol} CH_3-CH=CH_2 + KBr + H_2O \\ \quad\quad | \quad\;\; | \\ \quad\; Br \quad H \quad\quad\quad\quad\quad\quad\quad\quad propeno \end{array}$$

bromuro de isopropilo
o 2-bromopropano

En ocasiones, la eliminación del halogenuro de hidrógeno genera una mezcla de dos productos (uno de ellos mayoritario), cuando el halógeno se halla en el interior del hidrocarburo.

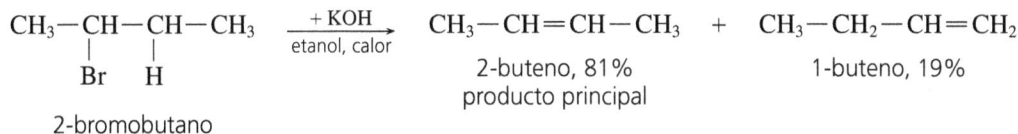

$$CH_3-CH-CH-CH_3 \xrightarrow[\text{etanol, calor}]{+ KOH} CH_3-CH=CH-CH_3 + CH_3-CH_2-CH=CH_2$$

Br H	2-buteno, 81%
2-bromobutano	producto principal

2-buteno, 81%
producto principal

1-buteno, 19%

6. Deshidrohalogenación en halogenuros vinílicos

La eliminación de halogenuro de hidrógeno HX de un halogenuro vinílico produce un alquino. En la reacción se usan bases muy fuertes, como la azida de sodio, $NaNH_2$.

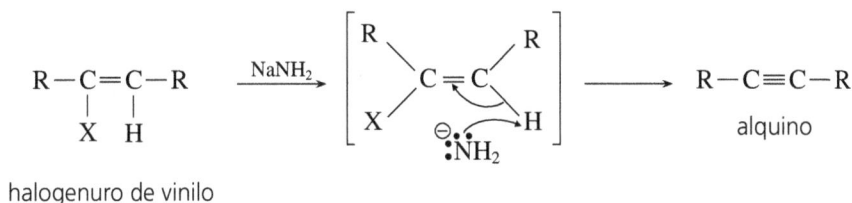

$$R-C=C-R \xrightarrow{NaNH_2} \left[\begin{array}{c} R \\ C=C \\ X \quad H \\ \overset{\ominus}{:}NH_2 \end{array} \right] \longrightarrow R-C\equiv C-R$$

halogenuro de vinilo

alquino

7.10 Reacciones de sustitución

Estas reacciones consisten en la sustitución de un átomo o átomos de la molécula inicial del reactivo por uno o más átomos distintos, que dan lugar a los productos. Existen dos tipos de reacciones de sustitución, la *sustitución nucleofílica*, estudiada en el apartado de mecanismos de reacción (apartado 7.3) y la *sustitución electrofílica aromática*.

En el esquema siguiente se representan algunas de estas reacciones.

1. **Halogenación de alcanos por radicales libres**

2. **Sustitución nucleofílica alifática**
   - Sustitución de un halógeno para formar alcoholes
   - Sustitución de un halógeno para formar éteres (síntesis de Williamson)
   - Sustitución de alcoholes para formar halogenuros de alquilo
   - Sustitución de un halógeno para formar aminas

3. **Sustitución electrofílica aromática (en el benceno)**
   - Alquilación de Friedel-Crafts
   - Halogenación
   - Nitración
   - Sulfonación

7.10.1 Halogenación de alcanos por radicales libres

Los hidrocarburos saturados o alcanos son poco reactivos y por ello son estables. Se usan como combustibles y su estabilidad se debe a los enlaces covalentes simples σ que poseen.

Por ser hidrocarburos saturados solo pueden participar en reacciones de sustitución con halógenos como el Cl_2 o el Br_2, dando haluros alquilo. Son reacciones que tienen lugar bajo la acción de radicales libres, que para formarse necesitan la presencia de luz, de peróxidos orgánicos o de calor a temperaturas altas ($T > 300\,°C$).

Un radical libre se obtiene cuando el enlace simple σ entre dos carbonos del hidrocarburo se rompe homolíticamente, de forma que un electrón del enlace pertenece a un átomo de carbono y el otro electrón pertenece al otro átomo de carbono (apartado 7.5).

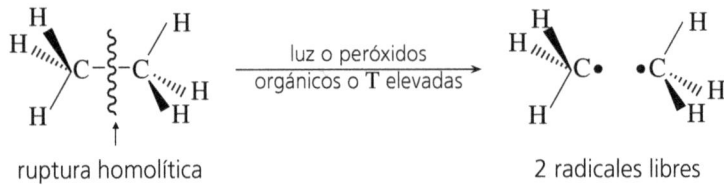

ruptura homolítica → luz o peróxidos orgánicos o T elevadas → 2 radicales libres

Los alcanos con más de dos carbonos tienen hidrógenos con distintas propiedades según se encuentren unidos a un carbono primario, secundario o terciario. Si se hace reaccionar un alcano con una molécula de cloro Cl_2, da lugar a diversos productos monohalogenados.

☐ **Ejemplo práctico 3**

Escribid las reacciones que tienen lugar cuando el isobutano o 2-metilpropano reacciona con una molécula de cloro Cl_2 en presencia de luz.

El cloro (radical libre $Cl^\bullet$) sustituye a uno de los nueve hidrógenos primarios que tiene el isobutano y al hidrógeno terciario, según la reacción siguiente:

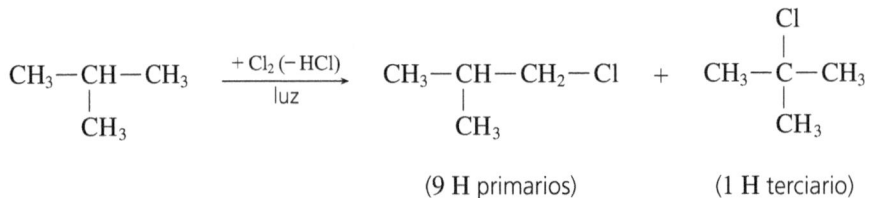

(9 H primarios)   (1 H terciario)

Teniendo en cuenta los 9 H primarios y el único H terciario que tiene, el tanto por ciento total del hidrocarburo monoclorado que se espera es:

Hidrocarburos monoclorados $= 90\%$ de carbono primario $+ 10\%$ de carbono terciario

Pero resulta que el tanto por ciento real de hidrocarburos clorados que se obtienen es:

Hidrocarburos monoclorados $= 64,3\%$ de carbono primario $+ 35,7\%$ de carbono terciario

Esto se debe a que la velocidad de reacción (v_R) del radical del carbono terciario es mayor que la velocidad de reacción del radical del carbono primario. Por ello se calcula la velocidad relativa entre ambos carbonos que recibe el nombre de reactividad.

$$\frac{v_R \ (\text{C primario})}{v_R \ (\text{C terciario})} = \frac{64,3\,\%/9\ \text{H}}{35,7\,\%/1\ \text{H}} = 0,2$$

Si se le da el valor *unidad* a la v_R del carbono primario y se despeja de la ecuación anterior la v_R del carbono terciario se obtiene:

$$v_R \ (\text{C terciario}) = \frac{v_R \ (\text{C primario})}{0,2} = \frac{1}{0,2} = 5$$

Del valor calculado se deduce que la velocidad de reacción en la sustitución de un hidrógeno en un carbono terciario en el isobutano es cinco veces mayor que la velocidad de reacción en la sustitución del hidrógeno en un carbono terminal o primario.

En resumen:

$$\text{Relación esperada} = 9:1 \qquad \text{Relación encontrada} = 9:5$$

7.10.2 Sustitución nucleofílica alifática

Las reacciones de sustitución pueden transformar un grupo funcional de la molécula orgánica en otro grupo funcional distinto. En esta clase de reacciones el centro nucleófilo es un átomo de carbono unido a un heteroátomo como puede ser: halógeno, oxígeno, nitrógeno, fósforo o azufre, etc.

1. Sustitución de un halógeno para formar alcoholes

Todos los tipos de halogenuros de alquilo (RX) sufren reacciones de sustitución del halógeno (X) por el grupo hidroxilo (OH) y forman alcoholes.

Los halogenuros de alquilo primarios y secundarios reaccionan con el ión hidróxido y dan alcoholes en una reacción de sustitución nucleofílica.

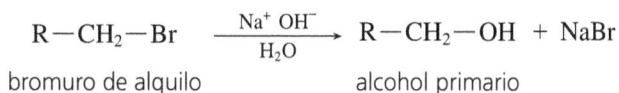

$$R-CH_2-Br \xrightarrow[\text{H}_2\text{O}]{\text{Na}^+ \ \text{OH}^-} R-CH_2-OH \ + \ NaBr$$

bromuro de alquilo   alcohol primario

La reacción es más rápida con los halogenuros de alquilo primarios que con los secundarios, debido al mayor impedimento estérico de los secundarios.

Cuando el centro reactivo de un halogenuro secundario es un centro quiral, el ataque nucleófilo del ión hidroxilo (OH^-) provoca que sufra una inversión de configuración.

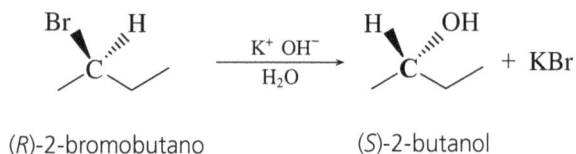

(R)-2-bromobutano   (S)-2-butanol

Los halogenuros de alquilo terciarios, cuando se tratan con reactivos nucleófilos fuertemente básicos como el ión hidróxido, sufren reacciones de eliminación. Pero cuando el halogenuro terciario se calienta en agua en ausencia de una base fuerte, pierde el halógeno para formar el carbocatión, que en disolución acuosa dará posteriormente el alcohol.

bromuro de *tert*-butilo   *tert*-butanol

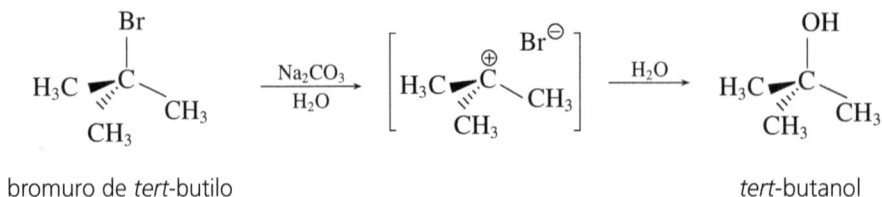

2. Sustitución de halógeno para formar éteres (Síntesis de Williamson)

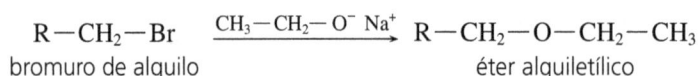

Los *iones alcóxido* son buenos nucleófilos y desplazan a los halógenos de los halogenuros de alquilo para formar nuevos compuestos que poseen un enlace carbono-oxígeno.

Un alcóxido alcalino se obtiene por tratamiento de un alcohol con una base o un metal alcalino.

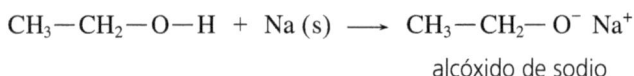

$$CH_3-CH_2-O-H \ + \ Na\,(s) \ \longrightarrow \ CH_3-CH_2-O^-\,Na^+$$

alcóxido de sodio

Síntesis de Williamson:

$$\underset{\text{bromuro de alquilo}}{R-CH_2-Br} \ \xrightarrow{\ CH_3-CH_2-O^-\,Na^+\ } \ \underset{\text{éter alquiletílico}}{R-CH_2-O-CH_2-CH_3}$$

Esta síntesis para la obtención de éteres es útil sólo cuando el halogenuro de alquilo es primario o secundario.

3. Sustitución de alcoholes para formar halogenuros de alquilo

a) Los alcoholes primarios, secundarios y terciarios se convierten en cloruros de alquilo por tratamiento de ácido clorhídrico concentrado.

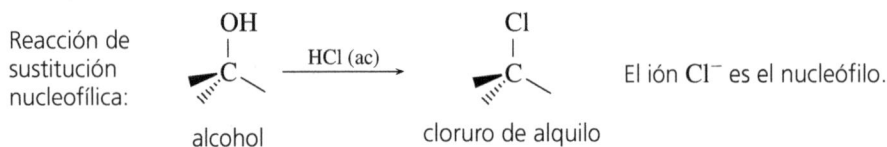

Reacción de sustitución nucleofílica:

El ión Cl^- es el nucleófilo.

La adición de un ácido de Lewis, como el $ZnCl_2$, al ácido clorhídrico de la reacción anterior aumenta la velocidad de reacción.

La reactividad de los alcoholes para formar cloruros de alquilo es mayor en los alcoholes terciarios, seguidos de los secundarios y, por útlimo, de los primarios.

Esto se debe a que el alcohol terciario puede formar un ión carbonio (C^+) terciario relativamente estable que reacciona mucho más rápidamente que el ión carbonio secundario, y este, más rápidamente que el primario.

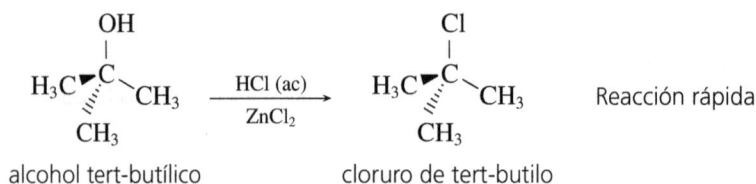

Reacción rápida

alcohol tert-butílico   cloruro de tert-butilo

$$\underset{\text{2-butanol}}{\overset{\displaystyle \text{OH}}{\underset{\displaystyle \text{H}}{H_3C\,{\overset{\displaystyle |}{\underset{\displaystyle |}{C}}}\,CH_3}}} \quad \xrightarrow[\text{ZnCl}_2]{\text{HCl (ac)}} \quad \underset{\text{2-cloropropano}}{\overset{\displaystyle \text{Cl}}{\underset{\displaystyle \text{H}}{H_3C\,{\overset{\displaystyle |}{\underset{\displaystyle |}{C}}}\,CH_3}}} \qquad \text{Reacción intermedia}$$

$$\underset{\text{etanol}}{\overset{\displaystyle \text{OH}}{\underset{\displaystyle \text{H}}{H_3C\,{\overset{\displaystyle |}{\underset{\displaystyle |}{C}}}\,H}}} \quad \xrightarrow[\text{ZnCl}_2]{\text{HCl (ac)}} \quad \underset{\text{cloroetano}}{\overset{\displaystyle \text{Cl}}{\underset{\displaystyle \text{H}}{H_3C\,{\overset{\displaystyle |}{\underset{\displaystyle |}{C}}}\,H}}} \qquad \text{Reacción lenta}$$

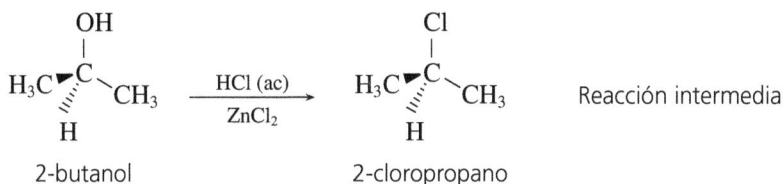

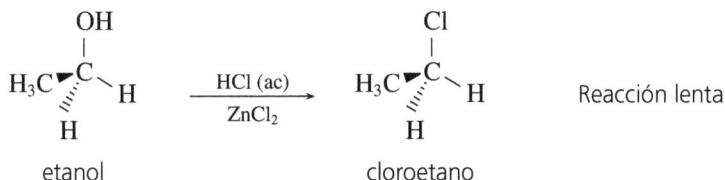

También los bromuros de alquilo se preparan a partir de los alcoholes por tratamiento con bromuro de hidrógeno, HBr en una reacción semejante a la anterior.

b) Un alcohol también puede convertirse en halogenuro de alquilo por reacción con tribromuro de fósforo (PBr$_3$) o con tricloruro de fósforo (PCl$_3$) para dar los correspondientes bromuros o cloruros de alquilo.

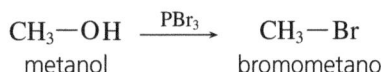

$$\underset{\text{metanol}}{CH_3-OH} \quad \xrightarrow{\text{PBr}_3} \quad \underset{\text{bromometano}}{CH_3-Br}$$

Tres moles del alcohol reaccionan con el PBr$_3$ y se forma un éster fosforoso, P(OCH$_3$)$_3$, que sufre después un desplazamiento del radical OCH$_3$ por el ión bromuro (Br$^-$) que forma posteriormente el bromuro de alquilo.

4. Sustitución de un halógeno para formar aminas

La reacción de un halogenuro de alquilo primario o secundario con amoníaco (nucleófilo) produce la amina primaria correspondiente, pero es difícil aislar este producto inicial, porque él mismo (también nucleófilo) reacciona con el halogenuro de alquilo.

Luego, este tipo de reacción es de sustitución nucleofílica por etapas en un nitrógeno, tal como vemos a continuación:

$$\underset{\text{amoníaco}}{\overset{\displaystyle H}{\underset{\displaystyle H}{H-N\!:}}} \qquad \underset{\text{bromuro de metilo}}{CH_3-Br} \qquad \longrightarrow \qquad \underset{\text{bromuro de metilamonio}}{\overset{\displaystyle H}{\underset{\displaystyle H}{H-\overset{\oplus}{N}-CH_3}} \; Br^{\ominus}}$$

El bromuro de metilamonio obtenido reacciona de nuevo con un mol de amoníaco para dar la metilamina y bromuro de amonio.

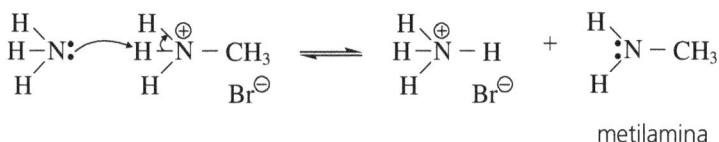

$$\overset{\displaystyle H}{\underset{\displaystyle H}{H-N\!:}} \; \overset{\displaystyle H}{\underset{\displaystyle Br^{\ominus}}{H-\overset{\oplus}{N}-CH_3}} \; \rightleftharpoons \; \overset{\displaystyle H}{\underset{\displaystyle Br^{\ominus}}{H-\overset{\oplus}{N}-H}} \; + \; \underset{\text{metilamina}}{\overset{\displaystyle H}{\underset{\displaystyle H}{:N-CH_3}}}$$

La metilamina tiene un par de electrones no compartidos en el nitrógeno como el amoníaco, por lo que es también un nucleófilo y reacciona con el bromuro de metilo para formar el bromuro de dimetilamonio.

$$\begin{array}{ccc}
\overset{\displaystyle H}{\underset{\displaystyle CH_3}{\diagup}} H-N\!\!: & \curvearrowright CH_3\overset{\frown}{-}Br & \longrightarrow & \overset{\displaystyle H}{\underset{\displaystyle CH_3}{\diagup}} H-\overset{\oplus}{N}-CH_3 \quad Br^{\ominus}
\end{array}$$

metilamina   bromuro de metilo   bromuro de dimetilamonio

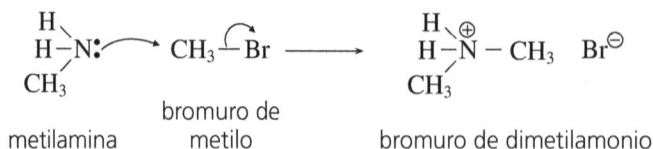

El bromuro de dimetilamonio obtenido reacciona de nuevo con amoníaco para dar la dimetilamina y bromuro de amonio.

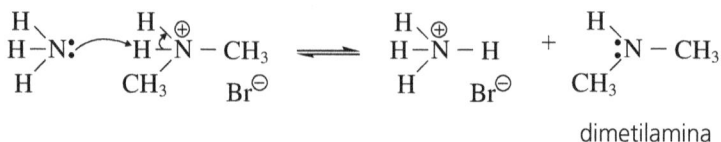

$$H-\overset{H}{\underset{H}{N}}\!\!: \curvearrowright H\overset{H}{\underset{CH_3}{-\overset{\oplus}{N}}}-CH_3 \;\; Br^{\ominus} \rightleftharpoons H-\overset{H}{\underset{H}{\overset{\oplus}{N}}}-H \;\; Br^{\ominus} \;+\; \overset{H}{\underset{CH_3}{:}N}-CH_3$$

dimetilamina

La dimetilamina reacciona de igual manera con el bromuro de metilo, pues sigue teniendo un par de electrones en el nitrógeno no compartidos, y da la trimetilamina y bromuro de amonio.

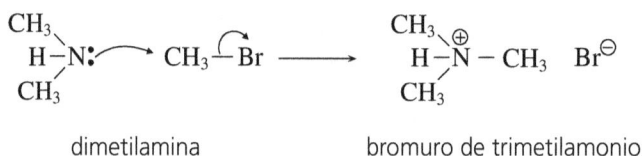

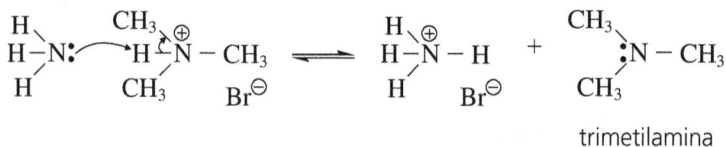

$$\overset{CH_3}{\underset{CH_3}{\diagup}} H-N\!\!: \curvearrowright CH_3\overset{\frown}{-}Br \longrightarrow \overset{CH_3}{\underset{CH_3}{\diagup}} H-\overset{\oplus}{N}-CH_3 \;\; Br^{\ominus}$$

dimetilamina   bromuro de trimetilamonio

$$H-\overset{H}{\underset{H}{N}}\!\!: \curvearrowright H\overset{CH_3}{\underset{CH_3}{-\overset{\oplus}{N}}}-CH_3 \;\; Br^{\ominus} \rightleftharpoons H-\overset{H}{\underset{H}{\overset{\oplus}{N}}}-H \;\; Br^{\ominus} \;+\; \overset{CH_3}{\underset{CH_3}{:}N}-CH_3$$

trimetilamina

La trimetilamina también puede sufrir una reacción de sustitución, porque tiene un par de electrones no compartidos y es nucleófila como el amoníaco, la metilamina y la dimetilamina.

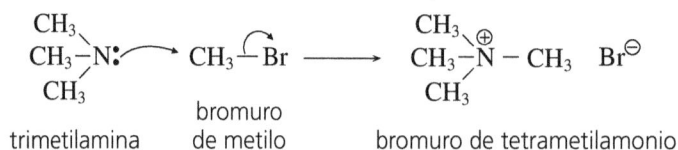

$$\overset{CH_3}{\underset{CH_3}{\diagup}} CH_3-N\!\!: \curvearrowright CH_3\overset{\frown}{-}Br \longrightarrow \overset{CH_3}{\underset{CH_3}{\diagup}} CH_3-\overset{\oplus}{N}-CH_3 \;\; Br^{\ominus}$$

trimetilamina   bromuro de metilo   bromuro de tetrametilamonio

Estas etapas de reacciones de sustitución nucleófila se pueden resumir de la siguiente manera:

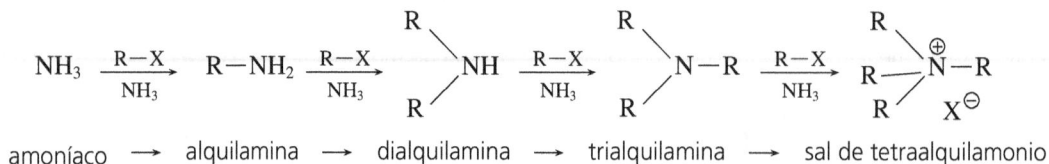

$$NH_3 \xrightarrow[NH_3]{R-X} R-NH_2 \xrightarrow[NH_3]{R-X} \overset{R}{\underset{R}{\diagup}}NH \xrightarrow[NH_3]{R-X} \overset{R}{\underset{R}{\diagup}}N-R \xrightarrow[NH_3]{R-X} R-\overset{R}{\underset{R}{\overset{\oplus}{N}}}-R \;\; X^{\ominus}$$

amoníaco $\longrightarrow$ alquilamina $\longrightarrow$ dialquilamina $\longrightarrow$ trialquilamina $\longrightarrow$ sal de tetraalquilamonio

5. Sustitución de un halógeno para formar nitrilos

Cuando un halogenuro de alquilo reacciona con un ión cianuro (CN^-), tiene lugar la sustitución del halógeno por el cianuro y se obtiene el nitrilo correspondiente. El ión CN^- actúa como reactivo nucleófilo en la reacción de sustitución.

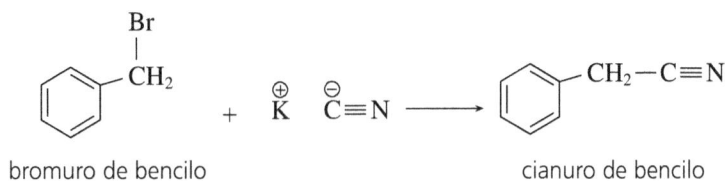

bromuro de bencilo   cianuro de bencilo

7.10.3 Sustitución electrofílica aromática (benceno)

En una sustitución electrofílica aromática un electrófilo, definido en el apartado 7.6.1, reacciona con un anillo aromático y se reemplaza un átomo de hidrógeno del anillo por otro sustituyente.

La sustitución electrofílica se realiza en dos etapas. En la primera se adiciona el reactivo electrófilo y en la segunda se pierde un protón.

Aunque los electrones π de un compuesto aromático como el benceno están deslocalizados, están disponibles para reaccionar con un electrófilo, igual que los electrones π de un alqueno.

La adición de un electrófilo al benceno da como resultado un catión donde los electrones también están deslocalizados. Las estructuras resonantes de este catión son:

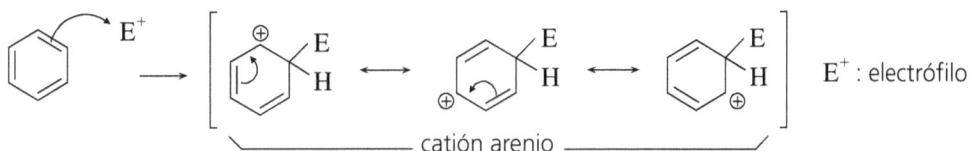

E^+ : electrófilo

En la segunda etapa de la sustitución electrofílica se pierde un protón y se forma el producto final de la sustitución.

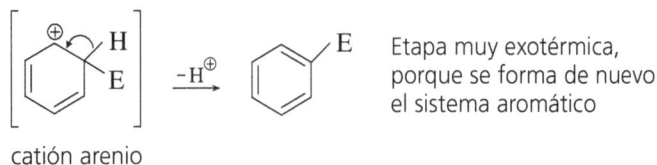

Etapa muy exotérmica, porque se forma de nuevo el sistema aromático

El benceno se caracteriza por cuatro propiedades esenciales:

- Es una molécula cíclica planar.
- Sus electrones π de los dobles enlaces conjugados del anillo bencénico están deslocalizados cíclicamente.
- Tiene resonancia debida a sus dobles enlaces alternados del anillo bencénico, y su energía de resonancia es elevada de $36,0$ kcal/mol.
- El número de sus electrones π cumple la regla de Hückel.

Los electrones π deslocalizados que posee el núcleo bencénico provocan que tenga propiedades nucleófilas (Nu^-), por lo que reaccionará con reactivos de carácter electrófilo (E^+) como son los radicales: R^+, X^+, NO_2^+, etc.

1. Alquilación del benceno. Síntesis de Friedel-Crafts

La alquilación consiste en hacer reaccionar el benceno con un haluro de alquilo, $(R — X)$ en presencia de un catalizador que es un ácido de Lewis, tal como $AlCl_3$, $FeBr_3$, $ZnCl_2$ o cualquier otro.

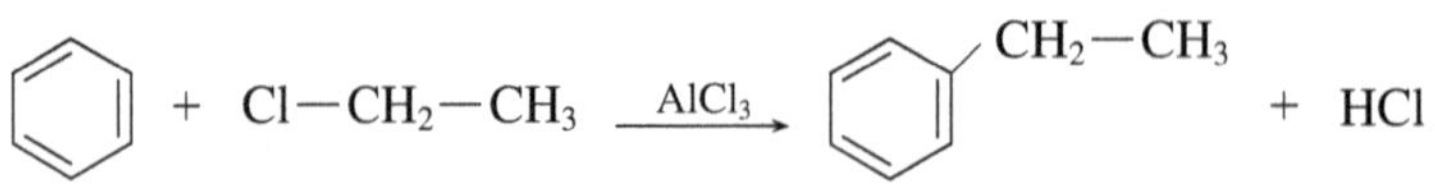

$$\text{benceno} + Cl-CH_2-CH_3 \xrightarrow{AlCl_3} \text{etilbenceno}(CH_2-CH_3) + HCl$$

benceno   cloroetano   etilbenceno

Mecanismo de la reacción:

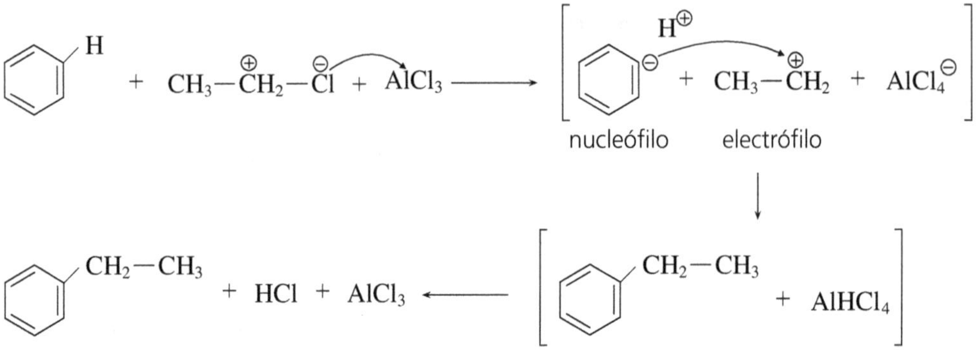

nucleófilo   electrófilo

etilbenceno

Un inconveniente de esta reacción es que el benceno es menos reactivo que el alquilbenceno formado y tiende a dar polialquilbencenos.

Por otra parte, los carbocationes (C^+) de más de uno o dos carbonos tienden a transponerse en carbocationes isómeros. Luego, éste es otro inconveniente de la reacción de Friedel-Crafts.

Como justificación a este hecho, se observa que el cloropropano, $CH_3-CH_2-CH_2-Cl$, al disociarse se transforma en el catión propilo, $CH_3-CH_2-CH_2^+$, que se isomeriza para dar el catión isopropilo, $(CH_3)_2CH^+$, que es más estable. Luego, en la reacción se obtendrá una mezcla de alquilbencenos distintos.

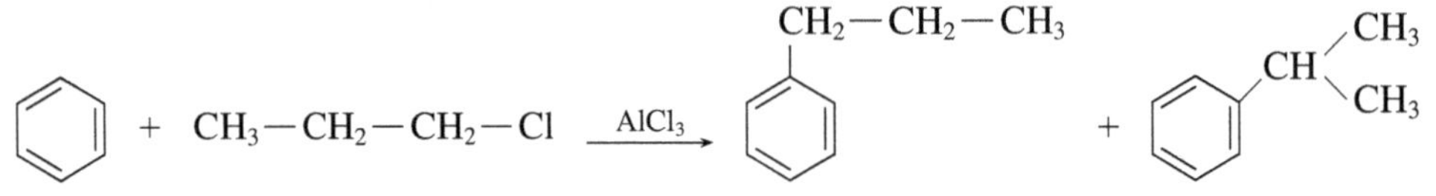

benceno   cloropropano   propilbenceno 33%   isopropilbenceno 67% producto principal

2. Acilación del benceno de Friedel-Crafts

La acilación del benceno tiene lugar cuando éste reacciona con un cloruro de ácido carboxílico, en presencia de un ácido de Lewis, como puede ser el $AlCl_3$, se obtiene una fenilcetona y cloruro de hidrógeno.

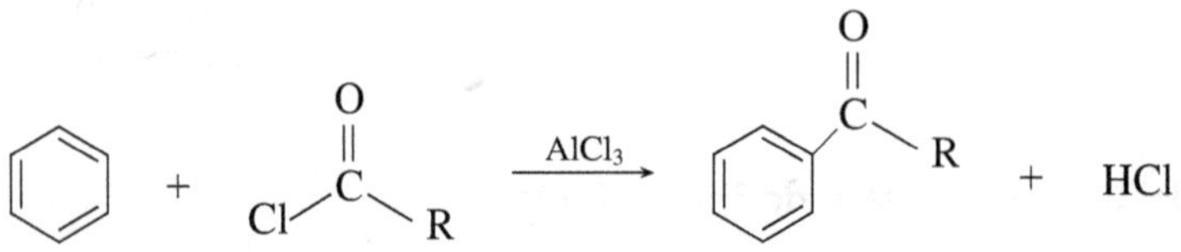

benceno   cloruro de acilo   alquil fenil cetona

El mecanismo de esta reacción es semejante al de la alquilación del benceno que se ha visto en el apartado anterior.

3. Halogenación del benceno

La halogenación electrofílica aromática consiste en la sustitución de un hidrógeno del benceno por el halógeno (Cl o Br), con la ayuda del $AlCl_3$ que es un ácido de Lewis que actúa de catalizador.

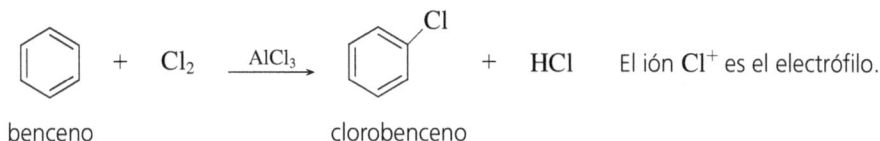

benceno   clorobenceno

$El\ ión\ Cl^+\ es\ el\ electrófilo.$

Mecanismo de la reacción:

El ácido de Lewis, el $AlCl_3$, actúa como aceptor de electrones y da un complejo que es más reactivo que la molécula de cloro, Cl_2.

$$Cl-Cl\ +\ AlCl_3\ \longrightarrow\ Cl\overset{\oplus}{-}Cl-\overset{\ominus}{AlCl_3}$$

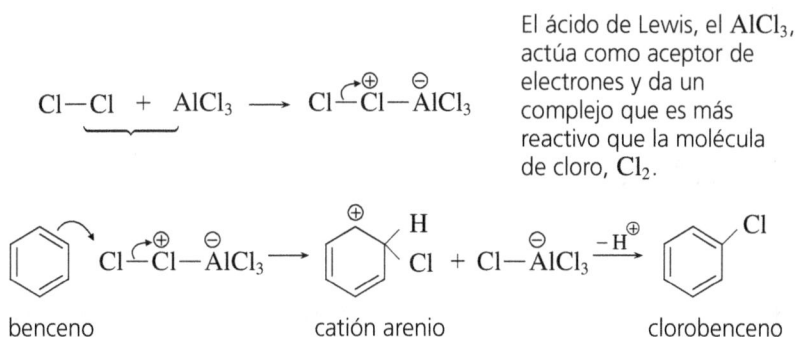

benceno   catión arenio   clorobenceno

4. Nitración del benceno

El agente nitrante del benceno es el ión nitronio (NO_2^+), que sustituye a uno de sus hidrógenos, puesto que su carga positiva implica que sea un reactivo electrófilo activo y que reaccione bien con él.

Este ión nitronio se genera a partir del ácido nítrico por tratamiento con ácido sulfúrico. La protonización va seguida de pérdida de agua.

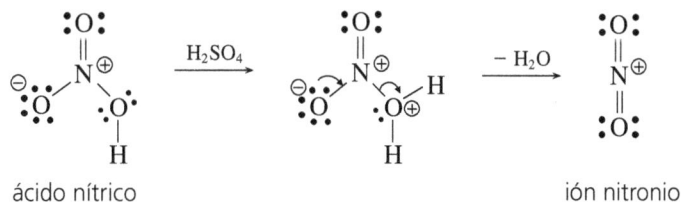

ácido nítrico   ión nitronio

Reacción de nitración:

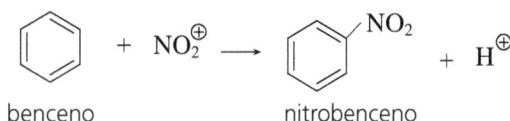

benceno   nitrobenceno

El grupo nitro ($-NO_2$) se reduce a grupo amino ($-NH_2$) por tratamiento con un metal reductor como puede ser estaño o cinc en presencia de ácido. Se utiliza bicarbonato de sodio para neutralizar el ácido de la primera etapa de la reacción.

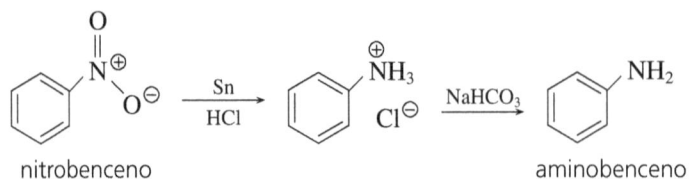

nitrobenceno   aminobenceno

5. Sulfonación del benceno

La sulfonación electrofílica aromática se puede realizar empleando ácido sulfúrico concentrado o bien ácido sulfúrico fumante, que es ácido sulfúrico en el que se ha disuelto trióxido de azufre gas (SO_3) en una proporción del 30%.

El agente sulfonante es el SO_3 (g) que se adiciona a un doble enlace del benceno. Se forma un ión dipolar intermedio al que posteriormente se le une el hidrógeno del benceno formando el ácido sulfónico correspondiente.

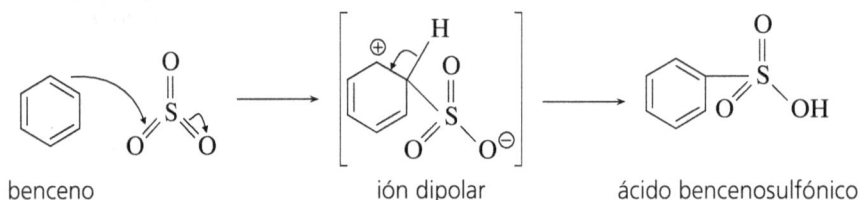

benceno   ión dipolar   ácido bencenosulfónico

7.11 Efecto del sustituyente en el benceno. Reactividad y orientación

Los derivados monosustituidos del benceno, obtenidos en el apartado anterior, pueden sufrir sustituciones adicionales, de forma que pueden prepararse compuestos aromáticos disustituidos, que a su vez pueden servir para obtener compuestos aún más sustituidos.

Un *sustituyente del benceno* puede afectar de manera importante a las reacciones posteriores de sustitución electrofílica aromática, que son:

- Afecta a la velocidad de reacción o reactividad respecto a la del benceno.
- Afecta a la orientación o regioquímica (*orto*, *para* o *meta*) de la sustitución.

Ejemplo práctico 4

Los dos efectos anteriores se estudian en las reacciones de nitración del tolueno, del bromobenceno y del nitrobenceno.

Se comparan cualitativamente sus velocidades de reacción con la velocidad de nitración del benceno (vista en el apartado 7.10.4).

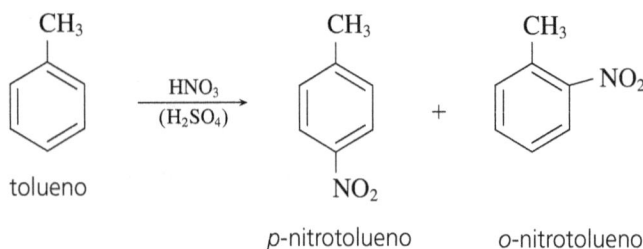

tolueno

p-nitrotolueno   o-nitrotolueno

La velocidad de nitración del tolueno es mayor que la velocidad de nitración del benceno:

v_R (tolueno) $> v_R$ (benceno)

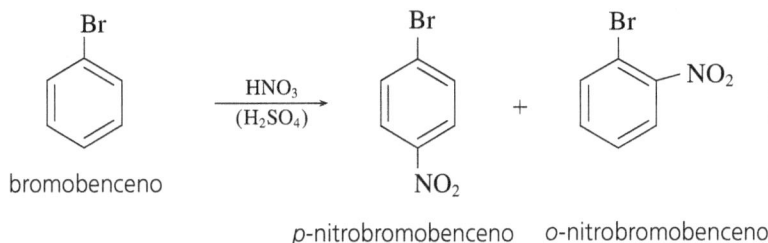

bromobenceno

p-nitrobromobenceno   o-nitrobromobenceno

La velocidad de nitración del bromobenceno es menor que la velocidad de nitración del benceno:

$$v_R \text{ (bromobenceno)} < v_R \text{ (benceno)}$$

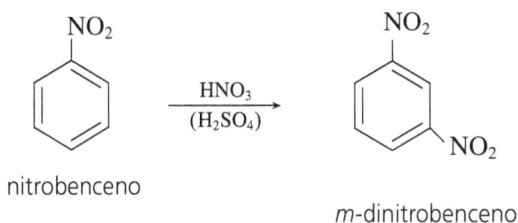

nitrobenceno

m-dinitrobenceno

La velocidad de nitración del nitrobenceno es menor que la velocidad de nitración del benceno:

$$v_R \text{ (nitrobenceno)} < v_R \text{ (benceno)}$$

En las reacciones anteriores se observa que, además de las velocidades de reacción, que difieren según los sustituyentes del benceno, algunos sustituyentes son directores en *orto (o)*, *para (p)* y otros son directores *meta (m)*.

También algunos sustituyentes del benceno aceleran la velocidad de sustitución y reciben el nombre de *activantes*. Otros sustituyentes reducen la velocidad de sustitución y reciben el nombre de *desactivantes*.

En resumen, ciertos sustituyentes del anillo bencénico pueden ser:

- Sustituyentes directores en: $\begin{cases} orto\ (o)\ y\ para\ (p) \\ meta\ (m) \end{cases}$

- Sustituyentes $\begin{cases} \textit{Activantes:} & \text{Aceleran la velocidad de sustitución de un hidrógeno del benceno} \\ & \text{por un sustituyente nuevo.} \\ \textit{Desactivantes:} & \text{Reducen la velocidad de sustitución de un hidrógeno del benceno} \\ & \text{por un sustituyente nuevo.} \end{cases}$

A continuación veremos que existen sustituyentes directores *orto* y *para* tanto activantes como desactivantes, en tanto que todos los sustituyentes directores *meta* son siempre desactivantes.

7.11.1 Sustituyentes directores *orto* y *para* del benceno

Existen sustituyentes activantes del núcleo bencénico que orientan la sustitución electrofílica de un hidrógeno del benceno en posición *orto* y posición *para*. Lo mismo ocurre con algunos desactivantes del núcleo bencénico que también orientan la sustitución electrofílica de un hidrógeno del benceno en posición *orto* y posición *para*.

Los dividiremos según su capacidad de activación en débiles, fuertes y moderados.

1. Sustituyentes activantes débiles *orto* y *para* directores (grupos alquilo)

El tolueno es mucho más reactivo en la bromación electrofílica que el benceno, porque el grupo metilo del tolueno estabiliza el catión arenio más que el hidrógeno del benceno.

Cuando se hace reaccionar el tolueno con bromo y un ácido de Lewis, se obtiene principalmente el *p*-bromotolueno y no se obtiene una mezcla estadística, según se espera, de la mezcla de los tres productos de sustitución.

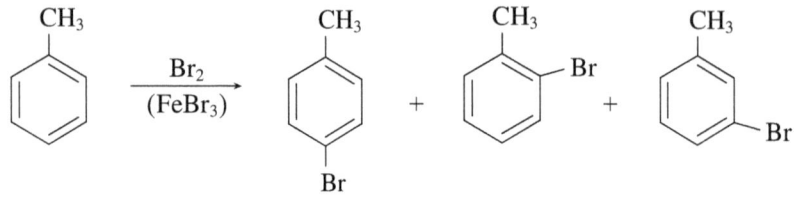

	toluieno	*p*-bromotolueno	*o*-bromotolueno	*m*-bromotolueno
Mezcla estadística esperada:		20	40	40
Mezcla obtenida:		60	40	< 1

Esta reacción se realiza con el mismo mecanismo de Friedel-Crafts que la de la cloración del apartado anterior.

El electrófilo que es el ión positivo Br^+ ataca al anillo aromático del tolueno, que es el nucleófilo, y puede entrar en las posiciones *orto*, *meta* y *para*. En cada caso, el resultado es un catión estabilizado por resonancia.

La estabilización es mayor en *orto* y *para*, porque la carga positiva en el anillo está en el carbono donde se une el grupo metilo, y en la posición *meta* esto no ocurre.

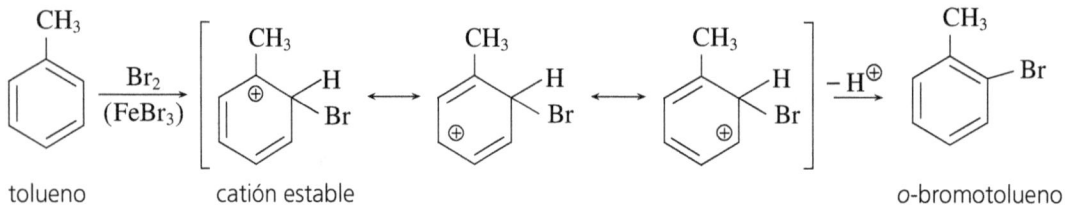

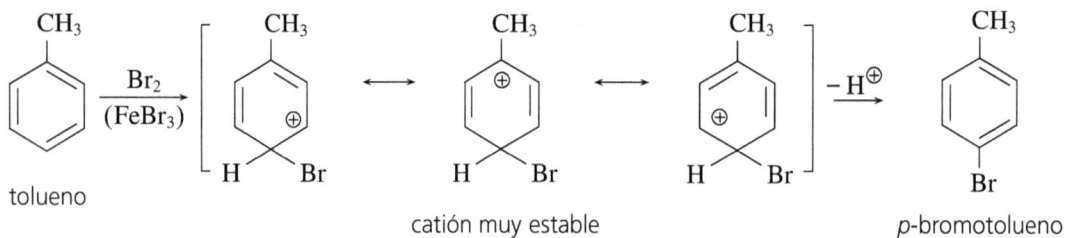

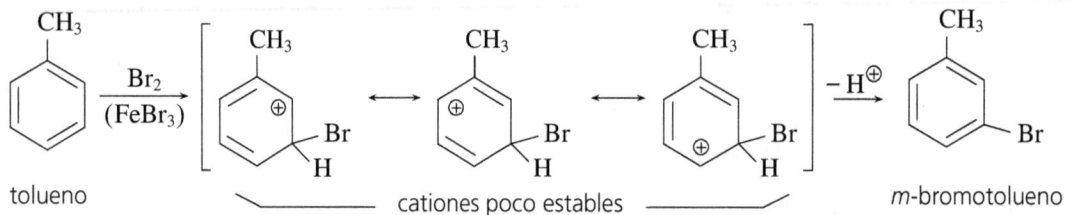

Puede concretarse que el grupo alquilo, en este caso el metilo ($-CH_3$), favorece la sustitución electrofílica del hidrógeno por el bromo en las posiciones *orto* y *para*.

El hecho de que la cantidad de producto en posición *para* que se obtiene es mayor que el de *orto* se debe a que la proximidad de una cadena lateral alquílica provoca que el estado de transición para el ataque *orto* esté más aglomerado que el que conduce a la posición *para*.

Cuanto más voluminosos sean los radicales en posición *orto*, menos cantidad de esos productos se obtendrán frente a los de posición *para*.

2. Sustituyentes activantes fuertes *orto* y *para* directores (grupo hidroxilo y grupo amino)

El nitrógeno y el oxígeno, cuando están unidos directamente al anillo aromático, son estabilizadores de los cationes intermedios arenio y son más eficaces en la activación de las posiciones *orto* y *para* del núcleo aromático que los grupos alquilo.

Ejemplo práctico 5

Bromación del fenol con Br_2 a una temperatura próxima a $0\,°C$ y sin ayuda de un ácido de Lewis como catalizador.

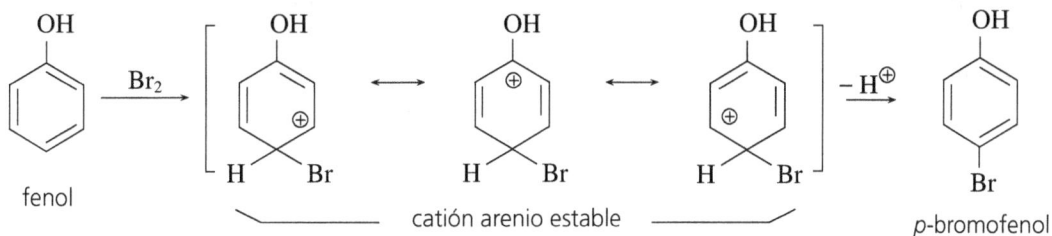

fenol — catión arenio estable — *p*-bromofenol

Existe una cuarta estructura resonante que les confiere mayor estabilidad y activación que a los alquilbencenos, que tienen tres formas resonantes.

Resonancia debida al par de electrones no enlazantes del oxígeno que son atraídos por el catión arenio.

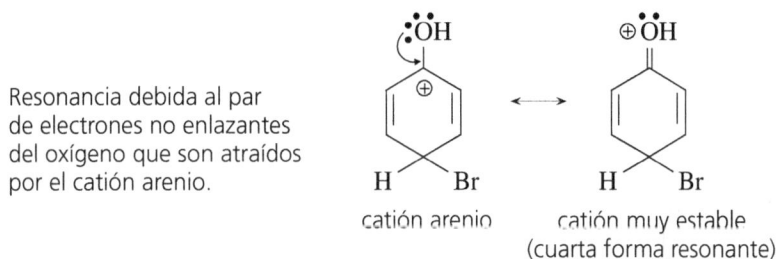

catión arenio — catión muy estable (cuarta forma resonante)

Se obtiene también el *o*-bromobenceno, pero en muy pequeña proporción, ya que es inestable. Esto se debe al impedimento estérico entre los radicales OH y Br próximos en la posición *orto* ya que son voluminosos.

Ejemplo práctico 6

Bromación de la anilina (aminobenceno) con Br_2.

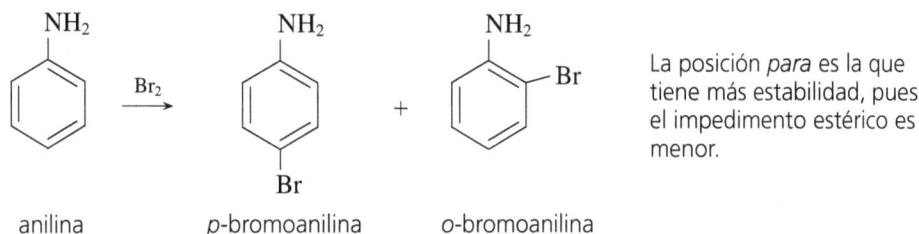

La posición *para* es la que tiene más estabilidad, pues el impedimento estérico es menor.

anilina — *p*-bromoanilina — *o*-bromoanilina

El nitrógeno del grupo amino de la anilina tiene un par de electrones no enlazantes, por lo que actúa como el oxígeno en el fenol, dando cuatro formas resonantes que le confieren gran estabilidad y activando las posiciones *orto* y *para* en la reacción con el bromo.

El exceso de Br_2 en la reacción con la anilina produce 2,4,6-tribromoanilina, en la que todas las posiciones *orto* y *para* han sufrido sustitución.

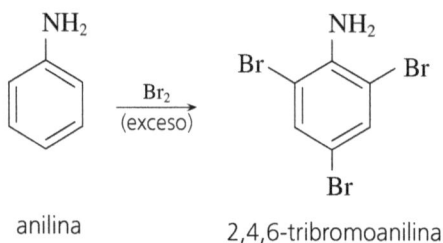

El grupo amino favorece la sustitución del bromo en posición *orto* y *para*.

anilina

2,4,6-tribromoanilina

3. Sustituyentes activantes moderados *orto* y *para* directores (grupo éster y grupo amida)

Los ésteres y las amidas dirigen a las posiciones *orto* y *para*, pero son solo activantes moderados. Esto se debe a la resonancia hacia el grupo carbonilo ($C = O$) que poseen ambos sustituyentes, que provoca que sean menos capaces de liberar electrones hacia el anillo bencénico.

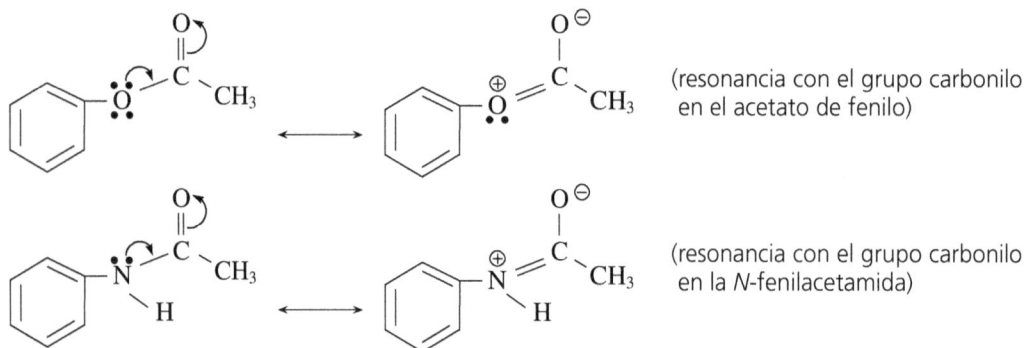

(resonancia con el grupo carbonilo en el acetato de fenilo)

(resonancia con el grupo carbonilo en la *N*-fenilacetamida)

4. Sustituyentes desactivantes *orto* y *para* directores (halógenos)

La electronegatividad que tienen los halógenos implica que desactiven el anillo bencénico. Poseen tres pares de electrones no enlazantes, luego igual que el oxígeno y el nitrógeno, son *orto* y *para* directores por la resonancia debida a los electrones no compartidos con el núcleo bencénico.

Ejemplo práctico 7

Nitración del clorobenceno

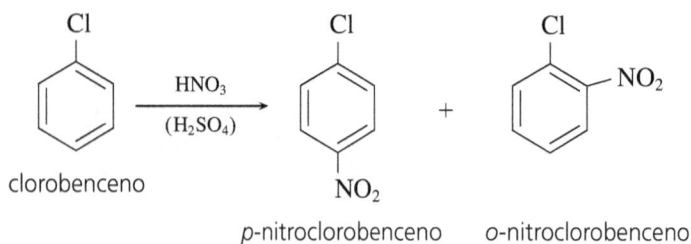

clorobenceno

p-nitroclorobenceno   *o*-nitroclorobenceno

El *p*-nitroclorobenceno se obtiene en más cantidad porque es más estable.

El *o*-nitroclorobenceno es inestable porque el Cl y el NO_2, al estar próximos, tienen impedimento estérico por poseer ambos gran volumen.

Mecanismo de la reacción:

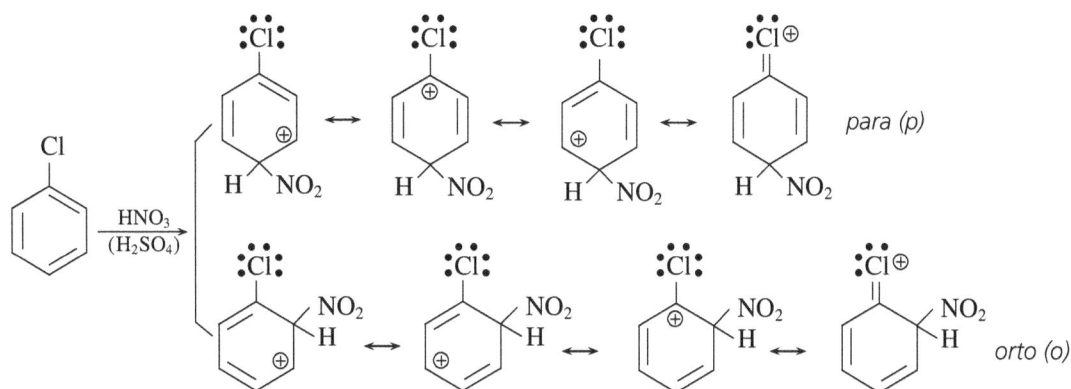

El catión en el carbono que tiene el halógeno sustituyente estabiliza las posiciones *orto* y *para*, así como la cuarta forma resonante formada por los pares de electrones no compartidos del halógeno.

La resonancia en posición *meta* no es estable porque el catión en esa posición no permite la entrada de un sustituyente electropositivo como el grupo nitro, $NO_2^{\oplus}$.

7.11.2 Sustituyentes directores *meta* del benceno

Los sutituyentes directores *meta* son siempre desactivantes. Los sustituyentes que atraen electrones desactivan el anillo aromático hacia la sustitución electrofílica aromática y hacen disminuir la estabilidad del catión arenio intermedio que se forma en la sustitución.

Casi todos ellos poseen una carga positiva próxima al enlace con el carbono aromático que atrae a los electrones π de los dobles enlaces conjugados del anillo bencénico y lo desactiva.

La nitración del nitrobenceno produce mayoritariamente *m*-dinitrobenceno.

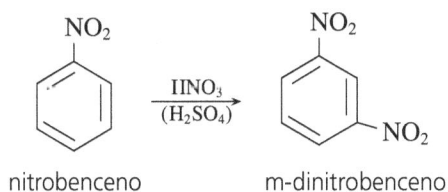

nitrobenceno   m-dinitrobenceno

El ión electropositivo $NO_2^{\oplus}$ atrae a los electrones π del benceno y orienta en *meta* nuevo sustituyente $NO_2^{\oplus}$.

Mecanismo de la reacción:

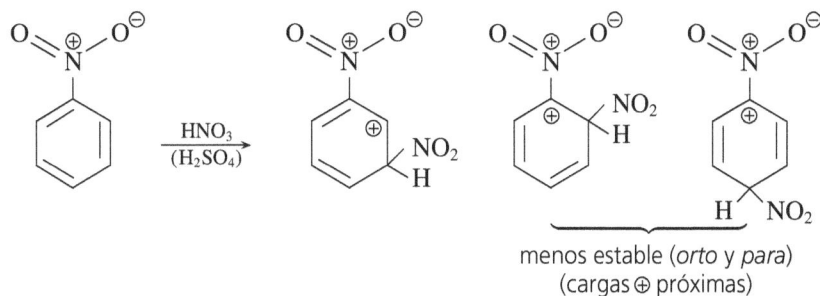

menos estable (*orto* y *para*)
(cargas $\oplus$ próximas)

1. Sustituyentes desactivantes *meta* directores

Los sustituyentes directores en posición *meta* por orden de menor a mayor desactivación son:

Desactivantes directores en posición *meta*

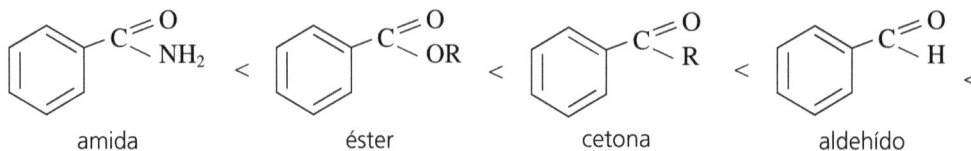

amida < éster < cetona < aldehído <

Desactivantes directores en posición *meta*

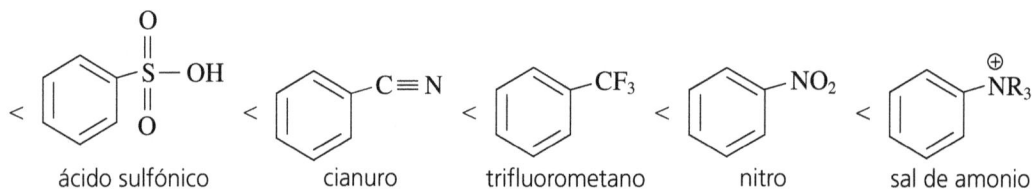

< ácido sulfónico < cianuro < trifluorometano < nitro < sal de amonio

7.11.3 Resumen de los efectos del sustituyente en el benceno

Sustituyentes activantes directores en posición *orto* y *para*

Activantes débiles:

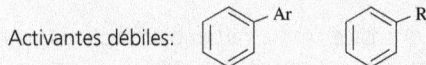

Activantes moderados:

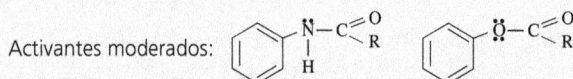

Activantes fuertes:

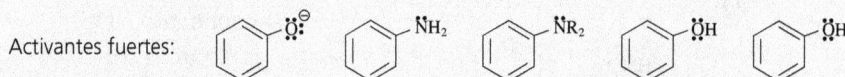

Sustituyentes desactivantes directores en posición *orto* y *para*

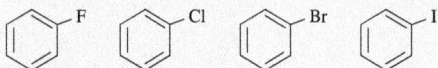

Sustituyentes desactivantes directores en posición *meta*

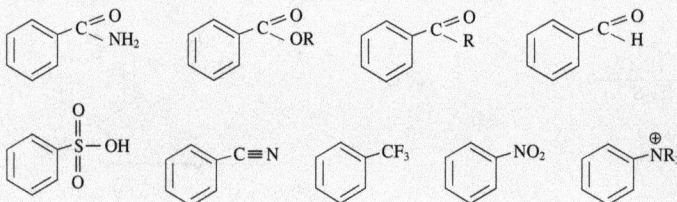

7.12 Obtención de ésteres y amidas a partir de ácidos ▬▬▬▬▬

1. Obtención de ésteres

Los ésteres se obtienen por reacción entre un ácido y un alcohol. Se forman por eliminación de agua entre dos moléculas. Luego es una reacción de condensación (ver el apartado 7.3).

El mecanismo de la reacción es tal que la eliminación de agua se realiza entre el — OH que posee el ácido y el — H que posee el grupo alcohol, tal como se observa en la reacción siguiente:

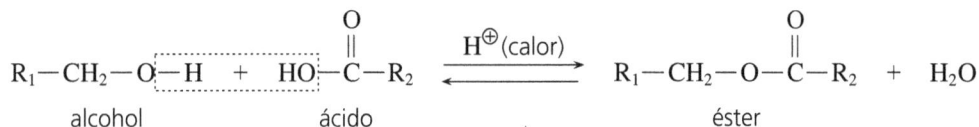

$$
R_1-CH_2-O-H \ + \ HO-\overset{\overset{\displaystyle O}{\|}}{C}-R_2 \ \underset{\xleftarrow{\hspace{1.5cm}}}{\overset{H^{\oplus}(calor)}{\xrightarrow{\hspace{1.5cm}}}} \ R_1-CH_2-O-\overset{\overset{\displaystyle O}{\|}}{C}-R_2 \ + \ H_2O
$$

alcohol   ácido   éster

Las reacciones de esterificación son reversibles, es decir, los ésteres se hidrolizan en presencia de ácido (H^+) produciendo el alcohol y el ácido carboxílico de partida.

La hidrólisis es completa si se lleva a cabo en medio básico, con ión OH^-. Los productos obtenidos son el alcohol y la sal del ácido carboxílico.

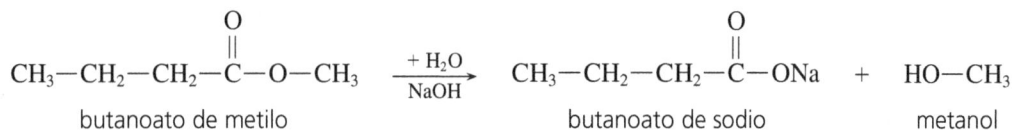

$$
CH_3-CH_2-CH_2-\overset{\overset{\displaystyle O}{\|}}{C}-O-CH_3 \ \xrightarrow[NaOH]{+\,H_2O} \ CH_3-CH_2-CH_2-\overset{\overset{\displaystyle O}{\|}}{C}-ONa \ + \ HO-CH_3
$$

butanoato de metilo   butanoato de sodio   metanol

2. Obtención de amidas

Entre las distintas reacciones que permiten la obtención de amidas, veremos las dos más representativas.

a) Las amidas se obtienen por eliminación de un mol de agua cuando se calienta la sal de amonio de un ácido carboxílico.

Si posteriormente se calienta la amida con un agente deshidratante fuerte como es el P_4O_{10}, se pierde más agua y se obtiene un producto final que contiene el grupo nitrilo o cianuro ($-C\equiv N$). Estas reacciones pueden ser reversibles en presencia de agua.

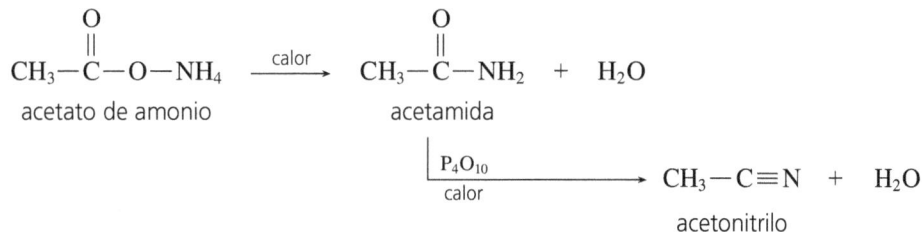

$$
CH_3-\overset{\overset{\displaystyle O}{\|}}{C}-O-NH_4 \ \xrightarrow{calor} \ CH_3-\overset{\overset{\displaystyle O}{\|}}{C}-NH_2 \ + \ H_2O
$$

acetato de amonio   acetamida

$$
\xrightarrow[calor]{P_4O_{10}} \ CH_3-C\equiv N \ + \ H_2O
$$

acetonitrilo

b) Las amidas se obtienen por reacción entre un ácido y una amina. Se forman por eliminación de un mol de agua entre las dos moléculas.

El mecanismo de la reacción es tal que la eliminación de agua se realiza entre el — OH que posee el ácido y el — H que posee el grupo amina, como se observa en la reacción siguiente:

$$R_1-CH_2-N\overset{}{H}\underset{}{\boxed{-H}} + \boxed{HO}\overset{\displaystyle O}{\overset{\|}{-C}}-R_2 \quad \underset{}{\overset{H^{\oplus}}{\rightleftharpoons}} \quad R_1-CH_2-NH-\overset{\displaystyle O}{\overset{\|}{C}}-R_2 + H_2O$$

amina   ácido   amida

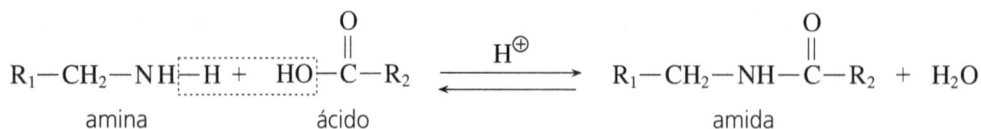

Las reacciones de amidación son reversibles, es decir, las amidas se hidrolizan en presencia de ácido (H^+) produciendo la amina y el ácido carboxílico de partida.

Si la hidrólisis se lleva a cabo en medio básico, con ión OH^-, se obtiene la amina y la sal correspondiente del ácido carboxílico.

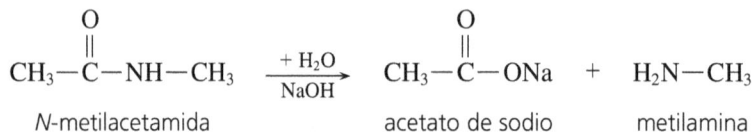

$$CH_3-\overset{\displaystyle O}{\overset{\|}{C}}-NH-CH_3 \quad \underset{NaOH}{\overset{+\,H_2O}{\longrightarrow}} \quad CH_3-\overset{\displaystyle O}{\overset{\|}{C}}-ONa \;+\; H_2N-CH_3$$

N-metilacetamida   acetato de sodio   metilamina

Para que una amina y un ácido carboxílico puedan formar una amida, la amina no ha ser terciaria, pues no dispondría del hidrógeno unido al nitrógeno necesario para poder perder la molécula de agua.

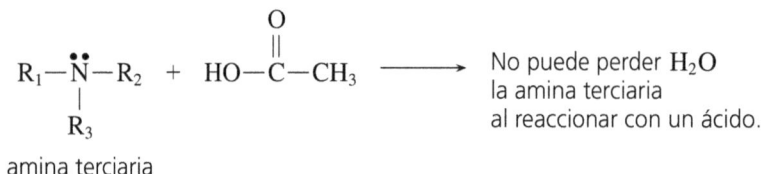

$$R_1-\overset{\displaystyle \cdots}{\underset{\displaystyle R_3}{\overset{\|}{N}}}-R_2 \;+\; HO-\overset{\displaystyle O}{\overset{\|}{C}}-CH_3 \quad \longrightarrow \quad$$

No puede perder H_2O
la amina terciaria
al reaccionar con un ácido.

amina terciaria

7.13 Reacciones de oxidación y de reducción

Antes de estudiar este tipo de reacciones, es preciso señalar algunos reactivos que en química orgánica se usan como oxidantes y como reductores.

Agentes oxidantes	Agentes reductores
$Cr_2O_7^{2-}$, CrO_4^{2-} (ión Cr^{6+})	H_2/Pt (hidrogenación catalítica)
MnO_4^- (ión Mn^{7+})	$NaBH_4$ (borohidruro de sodio)
OsO_4 (ión Os^{8+})	$LiAlH_4$ (hidruro de litio y aluminio)
HNO_3 (ión N^{5+})	
Fe^{3+}	

1. Reacción de oxidación de alcoholes

La oxidación de un *alcohol primario* dará en primer lugar el aldehído correspondiente y después el ácido, puesto que posee dos hidrógenos en el mismo carbono que el grupo alcohol (OH) que pueden sufrir ambos dos oxidaciones consecutivas.

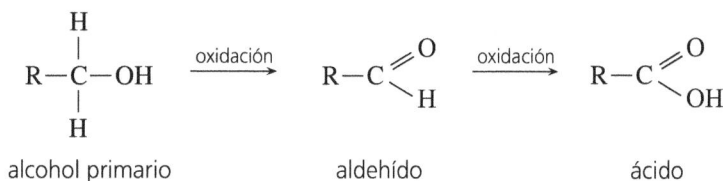

alcohol primario   aldehído   ácido

La oxidación de un *alcohol secundario* dará sólo una cetona, puesto que posee solo un hidrógeno en el mismo carbono que el grupo alcohol (OH).

alcohol secundario   cetona

El *alcohol terciario* no puede oxidarse, puesto que no hay ningún hidrógeno en el carbono que posee el grupo alcohol (OH).

alcohol terciario

2. Reacciones de oxidación de alquenos

a) Los alquenos pueden convertirse en glicoles (dos grupos OH en carbonos vecinos) al ser tratados con oxidantes como el $KMnO_4$ alcalino o con el OsO_4, o bien con peroxiácidos.

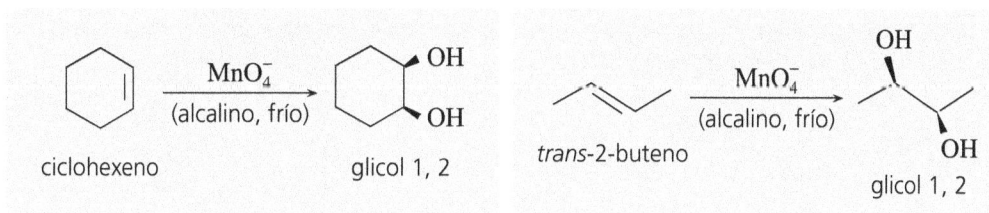

ciclohexeno   glicol 1, 2   *trans*-2-buteno   glicol 1, 2

b) Los alquenos se oxidan por el doble enlace y se rompe la molécula.

Los alquenos pueden convertirse en dos moléculas más pequeñas al ser tratados con oxidantes fuertes como el $KMnO_4$ en medio ácido, porque los carbonos con hibridación sp^2 del doble enlace se oxidan y la molécula se rompe. En la primera oxidación se obtienen aldehídos, pero el permanganato los oxida rápidamente y se obtienen los ácidos correspondientes como moléculas finales.

b_1) En la oxidación de un alqueno con un *doble enlace terminal* se obtiene el ácido correspondiente, el dióxido de carbono y agua.

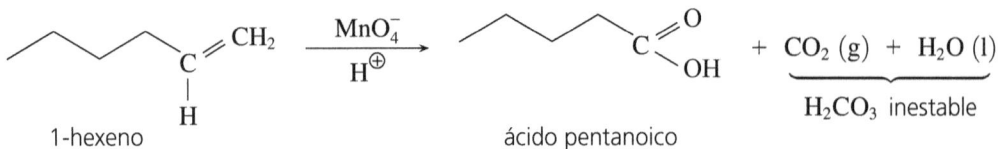

1-hexeno   ácido pentanoico

b_2) En la oxidación de un alqueno con un *doble enlace interno* se obtienen los dos ácidos correspondientes a la ruptura de la molécula.

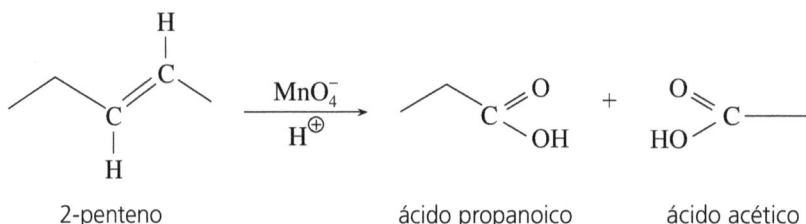

2-penteno   ácido propanoico   ácido acético

b_3) En la oxidación de un alqueno con un *doble enlace interno y con un radical alquilo* en el carbono del doble enlace, se obtiene una cetona y un ácido.

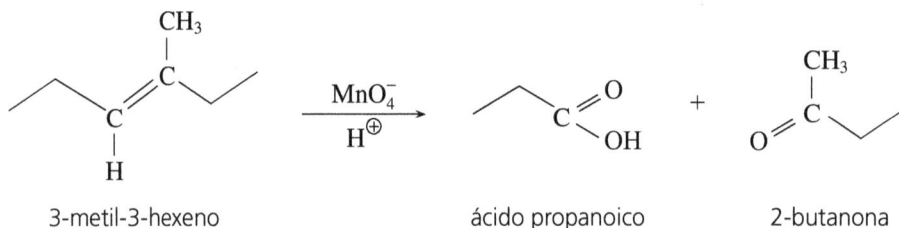

3-metil-3-hexeno   ácido propanoico   2-butanona

c) *Ozonólisis*. Los alquenos pueden convertirse en dos moléculas más pequeñas (aldehídos y cetonas) al ser tratados con ozono (O_3), que oxida y rompe la molécula del alqueno por el doble enlace.

El ozono (O_3), al reaccionar con el alqueno produce un compuesto cíclico, el molozónido, que después se transpone en ozónido. El tratamiento posterior de éste con el metal de Zn (s) y agua da lugar a los correspondientes compuestos carbonílicos.

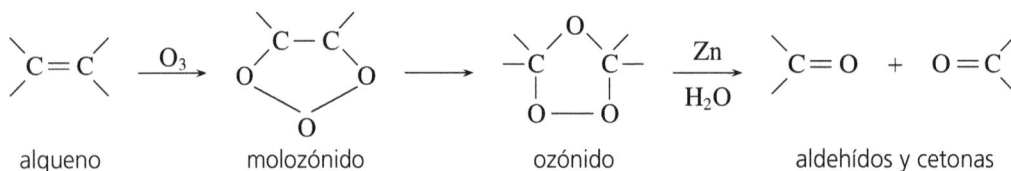

alqueno   molozónido   ozónido   aldehídos y cetonas

3. Reacción de oxidación del alquilbenceno

El benceno es estable y por ello reacciona mal, no se oxida con $KMnO_4$ y su hidrogenación para la obtención de ciclohexano es lenta y sólo se produce a temperaturas y presiones elevadas del orden de aproximadamente $200\,°C$ y 100 atm.

La oxidación fuerte, con $KMnO_4$ acuoso caliente, de los sustituyentes alquílicos de anillos aromáticos, da como resultado la ruptura de la cadena lateral unida al anillo bencénico por larga que esta sea y la formación de un grupo oxidado como es el ácido carboxílico.

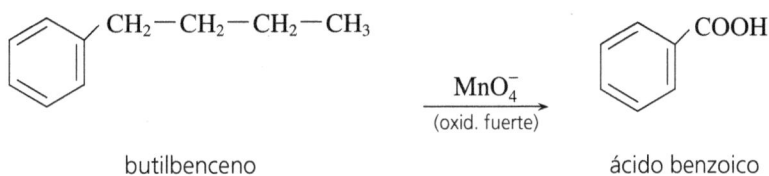

butilbenceno → ácido benzoico

Por ejemplo, los ácidos benzoicos se preparan por alquilación o acilación de Friedel-Crafts (tal como se describe en el apartado 7.10.3), seguida de degradación oxidativa de las cadenas unidas al anillo bencénico.

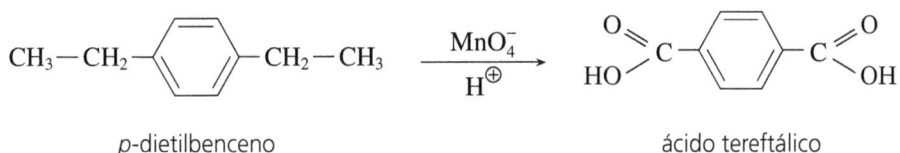

p-dietilbenceno → ácido tereftálico

Cuando en la cadena alquílica unida al benceno existen dobles enlaces, son estos los primeros que se oxidan por ser los más inestables.

Cuando en la cadena alquílica unida al benceno existen grupos alcohol terminales, estos se oxidan a aldehídos y después a ácidos. Cuando el grupo unido al benceno es un alcohol secundario, éste se oxida dando lugar a la cetona correspondiente.

4. Reacciones de reducción o de hidrogenación

Estas reacciones son contrarias a las reacciones de oxidación que ya se han estudiado anteriormente en los apartados 7.2, 7.8.2, 7.8.3 y 7.8.4.

La facilidad de reducción de una molécula usando H_2 (g) y Pt como catalizador, depende del grupo funcional que contiene dicha molécula y que debe hidrogenarse. Por ejemplo, los alquinos se reducen más fácilmente que los ésteres.

Luego la facilidad relativa de dicha reducción de menor a mayor para algunas moléculas es la siguiente:

Hidrogenación catalítica

$$CH_3-C\overset{O}{\underset{O-R}{}} \quad < \quad \bigcirc \quad < \quad R-\overset{O}{\underset{}{C}}-R \quad < \quad R-CH=CH-R \quad < \quad R-C\equiv C-R$$

7.14 Reacciones de combustión

Los hidrocarburos saturados o alcanos poseen una capacidad de reacción o reactividad muy pequeña. Ello es debido a sus enlaces σ entre carbonos con hibridación sp^3 que son muy estables. Por ello se utilizan como combustibles.

Una reacción de combustión es una reacción de oxidación en la que el oxígeno del aire ($21\% \ O_2$) actúa como reactivo y en la que los átomos de carbono y de hidrógeno del hidrocarburo saturado se transforman en dióxido de carbono gas y agua.

Las reacciones de combustión de hidrocarburos son exotérmicas y producen energía. Luego la entalpía es negativa para el sistema de combustión.

La reacción de combustión para un alcano de fórmula C_nH_{2n+2} da lugar al carbono oxidado en forma de CO_2 (g) y al hidrógeno oxidado en forma de H_2O.

$$C_nH_{2n+2} \; + \; \frac{(3n+1)}{2} \, O_2 \; \longrightarrow \; n \, CO_2 \, (g) \; + \; (n+1) \, H_2O \qquad \Delta H_{combustión} < 0$$

alcano

Problemas resueltos

☐ **Problema 7.1**

Escribid el producto de adición mayoritario que se obtiene en las reacciones siguientes:

a) Adición de un mol y de dos moles de Br_2 al 2-butino.
b) Hidrogenación catalítica del ciclohexeno con H_2 (g) y Pt como catalizador.
c) Adición de cloruro de hidrógeno al 2-fenilpropeno.
d) Adición de una molécula de agua al 2-metil-2-buteno.

[Solución]

a)

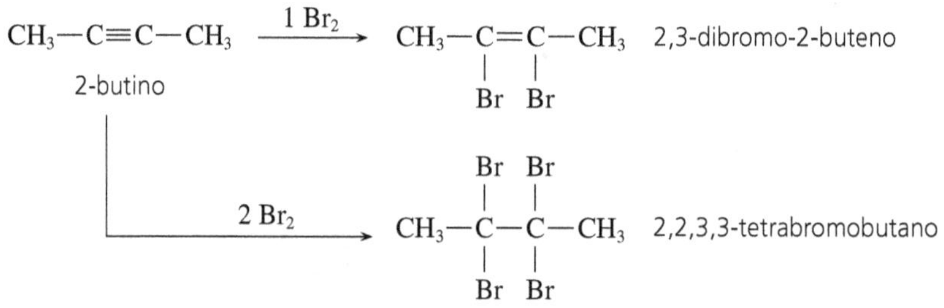

$$CH_3-C\equiv C-CH_3 \xrightarrow{\;1\;Br_2\;} CH_3-\underset{\underset{Br}{|}}{C}=\underset{\underset{Br}{|}}{C}-CH_3 \quad \text{2,3-dibromo-2-buteno}$$

2-butino

$$\xrightarrow{\;2\;Br_2\;} CH_3-\underset{\underset{Br}{|}}{\overset{\overset{Br}{|}}{C}}-\underset{\underset{Br}{|}}{\overset{\overset{Br}{|}}{C}}-CH_3 \quad \text{2,2,3,3-tetrabromobutano}$$

b)

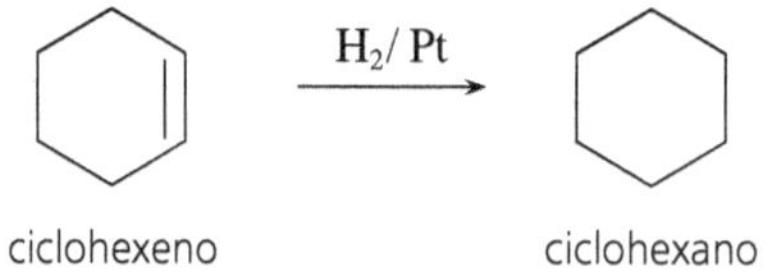

ciclohexeno $\xrightarrow{\;H_2/\,Pt\;}$ ciclohexano

c)

$$CH_3-C=CH_2 \xrightarrow{\;HCl\;} CH_3-\overset{\overset{Cl}{|}}{C}-\overset{\overset{H}{|}}{C}H_2$$

2-fenilpropeno → 2-fenil-2-cloropropano

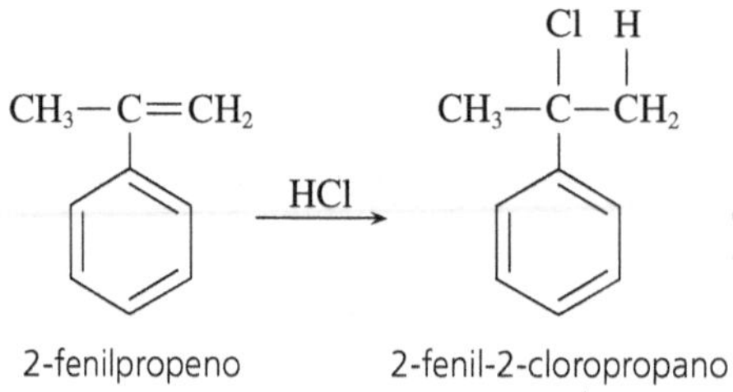

Regla de Markovnikov: el hidrógeno del HCl va al carbono con más hidrógenos.

d)

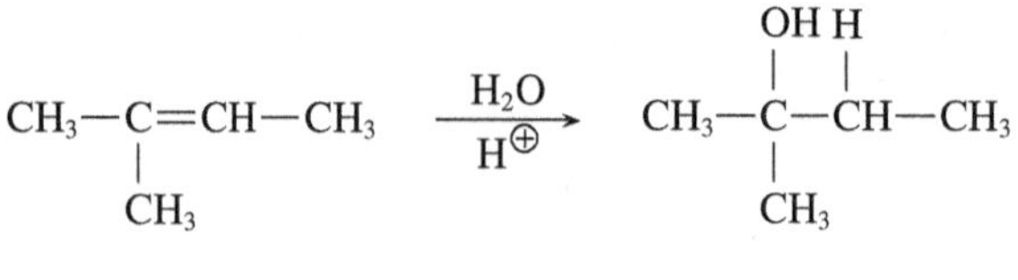

$$CH_3-\underset{\underset{CH_3}{|}}{C}=CH-CH_3 \xrightarrow[H^{\oplus}]{H_2O} CH_3-\underset{\underset{CH_3}{|}}{\overset{\overset{OH}{|}}{C}}-\overset{\overset{H}{|}}{C}H-CH_3$$

Regla de Markovnikov: el hidrógeno del H_2O va al carbono con más hidrógenos.

☐ Problema 7.2

Completad y ajustad las reacciones siguientes, indicando los reactivos que participan en ellas.

a) Reacción de ácido propanodioico con metanol.
b) Reacción de ácido benzoico con alcohol bencílico.
c) Reacción de ácido acético con 1,2-etanodiol.
d) Reacción de ácido fórmico con anilina.

[Solución]

a)

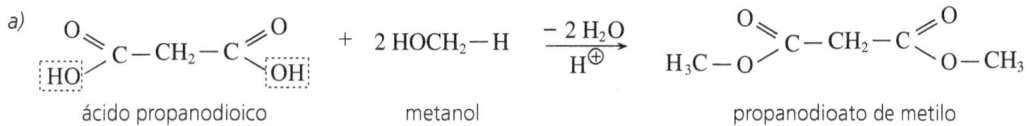

ácido propanodioico   metanol   propanodioato de metilo

b)

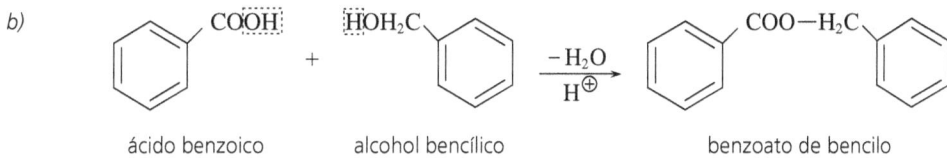

ácido benzoico   alcohol bencílico   benzoato de bencilo

c)

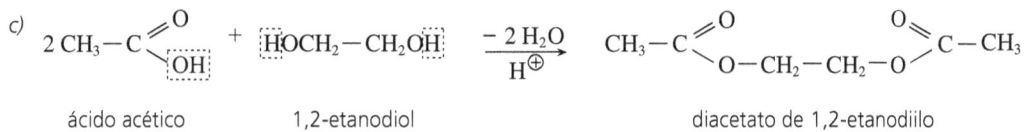

ácido acético   1,2-etanodiol   diacetato de 1,2-etanodiilo

d)

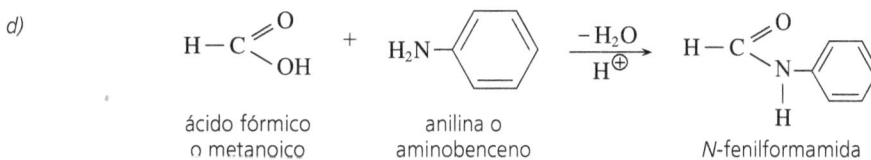

ácido fórmico   anilina o   N-fenilformamida
o metanoico   aminobenceno

☐ Problema 7.3

Indicad el resultado de la oxidación con permanganato (MnO_4^-) neutro de los compuestos siguientes:

a) Dimetil éter
b) 2-feniletanol
c) Alcohol bencílico
d) Isopropanol
e) Fenol

[Solución]

a)

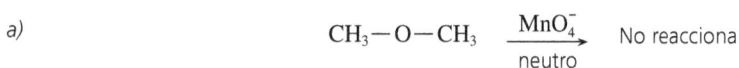

b)

2-feniletanol → (MnO$_4^-$ / neutro) → ácido 2-fenilacético

c)

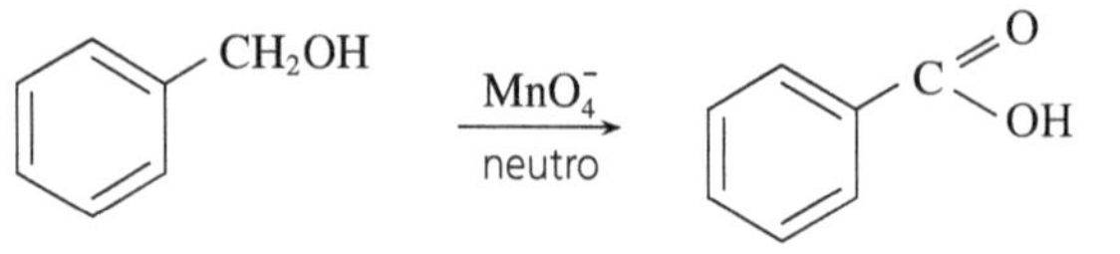

alcohol bencílico → (MnO$_4^-$ / neutro) → ácido benzoico

d)

$$CH_3-CHOH-CH_3 \xrightarrow[\text{neutro}]{MnO_4^-} CH_3-\overset{\overset{\displaystyle O}{||}}{C}-CH_3$$

isopropanol o
2-propanol

acetona

e)

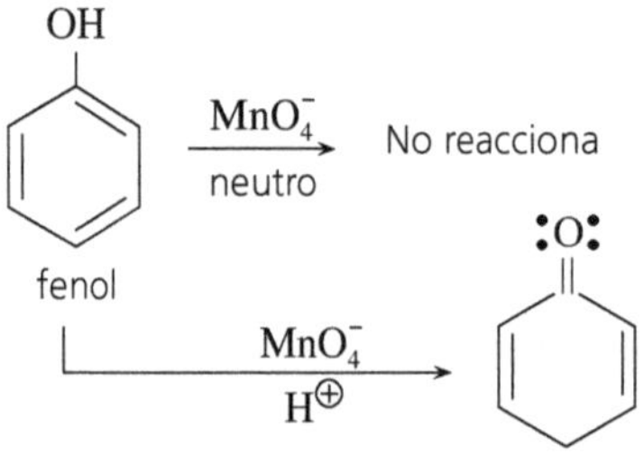

fenol → (MnO$_4^-$ / neutro) → No reacciona

(MnO$_4^-$ / H$^{\oplus}$) → fenona

El ión permanganato en disolución neutra actúa como oxidante débil, y en medio ácido, actúa como oxidante más fuerte.

◼ Problema 7.4

Escribid las reacciones que se indican, nombrad los compuestos isómeros que se obtienen en cada caso y el que se obtiene en mayor proporción.

a) Deshidratación intermolecular del 1-butanol y del 2-feniletanol.
b) Hidratación del 1-buteno seguida de deshidratación.
c) Adición de cloruro de hidrógeno y de bromo molecular al propeno.

[Solución]

a) Dos moles de 1-propanol pierden una molécula de agua para dar el dipropil éter.

$$\begin{array}{l} CH_3-CH_2-CH_2-O-H \\ CH_3-CH_2-CH_2-O-H \end{array} \xrightarrow{-H_2O} CH_3-CH_2-CH_2-O-CH_2-CH_2-CH_3$$

1-propanol

dipropil éter

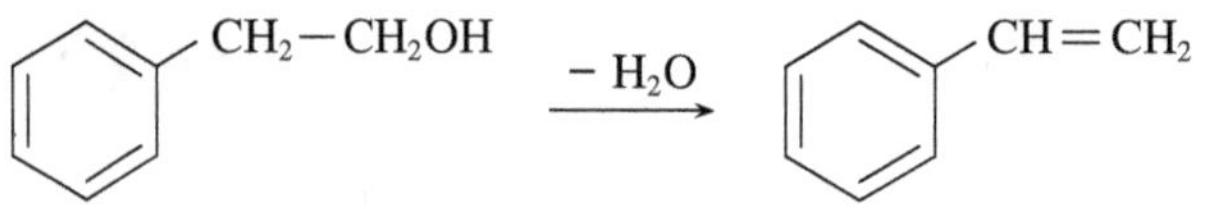

2-feniletanol → ($-H_2O$) → vinilbenceno o estireno

b) Al hidratarse el 1-buteno da el 2-butanol, que al deshidratarse a su vez da el 2-buteno.

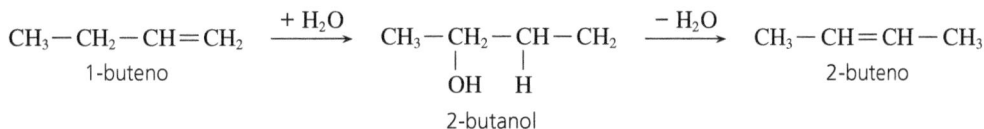

La hidratación del 1-buteno se realiza siguiendo la regla de Markovnikov, de forma que el ión H^+ del H_2O va hacia el cabono con más hidrógenos. La siguiente deshidratación daría una mezcla de 1-buteno y 2-buteno, este último en mayor proporción, pues el carbono secundario ($-CH_2$) es más reactivo que el carbono primario ($-CH_3$).

c)

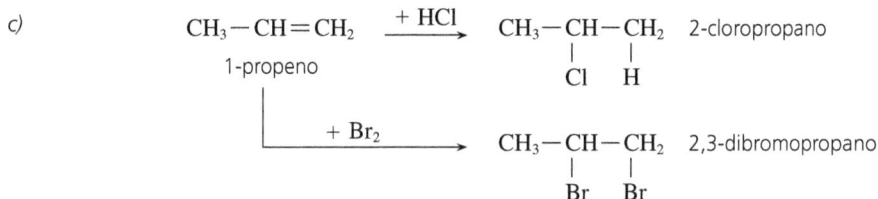

La reacción con cloruro de hidrógeno sigue la regla de Markovnikov, el ión H^+ del HCl va hacia el carbono con más hidrógenos.

Problema 7.5

Escribid las reacciones que se han de llevar a término para efectuar las transformaciones siguientes:

a) A partir del etanol obtener el anhídrido acético.
b) A partir del acetaldehído obtener el etanol, y de estas dos moléculas obtener el acetato de etilo.

[Solución]

a)

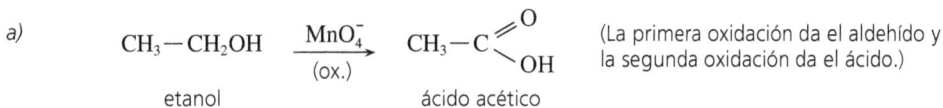

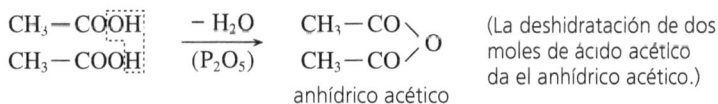

b)

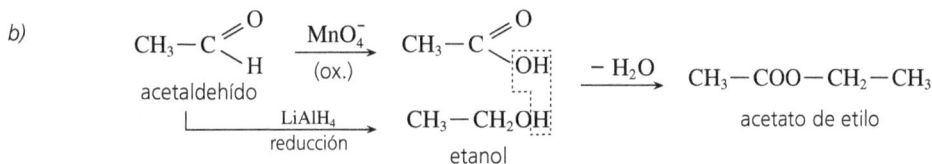

Problema 7.6

Dados los reactivos siguientes, formulad completando las reacciones que se indican a continuación:

a) Reacción del ácido benzoico con el 2-propanol o isopropanol.
b) Reacción de la *N,N*-dimetilacetamida con ácido clorhídrico.
c) Reacción del 1,3-butadieno con un mol de cloro.

a)

ácido benzoico — isopropanol — benzoato de isopropilo

b)

$CH_3-C(=O)(N-(CH_3)(CH_3))$ + HCl (ac) $\longrightarrow$ CH_3-COOH + $CH_3-NH-CH_3$

N,N-dimetilacetamida — ácido acético — dimetilamina

c)

$CH_2=CH-CH=CH_2$ $\xrightarrow{+1\,Cl_2\,(g)}$ $CH_2=CH-\underset{Cl}{CH}-\underset{Cl}{CH_2}$ + $CH_2-CH=CH-CH_2$ con Cl en posiciones 1 y 4

1,3-butadieno — 3,4-dicloro-1-buteno — 1,4-dicloro-2-buteno

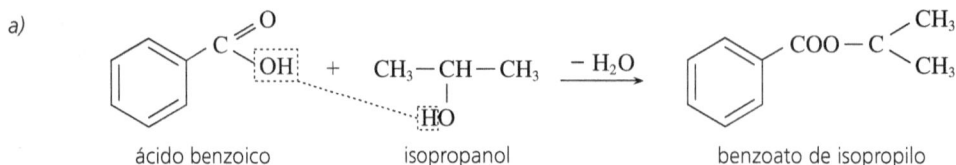

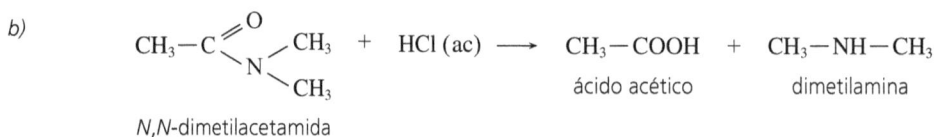

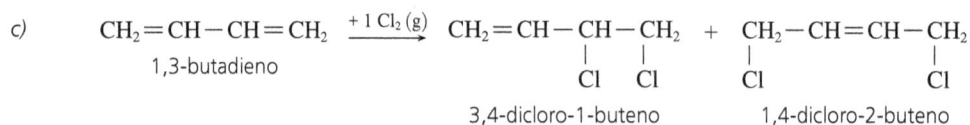

El 1,4-dicloro-2-buteno se obtiene con mayor rendimiento porque es más estable que el 3,4-dicloro-1-buteno, ya que la resonancia que posee el dieno conjugado provoca que el compuesto con cargas eléctricas de signo contrario más alejadas sea el más estable.

◼ Problema 7.7

Dados los reactivos siguientes, formulad completando las reacciones que se indican a continuación:

a) Reacción del benzaldehído con cianuro de hidrógeno, seguida de adición de agua.
b) Reacción del vinilbenceno o estireno con ión MnO_4^-.
c) Reacción del 2-metil-2-buteno con ozono.
d) Reacción del benceno con cloruro de isopropilo y con un ácido de Lewis.

[Solución]

a)

benzaldehído — 2-fenil-2-hidroxietanonitrilo — ácido 2-fenil-2-hidroxiacético

b)

estireno — ácido benzoico

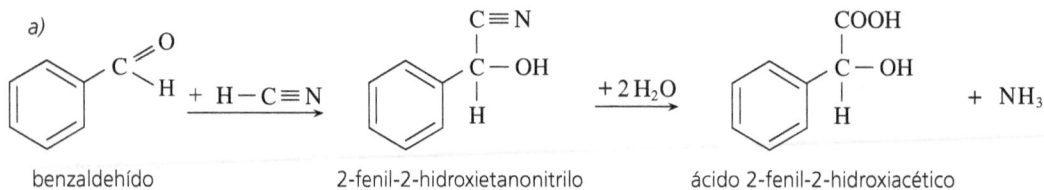

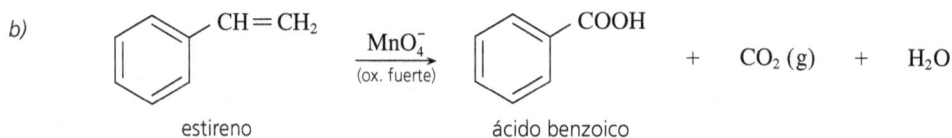

El doble enlace terminal se oxida a ácido carbónico, que es un compuesto inestable a temperatura ambiente, por lo que se descompone en dióxido de carbono y agua.

c)

$$CH_3-\underset{\underset{CH_3}{|}}{C}=CH_2-CH_3 \xrightarrow[\text{(ox. débil)}]{+\ O_3} CH_3-C\underset{CH_3}{\overset{O}{\diagup}} + \underset{H}{\overset{O}{\diagdown}}C-CH_3$$

2-metil-2-buteno   acetona   acetaldehído

d)

benceno   isopropilbenceno

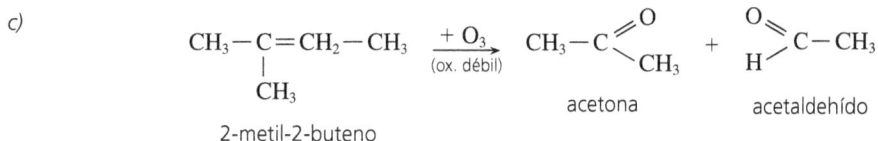

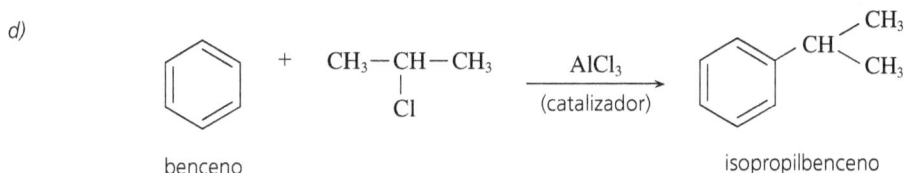

El rendimiento de esta reacción es máximo, pues el catión $(CH_3)_2CH^+$ es muy estable. Se trata de una síntesis de Friedel-Crafts.

☐ Problema 7.8

Formulad completando las reacciones siguientes:

a) Reacción de hidrogenación con platino metal del propanodinitrilo.
b) Reacción del tolueno o metilbenceno con una molécula de bromo.

[Solución]

a)

$$N\equiv C-CH_2-C\equiv N \ + \ H_2\,(g)/\,Pt \longrightarrow H_2N-CH_2-CH_2-CH_2-NH_2$$

propanodinitrilo   reductor   1,3-propanodiamina

b)

tolueno   o-bromotolueno   p-bromotolueno

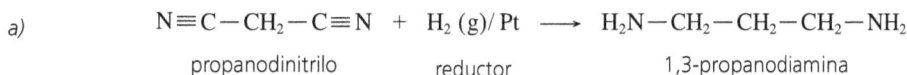

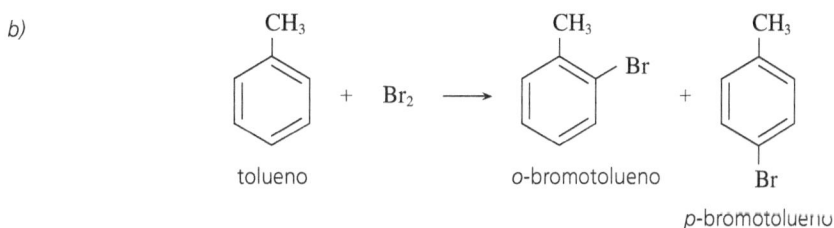

El grupo metilo — CH_3 activa el núcleo bencénico, por lo que un nuevo grupo sustituyente del hidrógeno del benceno, como es el bromo, se situará en posición *orto (o)* y *para (p)*. Cuanto mayor es el volumen del radical, mayor es el rendimiento de la posición *para (p)*, puesto que los impedimentos estéricos son menores en esta posición.

■ Problema 7.9

Cuando el 2,3-dimetilbutano reacciona con una molécula de cloro en presencia de luz, da lugar a una mezcla de dos compuestos A y B de fórmula molecular $C_6H_{13}Cl$. Se sabe que en esta reacción el carbono terciario es 4,5 veces más reactivo que el primario.

a) Escribid la reacción de cloración radicalaria citada y ajustadla.
b) Averiguad la relación en que se obtienen los dos isómeros A y B.
c) Calculad la relación en que se obtendrían A y B si la reactividad de todos los carbonos del compuesto 2,3-dimetilbutano fuese la misma.

a)
$$CH_3-\underset{\underset{CH_3}{|}}{CH}-\underset{\underset{CH_3}{|}}{CH}-CH_3 \xrightarrow[-2\,HCl]{2\,Cl_2\,(luz)} CH_3-\underset{\underset{CH_3}{|}}{CH}-\underset{\underset{CH_3}{|}}{CH}-\underset{\underset{Cl}{|}}{CH_2} + CH_3-\underset{\underset{Cl}{|}}{\overset{\overset{Cl}{|}}{CH}}-\underset{\underset{CH_3}{|}}{CH}-CH_3$$

2,3-dimetilbutano   2,3-dimetil-1-clorobutano   2,3-dimetil-2-clorobutano

Cl primario   Cl terciario

Compuesto A   **Compuesto B**

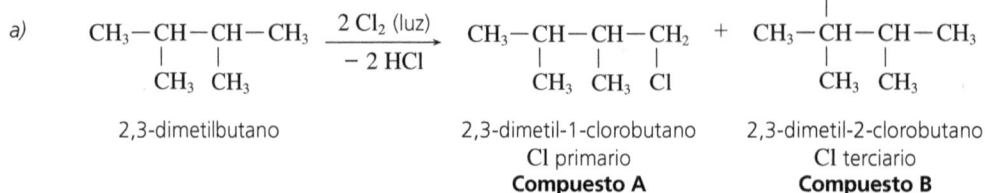

b) El compuesto de partida, el 2,3-dimetilbutano, posee 12 hidrógenos primarios unidos a los carbonos CH_3 que pueden ser sustituidos por cloro y 2 hidrógenos terciarios unidos a los carbonos $-\underset{|}{CH}-$ que pueden ser sustituidos por Cl.

Según los datos del problema, el carbono terciario es 4,5 veces más reactivo que el carbono primario. Luego, la reactividad relativa entre ambos es:

Reactividad carbono primario $= 1$ Reactividad carbono terciario $= 4,5$

C primario $\implies$ (12 H) · (Reactividad primario) $= 12 \cdot 1 = 12$

C terciario $\implies$ (2 H) · (Reactividad terciario) $= 2 \cdot 4,5 = 9$

Relación obtenida $\implies$ C primario : C terciario $= 12 : 9$

c) Las dos reactividades son iguales según el enunciado del problema, luego damos el valor unidad a ambas.

Reactividad del carbono primario = reactividad carbono terciario $= 1$

C primario $\implies$ (12 H) · (Reactividad primario) $= 12 \cdot 1 = 12$

C terciario $\implies$ (2 H) · (Reactividad terciario) $= 2 \cdot 1 = 2$

Relación obtenida $\implies$ C primario : C terciario $= 12 : 2 = 6 : 1$

■ Problema 7.10

Escribid las reacciones siguientes y señalad el producto mayoritario obtenido.

a) Reacción del tolueno con cloruro de isopropilo en presencia de tricloruro de aluminio. Desarrollad su mecanismo.

b) Monosulfonación con oleum ($H_2SO_4 \cdot SO_3$) del o-isobutilnitrobenceno.

c) Monosulfonación con oleum ($H_2SO_4 \cdot SO_3$) del p-isobutiltolueno.

a) El sustituyente alquilo del benceno es *orto-* y *para* director en la reacción con reactivos electrófilos.

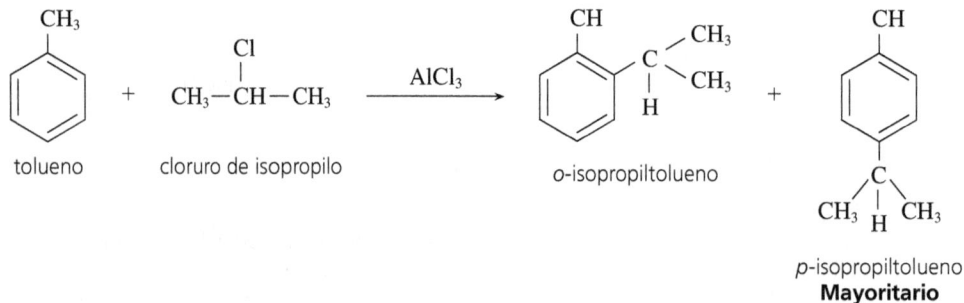

tolueno   cloruro de isopropilo   o-isopropiltolueno

p-isopropiltolueno

Mayoritario

El *p*-isopropiltolueno es el producto mayoritario porque es el más estable, pues sus dos radicales tienen menor impedimento estérico por su volumen en posición *para (p)* que en posición *orto (o)*.

Mecanismo de la reacción:

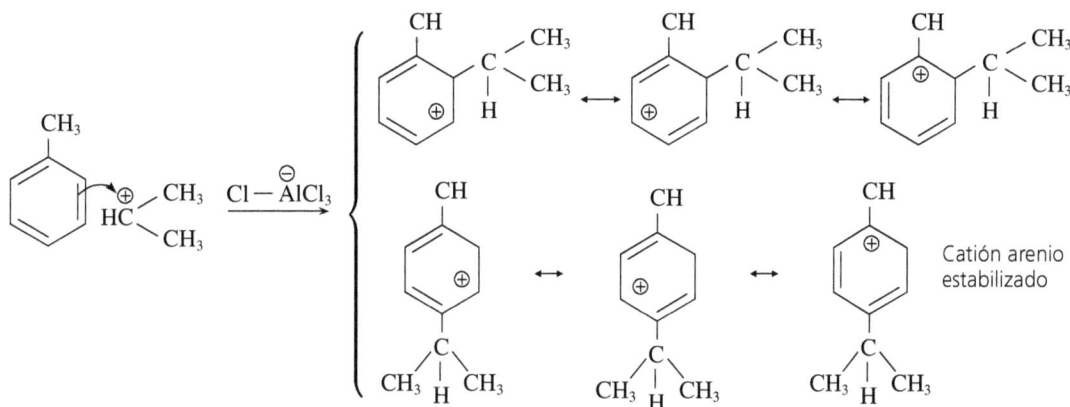

Catión arenio estabilizado

b) El agente sulfonante en la mezcla formada por ácido sulfúrico y por SO_3 (g) es el electrófilo SO_3^+.

o-isobutilnitrobenceno   ácido 2-nitro-3-isobutilsulfónico   ácido 3-nitro-2-isobutilsulfónico

El grupo nitro (NO_2) es un grupo desactivante del anillo bencénico y director en posición *meta*, mientras que el grupo alquilo (isobutilo) es un grupo activante y director en posición *orto* y *para*.

Luego los dos compuestos que se obtienen en la reacción con el electrófilo SO_3^+ son el ácido 2-nitro-3-isobutilsulfónico y el ácido 3-nitro-2-isobutilsulfónico.

El ácido 2-nitro-3-isobutilsulfónico es el producto mayoritario que se obtiene, porque es el más estable, pues sus tres radicales tienen menor impedimento estérico en esa estructura.

c) El agente sulfonante en la mezcla formada por ácido sulfúrico y SO_3 (g) es el electrófilo SO_3^+.

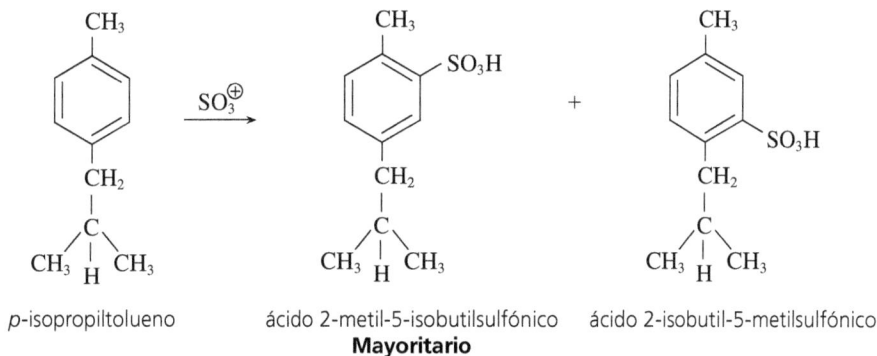

p-isopropiltolueno   ácido 2-metil-5-isobutilsulfónico   ácido 2-isobutil-5-metilsulfónico
                            Mayoritario

Los grupos alquilo, tanto el metilo como el isobutilo, son grupos activantes del anillo bencénico y directores en posición *orto* y *para*.

Luego los dos compuestos que se obtienen en la reacción con el electrófilo SO_3^+ son el ácido 2-metil-5-isobutilsulfónico y el ácido 2-isobutil-5-metilsulfónico.

El ácido 2-metil-5-isobutilsulfónico es el producto mayoritario que se obtiene, porque es el más estable, pues el radical SO_3H se sitúa en posición *orto*, próxima al grupo metilo (CH_3) y alejado del grupo isobutilo $(CH_2CH(CH_3)_2)$, que es más voluminoso y tiene mayor impedimento estérico.

Problema 7.11

La determinación de un hidrocarburo desconocido se realiza a partir de los datos siguientes:

a) Su composición centesimal es de 89 % de carbono y de 11 % de hidrógeno.

b) La ozonólisis (oxidación con ozono) del hidrocarburo da una mezcla de metanal y de propanodial.

c) La hidrogenación catalítica de 0,50 g de una muestra de este hidrocarburo consume $310 \ cm^3$ de hidrógeno en condiciones normales. Averiguad de qué hidrocarburo se trata.

[Solución]

a)

$$\left. \begin{array}{l} C: \ \dfrac{89}{12} = 7,416 \\[3mm] H: \ \dfrac{11}{1,008} = 10,91 \end{array} \right\} \text{ se divide por el número menor.} \left. \begin{array}{l} \dfrac{7,416}{7,416} = 1 \\[3mm] \dfrac{10,91}{7,416} = 1,471 \end{array} \right\} \begin{array}{l} (C_1H_{1,47})_2 : C_2H_3 \\ \text{fórmula empírica} \end{array}$$

La fórmula molecular del hidrocarburo es: $(C_2H_3)_n$

b) Como la oxidación con ozono (O_3) da dos aldehídos, uno el $H-COH$ y el otro el $HOC-CH_2COH$, esto permite deducir que este último compuesto tiene los dos carbonos terminales oxidados, pues su hibridación es sp^2, luego son carbonos unidos a dobles enlaces.

1.° Según la primera hipótesis, el hidrocarburo puede ser el compuesto:

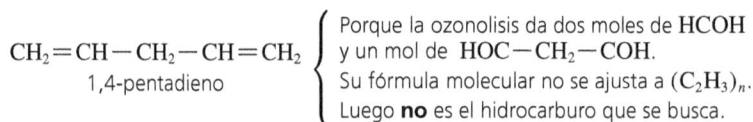

$$CH_2=CH-CH_2-CH=CH_2$$
1,4-pentadieno

$\left\{ \begin{array}{l} \text{Porque la ozonolisis da dos moles de HCOH} \\ \text{y un mol de } HOC-CH_2-COH. \\ \text{Su fórmula molecular no se ajusta a } (C_2H_3)_n. \\ \text{Luego } \textbf{no} \text{ es el hidrocarburo que se busca.} \end{array} \right.$

2.° De acuerdo con la segunda hipótesis el hidrocarburo puede ser el compuesto:

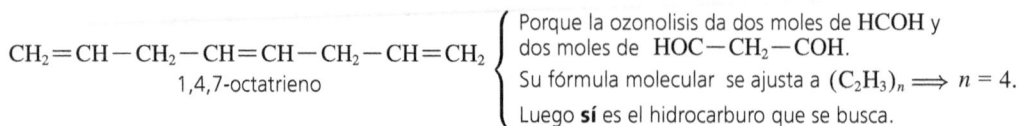

$$CH_2=CH-CH_2-CH=CH-CH_2-CH=CH_2$$
1,4,7-octatrieno

$\left\{ \begin{array}{l} \text{Porque la ozonolisis da dos moles de HCOH y} \\ \text{dos moles de } HOC-CH_2-COH. \\ \text{Su fórmula molecular se ajusta a } (C_2H_3)_n \Longrightarrow n = 4. \\ \text{Luego } \textbf{sí} \text{ es el hidrocarburo que se busca.} \end{array} \right.$

Por lo que la fórmula molecular del hidrocarburo desconocido es: C_8H_{12}

c) El volumen de H_2 (g) consumido por una cierta cantidad de hidrocarburo permite conocer el número de insaturaciones (dobles enlaces o triples enlaces o ciclos) que tiene el compuesto.

El peso molecular del compuesto hallado C_8H_{12} es de 108 g · mol^{-1}.

$$\left.\begin{array}{l}\dfrac{0{,}310 \text{ L de } H_2 \text{ (g)}}{22{,}4 \text{ L mol}^{-1}} = 0{,}0138 \text{ mol } H_2 \text{ (g)} \\[3mm] \dfrac{0{,}50 \text{ g de } C_8H_{12}}{108 \text{ g mol}^{-1} \, C_8H_{12}} = 0{,}00463 \text{ mol } C_8H_{12}\end{array}\right\} \quad \dfrac{0{,}0138 \text{ mol } H_2 \text{ (g)}}{0{,}00463 \text{ mol } C_8H_{12}} = 2{,}98$$

Luego se consumen tres moles de H_2 (g) por un mol de hidrocarburo C_8H_{12}, lo que equivale, entre otras opciones, a tres dobles enlaces como los que se representan en el hidrocarburo siguiente:

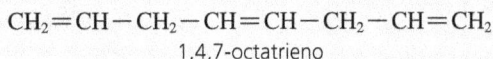

$$CH_2\!=\!CH\!-\!CH_2\!-\!CH\!=\!CH\!-\!CH_2\!-\!CH\!=\!CH_2$$
1,4,7-octatrieno

Existen otras opciones. El hidrocarburo podría poseer un triple enlace y un doble enlace, como también podría ser un hidrocarburo cíclico con dos dobles enlaces.

■ Problema 7.12

Un compuesto no cíclico, $C_4H_4O_4$, posee isomería geométrica. En la neutralización de 1 g de este compuesto se consumen $17{,}25 \text{ cm}^3$ de NaOH de concentración 1 mol dm^{-3}. Representad y nombrad los isómeros geométricos de este compuesto.

[Solución]

Si este compuesto $C_4H_4O_4$ fuera saturado su fórmula molecular sería C_4H_{10} (sin tener en cuenta el oxígeno).

Número de insaturaciones $= (10 \text{ H} - 4 \text{ H})/2 = 3$

Puede ser un triple enlace y un doble enlace o bien tres dobles enlaces. Como se neutraliza con una base como el NaOH, será un ácido, y al tener cuatro oxígenos, podría ser un diácido. Por ello se deben calcular los moles de NaOH que se gastan en un mol de ácido $C_4H_4O_4$. Si la relación molar es 1 : 1 el compuesto sólo dispone de un grupo ácido, y si la relación es 2 : 1, el compuesto tiene dos grupos ácidos.

Peso molecular del compuesto $C_4H_4O_4 = 116 \text{ g mol}^{-1}$

Moles de NaOH : $(17{,}25 \cdot 10^{-3} \text{ dm}^3) \cdot (1 \text{ mol/dm}^3) = 0{,}01725 \text{ mol NaOH}$

Moles de $C_4H_4O_4$: $(1 \text{ g}) \cdot (1 \text{ mol/116 g}) = 0{,}0086 \text{ mol } C_4H_4O_4$

Relación molar: $0{,}0086 \text{ mol } C_4H_4O_4 / 0{,}01725 \text{ mol NaOH} = 1/2$

Luego un mol de $C_4H_4O_4$ se neutraliza con dos moles de NaOH $\implies$ 2 ácidos

2 ácidos carboxílicos ($-COOH$) $\implies$ 2 dobles enlaces (por los 2 grupos $C\!=\!O$)

El tercer doble enlace que queda es el del alqueno, pues el compuesto posee isomería geométrica.

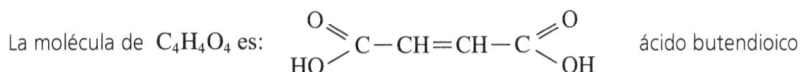

La molécula de $C_4H_4O_4$ es:

$$\underset{HO}{\overset{O}{\diagdown}}C-CH\!=\!CH-C\underset{OH}{\overset{O}{\diagup}} \qquad \text{ácido butendioico}$$

Los isómeros geométricos que posee la molécula son:

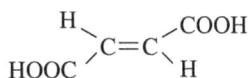

ácido *trans*-butendioico
(ácido maleico)

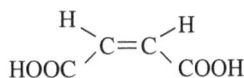

ácido *cis*-butendioico
(ácido fumárico)

Problema 7.13

Un compuesto orgánico no cíclico de fórmula molecular $C_8H_{16}O_2$ se hidroliza en medio ácido y da dos productos, A y B. El compuesto A es un alcohol ópticamente activo y B es el único producto que se obtiene en la oxidación degradativa del 2,5-dimetil-3-hexeno. Determinad las fórmulas de A, de B y el compuesto de partida.

[Solución]

Si este compuesto $C_8H_{16}O_2$ fuera saturado, su fórmula molecular sería C_8H_{18} (sin tener en cuenta el oxígeno).

$$\text{Número de insaturaciones} = (18\,H - 16\,H)/2 = 1$$

Luego el compuesto dado tiene un doble enlace porque el enunciado del problema señala que la molécula no es cíclica.

La hidrólisis en medio ácido provoca que el compuesto de partida dé lugar a un alcohol (A) y a un ácido (B), lo que implica que es un éster. Los dos oxígenos corresponden al grupo éster ($-COO-$) y el doble enlace corresponde al grupo carbonilo ($C=O$) que contiene la fuención éster.

La oxidación degradativa del 2,5-dimetil-3-hexeno da lugar a un producto B, luego la reacción es la siguiente:

$$CH_3-CH-CH=CH-CH-CH_3 \xrightarrow{\text{(ox. fuerte)}} 2\ CH_3-CH-C\diagup\!\!\!\!^{O}_{OH} \qquad \text{compuesto B}$$

2,5-dimetil-3-hexeno

ácido 2-metil-propanoico
o ácido isobutanoico

Si el compuesto de partida tiene ocho carbonos y el compuesto B que es el ácido, tiene cuatro carbonos, ello implica que el compuesto A que es el alcohol, tiene también cuatro carbonos. Como además es ópticamente activo, sólo puede ser el compuesto siguiente:

2-butanol $\qquad CH_3-\overset{*}{C}H-CH_2-CH_3 \qquad$ **compuesto A** (ópticamente activo en C^*)

De todas estas reacciones, se deduce que la molécula $C_8H_{16}O_2$ es un éster obtenido por eliminación de un mol de agua entre un ácido B y un alcohol A.

$$CH_3-CH-C\diagup\!\!\!\!^{O}_{OH} + CH_3-\overset{*}{C}H-CH_2-CH_3 \xrightarrow{-H_2O} CH_3-CH-C\diagup\!\!\!\!^{O}_{O-CH-CH_2-CH_3}$$

ácido isobutanoico
compuesto B

2-butanol o *sec*-butanol
compuesto A

isobutanoato de *sec*-butilo
compuesto $C_8H_{16}O_2$

Problema 7.14

Una sustancia orgánica adiciona dos moles de ácido clorhídrico y da un compuesto diclorado. La oxidación con permanganato de potasio produce ácido acético y ácido 3-metilbutanoico. Determinad la fórmula estructural de la sustancia citada y la del derivado diclorado.

1.º Si la sustancia orgánica al oxidarse da dos ácidos, significa que existe un doble o un triple enlace en su molécula.

2.º Si la sustancia orgánica adiciona dos moles de ácido clorhídrico, significa que posee un triple enlace o dos dobles enlaces. Esto último no puede ser, porque la oxidación rompería la molécula en cuatro partes, y no en dos dando dos ácidos como indica el enunciado del problema.

3.º El triple enlace debe estar entre el carbono 2 y el carbono 3, para dar ácido acético. La molécula debe tener un grupo metilo en el carbono 5, para que así pueda dar el ácido 3-metilbutanoico cuando se rompe por oxidación.

Teniendo en cuenta todas las condiciones anteriores, la reacción de dicloración es:

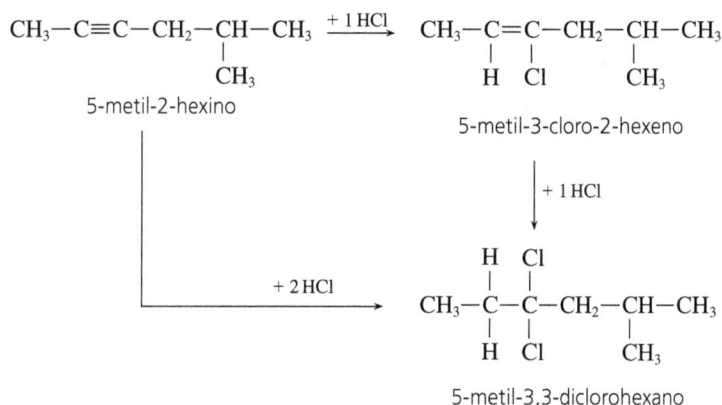

$$CH_3-C\equiv C-CH_2-\underset{\underset{CH_3}{|}}{CH}-CH_3 \xrightarrow{+1\,HCl} CH_3-\underset{\underset{H}{|}}{C}=\underset{\underset{Cl}{|}}{C}-CH_2-\underset{\underset{CH_3}{|}}{CH}-CH_3$$

5-metil-2-hexino

5-metil-3-cloro-2-hexeno

$$+ 1\,HCl$$

$$+ 2\,HCl$$

$$CH_3-\underset{\underset{H}{|}}{\overset{\overset{H}{|}}{C}}-\underset{\underset{Cl}{|}}{\overset{\overset{Cl}{|}}{C}}-CH_2-\underset{\underset{CH_3}{|}}{CH}-CH_3$$

5-metil-3,3-diclorohexano

La reacción de oxidación de ruptura del triple enlace es:

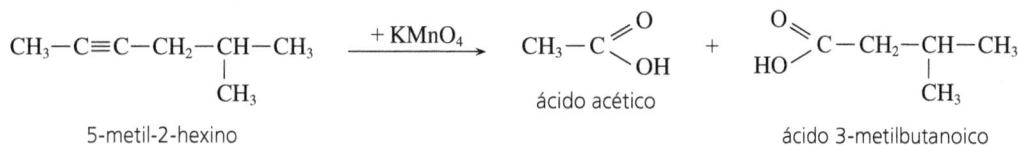

$$CH_3-C\equiv C-CH_2-\underset{\underset{CH_3}{|}}{CH}-CH_3 \xrightarrow{+\,KMnO_4} CH_3-C\overset{\displaystyle O}{\underset{\displaystyle OH}{\big<}} + \overset{\displaystyle O}{\underset{\displaystyle HO}{\big>}}C-CH_2-\underset{\underset{CH_3}{|}}{CH}-CH_3$$

5-metil-2-hexino

ácido acético

ácido 3-metilbutanoico

Por lo tanto, la sustancia orgánica de partida es el 5-metil-2-hexino y el derivado diclorado es el 5-metil-3,3-diclorohexano.

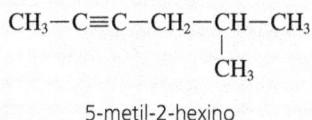

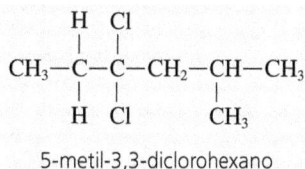

$$CH_3-C\equiv C-CH_2-\underset{\underset{CH_3}{|}}{CH}-CH_3$$

5-metil-2-hexino

$$CH_3-\underset{\underset{H}{|}}{\overset{\overset{H}{|}}{C}}-\underset{\underset{Cl}{|}}{\overset{\overset{Cl}{|}}{C}}-CH_2-\underset{\underset{CH_3}{|}}{CH}-CH_3$$

5-metil-3,3-diclorohexano

■ Problema 7.15

Cuando un trimetilbenceno se oxida con ácido nítrico diluido se obtiene un producto A que contiene un 60 % de carbono, un 4,44 % de hidrógeno y el resto oxígeno, para el cual son posibles tres derivados monobromados. Determinad la estructura del producto A si se sabe que el compuesto de partida sólo puede tener dos derivados mononitrados.

Existen tres estructuras distintas para el trimetilbenceno de partida, que son:

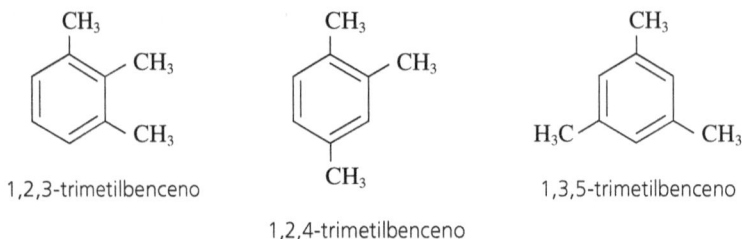

1,2,3-trimetilbenceno

1,2,4-trimetilbenceno

1,3,5-trimetilbenceno

Solo una de las estructuras anteriores puede tener dos derivados mononitrados. Luego se realiza la nitración con ión nitronio (NO_2^+) para averiguar cuál de las tres estructuras del trimetilbenceno es la de partida.

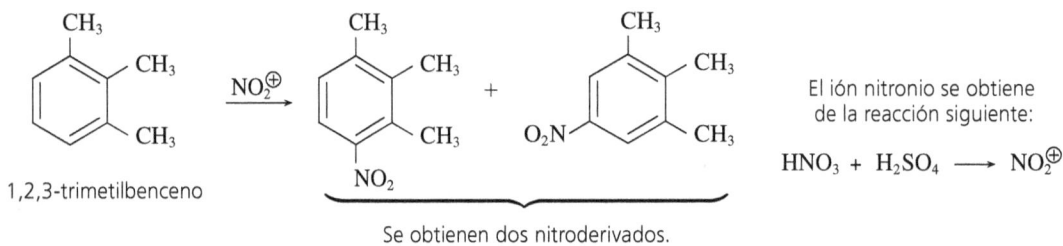

1,2,3-trimetilbenceno $\xrightarrow{NO_2^{\oplus}}$

El ión nitronio se obtiene de la reacción siguiente:

$$HNO_3 + H_2SO_4 \longrightarrow NO_2^{\oplus}$$

Se obtienen dos nitroderivados.

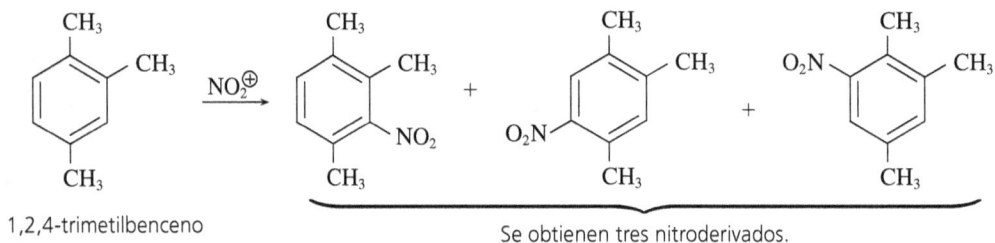

1,2,4-trimetilbenceno $\xrightarrow{NO_2^{\oplus}}$

Se obtienen tres nitroderivados.

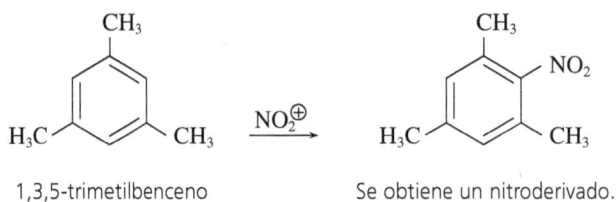

1,3,5-trimetilbenceno $\xrightarrow{NO_2^{\oplus}}$

Se obtiene un nitroderivado.

Luego el trimetilbenceno de partida es el compuesto siguiente:

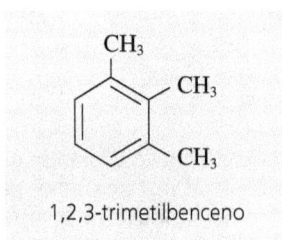

1,2,3-trimetilbenceno

El cálculo de la fórmula molecular del producto A, que es el compuesto oxidado del trimetilbenceno, nos permite averiguar los grupos metilos que se oxidan.

$$
\left.
\begin{array}{l}
C: \quad \dfrac{60}{12} = 5 \\[2ex]
H: \quad \dfrac{4,4}{1} = 4,4 \\[2ex]
O: \dfrac{35,56}{16} = 2,223
\end{array}
\right\}
\text{ se divide por el número menor. }
\left\{
\begin{array}{l}
\dfrac{5}{2,223} = 2,25 \\[2ex]
\dfrac{4,4}{2,223} = 2 \\[2ex]
\dfrac{2,223}{2,223} = 1
\end{array}
\right\}
\begin{array}{l}
(C_{2,25}H_2O_4) : C_9H_8O_4 \\
\text{fórmula molecular}
\end{array}
$$

Como en la fórmula de producto A hay cuatro oxígenos, significa que solo se han oxidado dos sustituyentes metilo (CH_3) del benceno. Luego estos pueden ser los dos sustituyentes siguientes:

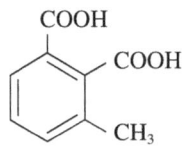

ácido 3-metil-1,2-bencenodioico   ácido 2-metil-1,3,2-bencenodioico

Solo una de las estructuras anteriores puede tener tres derivados monobromados. Luego se realiza la bromación con un mol de bromo (Br_2) para averiguar cuál de los dos ácidos es el producto A que indica el problema.

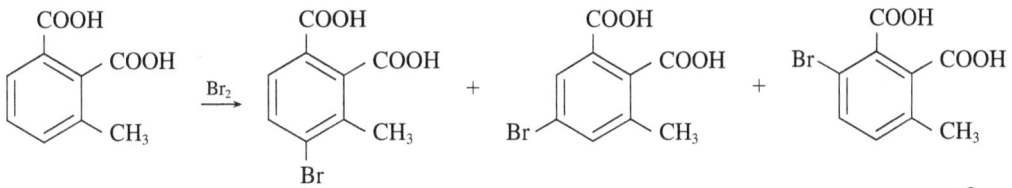

Se obtienen tres bromoderivados.

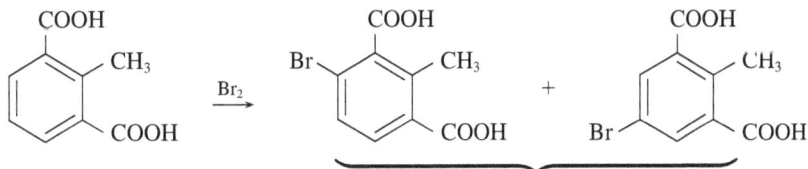

Se obtienen dos bromoderivados.

De las reacciones anteriores, se deduce que el producto oxidado A es un diácido cuya estructura es la siguiente:

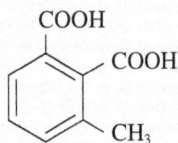

ácido 3-metil-1,2-bencenodioico

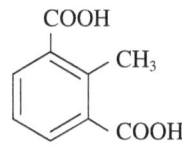

Problema 7.16

Un compuesto orgánico A, de masa molecular 190 g mol^{-1}, posee un $75,75\%$ de carbono, un $7,36\%$ de hidrógeno y el resto de oxígeno. Cuando este compuesto se somete a hidrólisis, se obtienen dos compuestos B y C. El compuesto B es un ácido que en la oxidación degradativa produce cantidades equimoleculares de ácido oxálico y ácido acético. Por su parte, el compuesto C, se oxida y da un diácido aromático que en la sustitución electrofílica sólo puede generar un único isómero de posición. Determinad las estructuras de los compuestos A, B y C.

[Solución]

Determinación de la fórmula molecular del compuesto A conociendo su análisis elemental y su peso molecular.

$$
\left. \begin{array}{l} C: \dfrac{75,78}{12} = 6,315 \\[2mm] H: \dfrac{7,36}{1} = 7,36 \\[2mm] O: \dfrac{16,86}{16} = 1,054 \end{array} \right\} \text{ se divide por el número menor.} \quad \left\{ \begin{array}{l} \dfrac{6,315}{1,054} = 5,99 \\[2mm] \dfrac{7,36}{1,054} = 6,984 \\[2mm] \dfrac{1,054}{1,054} = 1 \end{array} \right\}
$$

$$(C_6H_7O_1)_12 : C_{12}H_{14}O_2$$
fórmula molecular

Peso molecular $= 190 \text{ g} \cdot \text{mol}^{-1}$

$$\text{Compuesto A} = C_{12}H_{14}O_2$$

$$\text{Reacción de hidrólisis:} \quad C_{12}H_{14}O_2 \xrightarrow[\text{(hidrólisis)}]{+H_2O} \text{ B + C}$$

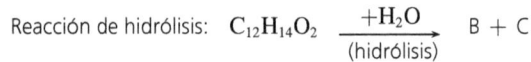

La ruptura del compuesto A por hidrólisis hace suponer que A puede ser un éster, sabiendo además que uno de los compuestos obtenidos, el B, es un ácido.

Como el ácido B en la oxidación degradativa da dos ácidos, podemos suponer que su molécula tiene un doble enlace para que pueda sufrir la oxidación y ruptura en dos partes ácidas.

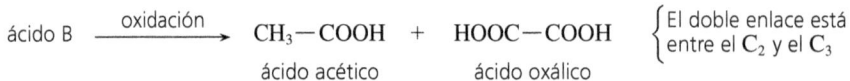

$$\text{ácido B} \xrightarrow{\text{oxidación}} CH_3-COOH + HOOC-COOH \qquad \left\{ \begin{array}{l} \text{El doble enlace está} \\ \text{entre el } C_2 \text{ y el } C_3 \end{array} \right.$$

ácido acético   ácido oxálico

El compuesto B tiene cuatro carbonos, un doble enlace y es ácido.

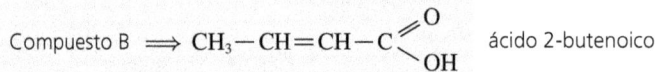

$$\text{Compuesto B} \implies CH_3-CH=CH-C{\overset{\displaystyle O}{\underset{\displaystyle OH}{<}}} \qquad \text{ácido 2-butenoico}$$

2 insaturaciones

$$\text{Número de insaturaciones de } C_{12}H_{14}O_2 \implies \frac{26\,H - 14\,H}{2} = 6$$

Como cuatro de estas seis insaturaciones pertenecen al compuesto B, el compuesto C posee cuatro insaturaciones. En el enunciado del problema dice que el compuesto C es aromático, lo que coincide con las cuatro insaturaciones que tiene (una de ellas del ciclo y las otras tres de los tres dobles enlaces del benceno).

Si el compuesto A de partida tiene doce carbonos y el compuesto B tiene cuatro carbonos, entonces el compuesto C tiene ocho carbonos, de los cuales seis pertenecen al benceno.

Se sabe que el compuesto aromático C al oxidarse da un diácido en que los grupos ácido pueden ocupar distintas posiciones en el benceno.

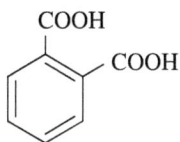

posición *orto (o)*   posición *meta (m)*   posición *para (p)*

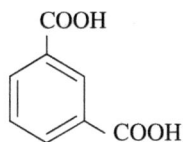

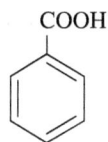

Se sabe que una de las cuatro estructuras anteriores, al reaccionar con un electrófilo (E^+) genera solo un isómero de posición.

Luego ese isómero es el siguiente:

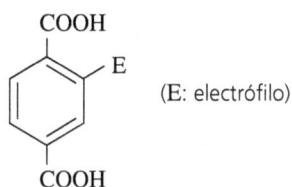

(E: electrófilo)

El compuesto C debe tener dos carbonos en posición *para (p)* y uno de ellos ha de ser ser un alcohol, para que pueda formar un éster con el compuesto B, que es un ácido.

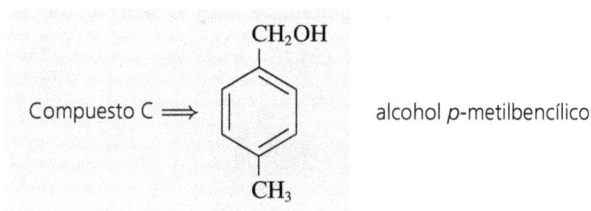

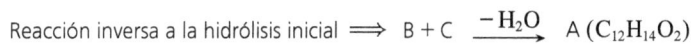

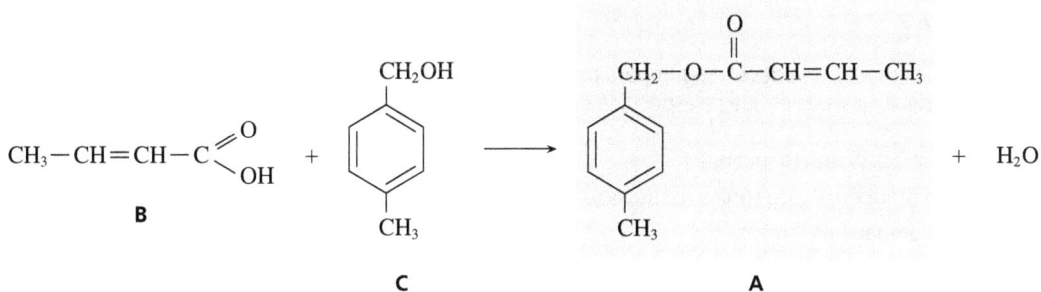

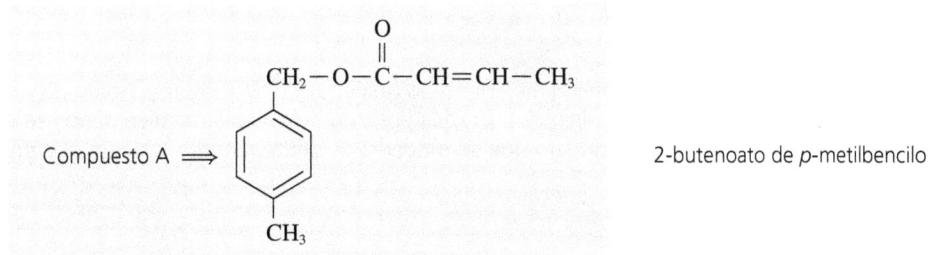

Compuesto C $\Longrightarrow$ alcohol *p*-metilbencílico

Reacción inversa a la hidrólisis inicial $\Longrightarrow$ B + C $\xrightarrow{-H_2O}$ A ($C_{12}H_{14}O_2$)

B   +   C $\longrightarrow$ A   + H_2O

Compuesto A $\Longrightarrow$ 2-butenoato de *p*-metilbencilo

Problemas propuestos

☐ Problema 7.1

Formulad los productos de adición que son posibles en las reacciones que se indican. Escribid para cada caso la reacción ajustada considerando como único producto de reacción el producto mayoritario.

a) Adición de una molécula de flúor (F_2) al isobuteno.

b) Hidrogenación catalítica del 2-metil-1,3-butadieno.

c) Adición de agua en medio ácido al acetato de metilo.

d) Adición de bromuro de hidrógeno al 2-butino.

e) Deshidratación intermolecular en medio ácido del 2-butanol.

f) Hidrogenación con $LiAlH_4$ del vinilbenceno (estireno).

g) Halogenación con una molécula de cloro (Cl_2) del benceno.

h) Adición de ácido hipocloroso ($HClO$) al ciclohexeno.

i) Deshidratación en medio básico del benzoato de isopropilo.

j) Nitración del clorobenceno.

☐ Problema 7.2

Indicad el resultado de la oxidación con permanganato de potasio de los compuestos siguientes:

a) Alcohol bencílico.

b) Fenol.

c) 2-feniletanol.

d) Isopropanol.

e) Dimetil éter.

f) *tert*-butanol.

◼ Problema 7.3

¿Qué etapas de reacción se deben seguir para preparar los compuestos que se dan continuación, tomando como producto de partida el que se especifica en cada caso?

a) *p*-bromonitrobenceno (benceno).

b) Ácido *p*-bromobencenosulfónico (benceno).

c) 2,4,6-tribromoanilina (anilina).

d) *m*-dinitrobenceno (benceno).

◼ Problema 7.4

Explicad el mecanismo de la reacción entre el metilbenceno (tolueno) y el 2-cloropropano en presencia de un catalizador como el tricloruro de aluminio. Justificad la posición del anillo aromático donde se efectúa la sustitución. Indicad el nombre del producto que se obtendrá al oxidar moderadamente el compuesto resultante de la reacción anterior.

☐ Problema 7.5

Determinad cuál es el orden de facilidad de hidrólisis de las parejas de compuestos siguientes derivados del ácido benzoico y escribid las reacciones correspondientes.

a) Anhídrido benzoico y benzoato de etilo.
b) p-nitrobenzoato de metilo y p-metoxibenzoato de metilo.
c) Cloruro de benzoílo y benzamida.

■ Problema 7.6

Escribid las reacciones debidamente ajustadas que se deben realizar para efectuar las transformaciones que se indican a continuación:

a) Reacción de combustión del hidrocarburo saturado $C_{10}H_{22}$.
b) A partir del 1-butanol, obtener el butanal.
c) A partir del 1-feniletanol, obtener la fenil metil cetona.
d) A partir del alcohol bencílico, obtener el ácido benzoico.
e) A partir de metanol, obtener dióxido de carbono y agua.
f) A partir del 2-propanol, obtener la acetona.
g) A partir del acetaldehído, obtener el ácido acético.
h) A partir del acetaldehído, obtener el ácido propanoico.
i) A partir del 2-buteno, obtener el 2-hidroxibutano.
j) A partir del benceno, obtener el ácido bencenosulfónico.

■ Problema 7.7

Dos alquenos isómeros A y B de fórmula molecular C_6H_{10} generan el mismo alcohol por hidratación, pero sólo el compuesto B produce acetona en la oxidación con el ión MnO_4^-.

a) Averiguad la estructura de los alquenos son A y B.
b) Escribid las proyecciones de Fischer de los compuestos que se obtienen en la adición del HBr (g) al compuesto A en presencia de peróxidos orgánicos y nombradlos.

■ Problema 7.8

Un compuesto acíclico posee la composición centesimal siguiente: $73,15\%$ de C; $7,37\%$ de H y $19,49\%$ de O. Su peso molecular es de 82 g mol^{-1}.

a) Determinad la fórmula molecular del compuesto y el número de insaturaciones que posee.
b) Dibujad los isómeros que son aldehídos, considerando que cuando hay dos dobles enlaces, estos no pueden estar unidos al mismo carbono.
c) Uno de los isómeros puede resolverse en dos isómeros geométricos. Indicad cuáles son y señalad sus configuraciones.
d) Otro de estos isómeros posee un carbono asimétrico. Dibujad los dos enantiómeros e indicad sus configuraciones de Fischer.

Problema 7.9

Un compuesto carbonílico ópticamente activo de peso molecular 86 g mol^{-1}, contiene un $69,8\%$ de carbono, un $11,6\%$ de hidrógeno y el resto oxígeno. Determinad y nombrad dicho compuesto y averiguad la estructura del compuesto que se obtiene cuando se oxida.

Problema 7.10

Escribid las fórmulas de los productos que se obtienen en las reacciones siguientes:

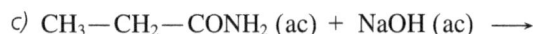

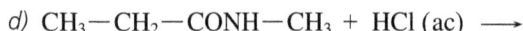

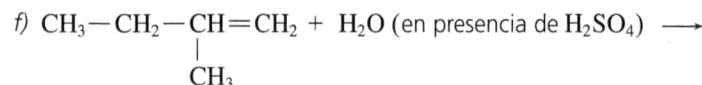

a) $CH_3-COOH + NH_3 + \text{calor} \longrightarrow$

b) $CH_3-CH_2-COO-CH_3 + LiAlH_4 \longrightarrow$

c) $CH_3-CH_2-CONH_2 \text{ (ac)} + NaOH \text{ (ac)} \longrightarrow$

d) $CH_3-CH_2-CONH-CH_3 + HCl \text{ (ac)} \longrightarrow$

e) $CH_3-CH=CH_2 + H-C\equiv N \longrightarrow$

f) $CH_3-CH_2-\underset{\underset{\textstyle CH_3}{|}}{CH}=CH_2 + H_2O \text{ (en presencia de } H_2SO_4) \longrightarrow$

g) $CH_3-C\equiv C-CH_2-CH_3 + 2\,Cl_2 \longrightarrow$

h) $CH_3-CH_2-CH_2-COH + H-C\equiv N + H_2O \text{ (}H^+) \longrightarrow$

Problema 7.11

a) Dos alcoholes A y B poseen la fórmula molecular C_4H_8O. El compuesto A es ópticamente activo y el compuesto B es un alcohol primario que presenta isomería geométrica. Dad sus estructuras y nombradlos. Escribid la reacción del enantiómero **R** del compuesto A con el ácido acético.

b) Representad y ordenad según su estabilidad todas las formas resonantes de los compuestos: 2-metil-1,3-butadieno y *N*-metilacetamida.

Problema 7.12

Una sustancia A tiene de fórmula molecular $C_9H_{19}NO$ y cuando se hidroliza da dos compuestos B y C. El compuesto B se puede obtener por reacción del yoduro de isopropilo con cianuro de potasio e hidrogenación posterior. El compuesto C es un ácido carboxílico ópticamente activo. Dad las estructuras de A, B y C.

Problema 7.13

Un compuesto A de fórmula molecular $C_{11}H_{12}O_2$ se hidroliza dando dos compuestos B y C. El B de fórmula molecular $C_4H_6O_2$ es un ácido acíclico y lineal que no presenta isomería geométrica. El compuesto C es aromático de forma que en la monosustitución aromática produce dos isómeros de posición. Dar las estructuras de A, B y C.

Problema 7.14

Obtened a partir de benceno los productos siguientes:

a) Etilbenceno.
b) o-nitrotolueno.
c) Ácido m-clorobenzóico.
d) Ácido p-isopropilbencenosulfónico.
e) N-fenilpropanamida.

Problema 7.15

Escribid y ajustad las reacciones que implican las secuencias de reacción siguientes:

$$\text{Acetaldehído} + \text{H}-\text{C}\equiv\text{N} \longrightarrow \text{A} \xrightarrow{+\,2\,H_2O} \text{B} \xrightarrow{-\,H_2O} \text{C}$$

Averiguad las estructuras de A, B y C y nombrad cada uno de los productos obtenidos.

www.ingramcontent.com/pod-product-compliance
Lightning Source LLC
Chambersburg PA
CBHW082032230326
41599CB00056B/6009